Werner Hemming/Walter Wagner
Verfahrenstechnik

Kamprath-Reihe

Dipl.-Ing. Werner Hemming/Dipl.-Ing. Walter Wagner

# Verfahrenstechnik

12., korrigierte Auflage

Vogel Communications Group

Dipl.-Ing. **Werner Hemming**
1925 in Wetzlar/Lahn geboren. Maschinenbaustudium an der Ingenieurschule in Gießen und an der Technischen Hochschule Aachen. Konstruktionsingenieur im Werkzeugmaschinen- und Apparatebau. Durchführung von Entwicklungs- und Planungsaufgaben für Kernenergieanlagen. Ab 1963 Lehrtätigkeit. Autor und Redakteur technischer Fernlehrgänge. Zeitweise Lehrbeauftragter für mechanische Verfahrenstechnik, Werkzeugmaschinen und Mathematik an der Fachhochschule Konstanz. Verfasser zahlreicher Fachaufsätze.

Dipl.-Ing. **Walter Wagner**
Jahrgang 1941, absolvierte nach einer Lehre als Technischer Zeichner ein Maschinenbaustudium und war 1964 bis 1968 Anlagenplaner im Atomreaktorbau; anschließend begann er eine Ausbildung zum Schweiß-Fachingenieur und war ab 1968 Technischer Leiter im Apparatebau, Kesselbau und in der Wärmetechnik. 1974 bis 1997 bekam er einen Lehrauftrag an der Fachhochschule Heilbronn, von 1982 bis 1984 zusätzlich an der Fachhochschule Mannheim und von 1987 bis 1989 an der Berufsakademie Mosbach. Im Zeitraum 1988 bis 1995 war er Geschäftsführer der Hoch-Temperatur-Technik Vertriebsbüro Süd GmbH.
Seit 1992 leitet er Beratung und Seminare für Anlagentechnik: *WTS* Wagner-Technik-Service. Er ist außerdem Obmann verschiedener DIN-Normen und öffentlich bestellter und vereidigter Sachverständiger für Wärmeträgertechnik, Thermischer Apparatebau und Rohrleitungstechnik.

Dipl-Ing. Walter Wagner ist Autor folgender Vogel Fachbücher (Kamprath-Reihe):

Festigkeitsberechnungen im
Apparate- und Rohrleitungsbau
Kreiselpumpen und Kreiselpumpenanlagen
Lufttechnische Anlagen
Planung im Anlagenbau
Regel- und Sicherheitsarmaturen
Rohrleitungstechnik
Strömung und Druckverlust
Wärmeaustauscher
Wärmeträgertechnik
Wärmeübertragung
Wasser und Wasserdampf im Anlagenbau
Dietzel/Wagner: Technische Wärmelehre
Hemming/Wagner: Verfahrenstechnik

Zur Themenreihe gehören ebenfalls aus der Vogel Business Media:

H. J. Bullack: (CD-ROM)
Berechnung von Druckbehälter-Bauteilen
Berechnung von Sicherheitseinrichtungen
Berechnung von Kunststoffbehältern
Flanschberechnungen nach EN 1591
Berechnung metallischer Rohrleitungsbauteile 1
Pipe Elements/Rohrleitungsbauteile

---

**Weitere Informationen:**
**www.vogel-fachbuch.de**

---

ISBN 978-3-8343-3412-1 E-Book ISBN 978-3-8343-6225-4
12. Auflage 2017

Printed in Hungary

# Vorwort

Das Buch vermittelt eine Gesamtschau über den vielfältigen und weitverzweigten Fachbereich «Verfahrenstechnik». Es gibt eine erste Einführung in die wichtigsten Grundverfahren der mechanischen, thermischen und chemischen Verfahrenstechniken sowie der Bioverfahrenstechnik. Das ermöglicht auch dem Fachfremden einen Einstieg in diesen wichtigen Technikzweig.

**Leserkreis und besonders angesprochene Lesergruppen**

Die Literatur über die Verfahrenstechnik ist sehr umfangreich und in zahlreiche Spezialgebiete aufgespalten. Es ist für den Nichtfachmann daher recht schwierig, sich in diesem komplexen Gebiet zurechtzufinden. Das Buch wendet sich daher zunächst an alle, die sich einen ersten Überblick über die Verfahrenstechnik verschaffen wollen. Weiter wurde das Buch für diejenigen geschrieben, die innerhalb ihres eigenen Fachgebietes verfahrenstechnische Erkenntnisse, Methoden oder Geräte anzuwenden haben.

Besonders angesprochen sind hier:

- ❑ Ingenieure und Techniker des Apparatebaus.
- ❑ Alle, die sich im Rahmen des Umweltschutzes mit der Reinhaltung von Wasser und Luft beschäftigen müssen.

Das Buch ist aus dem Fachhochschulunterricht hervorgegangen. Infolgedessen ist es auch gedacht für:

- ❑ Studierende des Maschinenbaus, der physikalischen Technik, der technischen Chemie und der Verfahrenstechnik zur Begleitung des Fachhochschulunterrichts sowie als Repetitorium zur Prüfungsvorbereitung.
- ❑ Absolventen von Fachhochschulen und Technikerschulen als schneller Ratgeber und Nachschlagwerk.

**Fachliche Besonderheiten**

Das Buch will einen kurzgefassten Überblick über die Verfahrenstechnik geben. Eine solche Kurzfassung bedingt auch eine gewisse Auswahl und Schwerpunktbildung.
Besonderes Gewicht wird auf die Trennverfahren gelegt, weil diese Grundoperation wichtige Bausteine fast aller Produktionsverfahren sind und in der Umwelttechnik eine wesentliche Rolle spielen. Hierdurch bedingt wurde die mechanische Verfahrenstechnik breiter abgehandelt als die thermische.

**Didaktische Besonderheiten**

Das Buch ist als Kompendium gedacht. Es wird bewusst darauf verzichtet, die Berechnungsformeln und Gleichungen ausführlich herzuleiten. Aufgabe des Buches soll es auch weniger sein, Lösungsmöglichkeiten für verfahrenstechnische Probleme aufzuzeigen. Vertieft wird jedoch die knappe Stoffdarbietung durch zahlreiche vollständig durchgerechnete Beispiele, die auch einen ersten Einblick in die Projektierung von Apparaten und Anlageteilen geben.
Voraussetzungen für das Arbeiten mit diesem Buch sind Grundkenntnisse der Mathematik und Physik, wie sie z.B. zur Erlangung der Fachschulreife oder eines Realschulabschlusses notwendig sind.
Gründlich überarbeitet und teilweise neugefasst wurde das Kapitel Prozessleittechnik.
Dem Vogel Buchverlag danke ich für die gewohnt hervorragende Zusammenarbeit.
Anmerkungen zum Buch über E-Mail:
wagner@wts-online.de.

Insel Reichenau — Werner Hemming
St. Leon-Rot — Walter Wagner

# Inhaltsverzeichnis

# 1 Einleitung

## 1.1 Wesen und Aufgaben der Verfahrenstechnik

Die **Verfahrenstechnik** ist eine selbstständige Ingenieurwissenschaft, die sich mit allen Vorgängen befasst, bei denen Stoffe hinsichtlich Zusammensetzung, Eigenschaften oder Stoffart verändert werden.

Hinsichtlich ihrer Anwendungsgebiete ist die Verfahrenstechnik ein **interdisziplinäres Fachgebiet**. Wichtige Bereiche verfahrenstechnischer Anwendung sind: Chemische Technik, Eisenhüttenwesen und NE-Metallurgie, Nahrungs- und Genussmittelindustrie, Steine- und Erden-Industrie, Umwelttechnik, Biotechnik, medizinische Technik. Eng verbunden mit der Verfahrenstechnik ist der **Apparatebau**.

Die Verfahrenstechnik ist ebenso wie Fertigungstechnik und Energietechnik ein Teil der **Produktionstechnik**. Ziel der Fertigungstechnik ist die Formänderung, Ziel der Energietechnik ist die Energieumwandlung und Ziel der Verfahrenstechnik ist die **Stoffänderung**.

> Verfahrenstechnik ist Stoffumwandlungstechnik.

Die Stoffumwandlung kann erfolgen durch:

1. **Änderung der Zusammensetzung**, z.B. von Suspensionen durch Filtrieren oder von Lösungen durch Destillieren.
2. **Änderung der Eigenschaften**, z.B. der Feuchtigkeit eines Produktes durch Trocknen oder der Korngröße durch Zerkleinern.
3. **Änderung der Stoffart**, z.B. von Verbindungen durch chemische Reaktionen oder von Elementen durch Kernumwandlung.

Zusammensetzung und Eigenschaften von Stoffen werden durch physikalische Verfahren geändert. Die Stoffart kann nur durch chemische oder nukleare Reaktionen umgewandelt werden. Man gliedert die Verfahrenstechnik daher auch in physikalische, chemische und nukleare Verfahrenstechnik (Kernverfahrenstechnik).

Es ist üblich, die **physikalische Verfahrenstechnik** in eine mechanische und eine thermische Verfahrenstechnik zu unterteilen. Bei der **mechanischen Verfahrenstechnik** sind die Gesetze der Mechanik und bei der **thermischen Verfahrenstechnik** die Gesetze der Thermodynamik maßgebend für die Stoffumwandlung.

Die **Aufgaben der Verfahrenstechnik** liegen in der technischen Vorbereitung (Projektierung) und Durchführung von Stoffumwandlungsverfahren.

Im Einzelnen sind der Verfahrenstechnik vier Aufgabengebiete zugewiesen, und zwar:

1. theoretische Klärung der Stoffumwandlungsvorgänge,
2. Entwicklung von Produktionsverfahren durch optimale Kombination von Verfahrensbausteinen (Grundverfahren),
3. Planung und Auslegung von Produktionsanlagen,
4. Betrieb und Überwachung von Produktionsanlagen.

Die Anlagenplanung und Auslegung wird unter Zugrundelegung der wissenschaftlichen Laborergebnisse vorgenommen. Hierbei gilt es, die im Labor untersuchten Stoffumwandlungen auf großtechnischen Maßstab zu übertragen. Eine wertvolle Hilfe bei der Anlagenplanung ist der **Modellversuch** und das Studium der Vorgänge an einer Technikumsanlage oder Pilotanlage.

Zunehmend werden zur Anlagenplanung und Auslegung von Apparaten auch leistungsfähige **Anwenderprogramme** auf dem PC eingesetzt, mit deren Hilfe – unterstützt von Windows – Anlagenteile konstruiert und berechnet sowie Verfahren simuliert und visualisiert werden können.

Das **Technikum** ist der Versuchsstand, in dem Einzelapparate und Maschinen oder ein System von Apparaten, Maschinen und Hilfseinrichtungen unter Betriebsbedingungen untersucht werden.

Die **Pilotanlage**, oft auch Technikumsanlage genannt, ist das maßstäblich verkleinerte Funktionsmodell der Produktionsanlage, in dem das Zusammenwirken der Anlageteile erprobt wird.

## 1.2 Apparat, Anlage, Verfahren

Ort der Stoffumwandlung ist der **Apparat**. Die Gesamtheit aller Apparate, Maschinen und Geräte zur Durchführung eines Verfahrens ergibt die **Anlage**. Die stoffseitige Verknüpfung der Apparate zu einer Anlage erfolgt durch Fördereinrichtungen, z. B. durch Rohrleitungen, Pumpen und Verdichter.

> Apparate sind technische Gebilde, in denen Stoffe umgewandelt, behandelt, transportiert oder gelagert werden. Im Inneren des Apparats werden die für die Stoffumwandlung erforderlichen Betriebsbedingungen geschaffen.

Die Vorgänge in Anlagen lassen sich allgemein in drei **Verfahrensabschnitte** unterteilen:

1. **Aufbereiten** der Rohstoffe zur chemischen Reaktion.
2. **Stoffumwandlung** durch chemische Reaktionen.
3. **Aufarbeiten** der Reaktionsprodukte zu Fertigprodukten.

Aufbereitung und Aufarbeitung bestehen jeweils aus einer Folge von Stoffumwandlungsvorgängen, bei denen sich Stoffzusammensetzung und Stoffeigenschaften ändern.

Zur Erläuterung zeigt Bild 1.1 das vereinfachte Schema der Schwefelsäureherstellung nach dem Kontaktverfahren. Das Spezifische dieses Verfahrens ist hier nur die katalytische Umwandlung von $SO_2$ in $SO_3$. Alle übrigen Vorgänge können auch in beliebigen anderen Verfahren im Bereich der Aufbereitung und Aufarbeitung ablaufen.

> Ein **Verfahren** ist ein Ablauf von physikalischen, chemischen oder biologischen Vorgängen zur Gewinnung oder Beseitigung von Produkten. Verfahren bestehen aus einer Kombination austauschbarer **Grundverfahren**. Ein Grundverfahren ist der einfachste Vorgang bei der verfahrenstechnischen Durchführung.

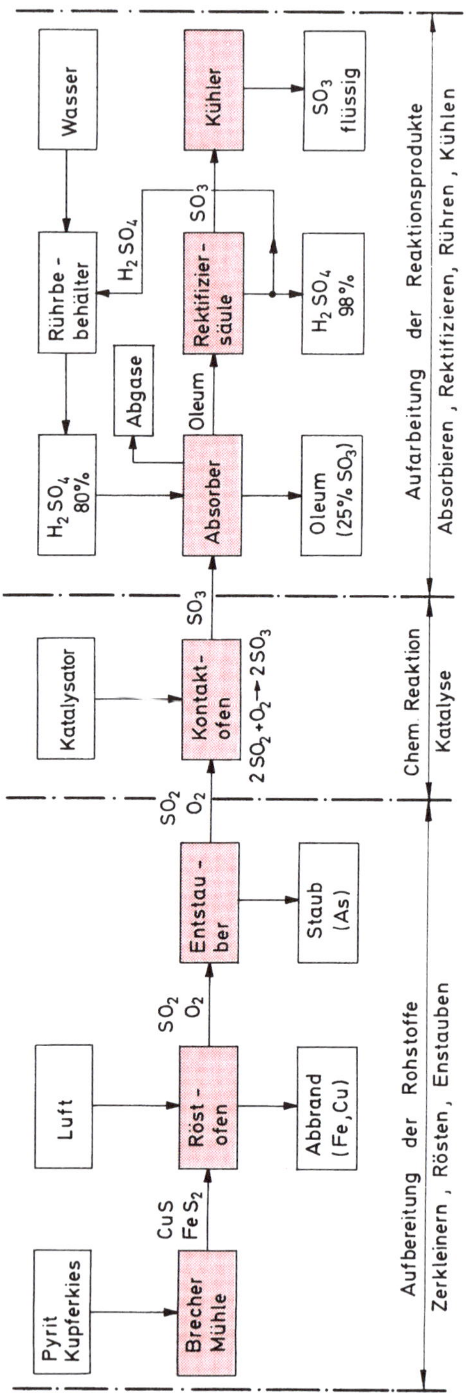


*Bild 1.1 Grundfließbild des Kontaktverfahrens.*

**Tabelle 1.1 Systematik physikalischer Grundverfahren (Beispiele)**

| Grundverfahren zum | mechanisch | elektrisch und elektromagnetisch | thermisch |
|---|---|---|---|
| Trennen | Absetzen<br>Filtrieren<br>Zentrifugieren<br>Scheidepressen<br>Zerkleinern | Elektroabscheiden<br>Magnetabscheiden<br>Elektroosmose<br>Elektrophorese<br>Elektrodialyse | Verdampfen<br>Destillieren<br>Kristallisieren<br>Extrahieren<br>Absorbieren |
| Mischen, Vereinigen | Versprühen<br>Rühren<br>Kneten Vermengen<br>Agglomerieren | – | Adsorbieren<br>Lösen<br>Begasen<br>Sintern |

# 1.3 Grundverfahren

Bei einem Grundverfahren verlaufen die Stoffumwandlungsvorgänge stets nach den gleichen wissenschaftlichen Prinzipien in den gleichen technischen Einrichtungen unabhängig davon ab, welches Produkt in dem Gesamtprozess erzeugt wird.

Tabelle 1.1 zeigt die **Systematik der physikalischen Grundverfahren**. Eine ähnlich ausgeprägte Systematik chemischer Grundverfahren gibt es nicht, und zwar aus zwei Gründen: Die Verfahren zur **chemischen Reaktionstechnik** lassen sich nicht so eindeutig gegeneinander abgrenzen wie die physikalischen Grundverfahren. Die **Reaktionsverfahren** sind nicht an bestimmte Apparatetypen gebunden. In einem Rührapparat z.B. können verschiedenartige chemische Grundverfahren ablaufen. Oft laufen die chemischen Reaktionsverfahren gemeinsam mit physikalischen Grundverfahren ab, z.B. Polymerisieren gemeinsam mit Suspendieren oder Emulgieren.

Die Konstruktion der **Reaktionsapparate** für die chemische Stoffumwandlung hängt hauptsächlich davon ab, in welchem **Aggregatzustand** und unter welchen Bedingungen die Stoffe miteinander reagieren. Die chemische Umsetzung und die chemischen Eigenschaften der Stoffe bestimmen den Werkstoff des Reaktionsapparats.

In Tabelle 1.2 sind wichtige chemische Grundverfahren zusammengestellt, bei denen die Art der Reaktion als Unterscheidungsmerkmal verwendet wird. Als **Hochdruck** bezeichnet man in der Verfahrenstechnik den Druckbereich zwischen 100 und 5000 bar.

Bei der Durchführung von Stoffumwandlungen in Apparaten unterscheidet man zwischen kontinuierlicher Arbeitsweise (Fließbetrieb) und diskontierlicher, periodischer Arbeitsweise (Chargenbetrieb).

Bei **kontinuierlicher Arbeitsweise** (Fließbetrieb)

**Tabelle 1.2 Beispiele chemischer Grundverfahren**

| Thermische Verfahren | Elektrolyse-Verfahren | Katalytische Verfahren | Hochdruck-Verfahren | Photochemische Verfahren |
|---|---|---|---|---|
| Brennen<br>Rösten<br>Kalzinieren<br>Kaustifizieren | Lösungs-elektrolyse<br>Schmelzfluss-elektrolyse | Alkylieren<br>Hydrieren<br>Oxidieren<br>Isomerisieren<br>Polymerisieren<br>Cyclisieren<br>Vinylieren | Synthetisieren z.B. von Ammoniak, Methanol, Harnstoff;<br>Carbonylieren (Oxosynthese)<br>Öl-Hydrierung | Chlorierung,<br>Sulfochlorierung<br>Vitaminisierung |

wird das Ausgangsprodukt ununterbrochen in den Apparat eingeführt und das Endprodukt ununterbrochen entnommen. Die Arbeitsbedingungen. z.B. Druck, Temperatur und Konzentration, werden im Apparat konstant eingehalten.

Bei **periodischer Arbeitsweise** (Chargenbetrieb) laufen die Schritte Füllen, Stoffumwandlung und Entleeren nacheinander in einem Arbeitszyklus ab. Dabei ändern sich ebenso periodisch die Arbeitsbedingungen.

Die periodische Arbeitsweise wird heute noch dann **wirtschaftlich** angewendet, wenn

1. die chemische Umsetzung sehr langsam abläuft (große Verweilzeit);
2. die Produkte nur in geringer Menge benötigt werden (z.B. Antibiotika);
3. die Anlage für unterschiedliche Herstellungsverfahren verwendbar sein soll (Mehrzweckanlage).

Die kontinuierliche Arbeitsweise im Fließbetrieb ist typisch für die moderne Verfahrenstechnik; sie ermöglicht den Durchsatz großer Stoffmengen mit Hilfe automatisierter Produktionsverfahren.

# 1.4 Lagern

Mit der Stoffumwandlung, dem Aufgabenbereich der Verfahrenstechnik eng verknüpft ist die Lagerung. Förderung und Dosierung von Stoffen. Am Anfang eines jeden Produktionsverfahrens steht die **Lagerung** der Rohstoffe und am Ende die Lagerung der Endprodukte. Häufig müssen auch noch Zwischenprodukte gelagert werden. Lagern und Fördern sind eigenständige Sachgebiete; sie werden daher nur kurz in dieser Einleitung behandelt.

Zum Lagern von Rohstoffen, Zwischen- und Endprodukten dienen **Lagerbehälter**. Zur Qualitätserhaltung der Stoffe müssen bestimmte Lagerungsbedingungen im Lagerbehälter oder Lagerraum aufrechterhalten werden. Unsachgemäß gelagerte Schüttgüter neigen zur Selbsterhitzung und Selbstentzündung.

Erze, Mineralien und Kohle werden oft im Freien in Schüttkegeln gelagert (Böschungswinkel 40° bis 60°). Normalerweise lagert man Feststoffe in Großbehältern, wie **Silos** und Bunkern, mit angeschlossenen Austragsvorrichtungen, z.B. Zellenräder, Schnecken, Drehteller. Darüber hinaus werden fahrbare Bunker und Behälter sowohl für die Lagerung als auch für den Transport eingesetzt. Empfindliche feste Güter lagern in Fässern, pulverförmige Güter in Säcken.

**Flüssige Güter** werden in Großtanks gelagert, deren Ausführung genormt ist (DIN 28 101, 28 105, 28 110). Schwefelsäure lagert meist in Kugelbehältern, $NH_3$-Wasser in birnenförmigen Behältern. Bei der **Lagerung brennbarer Flüssigkeiten** muss die Verordnung über brennbare Flüssigkeiten (VbF) beachtet werden. Flüssige Brennstoffe und Kraftstoffe werden oft in unterirdischen, elektrisch geerdeten, zylindrischen Lagerbehältern aufbewahrt.

**Kugelbehälter** haben zwei wesentliche Vorzüge:

1. geringste Oberfläche unter allen volumengleichen Behältern,
2. ideale Druckgestalt ermöglicht beste Werkstoffausnutzung.

Zu beachten bei der Flüssigkeitslagerung ist der **hydrostatische Druck** der Flüssigkeit $p = h \cdot \varrho \cdot g$, der die Behälterwandung beansprucht.

Große **Gasmengen** werden in ortsfesten Behältern gespeichert. Man verwendet Kugelgasbehälter, Glockengasbehälter und Scheibengasbehälter. Glocken- und Scheibengasbehälter haben bewegliche Behälterteile, die eine Änderung des Gasvolumens mit der Temperatur ermöglichen. Der Gasdruck bleibt dann – im Gegensatz zum Kugelbehälter – konstant. Die Abdichtung des Gasvolumens gegen die Atmosphäre erfolgt beim **Glockengasbehälter** (heute veraltet) durch eine **Sperrflüssigkeit**, meist durch Wasser. Daher enthält das gespeicherte Gas immer etwas Wasserdampf.

Beim neuzeitlichen **Scheibengasbehälter** dient ein Blechkragen als Abdichtung, der in einen an der Wand herabrieselnden Teerfilm eintaucht. Das Gas enthält daher immer etwas Teerdampf. Scheibengasbehälter haben einen größeren Nutzinhalt als Glockengasbehälter, sie können mehrere 100 000 $m^3$ Gas aufnehmen. Absolute

**Tabelle 1.3 Druckgasflaschen**

| Gasart | Kennfarbe | Ventilanschluss DIN 477 Tl | Volumen in l | Druck in bar | Füllmenge |
|---|---|---|---|---|---|
| Sauerstoff | Blau | R ¾ | 40<br>50 | 150<br>200 | 6 000 l<br>10 000 l |
| Acetylen | Gelb | Spannbügel | 40 | 19 | 8 kg<br>10 kg |
| Propan | Rot | W 21,8 × 1/14 LH | 10<br>50 | 8,53 | 4,25 kg<br>21,25 kg |
| alle brennb. Gase außer Acetylen | Rot | W 21,8 × 1/14 LH | 20<br>50 | 200 | 4 000 l<br>10 000 l |
| Stickstoff | Grün | W 24,32 × 1/14 | 20<br>50 | 200 | 4 000 l<br>10 000 l |
| Kohlendioxid | Grau | W 21,8 × 1/14 | 13,4<br>40 | 57,29 | 10 kg<br>30 kg |
| Edelgase | Grau | W 21,8 × 1/14 | 20<br>50 | 200 | 4 000 l<br>10 000 l |

Abdichtung ist bei Behältern mit beweglichen Teilen unmöglich. Der tägliche **Gasverlust** beträgt ungefähr 0,3%.

Kleinere Gasmengen lagert man in ortsbeweglichen Behältern, z.B. in Tankwagen und Stahlflaschen. Je nach Gasart beträgt der Druck in **Gasflaschen** 3···200 bar. Der Inhalt der Gasflaschen ist durch einen breiten Farbstrich gekennzeichnet. Die Ausführung des Ventilanschlusses ist von der Gasart abhängig (Tabelle 1.3). Bei Errichtung und Betrieb von ortsbeweglichen Gasbehältern muss die **Druckgasverordnung** beachtet werden.

## 1.5 Fördern

Beim innerbetrieblichen **Stofftransport** unterscheidet man zwischen Förderwegen und Fördermitteln.

**Förderwege** führen die Stoffströme, **Fördermittel** bewegen das Fördergut.

### 1.5.1 Rohrleitungen und Armaturen

Die wichtigsten Förderwege in der Verfahrenstechnik sind die Rohrleitungen. **Rohrleitungen** verbinden die Apparate zu einer Anlage. Rohrleitungsnetze versorgen die Produktionsanlagen mit Energieträgern (Heizgas, Dampf, Druckluft), Rohstoffen und Zwischenprodukten; sie führen die Fertigprodukte dem Verbraucher oder Tanklagern zu. Rohrleitungen werden auf Rohrbrücken oder in offenen Rohrkanälen verlegt.

Die lichte Höhe einer **Rohrbrücke** darf dem Eisenbahnprofil entsprechend nicht unter 6,5 m liegen. Zur besseren Übersicht sollte man die Rohrverlegung auf Rohrbrücken oder in Rohrkanälen einheitlich so durchführen, dass z.B. Dampf-, Kondensat-, Druckluft- und Stickstoffleitungen immer am gleichen Platz liegen. Dampf- und Kondensatleitung erhalten eine **Wärmeisolierung**, z.B. aus Mineral- oder Glaswolle. Wärmespannungen in Rohrleitungen infolge Abkühlung oder Erwärmung des Fördermediums müssen durch **Dehnungsausgleicher** (Kompensatoren) verhindert werden.

Die **Druckstufen** und **Nennweiten** der Rohrleitungen sind genormt (DIN 2401 Teil 1), ebenso die Anschlussmaße der **Flansche** (DIN 2501). Rohrleitungen werden nach DIN 2403 zur Erleichterung der Betriebsführung und aus Sicherheitsgründen dem Durchflussstoff entsprechend durch farbige, rechteckige Schilder **gekennzeichnet** (Tabelle 1.4). Eine Spitze gibt die Durchflussrichtung an. Bei wechselnder Richtung hat das Schild zwei Spitzen. Die Schilder tragen entweder die Bezeichnung des Durchflussstoffs oder eine **Kennzahl** (z.B. 1.4 für Kondensat, 3.2 für Heißluft, 5.4 für Chlorgas) oder die chemische Formel (Bild 1.2).

*Bild 1.2 Schilder zur Kennzeichnung von Rohrleitungen für Kreislaufdampf*

**Tabelle 1.4 Kennfarben für Rohrleitungen (DIN 2403)**

| Durchflussstoff | Gruppe | Farbe | Farbmuster in RAL 840 HR |
|---|---|---|---|
| Wasser | 1 | Grün | RAL 6018 |
| Wasserdampf | 2 | Rot | RAL 3000 |
| Luft (auch Vakuum) | 3 | Grau | RAL 7001 |
| Gase, brennbare | 4 | Gelb[1]) | RAL 1021 |
| –. nicht brennbare | 5 | Gelb[2]) | RAL 1021 |
| Säuren | 6 | Orange | RAL 2003 |
| Laugen | 7 | Violett | RAL 4001 |
| Flüssigkeiten, brennbare | 8 | Braun[1]) | RAL 8001 |
| –, nicht brennbare | 9 | Braun[2]) | RAL 8001 |
| Sauerstoff | 0 | Blau | RAL 5015 |

[1]) auch mit Zusatzfarbe Rot
[2]) mit Zusatzfarbe Schwarz

Bei **radioaktivem Durchflussstoff** ist das Strahlungskennzeichen nach DIN 25400 zusätzlich anzubringen.

In die Rohrleitungen werden **Armaturen** eingebaut. Armaturen sind Einrichtungen zum Steuern, Regeln und Messen des Durchflussstoffes. Von der Funktion her unterscheidet man im Wesentlichen Absperr- und Regelorgane, Sicherheitseinrichtungen und anzeigende Einrichtungen.

**Absperr- und Regelorgane** dienen zur Ein- und Ausschaltung des Durchflussstromes sowie der Durchflussregelung. Hierzu verwendet man Hähne, Schieber, Ventile und Klappen.

Bei **Schiebern** und **Hähnen** wird das Verschlussstück quer zum Sitz abgeschoben. Bei Ventilen und Klappen wird es vom Sitz abgehoben.

**Sicherheitseinrichtungen** verhindern Überlastungen durch Überdruck, unzulässiges Rückfließen des Durchflussstoffes und Leitungsbrüche infolge Wärmedehnungen oder mechanische Belastungen.

**Sicherheitsventile** und **Druckminderventile** dienen zur Überlastungssicherung, **Rückschlagventile** und Rückschlagklappen zur Rückflusssicherung. Ausgleichsvorrichtungen, z.B. Linsen- und Stopfbuchsenausgleicher, verhindern Leitungsbrüche.

Für Dämpfe und Gase verwendet man gewichts- oder federbelastete **Vollhubsicherheitsventile**. Bei Vollhubsicherheitsventilen hebt die Kraft des abblasenden, expandierenden Mediums den Ventilkegel weiter an.

Es ist streng verboten, die Einstellung von Sicherheitsventilen unbefugt zu verändern. Die Kraft auf den Ventilkegel darf 6000 N (6 kN) nicht überschreiten. Bei höheren Drücken und größeren Abblasmengen sind mehrere Sicherheitsventile anzuordnen.

Wichtige **anzeigende Einrichtungen** sind Manometer und Flüssigkeitsstandanzeiger. Zu den Sonderarmaturen gehören **Kondenswasserableiter** – auch Kondenstöpfe genannt –; sie dienen zur selbsttätigen Ableitung des an Dampfleitungen und Apparateheizflächen entstehenden Kondensats. Die Ableitung kann periodisch oder kontinuierlich erfolgen.

Fehlende oder mangelhafte Kondensatableitung verursacht erhebliche Energieverluste.

**Rohrleitungsanlagen** werden durch grafische Symbole dargestellt. Tabelle 1.5 zeigt wichtige **Symbole** für Rohrleitungsanlagen nach DIN 2429. Die Lage der Symbole im Rohrleitungsplan muss dem Leitungsverlauf entsprechen.

Aufgabe der Fördermittel ist es, das Fördergut betriebssicher, qualitätsschonend und schnell mit geringstem Kostenaufwand über eine möglichst kurze Wegstrecke zu bewegen.

Die Wahl des geeigneten Fördermittels richtet sich nach dem Aggregatstand, der Teilchengröße, den chemischen und physikalischen Eigenschaften des Förderguts sowie den u.U. gleichzeitig mit dem Fördern durchzuführenden Stoffumwandlungsprozessen (z.B. Trocknen, Mischen, Umsetzen). Je nach Aggregatzustand unterscheidet man Fördermittel für Feststoffe, für Flüssigkeiten und für Gase.

## 1.5.2 Feststoffförderung

Fördermittel für feste Stoffe werden unterteilt in diskontinuierliche Förderer und Stetigförderer.

**Tabelle 1.5 Grafische Symbole für Rohrleitungen und Armaturen nach DIN 2429**

| Symbol | Benennung |
|---|---|
| 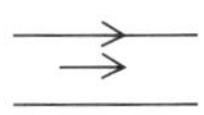 | Grundleitung mit Angabe der Fließrichtung |
| 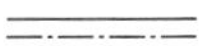 | Grundleitung mit Begleitheizung oder -kühlung |
|  | Verschluss allgemein |
| 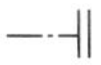 | Blindflansch |
| 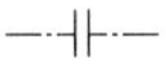 | Flansch-verbindung |
|  | Klammer-verbindung |
| 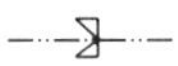 | Schraub-verbindung |
| 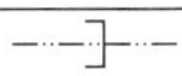 | Einsteckmuffe |
| 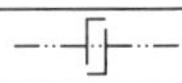 | Kupplung |
|  | Schweiß- oder Lötverbindung |
| 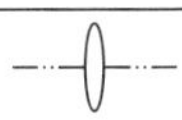 | Kompensator, allgemein |
| 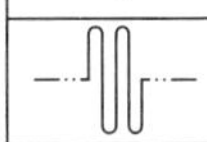 | Wellrohr-Kompensator |

| Symbol | Benennung |
|---|---|
|  | Lyra-Kompensator |
| 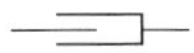 | Schiebemuffe |
|  | Schauglas |
|  | Absperrarmatur, allgemein |
|  | Absperrventil |
| 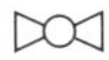 | Absperrhahn |
|  | Absperrklappe |
|  | Rückschlagklappe |
|  | Stellantrieb mit rotierendem System – allgemein |
|  | – mit Elektro-motor |
| 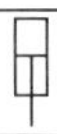 | Stellantrieb mit Kolben |

| Symbol | Benennung |
|---|---|
|  | Stellantrieb mit Elektromagnet |
|  | Stellantrieb, dessen Hilfsenergie der Duchflussstoff der Rohrleitung ist |
|  | Stellantrieb, handbetätigt |
|  | Stellantrieb mit Federkraft |
|  | Stellantrieb mit Membrane |
|  | Stellantrieb mit Gewicht |
| 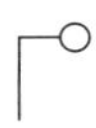 | Stellantrieb mit Schwimmer |
|  | Kondensatableiter, allgemein |

Diskontinuierliche Förderer, z.B. Kräne, Aufzüge und Bahnen haben in der Verfahrenstechnik nur geringe Bedeutung. Wesentlich wichtiger sind die **Stetigförderer**, die das Fördergut kontinuierlich über die Förderwege transportieren.

Wichtige Stetigförderer in der Verfahrenstechnik sind Bandförderer, Kettenförderer, Schneckenförderer, Schwingförderer, Becherwerke und pneumatische Förderer.

Unter den Bandförderern haben die universell verwendbaren **Gurtbandförderer**, auch Förderbänder genannt, die größte Bedeutung. Bild 1.3 zeigt Schema und Querschnitt eines Gurtbandförderers mit Muldentragrolle. Der endlose, durch einen Elektromotor angetriebene Gurt besteht meist aus Synthesekautschuk mit Textileinlagen. Bei höheren Temperaturen nimmt man Stahlbänder. Folgende Daten werden genannt: Gurtbreite bis zu 3000 mm, Achsabstand zwischen Antriebs- und Spanntrommel bis zu 1000 m. Gurtgeschwindigkeit bis über 5 m/s und Durchsätze bis zu 10 000 t/h.

Schüttwinkel $\alpha$ und Gurtanstiegswinkel $\beta$ bei Schrägförderung hängen vom Fördergut ab. Der Anstiegswinkel $\beta$ sollte 18° nicht übersteigen. Die Aufgabe des Förderguts auf den Gurt und der Abwurf vom Gurt wird bei größerem Durchsatz mechanisch durch **Schurren** vorgenommen.

Neben den Gurtbandförderern gibt es noch **Gliederbandförderer**. Die Tragglieder bestehen aus gelenkig verbundenen Platten, Trögen oder Kästen aus Metall, die auf Rollen über Laufschienen bewegt werden. Gliederbandförderer verwendet man zur Förderung von grobstückigen, harten und heißen Gütern. Folgende Daten werden angegeben: Gurtbreite bis 1,5 m, Anstiegswinkel bei

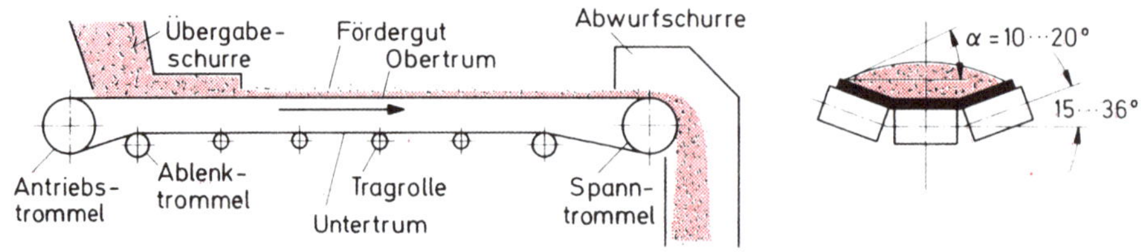


*Bild 1.3 Gurtbandförderer (Förderband)*

Kastenbandförderern bis 40°, Fördergeschwindigkeit bis 0,5 m/s. Gliederbandförderer sind stoßunempfindlich, brandunempfindlich und verschleißfest.

**Kettenförderer** ähneln den Gliederbandförderern. Ein Trog dient als ruhendes Tragorgan. Zug- bzw. Schuborgan ist eine endlose Laschenkette mit außenseitig angebrachten Querstegen, Kratzer genannt. Die Kratzer nehmen die auf dem Trogboden liegende Gutschicht mit. Derartige **Kratzerförderer** eignen sich für waagerechte oder geneigte Schüttgutförderung. Läuft die Kette in einem allseitig geschlossenen Trog, dann spricht man von **Trogkettenförderern**. Sitzen die Schaufeln auf der Innenseite der Kette, so handelt es sich um **Schleppkettenförderer**. Daten für Kettenförderer: Fördergut-Durchsatz bis 150 t/h. Fördergeschwindigkeit bis 0,5 m/s, Neigungswinkel bis 40°.

**Schneckenförderer** sind Schüttgutförderer für vorwiegend waagerechte und schwach geneigte Förderung. Tragorgan ist ein ruhender Trog. Als Schuborgan dient eine Schnecke. Die Schnecke besteht aus einem schraubenförmig um ein Rohr gewundenes Blech. Schneckenförderer eignen sich für kurze Förderwege und geringe Fördergut-Durchsätze. Leicht zerreibbare Güter können beschädigt werden. Feuchtes Gut verstopft den Fördertrog.

**Schwingförderer** fördern das Gut durch Massenkräfte nach dem **Mikrowurfprinzip** oder nach dem **Gleitförderprinzip**. Beim Mikrowurfprinzip führt die Schwingrinne (als Fördertrog oder Förderrohr) eine schräg nach oben gerichtete schwingende Bewegung mit hoher Frequenz (rd. 50 Hz) und kleiner Amplitude (≈ 1 mm) aus. Das Gut wird in **Mikrowürfen** fortbewegt und kommt während jeder Schwingungsperiode nur kurzzeitig mit der Schwingrinne in Berührung. Wird die Rinne um ein stehendes Rohr wendelförmig gewunden, so ergibt sich ein **Wendelförderer**. Beim Gleitförderprinzip erfolgt die Schwingbewegung in der Ebene der Unterlage. Die Verzögerung am Schwinghubende ist so groß gewählt, dass das Gut durch die eigene Trägheitskraft in Förderrichtung auf der Unterlage gleitet.

Schwingförderer neigen zur Entmischung des Förderguts. Fördergutströme bis zu 3000 $m^3$/h bei Trögen und bis zu 150 $m^3$/h bei Rohren.

Zur Schwingungserzeugung werden zwei unterschiedliche Systeme eingesetzt: Unwuchtschwinger und elektromagnetischer Vibrator. Der **Unwuchtschwinger** ist ein Elektromotor, der eine exzentrisch gelagerte Schwingmasse antreibt und so seine Unterlage (Arbeitsgerät) in mechanische Schwingungen versetzt. Beim **Vibrator** (Bild 1.4) schwingt ein Elektromagnet, der durch Koppelfedern mit dem Ankerteil verbunden ist. Magnet- und Ankermasse schwingen gegeneinander. Die Schwingweite ist abhängig vom Verhältnis System-Eigenfrequenz und Antriebsfrequenz. Der Vibrator wird durch Zusatzmassen an das Arbeitsgerät angepasst. Vorteile des Vibrators gegenüber dem Unwuchtschwinger: kein Verschleiß, Änderung der Schwingbreite während des Betriebs durch Erregerspannungsänderung.

In der chemischen Industrie müssen häufig pulver- und staubförmige Feststoffe transportiert werden. Dazu dienen hauptsächlich pneumatische Förderer und Druckluftmembranpumpen.

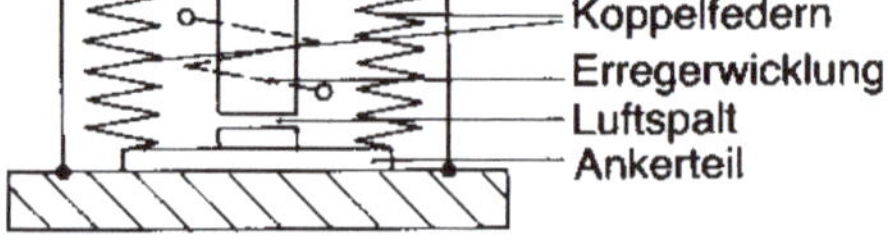


*Bild 1.4*
*Prinzip des elektromagnetischen Vibrators*

**Pneumatische Förderer** transportieren körnige oder staubförmige Güter in einem Luftstrom. Man unterscheidet Saugluft- und Druckluftanlagen. Kennzeichnend für die pneumatische Förderung sind Druckverlust und Stopfgrenze. Der **Druckverlust** bestimmt den Energieaufwand. Die **Stopfgrenze** ist maßgebend für den Förderstrom.

Bei Erreichen der Stopfgrenze führt bereits eine kleine Steigerung der zugeführten Gutmenge oder eine kleine Verringerung der Luftgeschwindigkeit zum Verstopfen der Rohrleitung.

Es können mit pneumatischen Förderern Feststoffe bis zu 50 mm Korndurchmesser transportiert werden. Die Geschwindigkeit des Luftstroms muss größer sein als die Fallgeschwindigkeit (Schwebegeschwindigkeit) des Förderguts; sie liegt zwischen 10 und 50 m/s. Der Unterdruck in Saugluftanlagen beträgt etwa 0,5 bar, der Überdruck in Druckluftanlagen 0,75 bar. Bei der Saugluftförderung beträgt die Länge des Förderwegs maximal 400 m. Druckluftanlagen können bis zu 700 m überwinden.

**Vorteile der pneumatischen Förderung:** Vollkommen selbsttätige Förderung; geringer Raumbedarf; geringer Bedienungsaufwand; niedrige Anlagekosten; größte Schonung des Förderguts; Möglichkeit des gleichzeitigen Durchführens von Grundverfahren (Trocknen) und chemischen Reaktionen, wobei die festen Teilchen auch Katalysatoren sein können.

Eine Alternative ist die schonendere Pulverförderung mit **Druckluftmembranpumpen**, in denen die Luftgeschwindigkeit nur 3 bis 5 m/s beträgt. Das Fördergut wird innerhalb der Pumpe fluidisiert. Zwei durch eine Kolbenstange verbundene Elastomer-Membrane werden mit Druckluft wechselweise beaufschlagt und gleichsinnig bewegt. Bei jedem Hub saugt die eine Membrane das Gut an, und die andere Membrane verdrängt es in die Förderleitung. Druckluftmembranpumpen sind auch zur Flüssigkeitsförderung universell verwendbar.

### 1.5.3 Flüssigkeitsförderung

Fördermittel für Flüssigkeiten sind **Pumpen**. Nach der Wirkungsweise unterscheidet man Verdrängerpumpen und Zentrifugalpumpen.

Bei den **Verdrängerpumpen** wird die Flüssigkeit durch Verdrängerelemente (z.B. Kolben, Zahnräder, Schraubenspindeln, Schnecken, Flügel oder Trochoiden) aus dem Pumpenkörper in die Druckleitung verdrängt. Durch die Verdrängung

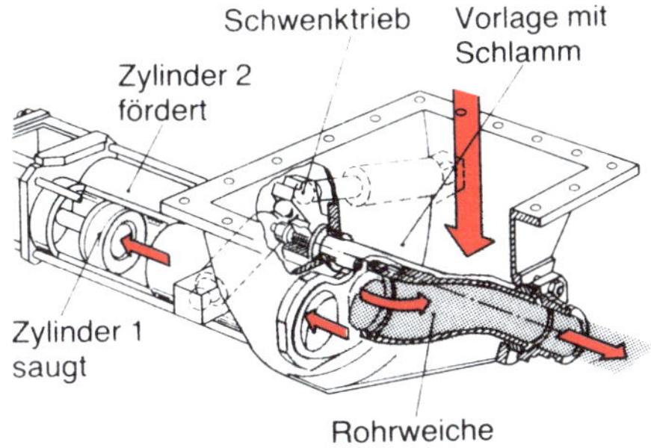

*Bild 1.5 Dickstoff-Rohrweichen-Kolbenpumpe (nach Putzmeister)*

wird gleichzeitig neue Flüssigkeit in den Pumpenkörper eingesaugt. Die Verdrängerkörper können entweder oszillieren oder rotieren.

Wichtige **oszillierende Verdrängerpumpen** sind Hubkolbenpumpen und Membranpumpen. **Rotierende Verdrängerpumpen** sind z.B. Zahnradpumpen, Schraubenpumpen, Flügelzellenpumpen, Exzenterschneckenpumpen und Schlauchpumpen.

**Membranpumpen** sind stopfbuchslose, unempfindliche Verdrängerpumpen mit großer Lebensdauer. Als Verdränger dient eine Membrane aus Kunststoff oder Gummi, welche die Antriebsseite hermetisch von dem Flüssigkeitsraum abtrennt. Membranpumpen eignen sich als sog. **Chemiepumpen** zum Fördern von Säuren, Laugen, Suspensionen und Schlämmen.

Spezielle Verdrängerpumpen dienen als **Dickstoffpumpen** zur Förderung steifer, pastöser Schlämme, z.B. in Klärwerken und Sondermüll-Verarbeitungsanlagen. Bild 1.5 zeigt als Beispiel eine **Rohrweichen-Kolbenpumpe**. Die Pumpe hat zwei hydrostatisch angetriebene Förderzylinder. Im Bild saugt Zylinder 1 aus der mit Schlamm gefüllten Vorlage an, während gleichzeitig Zylinder 2 in ein C-förmiges Rohr fördert. Haben die Kolben ihre Totlagen erreicht, wird das Rohr vor die Öffnung von Zylinder 1 geschwenkt **(Rohrweiche).** Jetzt saugt Zylinder 2 an, und Zylinder 1 fördert. Förderbar sind Schlämme mit bis zu 50% Feststoffanteil (stichfest) mit Fremdkörpern bis zur Größe der lichten Rohrweite. Förderdruck bis 120 bar, Förderstrom bis 250 $m^3/h$.

Bei den **Zentrifugalpumpen** – Kreiselpumpen – wird die Flüssigkeit von einem Laufrad in rasche Rotation versetzt und von den Laufschaufeln von innen radial nach außen geleitet. Die Fliehkraft erteilt dabei der Flüssigkeit Geschwin-

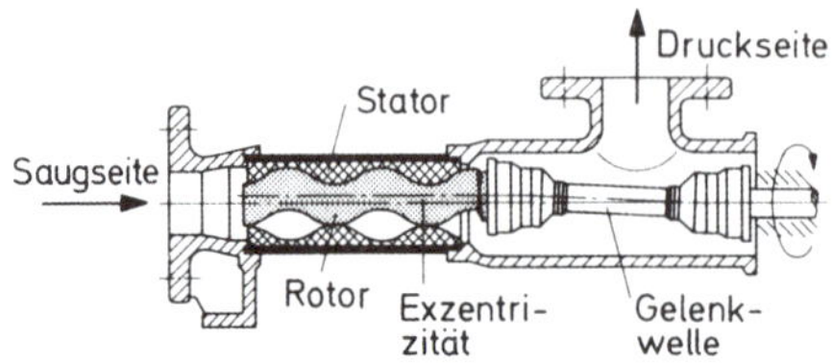


*Bild 1.6 Exzenterschneckenpumpe*

digkeitsenergie, die dann im Gehäuse in Druckenergie (Förderhöhe) umgesetzt wird. Maßgebend für die Energieumwandlung in der Zentrifugalpumpe ist die **Bernoullische Gleichung.**

Wichtige Zentrifugalpumpen sind radial fördernde **Kreiselpumpen** und axial fördernde **Propellerpumpen.** Bei stopfbuchslosen Kreiselpumpen – Chemiepumpen – wird der Flüssigkeitsraum hermetisch von der Umgebung abgeschlossen. Das erreicht man durch **Paramagnetantrieb** oder durch **Spaltrohrmotor**.

**Selbstansaugende Kreiselpumpen** tragen auf der Pumpenwelle als Hilfsvakuumpumpe eine Wasserringpumpe. **Seitenkanal-Kreiselpumpen** evakuieren **ohne** Hilfseinrichtung die Saugleitung und saugen die Flüssigkeit selbsttätig an; sie können Flüssigkeits-Gas-Gemische fördern (bis 30 Vol.-% Gasanteil).

**Propellerpumpen** werden zum Fördern großer Flüssigkeitsmengen auf geringen Förderhöhen eingesetzt; sie eignen sich als **Umwälzpumpen** in Verdampferanlagen oder zum Fördern von Dickstoffen, Schlämmen und von Kristallbrei.

Häufig findet man als Chemiepumpen **Exzenterschneckenpumpen**, die unter dem Namen **Mohnopumpen** allgemein bekannt sind (Bild 1.6).

Förderstrom $\dot{V}$, Förderhöhe $H$, Drehzahl $n$, Leistung $P$ und Laufrad-Außendurchmesser $D$ sind bei zwei geometrisch ähnlichen Zentrifugalpumpen-Ausführungen durch folgende **Ähnlichkeitsgesetze** miteinander verknüpft:

$$\frac{\dot{V}_1}{\dot{V}_2} = \frac{n_1}{n_2} = \frac{D_1^3}{D_2^3} \qquad \frac{H_1}{H_2} = \frac{n_1^2}{n_2^2} = \frac{D_1^2}{D_2^2}$$

$$\frac{P_1}{P_2} = \frac{n_1^3}{n_2^3} = \frac{D_1^5}{D_2^5}$$

Diese Beziehungen gelten auch für die **Zentrifugalverdichter.**

Zwischen Verdrängerpumpen und Zentrifugalpumpen besteht ein wesentlicher hydrodynamischer Unterschied:

Bei Zentrifugalpumpen erfolgt eine Umwandlung von **Geschwindigkeitsenergie** (dynamischer Energie) in **Druckenergie** (statische Energie) und umgekehrt. Bei den Verdrängerpumpen findet keine derartige Energieumwandlung statt.

Die Verdrängung vollzieht sich im Bereich **statischer Druckenergie.** Bedingt durch die Energieumwandlungsverluste sind daher die Wirkungsgrade von Zentrifugalpumpen niedriger als die von Verdrängerpumpen.

Beiden Pumpenarten ist gemeinsam, dass die Flüssigkeit durch einen im Pumpenkörper erzeugten **Unterdruck** angesaugt wird. Der äußere Luftdruck drückt die Flüssigkeit in den Pumpenkörper. Daraus folgt:

Die **Saughöhe der Pumpe** ist begrenzt durch die Differenz zwischen Luftdruck und erzeugtem Unterdruck. Theoretisch beträgt die Saughöhe für Wasser 10 m, praktisch nur etwa 7 m.

Die **Antriebsleistung** ergibt sich für Verdränger- und Zentrifugalpumpen aus der (auch für Zentrifugalverdichter gültigen) Gleichung:

$$P = \frac{100 \cdot \dot{V} \cdot p}{\eta_{ges}} \quad \text{oder } P = \frac{\dot{V} \cdot H \cdot \varrho \cdot g}{1000 \cdot \eta_{ges}}$$

Hierin ist: $\dot{V}$ Volumenstrom in $m^3/s$; $p$ Förderdruck in bar; $\eta_{ges}$ Gesamtwirkungsgrad; $P$ Leistung in kW; $H$ Förderhöhe in m; $\varrho$ Dichte in $kg/m^3$; $g$ Fallbeschleunigung in $m/s^2$.

Tabelle 1.6 bringt einen Vergleich der Eigenschaften von Verdränger- und Zentrifugalpumpen. Außer diesen beiden dominierenden Pumpengruppen findet man in der Verfahrenstechnik hauptsächlich noch Treibmittelpumpen und Druckgaspumpen.

**Treibmittelpumpen** (Strahlpumpen) haben keine bewegten Teile; sie saugen und fördern Flüssigkeiten mit Hilfe von Treibmittelstrahlen, die mit hoher Geschwindigkeit aus einer Treibdüse austreten. In der Treibdüse entsteht durch die Umsetzung von statischer Energie in Geschwindigkeitsenergie ein Unterdruck, der die Förderflüssigkeit ansaugt. Eine der Treibdüse nachgeschaltete Mischdüse wandelt im Diffusor die Geschwindigkeitsenergie des aus Treibmittel und Fördermittel

### Tabelle 1.6 Fördermittel für Flüssigkeiten

| Art | Bauform | Förderdruck in bar | Förderstrom in $m^3/h$ | Förderweise | Eigenschaften |
|---|---|---|---|---|---|
| Verdrängerpumpen, hin- und hergehend | Kolbenpumpe einstufig | ···30 | ···20 | absatzweise | Förderstrom unabhängig von Förderhöhe, große Förderhöhen bei Mehrzylinderbauweise, Ventile erforderlich, günstiger Wirkungsgrad, langsamlaufender Antrieb erforderlich |
| | Kolbenpumpe mehrstufig | ···1000 | ···400 | | |
| | Membranpumpe | ···20 | ···300 | | |
| Verdrängerpumpen, rotierend | Zahnradpumpe | 10···100 | ···300 | stetig | Keine Ventile, geringer Platzbedarf. Zur Förderung zäher Stoffe geeignet, Förderstrom proportional der Drehzahl, rasch laufender Antrieb möglich |
| | Schraubenpumpe | ···20 | ···200 | | |
| | Kreiskolbenpumpe | ···20 | ···200 | | |
| Zentrifugalpumpen | Kreiselpumpe einstufig | ···30 | ···2000 | stetig | Große Drehzahl, Kupplung mit schnellllaufenden Antrieben, keine Ventile, geringer Platzbedarf, unempfindlicher gegen Verunreinigungen, Förderstrom und Förderhöhe voneinander abhängig, große Förderströme |
| | Kreiselpumpe mehrstufig | ···400 | ···3500 | | |
| | Seitenkanalpumpe, ein- und zweistufig | 20···40 | ···25 | | |
| | Propellerpumpe | ···2 | ···100 000 | | |

bestehenden Gemischs (teilweise) in Druck um. Als Treibmittel wird Dampf eingesetzt, wenn sich das Kondensat mit dem Fördergut vermischen darf.

Der Förderstrom der Dampfstrahlpumpen liegt bei rd. 20 $m^3/h$, die Förderhöhe bei 5 bar. Der Gesamtwirkungsgrad ist gering (2···15%).

**Druckgaspumpen** sind Heber, bei denen als Treibmittel Gas verwendet wird. Bei der **Mammutpumpe** (Bild 1.7) wird Druckluft am unteren Ende der Steigleitung zugeführt. Es entsteht ein Flüssigkeits-Luft-Gemisch, dessen Dichte $\varrho_M$ niedriger ist als die Dichte $\varrho$ der angesaugten Flüssigkeit. Infolgedessen wird das Gemisch hochgedrückt nach der Gleichgewichtsbeziehung: $H_E \cdot \varrho = (H + H_E) \cdot \varrho_M$ . Die Förderhöhe ist also durch Eintauchtiefe $H_E$ und Dichteverhältnis $\varrho/\varrho_M$ begrenzt : $H = H_E \cdot (\varrho/\varrho_M - 1)$.

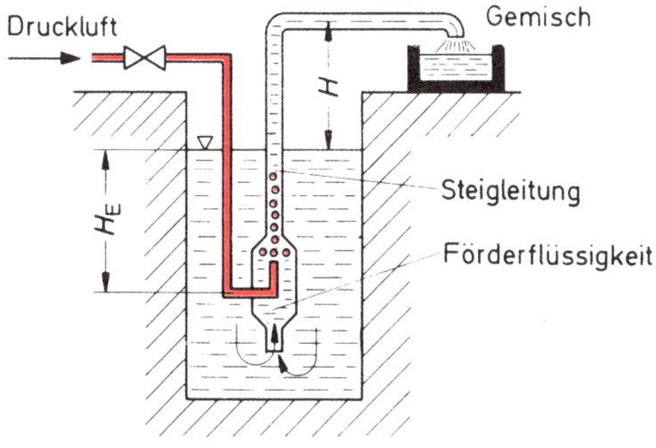


*Bild 1.7 Arbeitsprinzip einer Mammutpumpe*

**Tabelle 1.7 Fördermittel für gasförmige Stoffe**

| Art | | Bauform | hauptsächliche Anwendung | Druckverhältnis je Stufe | Förderstrom in $m^3/h$ | Eigenschaften |
|---|---|---|---|---|---|---|
| Verdrängermaschinen | oszillierend | Hubkolbenverdichter | Kompressor, Gebläse | $\cdots 7$ | $500 \cdots 25\,000$ | Erzeugung hoher Drücke (bis 7000 bar), Ventile erforderlich, absatzweise Förderung, niedrige Förderströme |
| | | Membranverdichter | Kompressor für ölfreie Druckluft | $\cdots 15$ | $\cdots 100$ | |
| | rotierend | Schraubenverdichter | Kompressor, Gebläse | $\cdots 5$ | $200 \cdots 40\,000$ | Kleine Abmessungen, gleichmäßige Förderung, keine Ventile, niedrige Drücke |
| | | Vielzellenverdichter | Kompressor, Gebläse | $\cdots 4$ | $250 \cdots 7\,500$ | |
| | | Kreiskolbenverdichter | Gebläse | $\cdots 2{,}5$ | $200 \cdots 18\,000$ | |
| Turbomaschinen | | Radialverdichter | Kompressor, Gebläse, Ventilator | $4 \cdots 12$ | $1500 \cdots 400\,000$ | Große Gasreinheit, geringe Massenkräfte, hohe Drehzahlen, große Förderströme |
| | | Axialverdichter | Gebläse, Ventilator | $1{,}1 \cdots 6$ | $50\,000 \cdots 1\,000\,000$ | |

Mammutpumpen eignen sich zum Umpumpen von aggressiven und stark verunreinigten Stoffen. Erreichbar sind $H = 60$ m und $\eta_{ges} = 30 \cdots 50\%$.

**Druckfässer**, sog. Montejus, fördern aggressive Flüssigkeiten mit Hilfe eines über dem Flüssigkeitsspiegel liegenden Luft-, Gas- oder Dampfpolsters als Treibmittel. Das Treibmittel drückt das Fördergut durch ein bis zum Faßboden reichendes Steigrohr. Druckfässer sind häufig mit Rührwerken und anderen Apparaturen gekoppelt.

### 1.5.4 Gasförderung

Die Förderwege der Gasförderung sind Rohrleitungen, Kanäle und Schächte; die Fördermittel sind Verdichter, die nach Höhe des Förderdrucks in Kompressoren, Gebläse und Ventilatoren unterteilt werden.

**Kompressoren** erzeugen Gasdrücke zwischen 3 und 5000 bar. **Gebläse** fördern mit Drücken zwischen 1,3 und 3 bar. **Ventilatoren** arbeiten in einem knapp über dem Atmosphärendruck liegenden Druckbereich ($1 \cdots 1{,}3$ bar).

Nach der Wirkungsweise unterteilt man die Verdichter in Kolbenmaschinen und Turbomaschinen. Ventilatoren werden nur als Turbomaschinen gebaut.

Bei den **Kolbenmaschinen** (Verdrängermaschinen) kennt man Hubkolben- und Drehkolbenverdichter (Vielzellen-Rotationsverdichter und Schraubenverdichter). Die Turboverdichter werden als Radial- und Axialmaschinen hergestellt.

Die Wirkungsweise der Kolbenmaschinen beruht auf der Verdrängung eines Luftvolumens durch oszillierende oder umlaufende Verdrängerelemente, z.B. durch Kolben oder Flügel. **Turbomaschinen** verdichten das Gas mit Hilfe der Fliehkraft, die durch die Rotation eines Laufrades erzeugt wird. Darüber hinaus werden in Sonderfällen Treibmittelverdichter eingesetzt, die mit Dampf oder Druckwasser als Treibmittel Gase ansaugen, verdichten und fördern.

Kompressoren verwendet man in der Verfahrenstechnik, um gasförmige Roh-, Zwischen- und Fertigprodukte auf die für die Stoffumwandlung oder Lagerung erforderliche Druckhöhe zu verdichten. **Gebläse und Ventilatoren** werden zur Förderung und Umwälzung von Gasen eingesetzt, wenn nur niedrige Druckunterschiede zu überwinden sind.

Tabelle 1.7 zeigt eine Gegenüberstellung der Kompressoren, Gebläse und Ventilatoren.

Zahlreiche Stoffumwandlungsverfahren laufen bei **Unterdruck** (Vakuum) ab, z.B. Verdampfung und Rektifikation. Der notwendige Unterdruck wird mit Pumpen erzeugt. In der Unterdrucktechnik unterscheidet man nach DIN 28 400 vier **Vakuumbereiche** mit folgenden Unterdrücken:

**Grobvakuum:** $10^3 \cdots 1$ mbar = $760 \cdots 0{,}75$ Torr

**Feinvakuum:** $1 \cdots 10^{-3}$ mbar = $0{,}75 \cdots 7{,}5 \cdot 10^{-4}$ Torr

**Hochvakuum:** $10^{-3} \cdots 10^{-6}$ mbar = $7{,}5 \cdot 10^{-4} \cdots 7{,}5 \cdot 10^{-7}$ Torr

**Ultrahochvakuum:** unter $10^{-6}$ mbar = unter $7{,}5 \cdots 10^{-7}$ Torr

Die zur Unterdruckerzeugung eingesetzten Pumpen – auch **Vakuumpumpen** genannt – werden nach DIN 28 400 unterteilt in Verdrängerpumpen, Turbopumpen, Treibmittelpumpen, Sorptionspumpen und Kryopumpen.

**Mit Verdrängerpumpen** – Drehkolben-, Drehschieber- und Rootspumpen – sowie Turbopumpen wird Grob- und Feinvakuum erzeugt.

**Treibmittelpumpen** sind z.B. die in der Verdampfertechnik oft eingesetzten Dampfstrahlpumpen. Wasserdampf dehnt sich hier in einer Überschalldüse aus und erzeugt einen Unterdruck. Durch Hintereinanderschaltung mehrerer **Dampfstrahlpumpen**, z.B. beim Kristallisieren, erreicht man den Feinvakuumbereich.

Quecksilberdampf- oder Öldampf-**Diffusionspumpen** gehören ebenfalls zu den Treibmittelpumpen. Durch Diffusion treten die Gasmoleküle in die Düse ein. Dort wird die Stoßenergie des Treibmittel-Dampfstrahls auf das Gas übertragen, wodurch die Gasförderung zustande kommt. Diffusionspumpen eignen sich zur Erzeugung von Hoch- und Ultrahochvakuum.

In den **Sorptionspumpen** dienen Sorptionsmittel, z.B. Aktivkohle oder Aluminiumsilikate (Zeolithe), zur laufenden Beseitigung der Gase aus einem Raum durch chemische oder physikalische Bindung.

**Kryopumpen** sind Gaskondensatoren, die mit flüssigem Wasserstoff oder Helium gekühlt werden. Der zu evakuierende Raum wird mit Kühlflächen ausgekleidet. Alle Gase mit höherem Taupunkt als die Kühlmitteltemperatur werden flüssig oder fest niedergeschlagen. Sehr große Saugleistungen sind erreichbar ($\cdots 10^7$ m$^3$/h).

## 1.6 Messen, Steuern und Regeln

Die in den Produktionsanlagen ablaufenden Vorgänge werden ständig überwacht. Falls erforderlich, muss von Hand oder durch Automatik in den Produktionsablauf eingegriffen werden. Zur Überwachung und Führung der Stoffumwandlungsverfahren mit dem Ziel optimaler Betriebsführung werden eingesetzt:

1. **Messen** und gegebenenfalls **Fernmessen** und **Fernübertragen** der Messwerte.
2. **Steuern** des Verfahrensablaufes durch wiederholte Schalt- oder Stellimpulse.
3. **Regeln** unter ständigem Zusammenspiel von Messen, Verstellen und Nachstellen zur Einhaltung eines vorgegebenen Sollzustands.

Die **Automatisierung** verfahrenstechnischer Anlagen wird einerseits bestimmt durch die Möglichkeiten und Grenzen der **Mess- und Regelungstechnik** und andererseits durch die Kenntnis der quantitativen Zusammenhänge zwischen **Betriebsbedingungen** und **Qualität des Endprodukts**.

Messen ist ein Vorgang, bei dem der Wert einer physikalischen Größe – Messgröße genannt – erfasst und als Vielfaches seiner Einheit ermittelt wird.

**Wichtige Messgrößen** in der Verfahrenstechnik sind: Höhenstand (Füllstand), Druck, Viskosität,

Menge (Masse), Durchfluss (Massen- oder Volumenstrom), Dichte, Teilchengröße, Konzentration, pH-Wert, Feuchtigkeit, Leitfähigkeit, Temperatur, Wärmestrom.

Die Messgröße wird als **Messwert** von einem **Messgerät** angezeigt, registriert oder übertragen und für Steuerungs- und Regelungsaufgaben weiterverarbeitet. Maßgebend für die Eignung eines Messgeräts ist u.a. seine Empfindlichkeit.

> Die **Empfindlichkeit** *E* eines Messgeräts ist das Verhältnis zwischen der beobachteten Änderung der Anzeige $\Delta a$ zu der sie verursachenden Änderung der Messgröße $\Delta M$. $E = \Delta a / \Delta M$.

Man unterscheidet analoge und digitale Messverfahren. Ein Messverfahren ist **analog**, wenn die Messgröße stetig dargestellt wird, z.B. bei der Temperaturmessung durch ein Flüssigkeitsglasthermometer. Ein Messverfahren arbeitet **digital**, wenn die Messgröße durch feste, kleinste Schritte zahlenmäßig angezeigt wird. Der Messwert erscheint hier als Summe von Quantisierungseinheiten oder Impulsen (z.B. bei der Drehzahlmessung durch Zählung von Lichtimpulsen während einer festen Zeitspanne).

**Vorteile digitaler Messverfahren:**

1. Hohe Genauigkeit und Auflösung.
2. Messwerte lassen sich ausdrucken und ohne Umwandlung digital weiterverarbeiten (Prozessrechner).
3. Bequeme Ablesung der Messwerte.

Messwerte sind einerseits **Eingangssignale** für Steuerungs- und Regelungseinrichtungen. Andererseits bilden sie Unterlagen für die **Betriebsabrechnung,** Prozessanalyse und **Prozessoptimierung.** Messwerte müssen daher erfasst und verarbeitet werden.

Die **Messwerterfassung** erfolgt durch schreibende und zählende Geräte oder durch automatische Abfrage der Messsignale mit Hilfe elektronischer Einrichtungen. Zur Vorbereitung für die Messwertverarbeitung werden die Messwerte über einen Erfassungszeitraum integriert, z.B. zu Energiemengen, Produktmengen, Rohstoffmengen. Hieraus werden Energiebilanzen, Mengenbilanzen, Ausbeuten und Wirkungsgrade – meist mit Hilfe elektronischer Datenverarbeitung (EDV) – aufgestellt.

> Die **Ausbeute** ist das Verhältnis der erzeugten Endproduktmenge zur verarbeiteten Ausgangsstoffmenge. Der **Wirkungsgrad** ist das Verhältnis der genutzten oder gewonnenen Energie zur zugeführten Energie.

Ausbeute und Wirkungsgrad sind stets niedriger als 100%. Beide Größen sind wichtige Hilfsmittel für die Beurteilung der Prozessführung. Alle für die Prozessführung erforderlichen Mess- und Steuereinrichtungen werden zentral in **Messwarten** (Leitständen) zusammengefasst. Häufig ist das Fließbild der Anlage an den Wandflächen der Messwarte über den Instrumenten dargestellt.

Zur **Fernübertragung** der Messwerte vom Messort (Messfühler) zum Anzeige-, Registrier- oder Zählgerät müssen die Messgrößen in elektrische (seltener in pneumatische) Größen umgeformt werden. Eine **elektrische Fernmesseinrichtung** besteht im allgemeinen Fall aus 5 Bausteinen:

1. Messwertgeber,
2. Umsetzer, Transmitter bzw. Modulator,
3. Übertragungskanal,
4. Umsetzer bzw. Demodulator,
5. Anzeige oder Registriereinrichtung.

Neuzeitliche **Messwert-Übertragungsverfahren** sind das **Impulsfrequenz-Verfahren** und das **Puls-Code-Verfahren** für Vielfach-Fernmessung. Der Vorteil des Puls-Code-Verfahrens liegt darin, dass man viele Messwerte über große Entfernungen mit großer Genauigkeit über alle für die Telegrafie geeigneten Kanäle übertragen kann.

> Steuern und Regeln sind Eingriffe in den Energie- oder Massenfluss eines ablaufenden Arbeitsvorgangs. Zwischen Steuern und Regeln bestehen grundsätzliche Unterschiede.

**Steuern** heißt, den Ablauf eines Prozesses schrittweise durch eine Folge von Änderungsvorgängen (Steuervorgänge) beeinflussen. Bei jedem **Steuervorgang** wird die Änderung der gesteuerten Größe durch einen Impuls eingeleitet und durch einen Impuls beendet. Die einzelnen Änderungsvorgänge wiederholen sich unter gleichen Bedingungen unverändert und in gleicher Weise. Ein einmal eingeleiteter Steuervorgang lässt sich weder vorzeitig widerrufen noch korrigieren.

Beispiel: Ein Ölbrenner wird während eines thermischen Prozesses immer dann eingeschaltet, wenn die Temperatur der Heizflüssigkeit auf einen bestimmten, vorgegebenen Wert abgesunken ist. Er wird immer dann abgeschaltet, wenn die Flüssigkeitstemperatur einen vorgegebenen Wert erreicht hat. Während der Temperaturänderung läuft der Brenner mit unveränderter Einstellung durch. Die momentane Flüssigkeitstemperatur beeinflusst nicht die Brennereinstellung, z.B. den Öldurchsatz.

> Steuerbar ist jeder schaltbare Wirkungsablauf. Kennzeichen eines Steuerablaufs ist die offene **Wirkungskette**. Die Messung hat bei einer Steuerung nur informative Aufgaben.

**Regeln** heißt, den Ablauf eines Prozesses dauernd und kontinuierlich durch stetig überwachendes Messen, Vergleichen und Verstellen mit dem Ziel beeinflussen, einen vorgegebenen **Sollzustand** einzuhalten.

Die **Regelung** ist im Gegensatz zur Steuerung ein Dauervorgang, bei dem die zu regelnde Größe – die **Regelgröße** – fortlaufend vom Messfühler erfasst und vom Regler mit einer anderen Größe – der **Führungsgröße** – verglichen wird. Das Ergebnis dieses Soll-Ist-Vergleichs – die **Regeldifferenz** – erzeugt eine **Stellgröße**, welche die Regeldifferenz mit Hilfe eines Stellglieds zu berichtigen versucht.

Beispiel: Die Temperatur in einem dampfbeheizten Rührkessel wird durch eine Regelung auf vorgegebenem Sollwert gehalten. Dazu wird die Rührkesseltemperatur von einem Messfühler laufend erfasst und mit dem vorgegebenen Wert verglichen. Je nach dem Ergebnis dieses Vergleichs verstellt der Regler das Heizdampfventil im Sinne einer Wärmestromerhöhung oder einer Wärmestromdrosselung. Die sich neu einstellende Rührkesseltemperatur (Regelgröße) wirkt zurück auf die Ventileinstellung (Stellgröße).

> Regelbar ist jeder messbare Wirkungsablauf. Kennzeichen einer Regelung ist der **geschlossene Regelkreis**. Der Regelbefehl wandert ständig in einer Richtung vom Messort über Regler und Stellort in die Regelstrecke zurück.

Steuerungen und Regelungen können gerätetechnisch weitgehend übereinstimmen. Kennzeichnend für die Regeleinrichtung ist der Regler. Zunehmend werden **elektronische Regler** eingesetzt, die aus integrierten Halbleiterschaltungen (ICs) bestehen.

Der **Regler** fasst mehrere Bauglieder einer **Regeleinrichtung** zusammen, mindestens jedoch den Vergleicher und ein weiteres wesentliches Glied, z.B. den Verstärker.

Man unterscheidet zwischen unstetigen und stetigen Reglern. Bei **unstetigen Reglern** kann die Stellgröße nur zwei oder mehrere verschiedene Werte annehmen (Zweipunktregler). **Stetige Regler** betätigen das Stellglied kontinuierlich in Abhängigkeit von der Regelabweichung. Stetige Regler werden hinsichtlich ihres **Zeitverhaltens** unterteilt in:

**P-Regler** = proportional wirkende Regler
**I-Regler** = integral wirkende Regler
**PI-Regler** = proportional-integral wirkende Regler
**PD-Regler** = proportional wirkende Regler mit Vorhalt
**PID-Regler** = proportional-integral wirkende Regler mit Vorhalt

Die wichtigsten **Regelungsaufgaben der Verfahrenstechnik** sind: Temperaturregelung mit P- oder (für hohe Ansprüche) PI-Reglern; **Druckregelung** mit I-Reglern und PI-Reglern; **Durchflussregelung** mit I-Reglern und (bei großer Totzeit) PID-Reglern; **Niveauregelung** mit P- und (für höhere Ansprüche) PI-Reglern; **Folgeregelung** mit I-, PI- und PID-Reglern.

In großen Produktionsanlagen werden heute alle wichtigen Zustandsgrößen gemessen, geregelt und registriert. Großanlagen der Chemie können bis zu 1000 Regelkreise enthalten. Angestrebt wird die Automatisierung des Produktionsablaufs, die Prozessautomatisierung, bei der digitale Rechner, Computer, eine wichtige Rolle spielen. Häufig werden Prozessoptimierung, Sollwertausgabe für die Regler, Datenerfassung und Datenspeicherung sowie die Bilanzierung des Prozessablaufs von einem zentralen Rechner übernommen, dem **Prozessrechner**.

Nach den Fortschritten in der **Mikroelektronik** vollzieht sich ein Übergang vom zentralen Prozessrechner zu dezentralen, digitalen **Prozessleitsystemen** (PLS) mit speicherprogrammierten Funktionsbausteinen und Mikroprozessoren als Zentraleinheiten, die aufgrund ihrer freien Programmierbarkeit rasch Prozessänderungen angepasst werden können (siehe Kapitel 14).

## 1.7 Energieerzeugung und Energieversorgung

Die chemische Industrie ist neben der Eisen- und Stahlindustrie der größte Energieverbraucher der Wirtschaft. Die dort ablaufenden Stoffumwandlungen erfordern Wärmeenergie, elektrische Energie und mechanische Energie.

**Wärmeenergie** wird in erheblichem Umfang als sog. **Prozesswärme** für thermische Verfahren und chemische Reaktionen benötigt. **Elektrische Energie** wird direkt für elektrische Trennverfahren und elektrochemische Verfahren, z.B. zur Elektroentstaubung und für Elektrolysen, eingesetzt und indirekt zur Erzeugung von Heizenergie und mechanischer Energie. Die **mechanische Energie** benötigt man für mechanische Trennverfahren, zur Stoffförderung sowie zur Überdruck- und Vakuumerzeugung.

Energieerzeugung und Energieversorgung werden in der Hauptsache durch die **Energieträger** bestimmt.

> Energieträger sind alle Stoffe, die direkt oder indirekt zur Energieversorgung verfahrenstechnischer Anlagen beitragen.

Energieträger sind z.B. Kohle, Koks, Heizöl, Generatorgas, Erdgas, Druckluft, elektrischer Strom, Kondensat und Kernbrennstoff.

Ausschlaggebend für die **Auswahl des Energieträgers** sind im Wesentlichen drei Kriterien:

1. **Sicherheit** und **Einfachheit** in der Handhabung und Verarbeitung.
2. **Verfügbarkeit** hinsichtlich Menge und politischer Einflüsse.
3. **Preiswürdigkeit** in Bezug auf Gestehung und Verwendung.

Wichtigster Energieträger in der chemischen Industrie ist **Hochdruckdampf**, der zunächst zum Antrieb sowohl von Turbogeneratoren als auch von Turbokompressoren und Turbopumpen eingesetzt wird. Er wird in **Industrie-Dampfkraftwerken** und künftig auch in **Industrie-Kernkraftwerken** erzeugt. Der zur Erzeugung der Prozesswärme benötigte Dampf wird vorwiegend **Gegendruck-Dampfturbinen** nach erfolgter Krafterzeugung entnommen.

Diese Kupplung von Kraft- und Wärmeerzeugung erhöht die **Wirtschaftlichkeit** der Energieerzeugung. Man erreicht dadurch **thermische Wirkungsgrade** von 80% und mehr. Übliche **Dampfzustände** moderner Industriekraftwerke sind 150···200 bar Druck und 500···550 °C Heißdampftemperatur. Der Gegendruck (Abdampfdruck) liegt meist bei 3···6 bar. Mitteldruckdampf von 20···50 bar kann durch Turbinenanzapfung (Anzapfdampf) gewonnen werden.

Die im Dampfkraftwerk erzeugte überschüssige elektrische Energie (Elt-Energie) wird in das öffentliche Netz eingespeist. Hierzu werden zwischen Chemieindustrie und Energieversorgungsunternehmen (EVU) langfristige Verträge abgeschlossen.

Den erzeugten **Drehstrom** von rd. 3000···5000 V transformiert man auf die gewünschten Spannungen: 24···240 V (Wechselstrom) für Licht, 240···500 V (Drehstrom) für Kraft; rd. 10 V (Gleichstrom) für Elektrolyseure; 10 000···50 000 V (Gleichstrom) für Elektroabscheidung. Zur **Gleichrichtung** des Drehstroms verwendet man **Stromrichterschaltungen** aus **Thyristoren** oder Leistungs-Transistoren für hohe Stromstärken und niedrige Spannungen (Elektrolysen), **Selen-Gleichrichter** für niedrige Stromstärken und hohe Spannungen (Elektroabscheidung).

Zum Bereich der Energieversorgung gehören auch die Lieferung verdichteter Gase, z.B. von Synthesegas; die Erzeugung von Vakuum, die Produktion von Kälteträgern, z.B. von Kühlsole und Eis, die Herstellung von Druckluft, die Lieferung von Trink-, Brauch- und Speisewasser und schließlich noch die Reinigung und Entgiftung von Abwässern.

Die **Behandlung industrieller Abwässer** hat im Rahmen des Umweltschutzes eine besondere Bedeutung gewonnen. Hierzu gibt es vier Möglichkeiten, die meist miteinander kombiniert werden:

1. **Mechanische Behandlung,** z.B. durch Sedimentieren, Filtrieren und Flotieren.
2. **Chemische Behandlung,** z.B. durch Fällung, Neutralisation, Adsorption und Extraktion.
3. **Biologische Behandlung,** z.B. in Tropfkörper- und Belebungsanlagen.
4. **Vernichtung,** z.B. Versenken oder Verbrennen.

# 2 Mechanische Verfahren zur Oberflächenvergrößerung

Chemische Reaktionen in heterogener Phase, z.B. zwischen Feststoff und Flüssigkeit, Feststoff und Gas, Flüssigkeit und Gas oder Dampf, verlaufen umso rascher und intensiver, je größer die Oberfläche der miteinander reagierenden Stoffe ist.

Die **Reaktionsgeschwindigkeit** ist proportional der Oberfläche. Infolgedessen ist die **Oberflächenvergrößerung** ein unerlässlicher Verfahrensschritt bei der Rohstoffaufbereitung zur Reaktion.

Je nachdem, ob die Oberflächenvergrößerung an Feststoffen oder Flüssigkeiten vorgenommen wird, spricht man von Zerkleinerung oder Flüssigkeitszerteilung.

## 2.1 Zerkleinern von Feststoffen

**Zerkleinerung** bedeutet Zerteilung eines Feststoffgefüges unter der Einwirkung mechanischer Kräfte.

Zweck der Zerkleinerung:

1. Vorbereitung der Rohstoffe auf Trennverfahren.
2. Vorbereitung der Rohstoffe auf chemische Reaktionsverfahren.
3. Herstellung einer für die Endproduktqualität erforderlichen Teilchengröße.

6% der weltweit erzeugten Elektroenergie, das sind ca. 600 Mrd. kWh, werden für die Zerkleinerung von Feststoffen verbraucht.

### Zerkleinerungsverfahren

Hinsichtlich der Härte des Zerkleinerungsguts unterteilt man in Hart-, Mittelhart- und Weichzerkleinerung. In Bezug auf den Zerkleinerungsgrad unterscheidet man zwischen Brechen, Schroten und Mahlen. Tabelle 2.1 zeigt eine Übersicht über die **Zerkleinerungsverfahren** und der für diese Verfahren typischen **Zerkleinerungsmaschinen**.

Die Unterscheidungskriterien «Härte» und «Zerkleinerungsgrad» werden folgendermaßen definiert:

Als **Härte** bezeichnet man den Widerstand, den ein Körper dem Eindringen eines anderen Körpers entgegensetzt.

Der **Zerkleinerungsgrad** ist das Verhältnis einer charakteristischen Feststoffgröße vor und nach dem Zerkleinerungsvorgang. Vorwiegend bezieht man den Zerkleinerungsgrad auf statistische Werte aus der Korngrößenverteilung, z.B. auf die mittlere Korngröße oder auf die spezifische Oberfläche $O_V$ (siehe Abschnitt 4.3). In erster Näherung ist der Zerkleinerungsgrad $n$ gegeben durch:

$$n = \frac{x}{x'}$$

Hierin ist: $x$ Aufgabekorngröße, $x'$ Endkorngröße

Der Zerkleinerungsgrad ist ein Maß für die Feinheit der Zerkleinerung (Tabelle 2.1). Je feiner die Zerkleinerung, desto größer ist der Zerkleinerungsgrad.

Die Zunahme der Oberfläche mit wachsendem Zerkleinerungsgrad $n$ zeigt die Zerkleinerung eines Würfels mit $x = 1$ cm Kantenlänge in kleinere Würfel mit der Kantenlänge $x'$:

| $x$ in cm | $n$ | Würfelzahl | Oberfläche in $cm^2$ |
|---|---|---|---|
| 1 cm | 1 | 1 | 6 |
| 0,1 cm | 10 | 1000 | 60 |
| 0,01 cm | 100 | 1 000 000 | 600 |

**Tabelle 2.1 Zerkleinerungsverfahren, Zerkleinerungsmaschinen**

| **Verfahren**<br>Korngröße<br>Kornart<br>Zerkleinerungsgrad *n* | Zerkleinerungsmaschinen für<br>Hartzerkleinerung<br>(Mohs-Härte 10···5)<br>z.B. von Granit, Erz, Quarz | <br>Mittelhart- und Weich-Zerkleinerung (Mohs-Härte < 5)<br>z.B. von Kohle, Kalk, Torf |
|---|---|---|
| **Grobbrechen**<br>>50 mm<br>Brocken<br>$n = 3 \cdots 6$ | Backenbrecher<br>Rundbrecher | Hammerbrecher<br>Schneckenbrecher |
| **Feinbrechen**<br>5···50 mm<br>Schotter, Split<br>$n = 4 \cdots 10$ | Rundbrecher<br>Prallbrecher<br>Walzenbrecher | Walzenbrecher<br>Daumenbrecher<br>Zackenbrecher |
| **Schroten**<br>0,5···5 mm<br>Grieß<br>$n = 5 \cdots 10$ | Prallbrecher<br>Walzenbrecher<br>Rollenwälzmühle | Kollergang<br>Schlägermühle<br>Prallmühle |
| **Feinmahlen**<br>50···500 µm<br>Mehl<br>$n = 10 \cdots 50$ | Rollenwälzmühle<br>Hammermühle<br>Prallmühle | Walzenmühle (nass)<br>Zahnscheibenmühle (nass)<br>Rotor-Stator-Systeme |
| **Feinstmahlen**<br>5···50 µm<br>Puder<br>$n > 50$ | Rohrmühle<br>Kugelmühle<br>Strahlmühle<br>Schwingmühle | Sichtermühle<br>Schwingmühle<br>Einscheiben-Stiftmühle<br>Prallscheibenmühle |
| **Kolloidmahlen**<br>< 5 µm<br>kolloidale Feinheit<br>$n > 50$ | Fließbett-Gegenstrahlmüle<br>Kugelmühle<br>Schwingmühle<br>Strahlmühle | Rührwerksmühle<br>Zweischeiben-Stiftmühle<br>Kolloidmühle (nass)<br>Kugelmühle (nass) |

### 2.1.1 Bruchvorgang

Die **Stoffbausteine der Festkörpe**r sind Ionen oder Moleküle, deren Anziehungskräfte den Stoffzusammenhalt bewirken. Dieser Zusammenhalt muss beim Zerkleinern durch eine von außen aufgebrachte mechanische Beanspruchung überwunden werden.

In der Hauptsache werden folgende **Beanspruchungsarten** zum Bruch eines Festkörpers eingesetzt:

1. **Schlag** der Arbeitsfläche gegen das Korn.
2. **Druck** auf das Korn zwischen zwei Arbeitsflächen.
3. **Scherung** (Schub oder Reibung) zwischen zwei Arbeitsflächen.
4. **Prall** des Korns gegen Arbeitsflächen oder Nachbarkörner.
5. **Schnitt** mit schneidenförmigen Arbeitsflächen.
6. Beanspruchung durch **Scherströmung** oder **Druckwellen** vorwiegend zum Zerteilen von Flocken und anderen Agglomeraten.

In Tabelle 2.2 ist die Zuordnung von Stoffeigenschaften und Beanspruchungsart dargestellt.

Der Bruch des Festkörpers erfolgt, sobald durch die Beanspruchung die Bindungskräfte der Stoffbausteine soweit überwunden sind, dass ein **Spalt** entsteht. Nach *Griffith* muss dieser Spalt eine bestimmte **Mindestlänge** in der Größenordnung von etwa 1 µm aufweisen, wenn sich der Bruch

## Tabelle 2.2 Stoffeigenschaft und Beanspruchungsart

| Stoffeigenschaft | Schlag | Druck | Scherung | Prall | Schnitt |
|---|---|---|---|---|---|
| hart | + + | + + | – | – | – |
| spröde | + + | + + | – | + + | – |
| mittelhart | + + | + + | + | + + | – |
| weich | + | + | + + | + + | + + |
| elastisch | – | – | – | + | + + |
| zäh | – | – | – | + + | + + |
| faserig | + | – | + | + | + + |
| wärmeempfindlich | – | – | – | + + | + |

+ + gut anwendbar, + bedingt anwendbar, – nicht anwendbar

durch den Festkörper fortpflanzen soll. Die Spaltweite muss dabei die Wirkreichweite der Anziehungskräfte von $10^{-4}$ bis $10^{-3}$ µm erreichen.

Der Bruch pflanzt sich mit Schallgeschwindigkeit im Festkörper fort. Der **Bruchflächenverlauf** bei einem einzelnen Korn ist nach Bild 2.1 folgender: Von der bei Druck- oder Prallbeanspruchung entstehenden Abplattung ausgehend, entsteht ein kegelförmiger Riss. Innerhalb des Kegels bildet sich Feingut. Außerhalb des **Feingutkegels** zerfällt der Körper in größere Splitter. Bei der Prallbeanspruchung entsteht nur **ein** Feingutkegel, dessen Größe mit zunehmender Aufprallgeschwindigkeit *v* wächst.

Die Stoffbausteine an der Oberfläche eines Festkörpers oder einer Flüssigkeit haben einen bestimmten Überschuss an potentieller Energie, weil sie nicht allseitig von Nachbarteilchen umgeben sind. Man nennt diesen Energieüberschuss **freie Grenzflächenenergie**. Bei der Oberflächenvergrößerung muss Arbeit aufgewendet werden, um freie Grenzflächenenergie zu schaffen.

Die spezifische, freie Grenzflächenenergie wird auf die Flächeneinheit bezogen. Man nennt sie bei Flüssigkeiten oft auch **Oberflächenspannung**. Die Definitionsgleichung lautet:

$$\sigma_O = \frac{W_O}{A}$$

Hierin ist: $\sigma_O$ spezifische, freie Oberflächenenergie in $Nm/m^2$ bzw. $J/m^2$ oder N/m, $W_O$ freie Oberflächenenergie in Nm, $A$ Oberfläche in $m^2$.

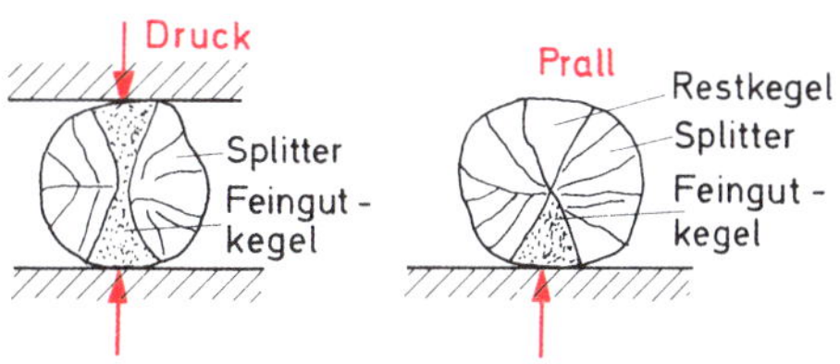


*Bild 2.1 Bruchflächenverlauf bei der Zerkleinerung eines sprödharten Festkörpers*

> Die spezifische, freie Oberflächenenergie ist die zur Vergrößerung einer Oberfläche erforderliche Arbeit, dividiert durch die zusätzlich entstandene Oberfläche; sie ist eine von der Oberflächengröße unabhängige Stoffkonstante.

Die Größenordnung der spezifischen Oberflächenenergie liegt bei Festkörpern zwischen 0,1 und 1 $Nm/m^2$. Die spezifische Oberflächenenergie der Atomkerne beträgt $10^{17}$ $Nm/m^2$!

Die theoretische **molekulare Zerreißspannung** zum Zerteilen eines spröden Festkörpers ist nach *Smekal* gegeben durch:

$$\sigma_{Zth} = \sqrt{\frac{E \cdot \sigma_O}{r_O}}$$

Hierin ist: $\sigma_{zth}$ molekulare Zerreißspannung in $N/cm^2$, $E$ Elastizitätsmodul in $N/cm^2$, $\sigma_O$ spezifische freie Oberflächenenergie in N/cm, $r_0$ molekulare Wirkreichweite in cm.

Diese Gleichung ergibt für spröde Festkörper eine theoretische Zerreißspannung, die mit $\sigma_{zth} = 10^5 \cdots 10^6$ $N/cm^2$ und 2 Zehnerpotenzen höher liegt als die tatsächliche **Bruchfestigkeit**. Die Ursache für die wesentlich niedrigere Festigkeit sind Kerbstellen.

**Kerbstellen** können Risse, Hohlräume, Fremdstoffeinschlüsse und Versetzungen an den Korngrenzen sein,

Kerbstellen stehen unter **Eigenspannungen** (innere Spannungen), denen sich die äußeren Spannungen überlagern. Die Eigenspannungen erhöhen sich durch den Quelldruck eindringender Flüssigkeiten. Der Bruch geht von der wirksamsten Kerbstelle aus, wenn im Kerbgrund die resultierende Spannung die molekulare Zerreißspannung überschreitet. Hierauf beruht der geringere Arbeitsbedarf bei der **Nassmahlung**, insbesondere wenn Detergentien als Mahlhilfen eingesetzt werden.

Die Feinheit der Zerkleinerung wird durch die **Kerbstellendichte** begrenzt. Die Wirksamkeit der Kerbstellen nimmt mit zunehmendem Zerkleinerungsgrad ab. Folge: Anstieg der Zerkleinerungsarbeit mit wachsendem Zerkleinerungsgrad.

## 2.1.2 Zerkleinerungsarbeit

Die Nutzarbeit der Zerkleinerung $W_O$ ist gleich der freien Grenzflächenenergie der zusätzlich geschaffenen Oberfläche $\Delta A$

$$W_O = \sigma_O \cdot \Delta A$$

Zur Schaffung der zusätzlichen Oberfläche wird die technische Zerkleinerungsarbeit aufgewendet:

$$W_Z = W_O + W_F + W_R + W_M$$

Hierin ist: $W_Z$ technische Zerkleinerungsarbeit, $W_O$ freie Oberflächenenergie, $W_F$ Formänderungsarbeit, $W_M$ Verlustarbeit der Maschine. Alle Größen mit der Einheit J bzw. kWh (1 J = 1 Nm = 1 Ws).

Der Wirkungsgrad $\eta$ der Zerkleinerung ist das Verhältnis von Nutzarbeit zu technischer Zerkleinerungsarbeit:

$$\eta = \frac{W_O}{W_Z} \cdot 100\% \approx 0{,}1\% \cdots 1\%$$

Der Wirkungsgrad der Zerkleinerung ist äußerst niedrig, da insbesondere die Verluste durch Reibung und Verformung des Zerkleinerungsgutes die Nutzarbeit weit überwiegen. Diese Verluste steigen mit der Kornfeinheit stark an.

Der Arbeitsaufwand zur Zerkleinerung ist vom Zerkleinerungsgrad und von der Härte des Feststoffs abhängig.

Die technische Zerkleinerungsarbeit und die erforderliche Antriebsleistung der Zerkleinerungsmaschine lassen sich näherungsweise mit dem von *Bond* und *Wang* aufgestellten **empirischen Zerkleinerungsgesetz** ermitteln. Es lautet:

$$W_Z = C \cdot m \left(\frac{\sqrt{n}}{x'}\right)^{0{,}5}; \quad \frac{W_Z}{m} = C \cdot \left(\frac{\sqrt{n}}{x'}\right)^{0{,}5}$$

Hierin ist: $W_Z$ technische Zerkleinerungsarbeit, $C$ eine von der Art des Feststoffs und der Zerkleinerungsmaschine abhängige Konstante, $m$ Menge des zerkleinerten Feststoffs, $n$ Zerkleinerungsgrad, $x'$ Korngröße nach der Zerkleinerung, $W_Z/m$ spezifische Zerkleinerungsarbeit.

Das Zerkleinerungsgesetz von *Bond* und *Wang* ist als Diagramm in Bild 2.2 dargestellt. Hierin ist die spezifische Zerkleinerungsarbeit $W_Z/m$ in kWh/t über der Größe $\sqrt{n}/x'$ in 1/cm aufgetragen.

**Beispiel 2.1**

Ein Kegelbrecher, auch Kegelgranulator genannt, zerkleinert hartes Gestein von $x$ = 300 mm Aufgabe-Korngröße auf $x'$ = 40 mm Endkorngröße. Der Durchsatz beträgt $\dot{m}$ = 200 t/h. Wie groß ist die Antriebsleistung $P$ in kW?

Bild 2.2 Diagramm zur Ermittlung der spezifischen technischen Zerkleinerungsarbeit

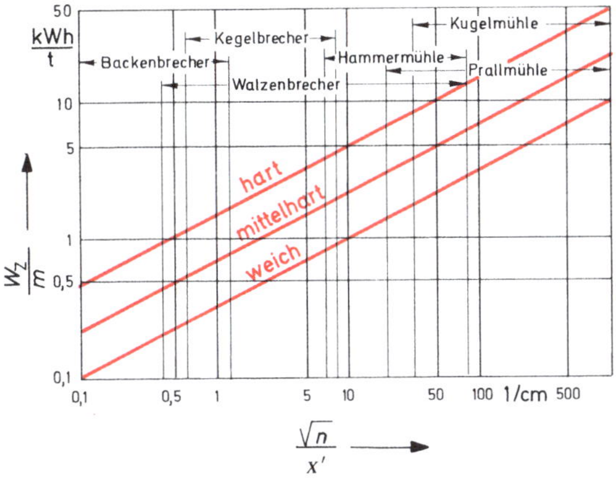


*Lösung*

Zur Lösung wird das Diagramm Bild 2.2 herangezogen. Der Zerkleinerungsgrad ist

$$n = \frac{x}{x'} = \frac{300 \text{ mm}}{40 \text{ mm}} = 7{,}5;$$

$$\frac{\sqrt{n}}{x'} = \frac{\sqrt{7{,}5}}{4 \text{ cm}} = 0{,}686 \approx 0{,}7$$

Für hartes Gut liest man auf der Ordinate einen spezifischen Arbeitsbedarf ab von

$$\frac{W_Z}{m} = 1{,}2 \text{ kWh/t}$$

Die Antriebsleistung ergibt sich dann einfach aus der Beziehung:

$$P = \frac{W_Z}{m}\,\dot{m} = 1{,}2 \text{ kWh/t} \cdot 200 \text{ t/h} = 240 \text{ kW}$$

Dieser Wert stimmt mit den Angaben von Herstellerfirmen recht gut überein.

Der Arbeitsbedarf zur technischen Zerkleinerung dient zu 99% der Deckung von Verlusten, die durch Verformung und Reibung entstehen. Diese Verluste steigen mit zunehmendem Feinkornanteil stark an. Daraus folgt

> Es ist unbedingt erforderlich, das Feinkorn nach Erreichen der gewünschten Korngröße vom Zerkleinerungsgut abzuziehen.

Zur **Feingutabscheidung** verwendet man **Klassierapparate**, und zwar Siebe und Windsichter bei der Trockenmahlung, Stromklassierer und Hydrozyklone bei der Nassmahlung. Ein besonders niedriger Arbeitsbedarf ergibt sich bei stufenweiser Zerkleinerung durch Hintereinanderschaltung von Grob-, Fein- und Feinstzerkleinerungsmaschinen nebst Klassierapparaten.

Weich-zähe und elastische Güter, die außerdem noch wärmeempfindlich sind, z.B. Kunststoffe, zerkleinert man durch **Kaltmahlverfahren**. Kaltmahlverfahren werden neuerdings auch in der Lebensmitteltechnik angewendet. Kaltmahlverfahren reduzieren die Erwärmung und Verhindern das Verdampfen von Aromastoffen z.B. bei Kaffee oder Gewürzen.

Bei den Kaltmahlverfahren wird das Gut in flüssigem Stickstoff (–196 °C) rasch abgekühlt. Bei dieser Temperatur verspröden alle weich-zähen und elastischen Güter. Anschließend wird das spröd-hart gewordene Gut in Prall- oder Schwingmühlen zerkleinert. Die Mühlenumluft ist durch verdampfenden Stickstoff tiefgekühlt. Durch kontinuierliche Zugabe von Flüssigstickstoff kann die gesamte Anlage unter einer inerten Stickstoffatmosphäre betrieben werden. Oxidationen, Explosionen und Brände werden dadurch ausgeschlossen.

### 2.1.3 Zerkleinerungsmaschinen

Die Vielzahl der **Zerkleinerungsmaschinen** lässt sich nach verschiedenen Gesichtspunkten ordnen, und zwar

1. nach dem Beanspruchungsmechanismus,
2. nach der Endfeinheit des Gutes,
3. nach der Härte des Gutes,
4. nach Art der Energieeinleitung.

**Tabelle 2.3 Wichtige Zerkleinerungsmaschinen (Richtwerte)**

| Maschine | Zerkleinerungsgrad | Beanspruchung | Zerkleinerungsgut (Beispiele) | Aufgabekorngröße in mm | Endkorngröße in mm | Durchsatz in t/h |
|---|---|---|---|---|---|---|
| Backenbrecher | 3···6 | Druck, Schlag | Erz, hartes Gestein | 130···1500 | 25···350 | 5···1200 |
| Walzenbrecher (Walzenmühle) | 4···6 | Druck, Schlag | Gestein, Kohle, Salze | 100···350 (10···50) | 15···80 (0,8···15) | 50···1200 (50···300) |
| Kegelbrecher | 4···6 | Druck, Scherung | Erz, hartes Gestein | 25···300 | 5···75 | 8···600 |
| Prall- und Hammerbrecher | 10···15 | Schlag, Prall | Kohle, Kalkstein | 50···600 | 5···50 | 20···300 |
| Daumenbrecher | 10···20 | Druck, Schlag | Branntkalk, Kreide | 100···200 | 5···20 | 1···10 |
| Wälzmühlen | 10···50 | Druck, Scherung | Kohle, Ton, Klinker | 20···30 | 0,05···1 | 3···150 |
| Kugelmühle | 10···50 | Schlag, Scherung | Quarz, Zement | 20···30 | <0,01 | 2···60 |
| Schwingmühle | 10···50 | Schlag, Scherung | Bauxit, Schlacke | 0,5···30 | 0,001···0,05 | 2···20 |
| Prallmühle | 10···50 | Schlag, Prall | Düngesalze, Harze | 20···30 | 0,05···0,5 | 0,5···20 |
| Hammermühle | 10···50 | Schlag, Prall | Stein- und Braunkohle | 20···30 | 0,05···0,5 | 0,5···20 |
| Schlägermühle | 10···50 | Schlag, Prall | Asbest, Gips, Branntkalk | 20···100 | 0,1···5 | 0,1···10 |
| Stiftmühle Schlagscheibenmühle | ···50 | Schlag, Prall, Scherung | Farbstoffe, Nahrungsmittel ölhaltige Stoffe | 10···20 | 0,005···0,02 | 0,02···6 |
| Strahlmühle Sichtermühle | ···50 | Prall, Schlag, Scherung | Keramikstoffe, Pharmazeutika, Pflanzenschutzmittel | 5···10 | 0,001···0,01 | 0,01···4 |
| Schneidmühle Sichtermühle | 10···50 | Scherung, Schnitt | Gummi, Holz | 100···400 | 0,5···5 | 0,01···3 |
| Scheibenmühle | 10···50 | Scherung, Schnitt | Kunststoff, Leder, Cellulose | 10···30 | 0,005···1 | 0,01···20 |
| Kolloidmühle Rührwerksmühle | ···50 | Druck, Scherung | Pigmente, Paraffine | 10···20 | < 0,005 | 0,01···30 |
| Walzenmühle | ···50 | Druck, Scherung | Getreide, Pasten | 5···10 | 0,005···0,1 | 0,1···10 |
| Rohrmühle | 10···50 | Schlag, Scherung | Zementklinker, Schlacke, Phosphat, Koks | 20···30 | <0,01 | ···600 |

Tabelle 2.3 gibt ergänzend zu Tabelle 2.1 eine nach diesen Ordnungsprinzipien gestaltete Übersicht über die wichtigsten Zerkleinerungsmaschinen.

Ausgesprochene **Weichzerkleinerung** wird in der Lebensmittelindustrie, Kunststofftechnik, Holzverarbeitung und Papierindustrie angewendet. Neben den Stiftmühlen und Schlägerwerk-Prallmühlen findet man Maschinen, die das Gut zerreißen (Reißwolf und Zahnscheibenmühle), zerreiben (Reibmühle), zerquetschen (Walzenmühle) und zerschneiden (Schneidmühle).

Zu den in Tabelle 2.3 aufgeführten Zerkleinerungsmaschinen sollen nun noch einige Anmerkungen gemacht werden. Konstruktive Einzelheiten können im Rahmen dieses Buches nicht besprochen werden. Das Funktionsprinzip der **Brecher** ist in Bild 2.3 vereinfacht dargestellt.

Bei den **Backenbrechern** (Bild 2.3a) erfolgt die Zerkleinerung zwischen einer festen und einer schwingenden Brechbacke. Beim Rückgang der schwingenden Brechbacke fällt das zerkleinerte Material heraus. Durch Verstellung der Schwingenneigung können Durchsatz und Kornqualität verändert werden. Großbrecher haben eine hydraulische Schwingenabstützung zum Überlastungsschutz und zur Einstellung der Spaltweite.

Der **Walzenbrecher** (Bild 2.3b) zerkleinert das Aufgabegut zwischen zwei mit gleicher oder unterschiedlicher Drehzahl umlaufenden Walzen, die mit Nocken oder Zähnen besetzt sind. Nur bei unterschiedlicher Drehzahl ergibt sich eine Scherbeanspruchung. Bei niedriger Walzendrehzahl überwiegt die **Druckzerkleinerung**. Bei höherer Drehzahl wird eine **Schlagbeanspruchung** durch die Nocken wirksam. Eine der Walzen ist parallel verschiebbar angeordnet und gegen eine Feder abgestützt (Überlastungsschutz und Spaltweitenverstellung).

**Kegelbrecher** sind Kreiselbrecher (Bild 2.3c). Zerkleinert wird in einem Brechraum zwischen Brechmantel und Brechkegel. Der Brechkegel vollführt dabei eine schnelle Taumel- und Schlagbewegung aus, die durch eine mit hoher Drehzahl umlaufende Exzenterbuchse erzielt wird. Der Brechkegel wird häufig durch eine Hydraulikanlage vorgespannt, die gleichzeitig als Überlastungsschutz und Spalteinstellung wirkt.

> Kegelbrecher sind zu bevorzugen, wenn möglichst vorzerkleinertes Gut kubisch und feinkornarm zerkleinert werden soll.

**Prallbrecher** und **Prallmühlen** (Bild 2.3d) sowie **Hammerbrecher** und **Hammermühlen** – zwischen Brechern und Mühlen besteht kein grundsätzlicher Unterschied – tragen an einem Scheibenrotor gelenkig auf durchgehenden Bolzen aufgehängte Schlagorgane (Leisten oder Hämmer), die durch die Fliehkraft eine gestreckte Lage einnehmen. Das Gut wird gegen Prallplatten und dann gegen einen Rost oder eine Mahlbahn geschleudert. Bei Überlastung weichen die Schlagorgane aus. Die Gutfeinheit hängt ab von der Rostspaltweite, der Schlägerumfangsgeschwindigkeit und dem Abstand zwischen Schläger und Rost bzw. Mahlbahn.

**Umfangsgeschwindigkeit** bei Hammerbrechern und Hammermühlen:

| | |
|---|---|
| Brechen: | 40···50 m/s |
| Grobmahlen: | 50···60 m/s |
| Fein- und Feinstmahlen: | 60···150 m/s |

Beim **Daumenbrecher** trägt die über eine Schwungscheibe angetriebene Brechwelle versetzt angeordnete, einzeln austauschbare Brechdaumen. Das Gut wird von den rotierenden Brechdaumen erfasst, auf den Brechrost gedrückt und nach unten ausgetragen.

**Wälzmühlen** (Bild 2.4) zerkleinern das Mahlgut zwischen zwei aufeinander abwälzenden, zwangsläufig bewegten Flächen. Die abwälzende Fläche kann durch Schwerkraft, Fliehkraft oder Federkraft gegen die Mahlbahn gedrückt werden. Man unterscheidet daher:

**Schwerkraft-Wälzmühlen**, z.B. der Kollergang in Bild 2.4a,

**Fliehkraft-Wälzmühlen**, z.B. die Pendelmühle in Bild 2.4b,

**Federkraft-Wälzmühlen**, z.B. die Federkraft-Rollenmühle (Loesche-Mühle) in Bild 2.4c und die Federkraft-Kugelmühle (Fuller-Peters-Mühle) in Bild 2.4d.

Die **Kugelmühle** ist eine Schwerkraftmühle mit loser Mahlkörperfüllung. Zu dieser Maschinenart gehören auch die Rohrmühle (Zementherstellung) und Stabmühle (Mahlkörper sind Stäbe).

Kugelmühlen sind die vielseitigsten Zerkleinerungsmaschinen, geeignet zum Trockenmahlen spröder Stoffe beliebiger Härte auf mittlere bis höchste Feinheit sowie zum Nassmahlen von mittelviskosen Medien (Pasten, Dispersionen). Das Grundprinzip der Kugelmühle, das **Drehrohr**, findet in der Verfahrenstechnik vielfache Verwendung, z.B. als Röstofen, Reaktor, Trockner, Mischer und Extraktor.

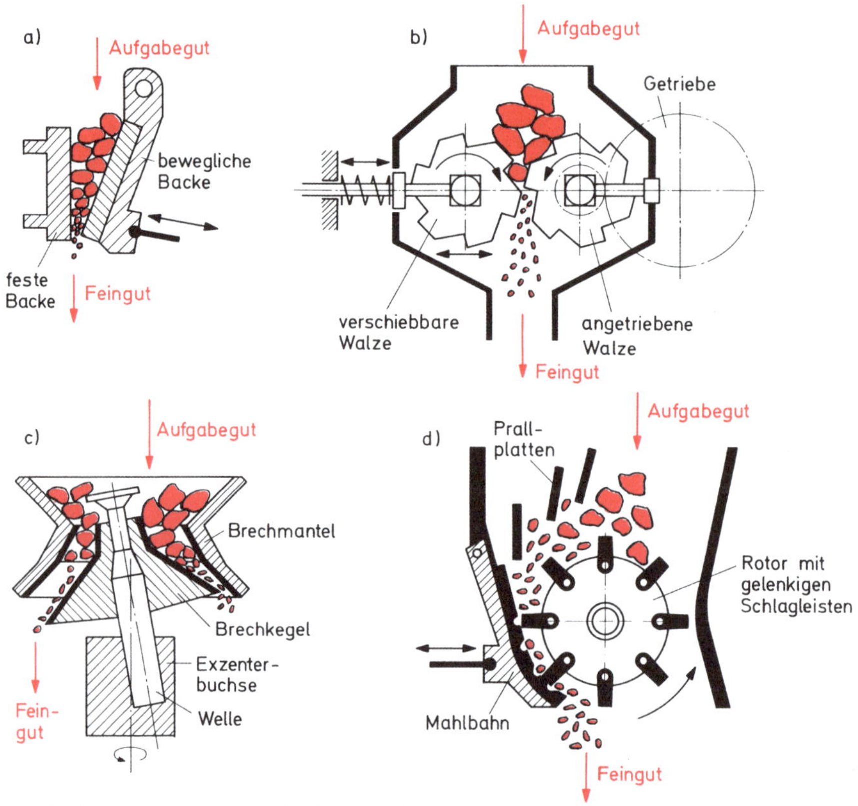


*Bild 2.3 Brecher: a) Backenbrecher, b) Walzenbrecher, c) Kegelbrecher (Kreiselbrecher), d) Hammerbrecher (Prallbrecher)*

Die Zerkleinerung erfolgt durch eine lose **Kugelfüllung**, die in einer hartgussgepanzerten, rotierenden Mahltrommel rutschende und rollende Gleitbewegungen sowie parabelförmige **Wurfbewegungen** ausführt (Bild 2.5a). Ein Teil der Kugeln legt sich unter Fliehkraftwirkung an die Trommelwand an, wird bis zu einer gewissen Höhe mitgenommen, dann abgeworfen und prallt auf das Mahlgut. Dieser optimale Bewegungszustand ist nur bei bestimmten Drehzahlen möglich. Bei zu niedriger Drehzahl rollen die Kugeln nur aufeinander ab (Bild 2.5b). Bei zu großer Drehzahl bleiben die Kugeln an der Wand haften und rotieren mit der Trommel.

Die **Grenzdrehzahl**, bei *d*er die an der Trommelwand liegenden Kugeln erstmals nicht mehr abgeworfen werden, ist:

$$n_C = \frac{1}{2\pi} \cdot \sqrt{\frac{2g}{D_T}}; \quad n = 0{,}75 \cdot n_C$$

Hierin ist: $n_c$ Grenzdrehzahl in $s^{-1}$, $g$ Erdbeschleunigung in $m/s^2$, $D_T$ Trommeldurchmesser in m, $n$ mittlere Betriebsdrehzahl als Richtwert.

Der **Ablösungswinkel** $\varphi$ ergibt sich aus:
$\varphi$ = aresin $(n/n_c)^2$.
Im Ablösungspunkt ist $F_R \geq F_Z$ (Bild 2.5a).

Kugeldurchmesser und Drehzahl beeinflussen die **Mahlfeinheit**. Man verwendet große Kugeln zum Grobmahlen, kleinere Kugeln zum Feinmahlen und kleine Kugeln vermischt mit Stahlwürfeln und Rundstahlstücken (Cylpeps) zum Feinstmahlen. Für eisenfreie Vermahlung nimmt man Flintsteine oder Porzellankugeln. Der **Kugeldurchmesser** liegt zwischen:

$$d = \frac{D_T}{18} \cdots \frac{D_T}{24}$$

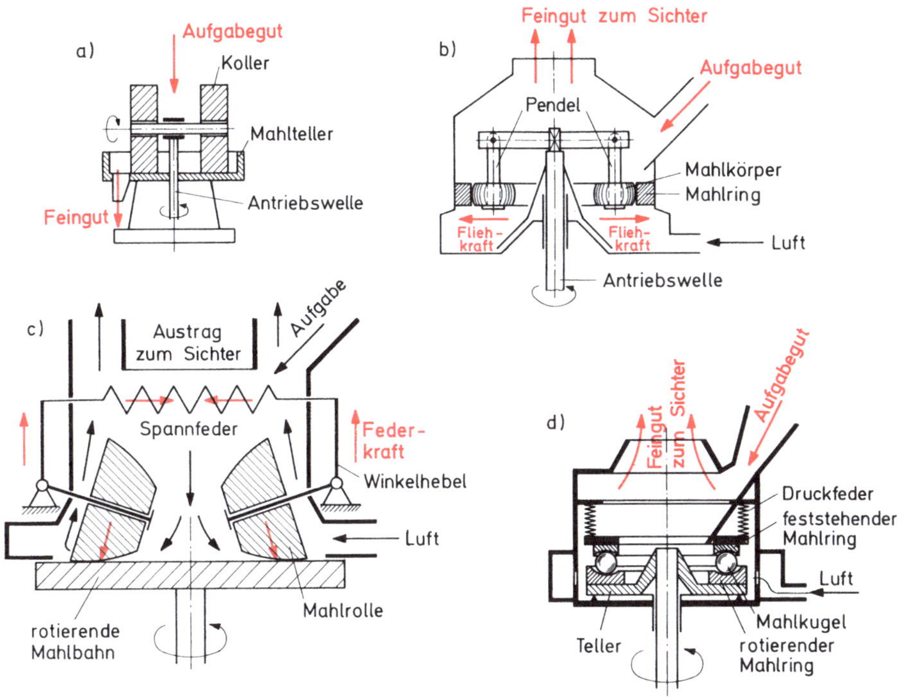


*Bild 2.4 Wälzmühlen: a) Schwerkraftwälzmühle (Kollergang), b) Fliehkraftwälzmühle (Pendelmühle). c) Federkraftwälzmühle (Loesche-Mühle), d) Federkraftkugelmühle (Fuller-Peters-Mühle)*

> Die reibende Abrollbewegung unterstützt die Feinmahlung, die schlagende Fallbewegung unterstützt die Grobmahlung. Daher Drehzahl beim Grobmahlen $(1{,}05\cdots1{,}1)\cdot n$ und beim Feinmahlen $(0{,}7\cdots0{,}9)\cdot n$.

Nach einer empirischen Formel von *Blanc-Eckhard* kann die effektive Antriebsleistung einer Kugelmühle unter der Voraussetzung $n = 0{,}75 n_c$ ermittelt werden:

$$P = C \cdot m \cdot \sqrt{D_T}$$

Hierin ist: $P$ Antriebsleistung in kW, $m$ Gewicht der Mahlkörper in t, $D_T$ Trommeldurchmesser in m, $C$ ein vom Füllungsgrad $\Phi$ abhängiger Faktor.

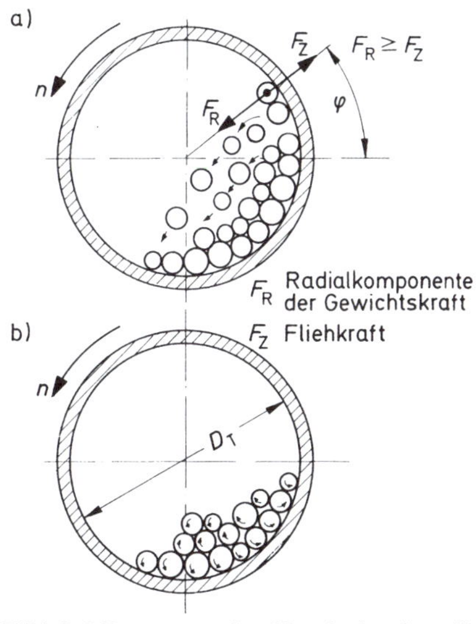


*Bild 2.5 Bewegung der Kugeln in einer Kugelmühle: a) beim Grobmahlen, b) beim Feinmahlen*

**Tabelle 2.4 Leistungsfaktor *C***

| Art der Mahlkörper | Füllungsgrad | | | | |
|---|---|---|---|---|---|
| | 0,1 | 0,2 | 0,3 | 0,4 | 0,5 |
| Flintsteine | 9,85 | 9,1 | 8,15 | 7,05 | 5,8 |
| große Kugeln | 8,85 | 8,15 | 7,35 | 6,3 | 5,2 |
| kleine Kugeln | 8,5 | 7,85 | 7,05 | 6,1 | 5,0 |

Für die oben angegebenen Einheiten kW, kg und m ist dieser der Tafel 2.4 zu entnehmen.

Der Füllungsgrad $\Phi$ ist das Verhältnis von Mahlkörperschüttvolumen zu Mahltrommelvolumen. Die maximale Aufnahme von Zerkleinerungsenergie erfolgt bei $\Phi = 0{,}4$. Üblich sind Füllungsgrade zwischen 0,1 und 0,4.

**Beispiel 2.2**

Eine Kugelmühle mit $D_T = 1{,}6$ m Trommeldurchmesser ist mit großen Stahlkugeln gefüllt. Die Kugelfüllung wiegt 5 t bei einem Füllungsgrad $\Phi = 0{,}4$. Zu berechnen sind mittlere Betriebsdrehzahl $n$ und Antriebsleistung $P$.

*Lösung*

1. Grenzdrehzahl:

$$n_c = \frac{1}{2\pi} \cdot \sqrt{\frac{2g}{D_T}} = \frac{1}{2\pi} \sqrt{\frac{2 \cdot 9{,}81\,\mathrm{m/s^2}}{1{,}6\,\mathrm{m}}} = $$
$$= 0{,}56\,\mathrm{s^{-1}}$$

2. Mittlere Betriebsdrehzahl:

$$n = 0{,}75 \cdot n_c = 0{,}42\,\mathrm{s^{-1}} = 25\,\mathrm{min^{-1}}$$

3. Leistungsfaktor (nach Tabelle 2.4): $C = 6{,}3$
4. Antriebsleistung:

$$P = C \cdot m \cdot \sqrt{D_T} = 6{,}3 \cdot 5\,\mathrm{t} \cdot \sqrt{1{,}6\,\mathrm{m}} = 40\,\mathrm{kW}$$

**Rohrmühlen** sind Kugelmühlen, bei denen entlang des Mahlgutwegs die Mahlkörpergrösse jeweils der fortschreitenden Mahlfeinheit angepasst wird. Die Mahltrommel ist in Kammern eingeteilt, deren Trennwände das Mahlgut durchlassen, die Mahlkörper zurückhalten (Verbundrohrmühle).

Die **Rohrlänge** $L$ ist hier $(4 \cdots 6) \cdot D_T$; bei Kugelmühlen ist $L \approx D_T$. Durch die Anpassung wird eine Verringerung der Antriebsleistung erzielt. **Verbundrohrmühlen** werden bei der Zementmahlung eingesetzt. Die Antriebsleistung der größten Rohrmühlen kann bis zu 10 MW betragen.

**Schwingmühlen** sind dadurch gekennzeichnet, dass ein oder zwei federnd befestigte, trog- oder trommelförmige Mahlbehälter durch umlaufende Unwuchten in schnelle Kreisschwingungen quer zur Achsrichtung versetzt werden. Der Durchmesser des Schwingungskreises beträgt bei Feinstmahlung 5···6 mm und bei gröberer Mahlung 10···20 mm. Die Frequenz der Kreisschwingung liegt zwischen 10 und 50 Hz.

Die Mahlbehälter sind zu 60···80% mit Kugeln gefüllt ($\Phi = 0{,}6 \cdots 0{,}8$). Die Kugeln erhalten in rascher Folge richtungsändernde Impulse, die als Schläge an das Mahlgut weitergegeben werden. In der Schwingmühle dominiert die energetisch günstigere Schlagzerkleinerung. Dabei wälzt sich die Kugelfüllung im Gegensinn der Schwingung um. Das Mahlgut durchläuft den Mahlbehälter in schraubenförmiger Bahn.

Da die Schwingmühle mit höheren Impulsfrequenzen ($f = 20 \cdots 100$ Hz) und Beschleunigungen ($7 \cdots 10 \cdot g$) arbeitet als die Kugel- oder Rohrmühle, können kleinere Mahlkörper mit größerer spezifischer Mahlfläche eingesetzt werden ($d = 10 \cdots 15$ mm). Die Schwingmühle ist im Gegensatz zur Kugelmühle für sehr harte Materialien **nicht** geeignet. Mit der Schwingmühle kann Trocken- und Nassmahlung mit einer Mahlfeinheit bis 1 mm durchgeführt werden.

In neuerer Zeit finden die **Schwing-Rohrmühlen** verstärkten Einsatz. Zwei Schwingrohre sind horizontal übereinander angeordnet. Zwischen den Rohren sitzt der Schwingungserreger. Das Mahlgut wandert durch die bei Feinmahlung in Reihe oder bei Grobmahlung parallelgeschalteten Rohre (Bild 2.6).

Nimmt man an, dass die Mahlkörper im Takt mit der Kreisschwingung gegen das Mahlgut schlagen, dann ergibt sich die **Leistungsaufnahme** einer Schwingmühle zu:

$$P = 0{,}6 \cdot m_F \cdot r^2 \cdot (2\pi \cdot f)^3$$

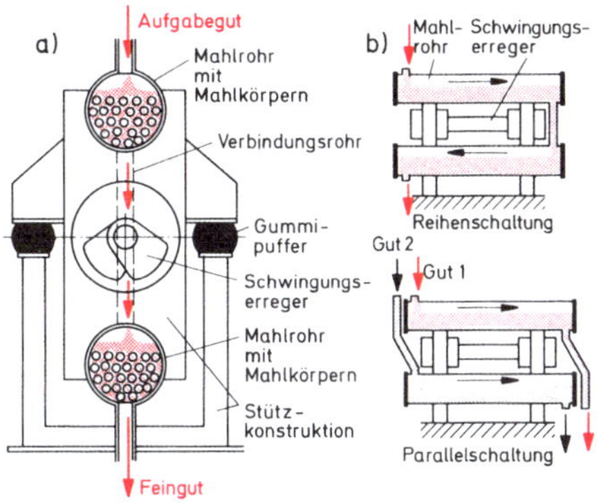


*Bild 2.6 Schwingrohrmühle:*
*a) Aufbau, b) Schaltung der Schwingrohre*

Hierin ist: $P$ Antriebsleistung in kW, $m_F$ Gesamtgewicht von Mahlgut- und Mahlkörperfüllung in t, $r$ Radius der Kreisschwingung in m, $f$ Frequenz der Kreisschwingung in $s^{-1}$.

Prallmühle, Schlägermühle, Schlagkreuz-, Schlagscheiben- und Stiftmühle gehören zur Gruppe der **Schlag- und Schleudermühlen.** Bei dieser Mühlengruppe sind auf einen mit hoher Tourenzahl ($n$ = 2000···10 000 $min^{-1}$) umlaufenden Rotor Mahlorgane **unbeweglich** befestigt, z.B. Schlagleisten und Schlagkreuze, Arme, Hämmer, Nasen oder Stifte, die das Aufgabegut im Flug durch **Schlag und Prall** zerkleinern. Umfangsgeschwindigkeit 70···160 m/s. Bei den Stiftmühlen tritt neben der Schlag- und Prallwirkung auch noch Scherung hinzu (Bild 2.7a).

**Stiftmühlen** werden in zwei unterschiedlichen Konstruktionen gebaut: 1. mit einer rotierenden und einer feststehenden Stiftscheibe; 2. mit zwei ineinandergreifenden **gegenläufig** rotierenden Stiftscheiben. Letztere Bauart zur Feinstmahlung weicher bis mittelharter Stoffe. Die Ausführung mit großer Luftkammer, die **Weitkammermühle**, verhindert Ansatzbildung bei Verarbeitung ölhaltiger, fettiger Stoffe.

Bei der **Strahlmühle** erfolgt die Zerkleinerung durch Druckluftstrahlen (6 bar), die mit hoher Geschwindigkeit ($v$ > 400 m/s) in den zylindrischen Mahlraum eingeblasen werden. Es entsteht eine **Spiralströmung**, die sich zentral nach innen zur Auslassöffnung bewegt. In den rotierenden Wirbel wird mit einem Injektor das Mahlgut von oben eingeblasen oder im freien Fall zugeführt. Im Brennpunkt der Luftstrahlen werden die Feststoffpartikel durch Prall zerkleinert.

Die Kreisströmung im Mahlraum übt auf das Mahlgut **Zentrifugalkräfte** aus, welche die groben Teilchen so lange im Wirkungsbereich der Strahlen halten, bis die zum Austragen erforderliche Mindestkorngröße erreicht ist. Die Gutabscheidung aus der Trägerluft wird meist mit **Spiralsichtern** durchgeführt. Mit einem Luftdurchsatz von ca. 750 $m^3$/h lassen sich z. B. bis zu 1000 kg Mahlgut/h mit einer Feinheit von $d_{97}$ = 10 µm mahlen. Der Mahlgutdurchsatz hängt von der Feinheit und von der Härte des Mahlguts ab.

**Schneidmühlen** zerkleinern schneidfähige Stoffe, z.B. Gummi und Thermoplaste, mit messerbestückten Rotoren, mit vertikaler oder horizontaler Wellenanordnung. Auswechselbare Auslasssiebe ermöglichen eine gleichmäßige Granulierung. Die Umfangsgeschwindigkeit der Rotormesser beträgt 15···20 m/s.

Bei den **Scheibenmühlen** wird das Gut zwischen einer feststehenden Statorscheibe und einer rotierenden, axial verstellbaren Rotorscheibe zerkleinert. Es wird zentral durch die Statorscheibe zugeführt und nach außen zu den glatten oder geriffelten Zerkleinerungszonen der Mahlscheiben geschleudert (Bild 2.7b), deren Abstand und Form die Mahlfeinheit bestimmen. Je nach Mahlraum- und Scheibenform unterscheidet man Prallscheiben-, Korundscheiben- und Zahnscheibenmühlen mit vertikaler oder horizontaler Rotorachse.

Eine Sonderform der Zahnscheibenmühle ist die **Zahnkolloidmühle**. Zwischen den verzahnten Flächen der Mahlscheiben werden in einem engen Spalt in dünnflüssiger bis hochviskoser Suspension Produkte zerkleinert, dispergiert oder homogenisiert. In einer laminaren Scherströmung (Couette-Strömung) entstehen infolge des großen Geschwindigkeitsgefälles beträchtliche Schubspannungen ($\tau = v/s$).

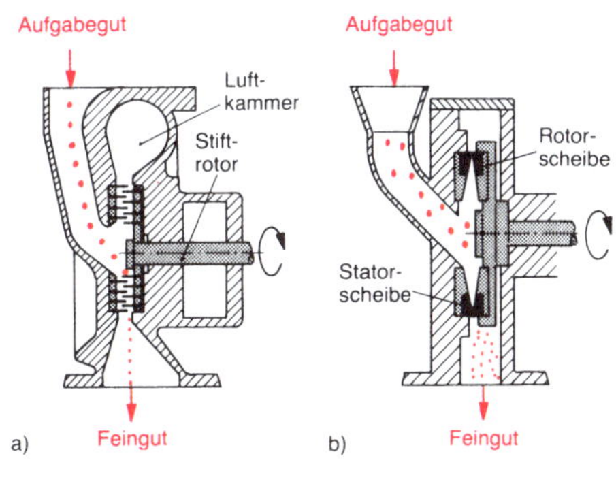


*Bild 2.7 a) Stiftmühle, b) Prallscheibenmühle*

In **Rühnverksmühlen** (Perl-Mill) wird das in einer Flüssigkeit suspendierte Mahlgut in einer turbulenten Rührströmung von Perlen aus Hartglas, Keramik oder Stahl zerkleinert. Die Mühle besteht aus dem Mahlbehälter und einer vertikalen Rührwelle mit übereinander sitzenden Loch- oder Stiftscheiben. Die Trennung des Feinguts von den Mahlperlen erfolgt durch Siebpatronen oder in einem Reibspalt. Rührwerksmühlen werden zum Feinstmahlen, Dispergieren und Homogenisieren z.B. für Farben, Kakaopulver und Zellaufschlüsse eingesetzt.

**Walzenmühlen** bestehen meist aus zwei glatten oder geriffelten Walzen, die mit unterschiedlicher Drehzahl angetrieben werden. Umfangsgeschwindigkeit der schnelleren Walze 3···4 m/s. Geschwindigkeitsverhältnis bei Riffelwalzen 2 : 1···5 : 1, bei Glattwalzen 1,25 : 1, Durch die unterschiedliche Umfangsgeschwindigkeit ergibt sich im Walzspalt neben der Quetschung noch eine Scherung.

Vom zerkleinerten Gut wird eine möglichst gleichmäßige Körnung gefordert. Die Wirtschaftlichkeit der Zerkleinerung erfordert außerdem, dass nur so fein wie nötig zerkleinert wird, und dass das Feingut ständig aus der Zerkleinerungsmaschine abgeführt werden muss.

Diese Anforderungen werden von **Sichtermühlen** erfüllt, bei denen die Zerkleinerung mit einer **Klassierung** (siehe Abschnitt 4.1) gekoppelt wird. Merkmale: Konstante Produktqualität mit steiler Kornverteilungskurve und scharfer Oberkornbegrenzung. Vom **Klassierapparat** (Sichter oder Hydrozyklon) wird hierin verlangt:

1. einfache **Regulierungsmöglichkeit** während des Betriebs zur Einstellung der gewünschten Feinheit,
2. **Trennschärfe**, damit nicht zu viel Feingut in den Mahlprozess zurückläuft.

## 2.2 Flüssigkeitszerteilung

Zweck der Flüssigkeitszerteilung ist die Schaffung einer großen, aus Tropfen, Fäden oder Filmen bestehenden, Flüssigkeitsoberfläche. Die Flüssigkeitszerteilung ist besonders bedeutsam für:

1. chemische Reaktionen zwischen Flüssigkeiten und Gasen,
2. Absorption von Gasen aus Gasgemischen durch Flüssigkeiten,
3. Nassabscheidung von Fremdstoffen aus Gasen,
4. Wärmeübertragung an Flüssigkeiten,
5. Trennung von Flüssigkeitsgemischen durch Rektifikation und Extraktion.

Zur Vergrößerung der Oberfläche muss ebenso wie bei der Feststoffzerkleinerung die **Kohäsion** der Materie überwunden werden. Bei Flüssigkeiten wird die Kohäsion durch **zwischenmolekulare Kräfte** (Van-der-Waals-Kräfte) bewirkt, die um Zehnerpotenzen kleiner sind als die Ionen-Bindungskräfte bei den meisten anorganischen Feststoffen (Erze, Mineralien, Salze).

In Tabelle 2.5 findet man eine Übersicht über die **Verfahren zur Flüssigkeitszerteilung**. Die zur Zerteilung erforderliche Kohäsionsüberwindung erfolgt durch Druck, Schlag und Prall, durch die Schwerkraft und durch die Zentrifugalkraft. Grundsätzlich können wir unterscheiden zwischen Berieselung, Zerstäubung und Zerspritzung (Zerschlagung).

Bei der **Berieselung** wird die Flüssigkeit in einzelne Strahlen, Bäche, Netze, Filme oder große Tropfen verteilt. Bei der **Zerstäubung** werden Flüssigkeitsstrahlen zerteilt in feine und feinste Tropfen (zwischen 0,001 und 1 mm Durchmesser) mit großer spezifischer Oberfläche. Bei der **Zerspritzung** werden aus einer Flüssigkeitsoberfläche Flüssigkeitsteilchen (Spritzer, Strahlen und Tropfen) herausgelöst.

### 2.2.1 Berieselung

Die einfachste Möglichkeit zur Verteilung der Flüssigkeit über den Querschnitt eines zylindrischen Apparats ergibt sich mit Hilfe von **Verteilerböden**, die entweder als Lochböden oder als Stutzenböden ausgeführt sind. Das Ergebnis dieser Verteilungsart sind relativ dicke Flüssigkeitsstrahlen ($x > 15$ mm).

**Brausen** (Bild 2.8) ergeben eine Aufteilung in feinere Strahlen, haben jedoch den Nachteil, dass sie leicht verstopfen – insbesondere dann, wenn die Flüssigkeit im Kreislauf geführt wird.

Die **Austrittsgeschwindigkeit** $w$ der Flüssigkeitsstrahlen aus den Löchern von Verteilerböden und Brausen ergibt sich aus der **Bernoulli'schen Gleichung**:

**Tabelle 2.5 Verfahren zur Flüssigkeitszerteilung**

| Verfahren | Kraft wirkung | Vorgang | Einrichtungen | Zerteilung in: | Anwendungsbeispiele |
|---|---|---|---|---|---|
| Berieseln, Verteilen | Schwerkraft | Durchfließen von Türmen oder Säulen | Füllkörper, Horden, Böden, Spraypakfüllungen | Filme, Bäche, Netze, Schichten, große Tropfen | Kühlung, Absorption, Rektifikation, Gasreinigung, Reaktion |
| | Hydrostatischer Druck | Ausfluss aus Öffnungen | Spinnen, Rinnen, Brausen, Verteilerböden | Strahlen | Turmberieselung für Trennsäulen und Reaktoren |
| Zerstäuben | Druck<br><br><br>Druck und Prall<br><br><br>Fliehkraft<br><br><br><br><br>Prall | Zerstäubung mit Flüssigkeitsdruck<br><br>Zerstäubung mit Gas oder Dampf<br><br>Rotation der Flüssigkeit auf Zerstäuberscheiben und -rädern<br><br>Prall von Flüssigkeitsstrahlen gegen Hindernisse | Flüssigkeitsdruckdüse<br><br><br>Mehrstoffdüse<br><br><br>Scheiben, Flügelräder, Düsenräder<br><br><br><br>Prallzerstäuber | Tropfenkegel mit Tropfengrößen 0,001···1 mm Ø als Vollkegel, Hohlkegel oder Fächer | Sprühwäscher zur Gasreinigung, Befeuchtung in Klimaanlagen, Zerstäubungstrocknung, Brennstoffzerstäubung in Feuerungen, Feuerlöschanlagen Beschichtung |
| Zerspritzen | Fliehkraft, Schlag, Stoß und Prall | Zerschlagen und Zerspritzen durch rotierende Maschinenteile und Prallflächen | Ströderwäscher, Feldwäscher, Theisenwäscher | Strahlen, Spritzer, Tropfen | Gasreinigung, Absorption, Reaktion zwischen Gas und Flüssigkeit |

$$w = \sqrt{2g \cdot h}$$

Der **Volumendurchsatz** einer aus $z$ Löchern bestehenden Verteilereinrichtung beträgt dann nach der **Kontinuitätsgleichung**:

$$\dot{V} = z \cdot A \cdot \alpha \cdot w = z \cdot \frac{\pi}{4} \cdot d^2 \cdot \alpha \cdot \sqrt{2g \cdot h}$$

Hierin ist: $\dot{V}$ Durchsatz in $m^3/s$, $d$ Lochdurchmesser in m, $g$ Fallbeschleunigung in $m/s^2$, $h$ hydrostatische Zulauf- oder Förderhöhe in m, $\alpha$ Ausflussziffer: $\alpha = 0{,}61 \cdots 0{,}64$ für Löcher; $\alpha = 0{,}51$ für Stutzen.

Die Strahlen einer Brause haben eine umso größere radiale **Reichweite** ($R$ in Bild 2.8b), je größer die Austrittsgeschwindigkeit $w$ und je größer der Neigungswinkel $\alpha$ gegen die Vertikale ist.

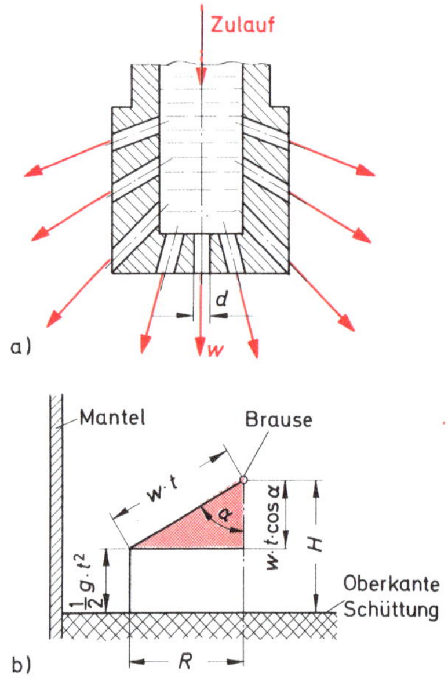


*Bild 2.8 Berieselungsbrause*
*a) Loch verteilung,*
*b) Berechnung der Strahlreichweite*

Bei **Spritztellern** ist die Verstopfungsgefahr weitaus geringer. Bei geeigneter Ausführung kann ein Spritzteller von 0,3···0,5 m Durchmesser die Flüssigkeit über eine Kreisfläche von 5···6 m Durchmesser gleichmäßig verteilen.

## 2.2.2 Zerstäubung

Hauptanwendungsgebiete der Zerstäubung sind **Sprühtrocknung** (Zerstäubungstrocknung) und **Gasreinigung** durch Absorption in Sprühdüsenwäschern. Maßgebend für den Verfahrensablauf ist u.a. das Spektrum der Tropfengröße, das zwischen 1 μm und 1 mm liegt.

Die Auflösung eines Flüssigkeitsstrahls in Tropfen ist nur möglich, wenn in der Zerstäubungseinrichtung Oberflächenspannung, Zähigkeit und Massenträgheit der Flüssigkeit überwunden werden. Je nach Art der Zerstäubungseinrichtung erfolgt die **Zertropfung** des Flüssigkeitsstrahls durch die Wirkung von:

1. **Oberflächenkräften** an den Phasengrenzen Flüssigkeit/Gas bei genügend großer Relativgeschwindigkeit.
2. **Turbulenzen** (Schwingungserscheinungen), die bei einem mit hoher Geschwindigkeit austretenden Strahl zum Zerplatzen des Strahls führen.
3. **Fliehkräfte** innerhalb eines um die Längsachse drehenden Flüssigkeitsstrahls oder Flüssigkeitsrings.

**Zerstäubungseinrichtungen** sind Zerstäubungsdüsen, Rotationszerstäuber, Ultraschallzerstäuber und Prallzerstäuber.

> Die **Düse** ist im einfachsten Fall ein Verengungsformstück geringen hydraulischen Widerstandes zur Umsetzung von hydrostatischem Druck in Geschwindigkeitsenergie.

Bei den **Zerstäubungsdüsen** gibt es zwei Düsenarten: Druckdüsen und Zweistoffdüsen.

**Druckdüsen** zerstäuben allein durch den Flüssigkeitsdruck (2···20 bar). Sie sind geeignet für die Zerstäubung nicht zu zäher Flüssigkeiten bis zu einer Viskosität von 50···100 mPa s (1 mPa s = $10^{-3}$ kg/m s = 1 cP). Die Flüssigkeit gelangt durch tangentialen oder spiralförmigen Zulauf zur Düsenmündung (Bild 2.9). Volumendurchsatz 0,015···10 000 $min^{-1}$.

Zum Zerstäuben ist eine Mindestgeschwindigkeit in der Düsenbohrung ($d$ = 0,3···4 mm) erforderlich, damit der Flüssigkeitsstrahl durch **innere Turbulenz** in feine Tropfen zerfällt.

Nach ihren Zerstäubungsmerkmalen unterscheidet man zwischen Vollkegeldüsen, Hohlkegeldüsen und Flachstrahldüsen (Fächerdüsen). **Vollkegeldüsen** erzeugen eine gleichmäßige Flüssigkeitsverteilung über die gesamte kreisförmige Bedüsungsfläche. **Hohlkegeldüsen** haben eine ringförmige Bedüsungsfläche. **Flachstrahldüsen** erzeugen einen flachen Zerstäubungsstrahl.

> Mit zunehmendem **Zerstäubungsdruck** wird die Strahlgeschwindigkeit am Düsenaustritt größer und die Zerstäubung feiner. Bei gleichem Druck und Durchsatz werden mit größer werdendem **Streukegel** die Tropfen feiner. Kleine Düsenbohrungen ergeben eine feine und große Düsenbohrungen eine grobe Zerstäubung.

Druckdüsen sind einfach und billig. Nachteilig ist, dass mit dem **Druck** $p$ auch der **Durchsatz** $\dot{V}$ ansteigt. Schaubild 2.10, mit dem Düsendurchmesser $d$ in mm als Parameter, zeigt den Zusammenhang der charakteristischen Größen $\dot{V}$ und $p$.

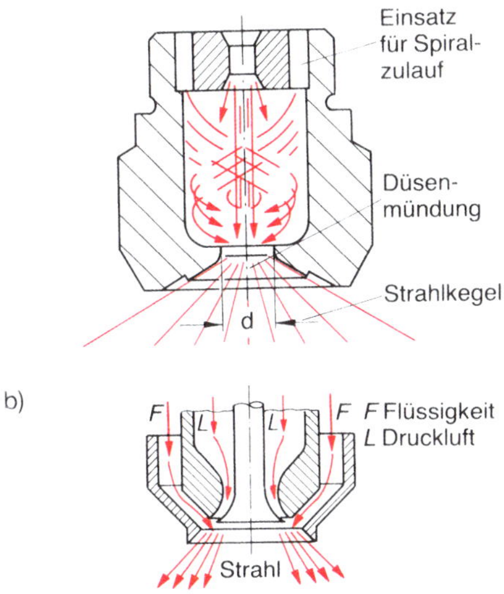


*Bild 2.9 Zerstäubungsdüsen:*
*a) Druckdüse, b) Zweistoffdüse*

Dieser Zusammenhang wird für $d$ = konst durch die Beziehung

$$\frac{\dot{V}_1}{\dot{V}_2} = \sqrt{\frac{p_2}{p_1}}$$

wiedergegeben.

Aus der **Kontinuitätsgleichung**

$$\dot{V} = \frac{\pi}{4} d^2 \cdot w_D$$

kann die Geschwindigkeit $w_D$ in der Düse berechnet werden.

Ist die Zähigkeit einer Flüssigkeit zu hoch, z.B. bei Kunststoffschmelzen und Kunststofflösungen, dann ist selbst bei äußerst kleinen Düsendurchmessern (0,01 mm) und hohen Flüssigkeitsdrücken eine Zertropfung des Flüssigkeitsstrahls nicht möglich (erwünscht z.B. bei Chemiefaserproduktion).

Druckdüsen neigen zu **Erosion** und **Verstopfung**, insbesondere bei klebrigen Flüssigkeiten. Diesen Nachteil haben Zweistoffdüsen nicht.

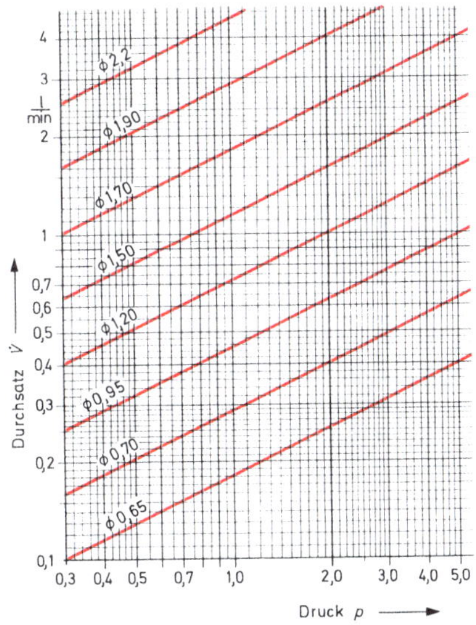


*Bild 2.10 Druck-Durchsatz-Schaubild einer Vollkegel-Druckdüse*

**Zweistoffdüsen** zerstäuben mit Hilfe eines Treibmittels – Druckgas oder Dampf – Flüssigkeiten beliebiger Viskosität und Zusammensetzung. Die Flüssigkeit kann dabei selbsttätig angesaugt oder mit Druck (···4 bar) zugeführt werden. Treibmittelüberdruck 0,5···7 bar. Volumendurchsatz 0,03···300 l/h.

Zu dieser Gruppe gehört auch die **Kirschbaum-Düse** (Bild 2.9b) bei der ein Druckluftstrahl von 0,5 bar Überdruck fast senkrecht auf die Flüssigkeit prallt und diese zerstäubt.

Die **Rotationszerstäubung** wird mit Zerstäuberscheiben (Bild 2.11) oder mit flügelbesetzten Zerstäuberrädern vorgenommen, die einen

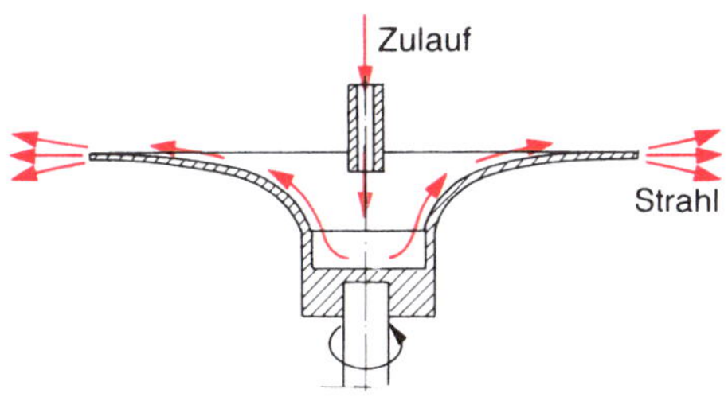


*Bild 2.11 Zerstäuberscheibe*

Durchmesser bis etwa 600 mm haben. Die Drehzahlen können bis zu 50 000 $min^{-1}$ betragen. Die Feinheit der Zerstäubung (Tropfengröße) ist von der **Umfangsgeschwindigkeit** abhängig, die bis zu 200 m/s betragen kann. Der Flüssigkeitsnebel breitet sich als flacher Schirm aus, dessen Form und Größe von Drehzahl und Durchsatz abhängen. Bei den **Prallzerstäubern** treffen entweder zwei Flüssigkeitsströme unter Druck aufeinander, oder es stößt ein Flüssigkeitsstrahl auf eine Prallplatte.

Im **Ultraschallzerstäuber** erfolgt die Zerstäubung durch hochfrequente Schwingungen. Bild 2.12 zeigt das Funktionsprinzip: Im elektromechanischen Wandler werden mittels piezokeramischer Elemente aus elektrischen Schwingungen mechanische Schwingungen erzeugt, die verstärkt zum Zerstäuberteller weitergeleitet werden. Die Schwingungen erzeugen im Flüssigkeitsfilm auf dem Teller Kapillarwellen, von denen feine Tropfen auf Parabelbahnen abgeschleudert werden. Die Tropfengeschwindigkeit hängt von der Schwingungsamplitude ab. Durch Luftreibung werden die Tropfen rasch gebremst.

Im Gegensatz zum Druckzerstäuber entsteht kein harter Sprühstrahl, sondern ein weiches, gut beeinflussbares Tropfenbündel, dessen Form von der Schwingungsrichtung der Telleroberfläche vorgegeben ist. Der Sprühstrahl lässt sich durch Trägerluft stabilisieren und ausweiten.

Die **Tropfengröße** ist abhängig von der Oszillatorfrequenz. Häufigster Tropfendurchmesser: 30···60 μm bei 60 kHz,···100 μm bei 100 kHz. Volumenstrom: 0,1···50 l/h. Elektrische Leistung: ca. 30 W.

**Vorteile:** Geringer Energieaufwand, Unabhängigkeit der Tropfengröße vom Volumenstrom.

**Nachteile:** Geringer Strahldruck, Eignung nur

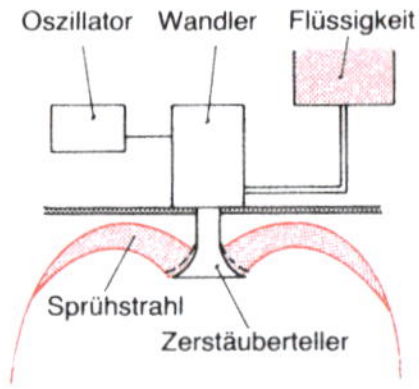


*Bild 2.12 Schema des Ultraschallzerstäubers*

für feststofffreie Flüssigkeiten geringerer Viskosität (20···50 mPa s).

**Anwendungen:** Befeuchtung, Flüssigkeitszugabe beim Mischen und Kneten. Aufgabe von Trennmitteln.

### 2.2.3 Zerspritzen

Das **Zerspritzen** hat Ähnlichkeit mit der Zerkleinerung von Feststoffen. Durch Prall, Stoß, Schlag und Fliehkraft wird eine Flüssigkeitsoberfläche in Flüssigkeitsteilchen zerlegt (desintegriert).

Hierzu werden rotierende Zerteiler eingesetzt, deren Elemente in die Flüssigkeitsoberfläche oder in Flüssigkeitsstrahlen eintauchen. Man bezeichnet diese Zerteilergeräte auch **Zentrifugal-Wäscher**, z. B. der **Ströderwäscher** (Bild 2.13).

Zentrifugalwäscher werden gelegentlich zur **Nassreinigung** von Gasen oder zur **Absorption** von Gaskomponenten aus einem Gasgemisch mit Hilfe einer Flüssigkeit (Absorptionsmittel) eingesetzt. Dazu muss die Flüssigkeit feinverteilt (Tropfen, Schleier) vorliegen. Diese Wäscher werden deshalb auch **Rotationsabsorber** genannt. Gegenüber **Absorptionskolonnen** (Abschnitt 10.4) sind sie kompliziert und verbrauchen sehr viel Energie, sie sind jedoch verstopfungs- und ver-krustungsunempfindlich.

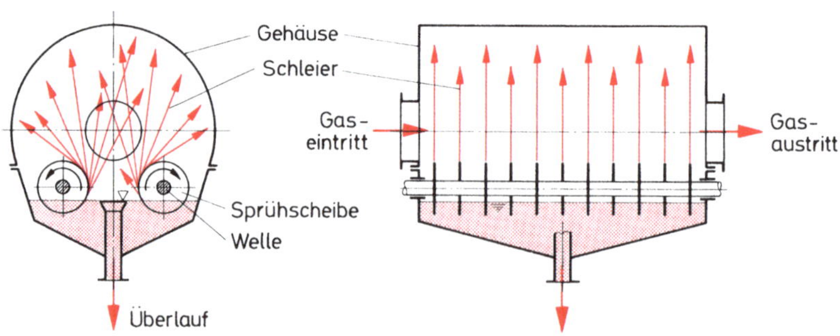


*Bild 2.13 Ströderwäscher für Gase, bis 30 000 $m_n^3$ Durchsatz, ca. 50 Pa Druckverlust*

# 3 Mechanische Flüssigkeitsabtrennung

Die **mechanische Flüssigkeitsabtrennung** gehört zur großen Gruppe der **Trennverfahren**. Hierbei unterscheidet man generell zwischen mechanischen, elektrischen und thermischen Trennverfahren (Tabelle 3.1).

**Aufgabe der Trennverfahren** ist es, aus einem Stoffsystem eine oder mehrere Komponenten abzutrennen. Bei den **mechanischen Trennverfahren** wird die Trennung mit mechanischen Kräften durchgeführt. Bei **elektrischen Trennverfahren** wirken elektrostatische oder elektromagnetische Kräfte. **Thermische Trennverfahren** wenden die Methoden der Thermodynamik (Wärme- und Stoffaustausch) an. **Diffusionstrennverfahren** nutzen die unterschiedlichen molekularen Stofftransport-Eigenschaften der Komponenten aus. Diese Eigenschaften werden auch bei einigen **Membrantrennverfahren** genutzt.

**Tabelle 3.1 Trennverfahren**

| Aggregatzustände der zu trennenden Systemkomponenten | Systembeispiele | Verfahren | | |
|---|---|---|---|---|
| | | mechanisch | elektromechanisch | thermisch |
| fest/fest | Rohkohle, Erz, Mineralien, Chemikalien | Sieben, Sichten, Nassklassieren | magnetisch sortieren | Extrahieren (Auslaugen) Sublimieren |
| flüssig/fest | Suspension, Schlamm, Paste | Absetzen, Zentrifugieren, Auspressen, Filtrieren | Elektrodialyse Elektrophorese Elektroosmose | Abdampfen, Trocknen |
| gasförmig/fest | Staub, Sublimate | Filtrieren, Zyklonieren, Auswaschen | elektrostatisch entstauben | – |
| flüssig/flüssig | Emulsion, Lösung, homogenes Gemisch | Absetzen, Zentrifugieren, Ultrafiltration, Umkehrosmose | – | Rektifizieren, Destillieren, Kristallisieren, Ausfällen, Extrahieren, Ausfrieren, Dialysieren |
| gasförmig/flüssig | Nebel | Umlenkabscheiden, Zentrifugieren, Filtrieren | elektrostatisch entnebeln | Abkühlen, Ausfrieren, Absorbieren, Adsorbieren |
| gasförmig/gasförmig | Luft und andere Gasgemische | Diffundieren, Zentrifugieren (Gaszentrifuge) | – | Verflüssigen und Destillieren, Absorbieren, Adsorbieren |

# 3.1 Disperse Systeme

In der Verfahrenstechnik fallen die zur Stoffumwandlung anstehenden Produkte meistens als **disperse (heterogene) Systeme** an, z.B. in Form von Suspensionen, Emulsionen, Staub, Nebel und pastösen Produkten.

> Disperse Systeme enthalten eine **disperse Phase** (innere Phase), die von einer **Dispersionsphase** (äußere Phase) umgeben ist. Die disperse Phase besteht aus fein (aber nicht molekular) verteilten Feststoffteilchen oder Flüssigkeitstropfen.

Für die dispersen Systeme ergeben sich je nach Aggregatzustand von disperser Phase und Dispersionsphase folgende Möglichkeiten:

| Disperse Phase | Dispersionsphase | | |
|---|---|---|---|
| | fest | flüssig | gasförmig |
| fest | Gemenge | Suspension | Staub |
| flüssig | Paste | Emulsion | Nebel |

Die Dichte $\varrho_S$ eines dispersen Systems, das aus den Phasen 1 und 2 besteht, ist durch folgende Beziehung gegeben:

$$\varrho_S = \frac{\varrho_1 \cdot \varrho_2}{c_1 \cdot \varrho_2 + (1 - c_1) \cdot \varrho_1}$$

Hierin ist: $\varrho$ Dichte in kg/m³, $c$ Massenkonzentration in kg/kg.

Unter **Phase** versteht man allgemein einen vom benachbarten Medium abgegrenzten Materiebezirk, z.B. Feststoffteilchen in einer Flüssigkeit, Flüssigkeitstropfen in einem Gas oder Dampfblasen in siedender Flüssigkeit. Die Grenzfläche nennt man **Phasengrenze.** Beim Überschreiten der Phasengrenze ändern sich die Stoffwerte **sprunghaft,** z.B. Dichte, Viskosität, Leitfähigkeit.

> Ziel der mechanischen Flüssigkeitsabtrennung ist die Trennung von Suspensionen oder Emulsionen durch den Einfluss mechanischer Kräfte.

**Grobe Suspensionen** enthalten Feststoffteilchen mit einer Korngröße über 100 µm. In **feinen Suspensionen** liegt die Korngröße zwischen 0,5 und

**Tabelle 3.2 Mechanische Flüssigkeitsabtrennung**

| Trennverfahren | Trennung durch | Trennapparat |
|---|---|---|
| Sedimentation | Schwerkraft | Eindicker, Klärbecken |
| | Fliehkraft | Vollmantelzentrifuge Tellerzentrifuge Hydrozyklon |
| | Fliehkraft und Adhäsion | Prallringzentrifuge |
| Filtration | Überdruck | Druckfilter |
| | Unterdruck | Saugfilter |
| | Druckkraft | Scheidepresse |
| | Schwerkraft und Fliehkraft | Bogensieb |
| | Kapillarkraft | Kapillarbandfilter |
| | Fliehkraft | Siebzentrifuge |

**Tabelle 3.3 Vergleich mechanischer und thermischer Verfahren**

| Art der Verfahren | Anlage-kosten | Energie-kosten | Schädigung durch: | Reinheit | Restfeuchte | Erzeugnis |
|---|---|---|---|---|---|---|
| Mechanische Verfahren (Sedimentieren, Filtrieren) | niedriger | niedriger | Kornzer-kleinerung | Vollkommen durch Aus-waschung | je nach Kornart ···80% | Schlamm oder feuchter Feststoff |
| Thermische Verfahren (Trocknen) | höher | höher | Überhitzung Neben-reaktionen | Unvollkom-men durch Salzreste | fast null | trockener Feststoff |

100 µm. **Trüben** sind feine Suspensionen mit einem Feststoffgehalt unter rd. 300 g/l. **Schlämme** sind feine Suspensionen mit einem Feststoffgehalt wesentlich über 300 g/l.

Eine **Emulsion** besteht aus zwei nicht miteinander mischbaren Flüssigkeiten, z.B. Wasser und Öl, von denen eine tropfenförmig fein verteilt ist.

In einem **Kolloid** ist die disperse Phase so fein verteilt, dass sich die Partikel fast wie Moleküle verhalten. Die kolloidalen Partikel – Größenordnung 0,1···0,001 µm – führen die **Brownsche Bewegung** aus und beugen das Licht (Tyndal-Effekt).

Die Verfahren der mechanischen Flüssigkeitsabtrennung sind Sedimentation und Filtration.

**Sedimentation** ist die Abtrennung der dichteren (schwereren) Phase unter der Wirkung von Massenkräften, insbesondere durch Schwerkraft oder Fliehkraft. **Filtration** ist die Abtrennung mit Hilfe eines porösen feststoffundurchlässigen Filtermittels.

Tabelle 3.2 gibt einen Überblick über die Methoden, Kräfte und Apparate bei den wichtigsten Verfahren zur mechanischen Flüssigkeitsabtrennung. Wichtigstes thermisches Verfahren zur Flüssig/Fest-Trennung ist das **Trocknen**. Tabelle 3.3 vergleicht die mechanischen Trennverfahren mit dem Trocknen.

# 3.2 Sedimentation

Voraussetzung für die Anwendbarkeit der Sedimentation ist ein **Dichteunterschied** zwischen disperser Phase und Dispersionsphase.

Die **kritische Teilchengröße** der Sedimentation liegt ungefähr bei 0,5 µm. Kleinere Teilchen als 0,5 µm werden durch Stöße der Flüssigkeitsmoleküle in der Schwebe gehalten (Brown'sche Bewegung). Abhilfe schaffen **Flockungsmittel**, welche die Zusammenballung der Teilchen zu größeren, jedoch lockeren Materieanhäufungen (Flocken) bewirken.

## 3.2.1 Schwerkraftsedimentation

Die Feststoffteilchen setzen sich unter der Wirkung der Schwerkraft ab. Bei der Absetzbewegung eines Einzelkorns stehen – nach sehr kurzem, beschleunigtem Anlauf – drei Kräfte miteinander im Gleichgewicht: Gewichtskraft $F_G$, Auftriebskraft $F_A$ und hydrodynamische Widerstandskraft $F_W$, die geschwindigkeitsabhängig ist.

### 3.2.1.1 Absetzgeschwindigkeit

Aus dem **Kräftegleichgewicht** $F_G - F_A - F_W = 0$ ergibt sich die folgende allgemeingültige Gleichung für die Absetzbewegung eines kugelförmigen Einzelkorns.

$$w_0 = \sqrt{\frac{4}{3} \cdot \frac{x \cdot \Delta\varrho \cdot g}{\zeta \cdot \varrho}}$$

Hierin ist: $w_0$ Absetzgeschwindigkeit in m/s, $x$ Korngröße in m, $\Delta\varrho$ Dichtedifferenz zwischen Feststoff und Flüssigkeit in kg/m³, $\varrho$ Flüssigkeitsdichte in kg/m³, $g$ Fallbeschleunigung (9,81 m/s²), $\zeta$ ein von der Reynoldszahl $Re$ abhängiger, dimensionsloser Widerstandsbeiwert.

**Tabelle 3.4 Dynamische Viskosität fluider Medien (20 °C, 1 bar)**

| Medium | Gase | | | | Flüssigkeiten | | | | | |
|---|---|---|---|---|---|---|---|---|---|---|
| | Luft | $CO_2$ | $N_2$ | $NH_3$ | Wasser | | Benzol | Ethanol | $H_2SO_4$ | Glyzerin |
| | | | | | 20 °C | 60 °C | | | 60% | |
| $\eta$ in mPa s | 0,0185 | 0,015 | 0,017 | 0,0105 | 1,002 | 0,47 | 0,70 | 1,20 | 7,50 | 1500 |

Die **Umströmung der Feststoffteilchen** in sedimentierenden technischen Suspensionen ist fast ausschließlich **laminar.** Das bedeutet, die Reynoldszahl *Re* ist kleiner als 1. Für diesen Fall ist der hydrodynamische Widerstand nach dem **Gesetz von *Stokes*:**

$$F_W = 3\pi \cdot \eta \cdot x \cdot w_0$$

Aus der Gleichgewichtsbedingung ergibt sich dann die Beziehung:

$$w_0 = \frac{x^2 \cdot \Delta\varrho \cdot g}{18 \cdot \eta}$$

In dieser Gleichung ist $\eta$ die **dynamische Viskosität** der Flüssigkeit mit der Einheit Pa s.

1 Pa s = 1 N s/m$^2$; 1 Pa s = 10$^3$ cP; 1 cP = 1 mPa s

Tabelle 3.4 gibt für einige Medien Viskositätswerte an. Die dynamische Viskosität ist druck- und temperaturabhängig. Die oft verwendete **kinematische Viskosität** $\nu$ mit der Einheit m$^2$/s ist das Verhältnis von dynamischer Viskosität zur Flüssigkeitsdichte $\varrho$: $\nu = \eta/\varrho$.

Die dynamische Viskosität nimmt bei Flüssigkeiten mit wachsender Temperatur exponentiell ab und mit wachsendem Druck exponentiell zu.

Für die dynamische Viskosität von Suspensionen geringer Volumenkonzentration gilt nach *Einstein* folgende Beziehung:

$$\eta = \eta_0 \cdot (1 + 2{,}5 \cdot c_{vol})$$

Hierin ist: $\eta$ Viskosität der Suspension, $\eta_0$ Viskosität der reinen Flüssigkeit, $c_{vol}$ Volumenkonzentration des Feststoffs in m$^3$ Feststoff/m$^3$ Suspension.

Die Sedimentationsgleichung gilt nur für ein **kugelförmiges Einzelkorn** bei ungestörter Absetzbewegung. Die wirklichen Verhältnisse bringen daher Abweichungen von diesem Gesetz, und zwar bedingt durch die **Form** der Teilchen und durch die **Sedimentationsbehinderung**.

Die von der Kugelgestalt abweichende Form der Teilchen berücksichtigt man durch den Formfaktor $\varphi$.

| Kornform | kugelig | gerundet | eckig | länglich | plattenförmig |
|---|---|---|---|---|---|
| Formfaktor $\varphi$ | 1 | 0,8 | 0,7 | 0,6 | 0,5···0,4 |

Bei den in der Praxis vorwiegend anfallenden **polydispersen Suspensionen** verringert sich die Sinkgeschwindigkeit exponentiell mit zunehmender Feststoffkonzentration *c*. In der Nähe des Gefäßbodens, in der sog. **Verdichtungszone** des Absetzbehälters (Bild 3.1) ist die Absetzbewegung stark verlangsamt.

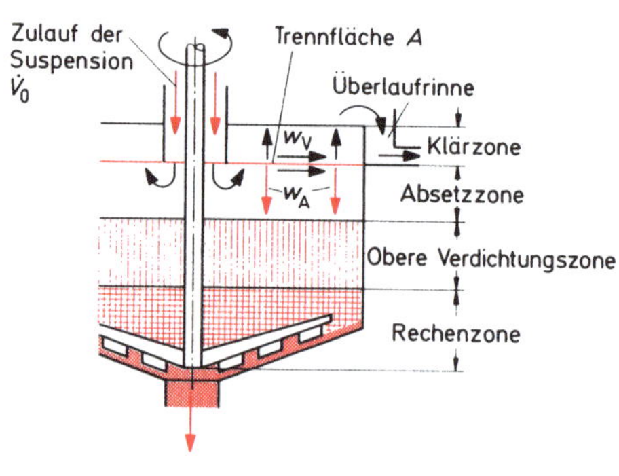


*Bild 3.1*
*Schwerkraftsedimentation im Absetzbehälter*

Die **gegenseitige Behinderung** wird durch den **Konzentrationsbeiwert** $k$ erfasst. Bei Feststoffkonzentrationen zwischen 5 und 10 Gew.-% ist $k = 0{,}5 \cdots 0{,}6$. Je größer der Feststoffgehalt, desto kleiner ist $k$. Die wirkliche Absetzgeschwindigkeit einer Suspension ist somit:

$$w_A = w_0 \cdot k \cdot \varphi = \frac{x^2 \cdot \Delta\varrho \cdot g \cdot k \cdot \varphi}{18 \cdot \eta}$$

Die **Absetzgeschwindigkeiten** von Suspensionen in Sedimentierapparaten (Eindicker, Klärbecken) sind sehr niedrig. Gemessen wurden für feine wässrige Suspensionen von

Feinsalz: $w_A = 2 \ldots 6$ m/h;

Kreide: $w_A = 0{,}2$ m/h;

Lithophone: $w_A = 1{,}4$ m/h;

Tonerde: $w_A = 0{,}08$ m/h.

Für den Fall, dass das *Stokes*-Gesetz der Sedimentation nicht anwendbar ist und für die Durchführung und Auswertung von Modellversuchen wird das **Ähnlichkeitsgesetz der Sedimentation** angewendet.

**Ähnlichkeitsgesetze** sind Funktionen dimensionsloser Kenngrößen, welche die an dem betreffenden Vorgang beteiligten physikalischen Größen als **Potenzprodukt** enthalten.

Zwei Kenngrößen bestimmen die Sedimentation: **Reynoldszahl** $Re$ und **Archimedeszahl** $Ar$.

$$Re = \frac{w \cdot x}{\nu}\,; \qquad Ar = \frac{x^3}{\nu^2} \cdot \frac{\Delta\varrho}{\varrho} \cdot g$$

Für die verschiedenen Bereiche der Reynoldszahl gelten die folgenden **Ähnlichkeitsbeziehungen.**

$Ar < 9$ (laminare Umströmung):

$$Re = \frac{Ar}{18}$$

$Ar = 9 \cdots 84\,000$ (Übergangsbereich):

$$Re = \left(\frac{Ar}{13{,}9}\right)^{0{,}7}$$

$Ar > 84\,000$ (turbulente Umströmung):

$$Re = 1{,}73 \cdot Ar^{0{,}5}$$

Mit diesen Ähnlichkeitsbeziehungen kann jeder Sedimentationsvorgang berechnet werden; z.B. auch Sinkbewegungen in Luft. Man berechnet zunächst $Ar$, dann $Re$ und daraus schließlich $w_0$ bzw. $w_A$.

### 3.2.1.2 Apparate für die Schwerkraftsedimentation

Für die Schwerkraftsedimentation verwendet man große, relativ flache, zylindrische **Absetzbecken**. Man bezeichnet sie als **Eindicker**, wenn die Schlammgewinnung Ziel des Trennverfahrens ist, und als **Klärbecken**, wenn die feststofffreie Flüssigkeit gewonnen wird. Die Sedimentation zum Zwecke des Klärens nennt man auch **Dekantieren.**

Die Sedimentation verläuft im Absetzbecken strömungstechnisch sehr schonend. Daher können **Flockungsmittel** eingesetzt werden. Die Flocken werden von der Strömung nicht zerstört. Durch Flockungsmittel können auch gelöste Salze (Phosphate) ausgeflockt und durch Sedimentation abgeschieden werden.

Bild 3.2 zeigt die vereinfachte Konstruktion eines Eindickers. Wesentliches Merkmal der Eindicker ist das **Krählwerk**, das den Schlamm zum zentralen Austragskonus transportiert. Der Schlamm wird von **Membranpumpen** abgepumpt. Bei Überlastung kann das Krählwerk angehoben werden. Derartige Eindicker haben bis zu 200 m Durchmesser. Drehmoment des Krählwerkantriebs bis zu $2 \cdot 10^6$ Nm bei 0,02 $min^{-1}$.

Große Klärflächen auf kleiner Grundfläche haben **Mehrkammereindicker**, die aus mehreren übereinander sitzenden Eindickerböden mit einzeln angetriebenen Krählwerken bestehen. Die Kammern können parallel oder bei Gegenstromwaschung (Gegenstromdekantation) in Serie beschickt werden. Mehrkammereindicker werden mit bis zu 35 m Behälterdurchmesser gebaut.

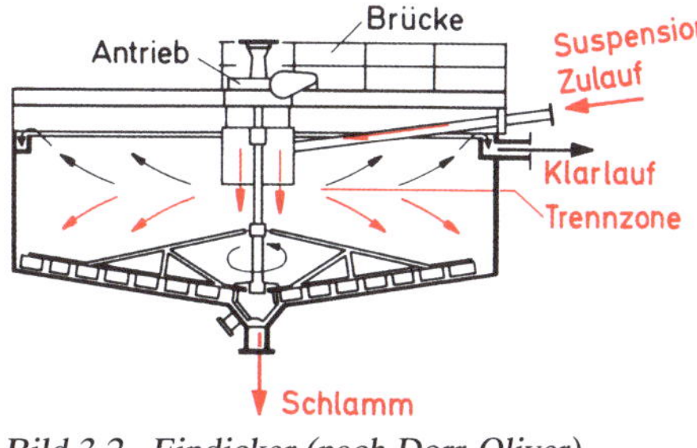


*Bild 3.2 Eindicker (nach Dorr-Oliver)*

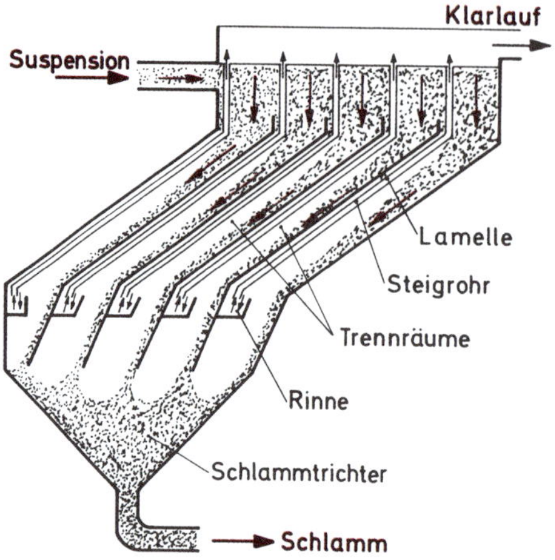


*Bild 3.3 Lamelleneindicker (nach Passavant)*

Eine neuere Entwicklung ist der aus einem **Lamellenpaket** bestehende Eindicker nach Bild 3.3. Durch das bis zu 50 Elemente umfassende Lamellenpaket wird die verfügbare Absetzfläche vervielfacht. Dieser sog. **Lamellenseparator** ist das «statische» Gegenstück zur **Tellerzentrifuge**.

Der **Trenneffekt** von Sedimentierapparaten wird bestimmt durch die **Trennflächenbelastung** $\dot{q}$, ausgedrückt durch das Verhältnis Klarlaufdurchsatz $\dot{V}_1$ zu Trennfläche $A$.

$$\dot{q} = \frac{\dot{V}_1}{A} \text{ in m}^3/\text{m}^2\,\text{h oder m/h}$$

Strömt die Suspension in einem **kontinuierlich** betriebenen Sedimentierapparat **senkrecht** durch die Trennfläche (das ist bei Eindickern und Klärbecken der Fall), dann ist die Strömungsgeschwindigkeit $w_V$ ebenfalls gleich dem Verhältnis $\dot{V}_1/A$. Ein Teilchen, dessen Absetzgeschwindigkeit $w_A$ größer ist als die entgegengerichtete Strömungsgeschwindigkeit $w_V$, wandert zur **Absetzzone**; ein Teilchen mit $w_A < w_V$ wandert in die **Klärzone** und wird im Klarlauf ausgetragen (Bild 3.1).

Die formale Gleichheit zwischen Absetzgeschwindigkeit $w_A$, Strömungsgeschwindigkeit $w_v$ und Trennflächenbelastung $\dot{q}$ bezeichnet man als **Sedimentationsgleichgewicht**.

$$w_A = w_v = \dot{q} = \frac{\dot{V}_1}{A}$$

Aus der Absetzbedingung $w_A = w_v = \dot{V}_1/A$ wird einerseits die **Trennkorngröße** $x_T$ und andererseits die erforderliche **Trennfläche** bestimmt.

Die Bezeichnung **Trennkorngröße** beruht auf der Vorstellung, dass alle Teilchen, größer als $x_T$ abgeschieden, und alle Teilchen kleiner als $x_T$ ausgetragen werden. In Wirklichkeit erfolgt keine derartig scharfe Trennung (Klassierung), sondern Feststoff mit der Trennkorngröße ist etwa zu **gleichen** Teilen in Klarlauf und Schlamm enthalten. Aus dem Sedimentationsgleichgewicht und dem *Stokes*-Gesetz ergibt sich eine Gleichung für die Trennkorngröße:

$$x_T = \sqrt{\frac{18 \cdot \eta \cdot \dot{q}}{\Delta\varrho \cdot g}} = \sqrt{\frac{18 \cdot \eta \cdot w_A}{\Delta\varrho \cdot g}}$$

Hierin ist: $x_T$ Trennkorngröße in m, $\eta$ dynamische Zähigkeit in Pa s, $\dot{q}$ Trennflächenbelastung in m/s, $\Delta\varrho$ Dichtedifferenz in kg/m³, $g$ Fallbeschleunigung 9,81 m/s².

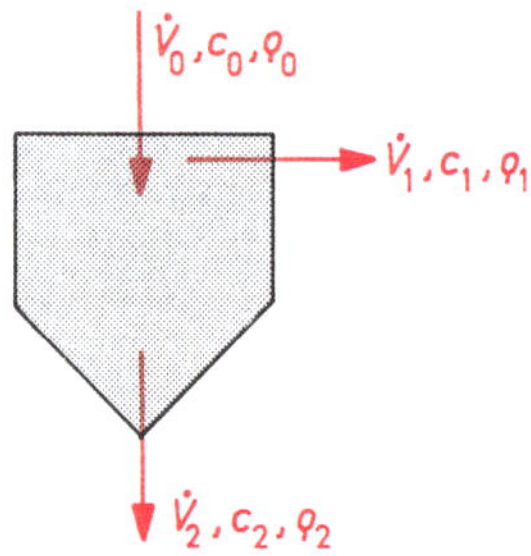


*Bild 3.4 Schema zur Mengenbilanz*

Zur Berechnung der **Durchsätze** von Suspension, Klarlauf und Schlamm wird nach Bild 3.4 die **Mengenbilanz** des Sedimentierapparats aufgestellt. Die Mengenbilanz geht aus von dem Ansatz:

$\dot{m}_0 = \dot{m}_1 + \dot{m}_2$ für die Gesamtmengen

$\dot{m}_0 \cdot c_0 = \dot{m}_1 \cdot c_1 + \dot{m}_2 \cdot c_2$ für den Feststoff

Unter der Annahme $c_1 = 0$ (kein Feststoff im

Klarlauf) und $\dot{m} = \dot{V} \cdot \varrho$ erhält man folgende Bilanzgleichungen:

$$\dot{V}_1 = \dot{V}_0 \cdot \frac{\varrho_0}{\varrho_1} \cdot \left(1 - \frac{c_0}{c_2}\right) = \frac{\dot{m}_2}{\varrho_1}\left(\frac{c_2}{c_0} - 1\right)$$

$$\dot{V}_2 = \dot{V}_0 \cdot \frac{\varrho_0}{\varrho_2} \cdot \frac{c_0}{c_2}; \quad c_2 = 1 - f$$

Hierin ist: $\dot{V}_0$ Suspensionsdurchsatz in $m^3/h$, $\dot{V}_1$ Klarlauf-Durchsatz in $m^3/h$, $\dot{V}_2$ Schlammdurchsatz in $m^3/h$, $c_0$ Feststoffkonzentration in der Suspension in kg Feststoff/kg Suspension, $c_2$ Feststoffkonzentration im Schlamm, $f$ Endfeuchte des Schlamms in kg Wasser/kg Schlamm, $\varrho_0$ Dichte der Suspension, $\varrho_1$ Dichtedes Klarlaufs, $\varrho_2$ Dichte des Schlamms, jeweils in $kg/m^3$.

Die **Trennfläche des Sedimentierapparats** ergibt sich bei **senkrechtem** Durchströmen der Trennfläche aus dem Sedimentationsgleichgewicht:

$$A = \frac{\dot{V}_1}{w_A}$$

Durchströmt aber die Suspension den Sedimentierapparats **horizontal**, also parallel zur Trennfläche, mit der Geschwindigkeit $w_H$, dann können sich auch Körper absetzen, bei denen $w_A < \dot{q}$ ist, wenn sie sich auf einem entsprechend tief liegenden Stromfaden bewegen. In diesem Fall gilt theoretisch die Beziehung:

$$w_A = \frac{\dot{V}_1}{2A}; \quad A = \frac{\dot{V}_1}{2 \cdot w_A}$$

Aus den Formeln zur Auslegung eines Sedimentierapparats erkennt man die wichtige Tatsache:

Die Tiefe eines Eindickers oder Klärbeckens hat theoretisch keinen Einfluss auf den Trenneffekt. Praktisch muss sie jedoch groß genug sein, um auch lockeren, unverdichteten Schlamm aufzunehmen und außerhalb der Strömungszone zu lagern.

**Beispiel 3.1**

Der Schlamm eines Eindickers wird mit 70 Gew.-% Restfeuchte einer Dekantierzentrifuge zur weiteren Entwässerung zugeführt. Die Zentrifuge kann maximal 60 t/h durchsetzen. Dem Eindicker fließt eine wässrige Kreidesuspension zu, die 8 Gew.-% Feststoff enthält. Der Feststoff hat eine mittlere Teilchengröße von $x = 35$ µm. Welchen Durchmesser muss der zylindrische Eindicker haben? Dazu sind noch folgende Größen gegeben: $\eta = 10^{-3}$ Pa s, $\varrho_T = 2710$ $kg/m^3$, $\varrho = 1000$ $kg/m^3$, $\varphi = 0{,}8$, $k = 0{,}6$

*Lösung*

1. Absetzgeschwindigkeit:

$$w_A = \frac{x^2 \cdot \Delta\varrho \cdot g \cdot k \cdot \varphi}{18 \cdot \eta}$$

$$w_A = \frac{12{,}2 \cdot 10^{-10}\,m^2 \cdot 1{,}71 \cdot 10^3\,kg/m^3 \cdot 9{,}81\,m/s \cdot 0{,}6 \cdot 0{,}8}{18 \cdot 10^{-3}\,kg\,s/m}$$

$$w_A = 5{,}45 \cdot 10^{-4}\,m/s = 1{,}96\,m/h \approx 2\,m/h$$

2. Klarlaufdurchsatz:

$$\dot{V}_1 = \frac{\dot{m}_2}{\varrho_1}\left(\frac{1 - f}{c_0} - 1\right)$$

$$\dot{V}_1 = \frac{60\,t/h}{1\,t/m^3}\left(\frac{1 - 0{,}7}{0{,}08} - 1\right)$$

$$\dot{V}_1 = 60\,m^3/h \cdot \left(\frac{0{,}3}{0{,}08} - 1\right) = 165\,m^3/h$$

3. Absetzfläche:

$$A = \frac{\dot{V}_1}{w_A} = \frac{165\,m^3/h}{2\,m/h} = 82{,}5\,m^2$$

4. Durchmesser:

$$D = 10{,}2\,m$$

### 3.2.2 Fliehkraftsedimentation

Die Absetzbewegung erfolgt unter der Wirkung der Fliehkraft. Zur Erzeugung des Fliehkraftfeldes gibt es zwei Möglichkeiten.

1. Die Suspension liegt als **Flüssigkeitsring** an der Wand einer rasch rotierenden Trommel (Drehrohr). Die Relativgeschwindigkeit zwischen Flüssigkeitsring und Wand ist null. Verwirklicht wird dieses Prinzip durch die **Zentrifuge** (Bild 3.5).

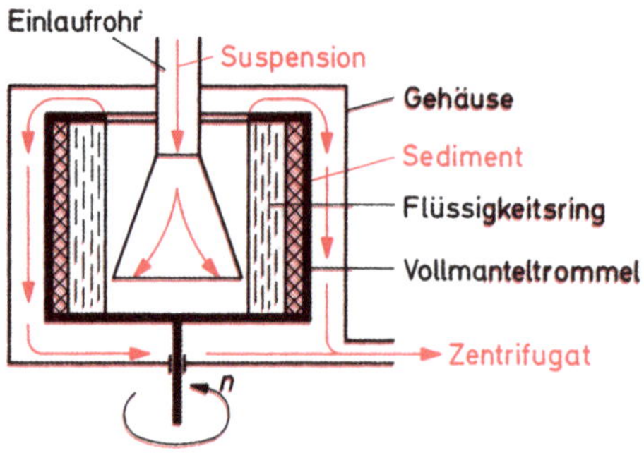


*Bild 3.5*
*Wirkungsweise der Vollmantelzentrifugen*

2. Die Suspension wird einem rotationssymmetrischen Gehäuse unter Überdruck so zugeführt, dass eine **Wirbelströmung** entsteht. Nur die Suspension rotiert; das Gehäuse steht still. Diese Art der Fliehkrafterzeugung wird im **Hydrozyklon** realisiert (3.9).

#### 3.2.2.1 Schleuderzahl und Absetzgeschwindigkeit

Das **Fliehkraftfeld** ist um ein Vielfaches stärker als das Schwerkraftfeld, infolgedessen geht (bei gleicher Korngröße) die Fliehkraftsedimentation rascher vor sich und benötigt (bei gleichem Durchsatz) Apparate geringerer Baugröße. Ein Maß für die Wirksamkeit des Zentrifugalfeldes ist das als **Schleuderzahl** $K_Z$, bezeichnete Verhältnis von Zentrifugalbeschleunigung $a_Z$ zu Fallbeschleunigung $g$.

$$K_z = \frac{a_z}{g} = \frac{r \cdot \omega^2}{g} \approx \frac{r \cdot n^2}{900} \qquad \begin{array}{l} n \text{ in m} \\ n \text{ in min}^{-1} \end{array}$$

$K_Z$ ist eine dimensionslose Kenngröße, sie ist vom Drehradius $r$ abhängig.

Geometrisch ähnliche Zentrifugen mit gleicher Schleuderzahl $K_Z$ haben die gleiche Trennwirkung(wichtig für Modellversuche).

Die Absetzgeschwindigkeit $w_Z$ im Zentrifugalfeld ist um das $K_Z$-fache größer als die «statische» Absetzgeschwindigkeit $w_A$. Die erforderliche Trennfläche $A_z$ ist bei gleichem Durchsatz um das $Kz$-fache kleiner als die Trennfläche $A_0$ bei der Schwerkraftsedimentation. Es ist:

$$w_z = w_A \cdot K_z ; w_z = \frac{\dot{V}_1}{A_z} = \dot{q}$$

$$A_z = \frac{\dot{V}_1}{w_z} = \frac{\dot{V}_1}{w_A \cdot K_z} = \frac{A_0}{K_z}$$

Die «statische» Absetzgeschwindigkeit $w_A$ kann außer durch Berechnung auch experimentell mit dem **Standzylinder** bestimmt werden.

Die **Trennkorngröße** $x_T$ der Fliehkraftdimentation wird durch folgende Beziehung bestimmt:

$$x_T = \sqrt{\frac{18 \cdot \eta \cdot w_z}{\Delta\varrho \cdot g \cdot K_z}}$$

#### 3.2.2.2 Vollmantelzentrifugen

Die Apparate zur Flüssigkeitsabtrennung durch Fliehkraftsedimentation sind Zentrifugen und Hydrozyklone. Der Oberbegriff «Zentrifugen» umfasst eine Vielzahl von Zentrifugenbauarten. Die für die Produktionstechnik wichtigen **Industriezentrifugen** kann man grundsätzlich in Siebzentrifugen, Vollmantelzentrifugen und Tellerzentrifugen unterteilen. Reine Sedimentation wird in den **Vollmantelzentrifugen** und den **Tellerzentrifugen** durchgeführt. Siebzentrifugen erfüllen Filtrationsaufgaben (siehe Abschnitt 3.3.4).

In den Tabellen 3.5 und 3.6 wird zunächst ein Überblick über die Zentrifugengrundtypen und ihre Anwendungsbereiche gegeben.

**Vollmantelzentrifugen** sind gekennzeichnet durch eine massive, zylindrische oder konische Trommel. Das **Zentrifugat** wird durch einen Überlauf oder ein Tauchrohr (Schälrohr) entnommen. Das **Sediment** führt man mit Schälmesser oder Schnecke ab.

Die Vollmantelzentrifuge mit Sedimentaustrag durch eine Schnecke wird auch **Dekantierzentrifuge** oder Dekanter genannt. Die Anwendung der Dekantierzentrifugen beschränkt sich auf Suspensionen, die ein für den Schneckenaustrag genügend festes Sediment bilden. Übliche Ausle-

**Tabelle 3.5 Wichtige Industriezentrifugen**

<table>
<tr><th>Grundtyp</th><th>Betriebsweise und Schleuderzahl</th><th>Trennelement</th><th>Feststoffentleerungs-Methode</th><th>Trennungsmethode</th></tr>
<tr><td>Siebschwingzentrifuge</td><td>kontinuierlich ···300</td><td>konische, perforierte Trommel, horizontal</td><td>horizontal durch schwingende Trommel</td><td>Filtration</td></tr>
<tr><td>Siebschneckenzentrifuge</td><td>kontinuierlich 200···3500</td><td>konische oder zylindrische, perforierte Trommel, horizontal und vertikal</td><td>Förderschnecke</td><td>Filtration, Waschung</td></tr>
<tr><td>Schubzentrifuge</td><td>kontinuierlich 200···1500</td><td>zylindrische, perforierte Trommel, horizontal, ein- oder mehrstufig</td><td>oszillierender Schubboden</td><td>Filtration, Waschung</td></tr>
<tr><td>Sieb-Schälzentrifuge</td><td>periodisch 350···3000</td><td>zylindrische, perforierte Trommel, horizontal</td><td rowspan="2">Ausräumer oder Messer</td><td>Filtration, Waschung</td></tr>
<tr><td>Vollmantel-Schälzentrifuge</td><td>periodisch 350···3000</td><td>zylindrische, unperforierte Trommel, horizontal</td><td>Sedimentation</td></tr>
<tr><td>Vollmantel-Schneckenzentrifuge (Dekantierzentrifuge)</td><td>kontinuierlich 1000···4000</td><td>unperforierte, horizontale Trommel, zylindrisch, zylindr.-konisch oder konisch</td><td>Förderschnecke</td><td>Sedimentation, Klärung, Klassierung, Waschung</td></tr>
<tr><td>Tellerzentrifuge (Separator)</td><td>kontinuierlich oder periodisch 4000···12 000</td><td>konisches, unperforiertes Tellerpaket</td><td>Düsenaustrag, Schlitzaustrag</td><td>Sedimentation, Waschung</td></tr>
</table>

gungs- und Betriebsdaten von Zentrifugaldekantern sind:

| | | |
|---|---|---|
| Teilchengröße | $x_T$ | $= 1\ \mu m \cdots 2\ mm$ |
| Feststoffgehalt in der Suspension | $c_0$ | $= 3 \cdots 60$ Vol % |
| Schleuderziffer | $K_Z$ | $= 400 \cdots 10\,000$ |
| Trommeldurchmesser | $D$ | $= 0{,}2 \cdots 2$ m |
| Drehzahl | $n$ | $= 800 \cdots 8000\ min^{-1}$ |
| Suspensionsdurchsatz | | $\dot{V}_0$ bis $100\ m^3/h$ |

Bild 3.6 zeigt das Funktionsprinzip einer Dekantierzentrifuge. Das Gemisch fließt kontinuierlich durch das Einlaufrohr in den Verteilkopf und wird durch die Feststofftransportschnecke hindurch am Ende des konischen Teils der Vollmanteltrommel aufgegeben. Dort verteilt sich das Gemisch auf der Mantelfläche der Trommel. Die Füllhöhe wird durch das einstellbare **Überlaufwehr** bestimmt.

Unter der Einwirkung der Zentrifugalkraft lagert sich der Feststoff auf der Mantelfläche ab. Die schneller als die Vollmanteltrommel drehende Transportschnecke fördert nun den Feststoff aus der **Flüssigkeitszone** heraus in die **Trockenzone.** Von dort gelangt der Feststoff zum verjüngten Ende der konischen Trommel und durch die Austragsvorrichtung in den Feststofffänger.

**Tabelle 3.6 Daten wichtiger Industriezentrifugen**

| Grundtyp | Feststoffgehalt des Aufgabeguts in Vol.- % | Feststoff-Teilchengröße in µm | Durchsatz (Füllgut) in t/h | Typische Anwendungen |
|---|---|---|---|---|
| Siebschwingzentrifuge | 60···80 | 500···10 000 | 20···300 | Kalirückstände, Kohleschlamm, Meersalz |
| Siebschneckenzentrifuge | 5···60 | 10···10 000 | 0,5···100 | Leichtfiltrierbare, kristalline und faserige Substanzen |
| Schubzentrifuge | 20···75 | 100···40 000 | 0,8···50 | wie vorstehend, z.B. Polymerisate, z.B. PVC, Polyethylen |
| Schälzentrifuge | 5···60 | 5···10 000 | 30 kg···2 t Trommelfüllung | Polymerisate, Arzneimittel, Cellulose, schwertrennbare Suspensionen |
| Dekantierzentrifuge | 3···60 | 1···20 000 | 2···80 | Polymerisate, Proteine, Arzneimittel, Klärschlamm |
| Tellerzentrifuge (Düsenseparator) | 1···25 | 0,1···10000 | ···100 | Kaolin, Pigmente, Katalysatoren |
| Prallringzentrifuge | 80···95 | 500···10 000 | 20···200 | Kunststoffgranulate |

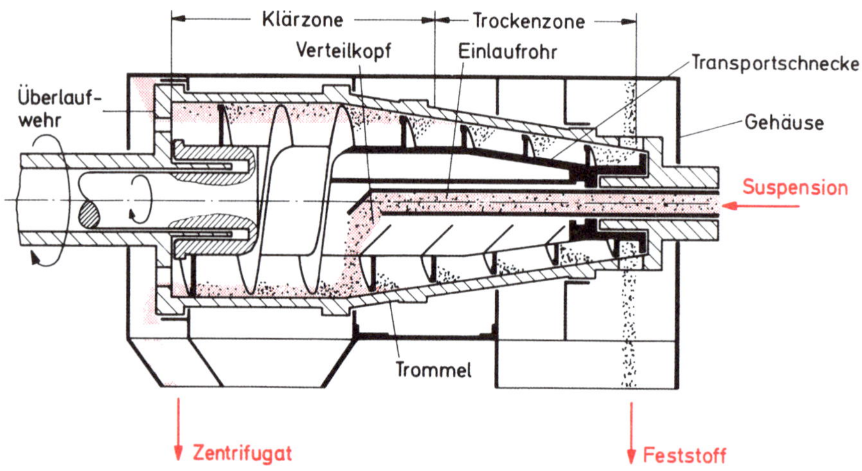


*Bild 3.6 Wirkungsweise der Vollmantel-Schneckenzentrifuge (nach Alfa-Laval)*

Die Flüssigkeit strömt zwischen den Schneckengängen zum Ende des zylindrischen Teils. In dieser **Klärzone** setzen sich auch die feinsten Feststoffteilchen ab. Die geklärte Flüssigkeit verlässt die Maschine über das Überlaufwehr durch das tangential angeordnete Ablaufrohr.

Vielseitig sind die **Anwendungsgebiete der Dekantierzentrifugen;** sie umfassen:

Schwerchemikalien, organische Produkte, Kunststoffe, Mineralien, Silikate, Zellstoff, Nahrungsmittel und Abwasserschlämme.

Die **Trennwirkung** der Vollmantelzentrifuge nimmt mit wachsender Schleuderzahl zu. Jedoch sind der Schleuderzahl durch die Materialfestigkeit des Rotors Grenzen gesetzt. Zwischen Schleuderzahl $K_z$ Festigkeit $\sigma_{zul}$ und Trommeldurchmesser $D$ besteht die Beziehung:

$$K_z = C \cdot \frac{\sigma_{zul}}{D}$$

$C$ ist eine z.B. von der Füllung abhängige Konstante. Man erkennt aus dieser Beziehung:

Je größer die Schleuderziffer, desto kleiner muss bei einer bestimmten Materialfestigkeit der Trommeldurchmesser sein. Daraus folgt weiter: Je größer die Schleuderzahl, desto kleiner der Durchsatz.

Aus der Grundgleichung der kontinuierlich ablaufenden Sedimentation, dem Sedimentationsgleichgewicht, wird der **Durchsatz** einer zylindrischen Vollmantelzentrifuge ermittelt.

$$\dot{V}_1 = A \cdot w_Z = 2 \cdot r_m \cdot \pi \cdot L \cdot w_Z$$

Hierin ist: $\dot{V}_1$ Zentrifugatdurchsatz in $m^3/s$, $L$ Trommellänge in m, $w_Z$ Zentrifugal-Absetzgeschwindigkeit in m/s, $r_m$ mittlerer Halbmesser des Flüssigkeitsrings gemäß Bild 3.7 in m. Es ist:

$$r_m = \frac{R + r_0}{2}$$

$r_0$ ergibt sich aus der durch das Überlaufwehr einstellbaren Dicke $s$ des Flüssigkeitsrings.

$$r_0 = R - s$$

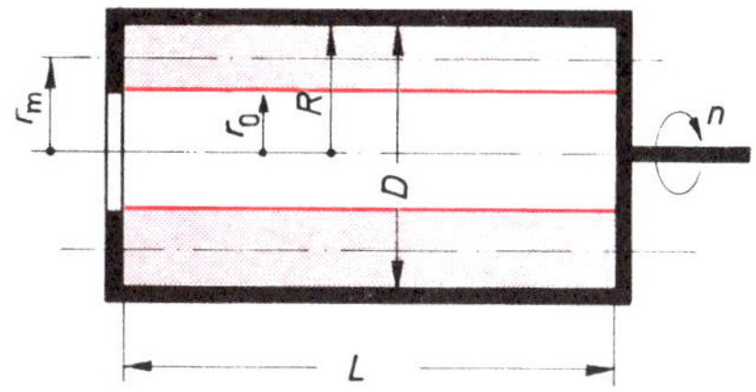


*Bild 3.7*
*Berechnungsschema für Vollmantelzentrifugen*

Bei **periodischem Betrieb** ist die reine Schleuderzeit $t_A$ kleiner als die Periodenzeit $T$. Die Durchsatzminderung gegenüber der kontinuierlichen Betriebsweise berücksichtigt man durch den **Zeitfaktor** z.

$$\dot{V}_1 = 2 \cdot r_m \cdot \pi \cdot L \cdot w_z \cdot z; \qquad z = \frac{t_A}{T}$$

**Beispiel 3.2**

In einer kontinuierlich arbeitenden Vollmantelzentrifuge mit zylindrischer Trommel wird eine wässrige Magnesiumoxidsuspension getrennt. Durch Laborversuch wurde für diese Suspension die Absetzgeschwindigkeit der Feststoffteilchen im Standzylinder (Schwerkraftsedimentation) bestimmt; sie beträgt $w_A$ = 3,5 cm/h. Gegeben sind ferner folgende Abmessungen (Bild 3.7) und Daten:

$D$ = 800 mm; $L$ = 1000 mm;
$r_0$ = 280 mm; $n$ = 1500 min$^{-1}$;

Zu berechnen ist der Zentrifugatdurchsatz $\dot{V}_1$ in m$^3$/h.

*Lösung*

1. Schleuderzahl:

$$K_z = \frac{r_m \cdot n^2}{900}$$

$$r_m = \frac{R + r_0}{2} = \frac{400 + 280}{2} = 340 \text{ mm} = 0{,}34 \text{ m}$$

$$K_z = \frac{0{,}34 \text{ m} \cdot 1500^2}{900} = 850$$

2. Zentrifugal-Absetzgeschwindigkeit:

$w_z = w_A \cdot K_z$
$w_z$ = 3,5 cm/h · 850 = 2975 cm/h = 29,8 m/h

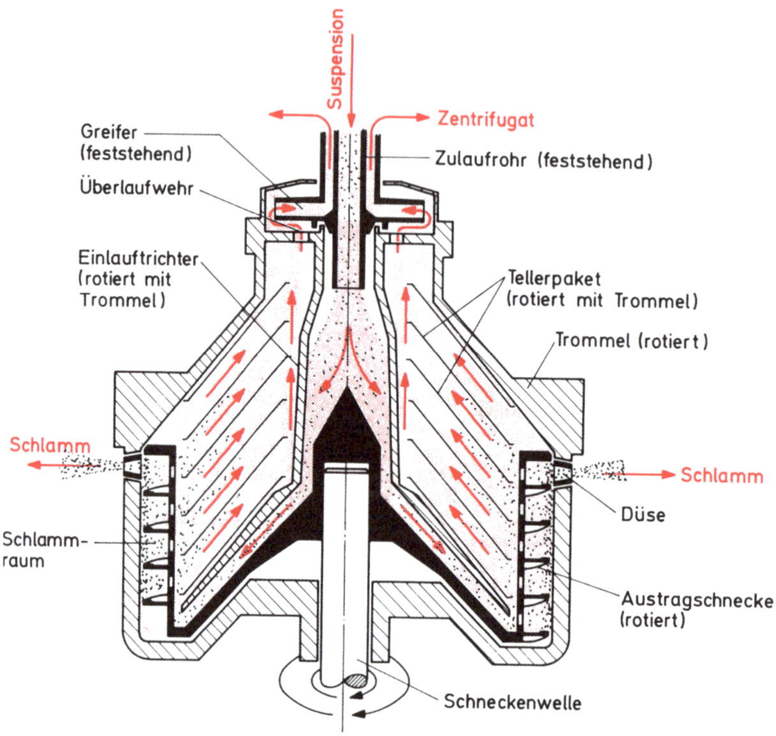


*Bild 3.8 Tellerzentrifuge mit Schlammaustrag durch Düsen (nach Alfa-Laval)*

3. Durchsatz:

$$\dot{V}_1 = 2 \cdot r_m \cdot \pi \cdot L \cdot w_z$$

$$\dot{V}_1 = 2 \cdot 0{,}34\ \text{m} \cdot \pi \cdot 1\ \text{m} \cdot 29{,}8\ \text{m/h} = 63{,}6\ \text{m}^3\text{/h}$$

### 3.2.2.3 Tellerzentrifugen

**Tellerzentrifugen** sind hochtourige Vollmantelzentrifugen, deren Trennraum durch ein Paket konischer Teller (Wanddicke 0,5···0,75 mm) in 30 bis 100 schmale **Separierungsräume** (lichte Weite 1···2 mm) unterteilt ist. Das statische Gegenstück zur Tellerzentrifuge ist der **Lamelleneindicker** (Bild 3.3).

Die Wirkungsweise der Tellerzentrifuge wird anhand von Bild 3.8 erklärt. Die Suspension tritt durch das Zulaufrohr in den rotierenden Einlauftrichter, wird dort beschleunigt und strömt über den Kegelboden von außen in die Separierungsräume zwischen den Tellern. Dort erfolgt die Trennung.

Der Feststoff wird im Separierungsraum durch die Zentrifugalbeschleunigung radial nach außen geschleudert und gegen die Wand des oberen Tellers gedrückt. Bei ausreichend großem Böschungswinkel rutscht das Sediment rückstandsfrei nach unten (und außen) ab, sammelt sich im Schlammraum, wird von der Schnecke zu den **Düsen** gefördert und dort ausgetragen. Der **Tellerneigungswinkel** beträgt $\alpha$ = 30···40°· Der **Böschungswinkel** ist dann $\beta = 90° - \alpha$ = 50···60°.

Die feststofffreie Flüssigkeit, das **Zentrifugat,** strömt im Separierungsraum an der Wand des unteren Tellers entlang nach oben (und innen) und dann über das Wehr zum **Greifer** (Schälscheibe). Der Greifer ist mit einer Zentrifugalpumpe zu vergleichen; er besteht aus einem stillstehenden Schaufelrad, das in die mit der umlaufenden Trommel rotierende Flüssigkeit eintaucht, die Flüssigkeit abschält und von außen nach innen fördert. Die Förderhöhe kann je nach Drehzahl der rotierenden Flüssigkeit bis zu 20 m betragen.

Düsen-Tellerzentrifugen, auch **Düsenseparatoren** genannt, werden für schwer trennbare Trüben eingesetzt, deren Trennkorngrößenbereich

**Tabelle 3.7 Vergleich Hydrozyklon mit Dekantierzentrifuge**

| Hydrozyklon | | Dekantierzentrifuge | |
|---|---|---|---|
| Eigenschaften | Vorzüge | Eigenschaften | Vorzüge |
| Gehäuse ortsfest, Suspension rotiert mit Scherströmung | keine rotierenden Teile, daher geringe Beanspruchung | Gehäuse rotiert, Suspension ist relativ zur Trommel in Ruhe | vollständige Klärung durch Flockung |
| $a_z \sim \left(\frac{1}{r^2}; \quad \Delta p\right)$ | Präzisionsfertigung nicht erforderlich | $a_z \sim (r; n^2)$ | geringer Flüssigkeitsgehalt des Feststoffaustrags |
| Durchsatz und Trennkorngröße über Druckverlust verknüpft | einfache Konstruktion, Bau sehr kleiner Geräte möglich | Durchsatz und Trennkorngröße über Trommelfestigkeit verknüpft | Suspensionen mit hohem Feststoffanteil (Schlämme) verarbeitbar |
| flockenfeindlich | Verwendung verschleißfester und korrosionsbeständiger Werkstoffe (Kunststoffe) | flockenfreundlich | |
| Eindickung durch Fließfähigkeit begrenzt | | Eindickung unbegrenzt möglich | |
| gute Klassierung, schlechtere Klärung | | schlechtere Klassierung, gute Klärung | |

zwischen 0,5 und 5 µm liegt und deren Sediment pastös, klebrig und hochviskos ist.

Bewährt haben sich Düsenseparatoren bei Trennaufgaben, die unter erhöhtem Druck ablaufen müssen, z.B. bei der Abtrennung von Verunreinigungen aus niedrig siedenden Lösungsmitteln. Ein wichtiger Anwendungsbereich liegt in der Abtrennung und Konzentration (Eindickung) organischer Bestandteile, z.B. bei der Stärkefabrikation (Stärke-Kleber-Trennung) und Antibiotika-Herstellung.

Düsenseparatoren eignen sich meist nur für Suspensionen mit mehr als 2 · · · 3% Feststoffgehalt. Bei kleinerem Feststoffgehalt dickt der Schlamm nicht stark genug ein. In diesem Fall setzt man Tellerzentrifugen mit **Schlitzaustrag** ein, bei denen z.B. der ganze Trommelboden als bewegliches Verschlusselement dient. Der Spalt zwischen Rotor und Boden wird in beliebig gesteuerten Intervallen hydraulisch kurz geöffnet.

Außer zur **Klärung und Konzentrierung** von Suspensionen eignen sich Separatoren noch zur **Waschung** eingedickter Schlämme, zur **Feinstkorn-Klassierung,** zur **Emulsionstrennung** (Abschnitt 3.4) und zur Extraktion.

### 3.2.2.4 Hydrozyklon

Der Hydrozyklon ist ein **Zentrifugalabscheider** einfachster Bauart. Im Gegensatz zur Zentrifuge rotiert die Flüssigkeit in einem ortsfesten Gehäuse. Die **Drehströmung** entsteht im Hydrozyklon durch tangentiale Zuführung der Suspension in ein zunächst zylindrisches und dann konisches **Leitgehäuse.** Die Suspension wird mit einer Pumpe durch den Zyklon gedrückt, dabei wird die hydrostatische Energie in Geschwindigkeitsenergie umgesetzt. Tabelle 3.7 zeigt die grundlegenden Unterschiede zwischen Hydrozyklon und Dekantierzentrifuge.

Anhand von Bild 3.9 wird die Wirkungsweise des Hydrozyklons erklärt:

Die Suspension strömt mit der Lineargeschwindigkeit $v_0$ durch die **Einlaufdüse** in den zylindrischen Abscheideraum mit dem Radius $R$ ein. Dabei wird die Suspension zu einer **Rotationsbewegung** in konzentrischen Umlaufbahnen gezwungen. Die Drehzahl $n$ in min$^{-1}$ der rotierenden Suspension ergibt sich aus der Gleichung:

$$n = \frac{30 \cdot v_0}{R \cdot \pi}$$

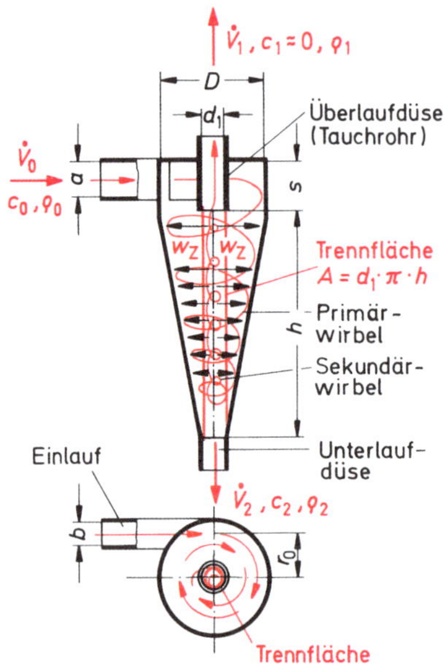


*Bild 3.9 Hydrozyklon*

Dabei entsteht eine **Zentrifugalbeschleunigung**

$$a_{z0} = \frac{v_0^2}{R}$$

die radial nach außen auf die Suspension wirkt. Weil die Suspension durch das Gehäuse eingeschlossen ist, entsteht ein **Flüssigkeitsdruck,** der radial gegen die Wand gerichtet ist. Die in der Suspension frei beweglichen Feststoffteilchen sedimentieren im **Zentrifugalkraftfeld,** werden an der Gehäusewand abgeschieden und wandern mit der Drehströmung in schraubenförmigen Bahnen zur **Unterlaufdüse** (Apexdüse). Dort ist das Zyklongehäuse bis auf eine Schlammaustrittsöffnung verschlossen.

Die von der Pumpe durchgedrückte Suspension strömt im **Primärwirbel** zunächst abwärts zum Unterlauf, wird aber kurz vor der Unterlaufdüse zur Umkehr gezwungen, weil sie nur durch die konzentrische **Überlaufdüse** (Tauchrohr) den Zyklon verlassen kann.

Die vollständig oder teilweise geklärte Flüssigkeit steigt nun in einer inneren Schraubenbahn als **Sekundärwirbel** zur Überlaufdüse hoch. Primärwirbel und Sekundärwirbel bewegen sich also im Gegenstrom zueinander.

In **horizontalen Ebenen** bewegt sich die Suspension in konzentrischen Strombahnen mit unterschiedlichen Drehgeschwindigkeiten. In radialer Richtung herrscht Gleichgewicht zwischen Fliehkraft und hydrostatischem Druck, denn die radiale Zunahme der Fliehkraft bedingt auch eine radiale Zunahme des Flüssigkeitsdrucks.

Aus diesem Gleichgewicht und der **Bernoullischen Energiegleichung** ergibt sich das Gesetz für die **reibungsfreie Zyklonströmung** $u^2 \cdot r = \text{konst.}$

Experimentell wurde für übliche Suspensionen in Industriezyklonen das folgende, die **Reibung** berücksichtigende Gesetz gefunden:

$$u \cdot \sqrt{r} = \text{konst} = v_0 \cdot \sqrt{R}$$

Daraus folgen mit $u = r \cdot \omega$ und

$$a_z = r \cdot \omega^2 = \frac{u^2}{r}$$

die Beziehungen:

$$\begin{aligned} \omega \cdot r^{1,5} &= \omega_0 \cdot R^{1,5} = \text{konst.} \\ a_z \cdot r^2 &= a_{z0} \cdot R^2 = \text{konst.} \\ u^2 \cdot r &= v_0 \cdot R = \text{konst.} \end{aligned}$$

Aus diesen Beziehungen ergeben sich zwei wichtige Folgerungen:

Die **Winkelgeschwindigkeit** der Rotationsströmung nimmt von außen nach innen zu. Zwischen benachbarten Stromfäden entstehen **Scherkräfte.** Die Scherströmung im Zyklon verhindert den wirkungsvollen Einsatz von Flockungsmitteln.

Die **Zentrifugalbeschleunigung** in einem Zyklon ist bei gleicher Einlaufgeschwindigkeit umso größer (quadratische Zunahme), je kleiner der Durchmesser ist. Da die Einlaufgeschwindigkeit durch den Druckverlust begrenzt ist – $\Delta p_{max} \approx 5$ bar –, braucht man zur **Feinkornabscheidung** Zyklone mit kleinem Durchmesser.

Im Hydrozyklon sind **Trennkorngröße** und **Durchsatz** miteinander verknüpft. Große Durchsätze in Einzelzyklonen sind nur bei großem Trennkorn möglich. Große Durchsätze bei kleiner Trennkorngröße erfordern die **Parallelschaltung** vieler Kleinzyklone zu einer **Multizyklonanlage.**

Tabelle 3.7 gibt eine Zusammenstellung der Vor- und Nachteile des Hydrozyklons. Die Flockungsfeindlichkeit der Scherströmung und die geringe

Eindickung bis auf nur etwa 40 Vol.-% Feststoff führen zum Fazit:

> Der Hydrozyklon ist nur bedingt eine Alternative zur Vollmantel-Klärzentrifuge. Er ist in erster Linie ein **Klassierapparat.** Zur Vollklärung feiner Suspensionen ist er weniger gut geeignet.

Nach dem Wirbelgesetz $u \cdot \sqrt{r}$ = konst. kann die Zentrifugalbeschleunigung im inneren Wirbel berechnet werden. Der Durchmesser des Sekundärwirbels ist in erster Näherung so groß wie der lichte Durchmesser $d_1$ der Überlaufdüse. Es ist somit:

$$a_{z1} = a_{z0} \cdot \left(\frac{R}{r_1}\right)^2 = \frac{u_1^2}{r_1} = v_0^2 \cdot \frac{R}{r_1^2}$$

Bei einem Verhältnis $R/r_1 = 2{,}5$ ist $a_{z1}/a_{z0} = 6{,}25$. Diese Beschleunigungszunahme verhindert eine **Rückvermischung** bereits abgeschiedener Teilchen mit dem Sekundärwirbel.

Zur näherungsweisen Berechnung wird als **Beschleunigung** $a_z$ das geometrische Mittel eingesetzt.

$$a_z = \sqrt{a_{z1} \cdot a_{z0}} = \frac{u_1^2}{R} = \frac{v_0^2}{r_1}$$

Bis auf unvermeidliche Reibungsverluste wird der Druckverlust $\Delta p$ im Zyklon zum Aufbau der **maximalen Umfangsgeschwindigkeit** $u_1$ umgesetzt. Es ist also:

$$u_1 = \sqrt{\frac{2 \cdot \Delta p}{\varrho}}$$

Jetzt kann die **Schleuderzahl** $K_z$ des Hydrozyklons bestimmt werden.

$$K_z = \frac{a_z}{g} = \frac{4 \cdot \Delta p}{\varrho \cdot g \cdot D}$$

Hierin ist: $\Delta p$ Druckverlust in Pa, $\varrho$ Dichte der Flüssigkeit in kg/m³.

Mit Hilfe der Schleuderziffer lässt sich nun die **Zentrifugalabsetzgeschwindigkeit** $w_z$ ermitteln und daran anschließend Durchsatz und Trennkorngröße, wenn die Trennfläche bekannt ist. Als Trennfläche setzt man die in Bild 3.9 skizzierte Mantelfläche ein. Somit ist der Klarlaufdurchsatz gegeben durch die Beziehung:

$$\dot{V}_1 = 2 \cdot r_1 \cdot \pi \cdot h \cdot w_A \cdot K_z$$

Hierin ist $w_A$ wiederum die rechnerisch oder experimentell zu ermittelnde Schwerkraft-Absetzgeschwindigkeit.

Die **Trennkorngröße** bestimmt man mit der bereits bekannten Formel:

$$x_T = \sqrt{\frac{18 \cdot \eta}{\Delta\varrho \cdot g} \cdot \frac{\dot{q}}{K_z}}\,; \qquad \dot{q} = \frac{\dot{V}_1}{A} = w_z$$

In der Praxis hat sich gezeigt, dass für den Durchsatz folgende Proportionalität besteht:

$$\dot{V}_1 \sim D^2 \cdot \sqrt{\Delta p}$$

Mit Hilfe dieser Beziehung lässt sich für die Trennkorngröße eine weitere Proportionalität ableiten:

$$x_T \sim \frac{\sqrt{D}}{\sqrt[4]{\Delta p}}$$

Daraus erkennt man:

> Niedrige Trennkorngrößen erreicht man im Hydrozyklon mit kleinen Durchmessern und großen Druckverlusten. Wirkungsvoller und auch wirtschaftlicher als die Steigerung des Druckverlustes (Pumpendrucks) ist die Herabsetzung des Zyklondurchmessers *D*.

Der Konstruktion der Hydrozyklone werden gemäß Bild 3.9 üblicherweise folgende Daten zugrunde gelegt:

$D = (2 \cdots 6) \cdot d_1$; $\quad a \cdot b = (1 \cdots 2) \cdot \frac{d_1^2 \cdot \pi}{4}$;

$h = (20 \cdots 50) \cdot d_1$; $s = (2 \cdots 3) \cdot d_1$;

$d_2 = d_1$; $r_0 \approx (1{,}5 \cdots 2) \cdot d_1$

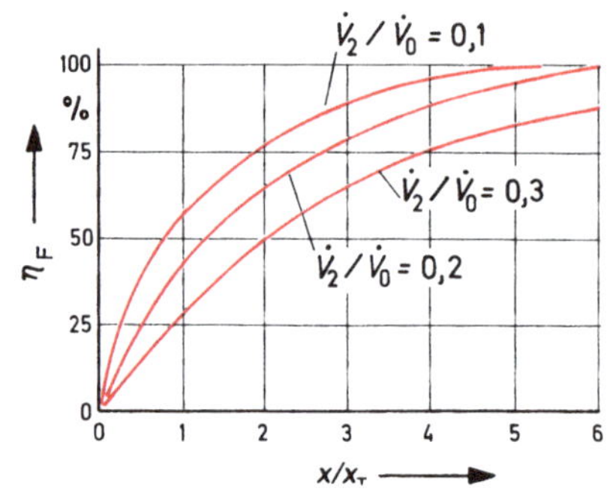


*Bild 3.10 Fraktionsabscheidegradkurven eines Hydrozyklons*

Die hier beschriebene Methode zur Ermittlung der maximalen Umfangsgeschwindigkeit und der Schleuderzahl reicht zur **angenäherten** Berechnung aus. Eine genauere Berechnungsmethode wird im Abschnitt «Fliehkraftentstaubung» beschrieben.

Die **Trennkorngröße** ist keine scharfe Kornscheide. Normalerweise wird Korn von der Trennkorngröße zu etwa 50% im Überlauf wieder ausgetragen. Eine **Totalklärung** ist nur möglich, wenn die der Auslegung zugrunde gelegte Trennkorngröße 4- bis 6-mal kleiner ist als die Korngröße des Feinkorns. Diese Verhältnisse werden durch die **Fraktionsabscheidegradkurven** in Bild 3.10 dargestellt.

Die Fraktionsabscheidegradkurve ist ein Maßstab für die Abscheidegüte eines Zyklons. Der Verlauf hängt ab von der Zyklonbauart und vom Verhältnis des Unterlaufvolumenstroms zum Zulaufvolumenstrom $\dot V_2 / \dot V_0$.

Die Rotationsströmung wird umso mehr gestört, je größer das durch die Unterlaufdüse abströmende Volumen im Verhältnis zum Überlaufstrom ist. Das Verhältnis $\dot V_2 / \dot V_0$ sollte daher nicht größer als 0,1 sein. Das ist dann der Fall, wenn die Feststoffkonzentration $c_0$ in der Suspension nicht wesentlich größer als 4 Vol.-% ist.

Tabelle 3.8 zeigt eine Zusammenstellung der Daten handelsüblicher Hydrozyklone.

**Beispiel 3.3**

In einem Hydrozyklon mit den nachstehend genannten Abmessungen solen aus einer wässrigen Quarzsuspension $\dot V_1$ = 25 m³/h Flüssigkeit abgetrennt werden. Der Druckverlust darf 1 bar betragen (1 bar = $10^5$ Pa = $10^5$ kg/m s²). Die Trennkorngröße ist näherungsweise zu bestimmen.

Gegeben sind: $\varrho = 1000$ kg/m³,

$\varrho_T = 2500$ kg/m³, $\eta = 10^{-3}$ Pa s (kg/m s)

Zyklonabmessungen: $D = 125$ mm, $d_1 = 32$ mm,

$h = 800$ mm.

*Lösung*

1. Schleuderzahl:

$$K_z = \frac{4 \cdot \Delta p}{\varrho \cdot g \cdot D}$$

$$K_z = \frac{4 \cdot 1 \cdot 10^5 \,\text{Pa}}{1000\,\text{kg/m}^3 \cdot 9{,}81\,\text{m/s}^2 \cdot 0{,}125\,\text{m}} = 326$$

**Tabelle 3.8 Daten üblicher Hydrozyklone (Druckverlust $\Delta p = 0{,}5 \cdots 2$ bar)**

| Gehäusedurchmesser $D$ in mm | Gesamthöhe $H$ in mm | Trennkorngröße $x_T$ in µm | Durchsatz $\dot V_1$ in $\frac{\text{m}^3}{\text{h}}$ |
|---|---|---|---|
| 10 | 290 | 4··· 6 | 0,2 |
| 20 | 330 | 6··· 8 | 0,4··· 0,6 |
| 40 | 500··· 580 | 8··· 15 | 1 ··· 2,4 |
| 50 | 540··· 600 | 8··· 12 | 2,8··· 5,5 |
| 75 | 780··· 980 | 10··· 20 | 3,5··· 7,5 |
| 100 | 1180 | 12··· 25 | 8,5··· 17 |
| 125 | 1110···1390 | 15··· 40 | 10 ··· 25 |
| 200 | 1300···1700 | 25··· 60 | 20 ··· 45 |
| 300 | 1400···2000 | 30··· 90 | 50 ··· 120 |
| 500 | 1800···2500 | 50···120 | 110 ··· 230 |
| 750 | 2000···2500 | 60···150 | 270 ··· 520 |
| 1200 | 2200···2600 | 80···200 | 680 ···1020 |

2. Trennflächenbelastung:

$$\dot{q} = \frac{\dot{V}_1}{A} = \frac{\dot{V}_1}{2 \cdot r_1 \cdot \pi \cdot h}$$

$$\dot{q} = \frac{25\,m^3/h}{2 \cdot 0{,}016\,m \cdot \pi \cdot 0{,}8}$$

$$\dot{q} = 311\,m/h = 0{,}0864\,m/s$$

3. Trennkorngröße:

$$x_T = \sqrt{\frac{18\eta}{\Delta\varrho \cdot g} \cdot \frac{\dot{q}}{K_z}}$$

$$x_T = \sqrt{\frac{18 \cdot 10^{-3}\,kg/m\,s \cdot 8{,}64 \cdot 10^{-2}\,m/s}{1{,}5 \cdot 10^3\,kg/m^3 \cdot 9{,}81\,m/s^2 \cdot 3{,}26 \cdot 10^2}}$$

$$x_T = \sqrt{3{,}24 \cdot 10^{-10}\,m^2} = 1{,}8 \cdot 10^{-5}m$$

$$x_T = 18\,\mu m$$

# 3.3 Filtration

## 3.3.1 Filtration und Filtermittel

Filtrieren ist Abscheiden von Feststoffteilchen aus Suspensionen mit Hilfe eines porösen Filtermittels. Das **Filtermittel** lässt die feststofffreie Flüssigkeit, das **Filtrat,** durch und hält den Feststoff als **Filterkuchen** zurück (Bild 3.11).

> Im Gegensatz zur Sedimentation ist bei der Filtration kein Dichteunterschied zwischen Feststoff und Flüssigkeit erforderlich. Benötigt wird ein Druckgefälle $\Delta p$ zwischen Suspensions- und Filtratseite.

Hinsichtlich des Zieles unterscheidet man zwischen Klärfiltration und Scheidefiltration. Die **Klärfiltration** wird zum Reinigen von Flüssigkeiten und die **Scheidefiltration** zur Feststoffgewinnung eingesctzt.

In Bezug auf die Art der Feststoffabscheidung unterteilt man in Oberflächenfiltration und Tiefenfiltration.

## 3.2.3 Flockung und Flockungsmittel

Feine Feststoffteilchen sedimentieren nicht mehr, wenn ihre Korngröße unter dem kritischen Wert von etwa 0,5 µm liegt. Durch Zugabe von **Flockungsmitteln** zur Trübe erreicht man, dass sich die Feststoffteilchen zu größeren sedimentierfähigen Gebilden zusammenschließen.

Für den Zusammenschluss können zwei unterschiedliche Vorgänge maßgebend sein: Agglomeration – auch Flocculation genannt – und Koagulation.

Bei der **Agglomeration** verbinden lange Kettenmoleküle eines Flockungsmittels die Feststoffteilchen durch mechanische Brücken miteinander zu einem lockeren **Agglomerat.**

Die **Koagulation** führt zur direkten Anlagerung der Feststoffteilchen, nachdem die gegenseitige elektrostatische Abstoßung durch ein als Elektrolyt wirkendes Flockungsmittel aufgehoben wurde.

Flockungsmittel sind Metallsalze $Fe^{++}$, $Al^{++}$ oder **polymere Substanzen,** z.B. Polacrylate und Polyacrylamide.

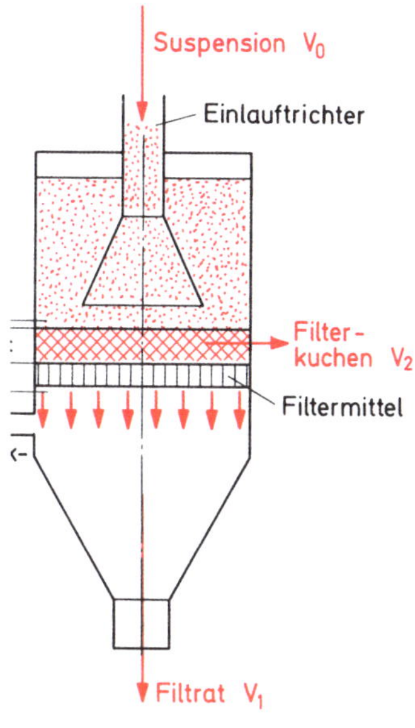


*Bild 3.11 Schema eines Filters*

**Oberflächenfiltration** ist das Abscheiden von Feststoffteilchen durch die siebähnliche Wirkung des Filtermittels und des Filterkuchens.

**Tiefenfiltration** ist das Abscheiden von Feststoffteilchen im Inneren des Filtermittels durch **molekulare Haftkräfte.** Dabei werden auch Teilchen abgeschieden, die kleiner sind als die Porenweite des Filtermittels. Die Tiefenfiltration wird nach Aufbau eines genügend dicken Filterkuchens wirksam. Die Trennwirkung von losen Schüttungen aus Sand, Kies oder Kohle beruht in erster Linie auf der Tiefenfiltration.

Das **Filtermittel** ist die flüssigkeitsdurchlässige Schicht, die den Aufbau eines Filterkuchens ermöglicht. Die Trennwirkung der Filtration ist erst nach Aufbau eines Filterkuchens vollkommen.

**Gebräuchliche Filtermittel** sind Siebe, Metall- oder Textilgewebe, verfilzte Schichten (Filterpapiere), lose Schüttungen, poröse Körper (Filtersteine) und Membranen.

Bei schwer filtrierbaren Trüben ist der Aufbau eines porösen Filterkuchens nur durch **Filterhilfsmittel** möglich. Filterhilfsmittel sind körnige oder faserige Teilchen, die der Trübe beigemischt werden. Filterhilfsmittel können auch vor der Filtration auf dem Filtermittel als geschlossene Schicht angeschwemmt werden. Die **Anschwemmschicht** erleichtert auch später das Entfernen des Filterkuchens. Bei sehr schwer filtrierbaren Trüben verwendet man die Anschwemmschicht (Precoat) als eigentliches Filtermittel (Anschwemmfilter, Precoatfilter).

Oft verwendete **Filterhilfsmittel** sind: Kieselgur, Sägemehl, Mineralfasern, Glasfasern, Allulose, Kunststoffgranulate.

## 3.3.2 Physikalische Grundlagen der Filtration

Die **Triebkraft** bei der Filtration ist das Druckgefälle $\Delta p$ zwischen der Suspensions- und Filtratseite des Filters (Bild 3.11). Die Druckdifferenz $\Delta p$ erzeugt eine **Druckkraft** $F = \Delta p \cdot A$, welche die Flüssigkeit durch Filterkuchen und Filtermittel drückt.

Filterkuchen und Filtermittel setzen dem durchfließenden Medium einen **hydrodynamischen Widerstand** entgegen. Der Widerstand des Filtermittels ist zeitlich konstant. Der Widerstand des Filterkuchens nimmt mit der Zeit zu, weil die **Kuchendicke** während der Filtration anwächst. Die **Druckdifferenz** $\Delta p$ bleibt konstant; sie kann erzeugt werden durch:

1. Zulaufbehälter $\Delta p = 0{,}05 \cdots 0{,}4$ bar
2. Vakuumpumpe auf Filtratseite
   $\Delta p = 0{,}2 \cdots 0{,}9$ bar
3. Druckpumpe auf Suspensionsseite
   $\Delta p = 1 \cdots 30$ bar
4. Fliehkraft in Filterzentrifugen
   $\Delta p = 10 \cdots 100$ bar

Nach einer kurzen Aufbauzeit hat der **Filterkuchen** engere Poren als das Filtermittel und ist in erster Linie für die Güte des Trennvorgangs maßgebend.

Porengröße und Durchlässigkeit des Filterkuchens beeinflussen Reinheit und Durchsatz des Filtrats. Diese und noch andere Eigenschaften, wie Kompressibilität, Adhäsionsverhalten und Restfeuchte, hängen von der Art des suspendierten Feststoffs ab. Die hydrodynamischen Eigenschaften des Filterkuchens, insbesondere der Strömungswiderstand, können nur durch Versuche bestimmt werden. Dazu verwendet man **Handfilterplatten** oder **Labornutschen.**

Die Strömung der Flüssigkeit durch den Filterkuchen hängt von vielen, nicht erfassbaren veränderlichen Größen ab; sie ist daher nicht voraus zu berechnen. Die z.Zt. bekannten **Filterformeln** sind nur für starre, inkompressible Filterkuchen näherungsweise anwendbar.

Grundlage aller Filterformeln ist das **Gesetz von *Hagen* und *Poiseuille*** für die **laminare Strömung** durch eine Kapillare. Es lautet:

$$\dot{V}_1 = \frac{V_1}{t} = \frac{r^4 \pi}{8} \cdot \frac{\Delta p}{\eta \cdot l}$$

Hierin ist: $r$ Kapillarradius in m, $\Delta p$ Druckdifferenz in Pa, $\eta$ dynamische Viskosität in Pa s, $l$ Länge der Kapillare in m, $t$ Durchflusszeit in s, $V$ Volumen in m$^3$, $\dot{V}$ Durchsatz in m$^3$/s.

Eine oft zitierte Beziehung, die in der Hauptsache auf Filtermittel angewendet werden kann, ist die **Gleichung von *d'Arcy*.** Sie gilt für die konstante Schichtdicke $s$:

$$\frac{dV_1}{dt} = \frac{A \cdot \Delta p}{\eta \cdot \alpha \cdot s}$$

Die Gleichung beschreibt die zeitliche Zunahme des Filtratvolumens $V_1$, das durch eine poröse Schicht mit der Dicke $s$ fließt, $\alpha$ ist hierin ein spezifischer Widerstand mit der Einheit in m/m$^3$ bzw. 1/m$^2$.

Bild 3.12 zeigt die zeitliche Abhängigkeit der Kuchendicke $h$ und des durchfließenden Filtratvolumens $V_1$ bei konstantem Druck. Die Steigung der $V_1$-Kurve ($\tan \alpha = dV_1/dt$) nimmt allmählich ab. Die Filtration wird bei zu geringer Steigung abgebrochen. Man lässt die Kuchendicke $h$ nur bis zu einem bestimmten Wert anwachsen; sie beträgt:

$h$ = 50···100 mm bei kristallinen, leicht filtrierbaren Feststoffen

$h$ = 5···15 mm bei faserigen, weichen, schwer filtrierbaren Feststoffen.

Die in Bild 3.12 dargestellte Funktion $V_1 = f(t)$ wurde erstmals von *Ruth* mathematisch wie folgt formuliert:

$$V_1^2 + 2\,V_1 \cdot \frac{r \cdot A}{\alpha} = \frac{2\,\Delta p}{\eta \cdot \alpha} \cdot A^2 \cdot t$$

Hierin ist: $V_1$ Filtratvolumen in $m^3$; $r$ spezifischer Widerstand des Filtermittels in $m/m^2$, $A$ Filterfläche in $m^2$, $\alpha$ spezifischer Kuchenwiderstand in $m/m^3$; $\Delta p$ Druckverlust in Pa, $\eta$ dynamische Zähigkeit in Pa s, $t$ Filtrationszeit in s.

Die ***Ruth*-Gleichung** lässt sich vereinfacht in folgender Form schreiben:

$$q^2 + 2 \cdot q \cdot C = K \cdot t$$

Darin ist $q$ das auf die Flächeneinheit bezogene Filtratvolumen mit der Einheit $m^3/m^2$ bzw. m.

$$q = \frac{V_1}{A}$$

$C$ und $K$ sind Konstanten, welche die hydraulischen Widerstände von Filtermittel und Filterkuchen berücksichtigen.

$$C = \frac{r}{\alpha} \quad \text{in m oder } 1/m^2$$

$$K = \frac{2 \cdot \Delta p}{\eta \cdot \alpha} \quad \text{in } m^2/s \text{ oder } 1^2/m^4\,s$$

Leider lassen sich diese **Filterkonstanten** nicht berechnen, da die darin enthaltenen spezifischen Widerstände $r$ und $\alpha$ meist unbekannt sind. Wohl aber kann man mit Hilfe der *Ruth*-Gleichung die Filterkonstanten durch **Filterversuche** bestimmen. Da die experimentell ermittelten Filterkonstanten unter gleichen Bedingungen auch für die Großausführung gelten, kann die *Ruth*-Beziehung zur Auslegung von Filterapparaten verwendet werden.

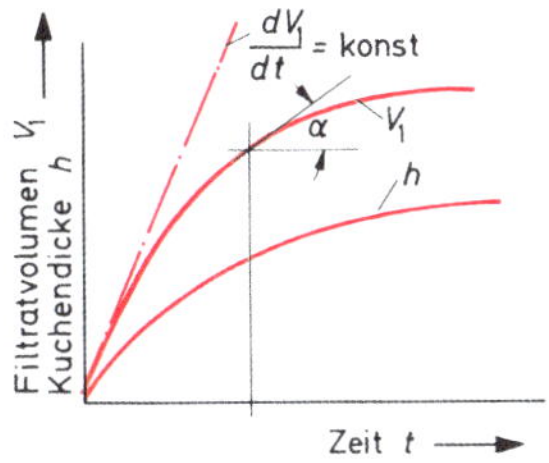


*Bild 3.12 Abhängigkeit von Filtratvolumen und Kuchendicke von der Zeit*

Zur Bestimmung der Filterkonstanten misst man die durchgeflossenen Filtratvolumina für zwei verschiedene Zeiten und errechnet daraus $K$ und $C$ (Gleichung mit 2 Unbekannten).

Die Gültigkeit und Anwendbarkeit der Filterformeln wird vor allem dadurch eingeschränkt, dass viele Filterkuchen einen stark veränderlichen Widerstand haben. Ursachen: Kompression, Verstopfung der Poren, Quellung der Teilchen, Bildung von Gasblasen.

Eine wichtige Kenngröße der Filtration ist die **Filtergeschwindigkeit** $w_F$. Hierunter versteht man den **Flächendurchsatz** an Filtrat durch Filterkuchen und Filtermittel gemessen in $m^3/m^2$ h oder m/h. Die Filtergeschwindigkeit ist nicht konstant, sondern zeitabhängig wie das Filtratvolumen:

$$w_F = \frac{1}{A} \cdot \frac{dV_1}{dt} = \frac{dq}{dt}$$

Am Ende einer bestimmten Filtrationszeit $t_F$ ist dann nach Differentiation der ***Ruth*-Gleichung:**

$$w_F = \frac{dq}{dt} = \frac{K}{2 \cdot (q + C)}$$

Nach der *d'Arcy*-Gleichung für konstante Kuchendicke ist:

$$w_F = \frac{dV_1}{A \cdot dt} = \frac{dq}{dt} = \frac{\Delta p}{\eta \cdot \alpha \cdot h}$$

> Die Filtergeschwindigkeit $w_F$ hängt bei konstanter Kuchendicke in der Hauptsache vom Druckgefälle und vom Widerstand des Filterkuchens ab: $w_F \sim \Delta p / \alpha$

**Richtwerte für die Filtergeschwindigkeit**

Klärfiltration wässriger Suspensionen:

$$w_F = 1 \cdots 20 \text{ m/h}$$

Klärfiltration schleimiger Suspensionen:

$$w_F = 0{,}03 \cdots 0{,}2 \text{ m/h}$$

Trennfiltration:

$$w_F = 0{,}1 \cdots 1 \text{ m/h}$$

**Filterkuchen** enthalten je nach Art des Feststoffs und des Filtrationsverfahrens noch einen beträchtlichen Flüssigkeitsanteil. Diese **Restfeuchte** liegt zwischen 6% bei grobkristallinen Feststoffen in Siebzentrifugen und 80% bei schleimigen, faserigen und weichen Feststoffen. Allgemein gilt:

Je kleiner der Kuchenwiderstand und je höher der aufgewendete Filtrationsdruck, desto geringer ist die Restfeuchte. Filterkuchen sind stichfest, wenn die Restfeuchte kleiner als 75···80% ist.

Ein großer Teil der Festfeuchte besteht aus **kapillarer Steigflüssigkeit.** Dieser Kapillaranteil ist umso größer, je enger die Poren oder Kapillaren im Filterkuchen sind. Die Kapillarflüssigkeit kann durch Ausblasen mit Druckluft entfernt werden. Der dabei aufgewendete Druck muss den Kapillardruck übersteigen.

Die **Grundgleichung der Filtration** lautet:

$$\dot{V}_1 = A \cdot \dot{q} = \frac{A \cdot q}{t_F}$$

Hieraus ergibt sich dann die Filterfläche:

$$A = \frac{\dot{V}_1 \cdot t_F}{q}$$

Der Filtratdurchsatz ist meist nicht bekannt. Er kann aber aus dem Suspensionsdurchsatz $\dot{V}_0$ mit Hilfe der Mengenbilanz bestimmt werden. Die Bilanz liefert nach dem Schemabild 3.11 die Formel:

$$\dot{V}_1 = \dot{V}_0 \cdot \frac{\varrho_0}{\varrho_1} \cdot \left(1 - \frac{c_0}{1-f}\right); \; f = 1 - c_2$$

Die **spezifische Filtratmenge** $q$ wird unter Verwendung der gemessenen Filterkonstanten $K$ und $C$ aus der *Ruth*-Beziehung für die vorgegebene Filtrationszeit $t_F$ bestimmt:

$$q = -C + \sqrt{C^2 + K + t_F}$$

### 3.3.3 Filterapparate

Die Vielfalt der verschiedenen Filterbauarten kann nach Tabelle 3.9 unterteilt werden:

1. nach Art der **Betriebsweise** (kontinuierlich und periodisch arbeitende Filter),
2. nach Art des **Filtermittels** (Filter mit geschüttetem, flexiblem und starrem Filtermittel) und
3. nach Art der treibenden physikalischen **Kraft** (hydrostatischer Druck, Überdruck, Vakuum).

In der Produktionstechnik werden folgende Filterbauarten bevorzugt angewendet:

1. **Kontinuierlich** arbeitende **Vakuum- oder Druckfilter** mit selbsttätigem Kuchenaustrag, die neben der Phasentrennung fest/flüssig auch Wasch- und Trocknungsoperationen durchführen können. Hierunter fallen:
   - 1.1 Vakuum-Trommelfilter (Bild 3.13)
   - 1.2 Druck-Trommelfilter
   - 1.3 Vakuum-Bandfilter
   - 1.4 Vakuum-Innenfilter
   - 1.5 Vakuum-Scheibenfilter
   - 1.6 Vakuum-Planfilter
2. **Periodisch** arbeitende **Druckfilter** zur Trennung von Suspensionen häufig wechselnder Beschaffenheit mit nicht zu hohem Feststoffgehalt. Hierzu gehören:

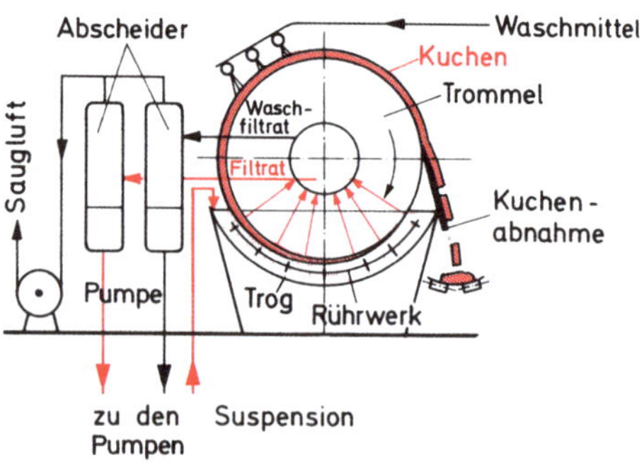


*Bild 3.13*
*Vakuum-Trommelzellenfilter (nach Dorr-Oliver)*

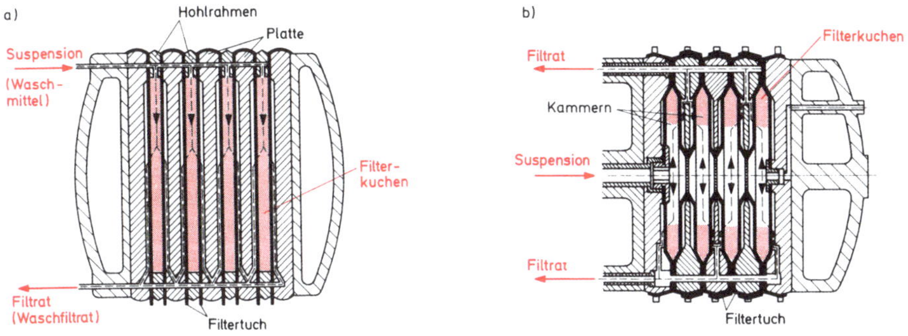


*Bild 3.14 Filterpressen: a) Rahmenfilterpresse, b) Kammerfilterpresse*

2.1 Rahmenfilterpresse für die Trennfiltration (Bild 3.14a)

2.2 Kammerfilterpresse für die Klärfiltration (Bild 3.14b)

2.3 Hochdruck-Röhrenfilterpresse (10···110 bar Pressdruck) für die Trennfiltration, Filterfläche ≈ 1 m², Trennkorngröße 0,6···0,8 µm.

3. **Membranfilter** (siehe Abschnitt 3.5) für die Feinstfiltration z.B. zum Reinigen von Kühl- und Spülflüssigkeiten aus der Zerspanung.

Beim **Vakuum-Trommelfilter** (Bild 3.13) ist die Filtertrommel in Zellen unterteilt, die über den Steuerkopf an die Vakuumstation angeschlossen sind. Die Filtertrommel taucht in den Suspensionstrog ein. Die Suspension wird durch das Vakuum angesaugt, und der Filterkuchen bildet sich auf der Trommeloberseite. Die sich langsam drehende Trommel hebt den Kuchen aus dem Trog heraus und transportiert ihn zur Kuchenabnahme.

Das **Vakuum-Bandfilter** (Bild 3.15) ist im Prinzip ein endloses Gewebeband (ähnlich einem Förderband), das taktweise bewegt wird. Die Suspension wird auf das Band geschüttet und das Filtrat von unten abgesaugt. Der Filterkuchen wird vom Band zur Abnahmewalze gefördert. Dabei wird er ausgewaschen oder durch Extraktion, Trockensaugen oder Pressen weiterbehandelt. Während der Filtration steht das Band still. Beim Bandvorschub ist das Vakuum nicht wirksam. Vakuum-Bandfilter werden z.B. zur Entwässerung von Gipsschleim eingesetzt, der in **Rauchgasentschwefelungsanlagen** anfällt.

Suspensionen mit einem Feststoffgehalt unter 20 g/l (rd. 2 Masse-%) und solche, die nach einer Filtrierzeit von 5 min nicht mindestens 3 mm Kuchendicke ergeben, sind für kontinuierliche Vakuum-Filtration ungeeignet.

Vakuumfilterkuchen haben wegen der geringen Druckdifferenzen während der Kuchenbildung ein relativ großes Porenvolumen und sind daher feucht und kompressibel. Zur Reduktion der Restfeuchte bietet sich daher ein **Nachpressen**

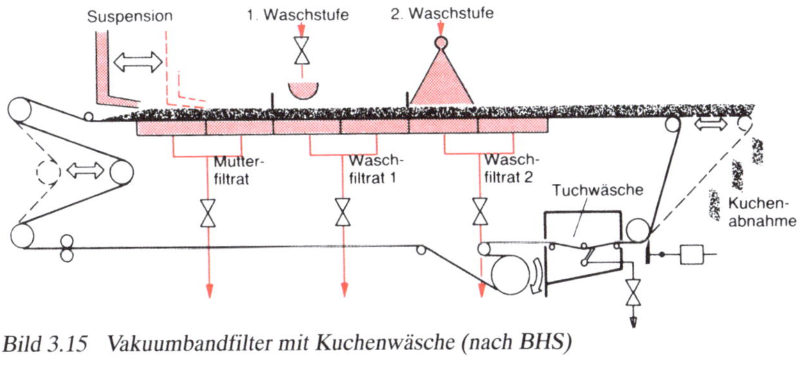


*Bild 3.15 Vakuumbandfilter mit Kuchenwäsche (nach BHS)*

**Tabelle 3.9 Filterapparate für die Produktionstechnik (Richtwerte)**

| Filterbauart | Betriebsweise | Filterfläche in $m^2$ | Filtergeschwindigkeit in m/h | Anwendung für: |
|---|---|---|---|---|
| Vakuum-Trommelfilter | kont. | ···100 | 0,1···3 | Suspensionen mittlerer Korngröße von 5···100 µm. Feststoffgehalt > 2 Gew.-% |
| Druck-Trommelfilter (1···3 bar) | kont. | ···10 | 0,2···10 | Suspensionen mittlerer Korngröße von 5···200 µm. Feststoffgehalt > 0,5 Gew.-% Filtration von Lösungsmitteln |
| Vakuum-Bandfilter | kont. | ···45 | 0,2···1 | gut sedimentierbare Suspensionen, Korngröße > 20 µm. Mehrere Waschoperationen durchführbar |
| Vakuum-Innenfilter | kont. | ···30 | 0,3···2 | Suspensionen mit grobem, nicht ansaugbarem Korn |
| Vakuum-Scheibenfilter | kont. | ···350 | 0,1···3 | Massengüter, Waschen nicht durchführbar. Korngröße 5···100 µm |
| Planfilter (Tellerfilter) | kont. | ···50 | 1···20 | grobe, kristalline Suspensionen, Korngröße 50···1000 µm. Mehrere Waschoperationen durchführbar |
| Rahmenfilterpresse (3···15 bar) | diskont. | ···600 | 0,05···1 | leicht filtrierbare Suspensionen mit mittlerem bis hohem Feststoffgehalt und schwankender Beschaffenheit. Waschoperationen durchführbar |
| Kammerfilterpresse (3···15 bar) | diskont. | ··· 600 | 0,05···1 | Klärfiltration schwer filtrierbarer Suspensionen mit geringem Feststoffgehalt. Nicht für Waschoperationen |

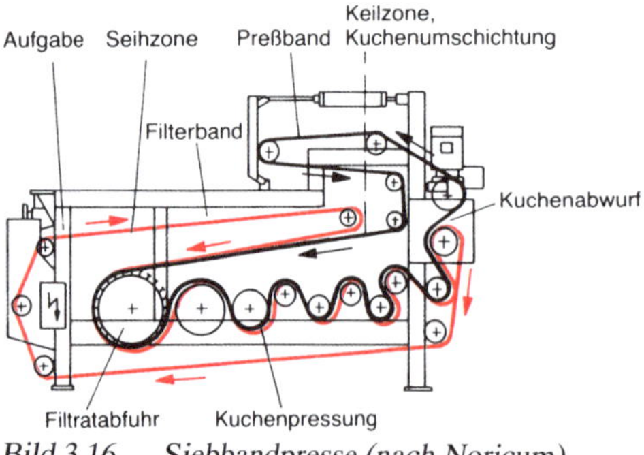


*Bild 3.16 Siebbandpresse (nach Noricum)*

des Filterkuchens an. Das lässt sich beim Bandfilter durch Kombination des Filterbandes mit einem **Pressband** optimal lösen.

Eine solche Lösung stellt die in Bild 3.16 gezeigte **Siebbandpresse** dar. Sie eignet sich besonders für die Entwässerung von geflockten Abwasserschlämmen aus kommunalen und industriellen Reinigungsanlagen. Die Siebbandpresse ist gekennzeichnet durch **Schwerkraftentwässerung** in einer Seihzone mit nachfolgendem Umschichten und daran anschließendem Drücken, Walken und Scheren des Filterkuchens durch Keilwirkung bei kleiner werdendem Rollendurchmesser.

### 3.3.4 Filterzentrifugen

In **Filterzentrifugen,** oft auch **Siebzentrifugen** genannt, erfolgt die Filtration im Zentrifugalfeld eines vorwiegend horizontal gelagerten Rotors, der innen mit dem Filtermittel bespannt ist (Daten in den Tabellen 3.5 und 3.6). Vorwiegend eingesetzte Filterzentrifugen sind: Schälzentrifuge, Schubzentrifuge, Schwingzentrifuge und Siebschneckenzentrifuge. Schälzentrifugen arbeiten absatzweise, alle anderen Bauarten kontinuierlich.

**Schälzentrifugen** eignen sich für Suspensionen mit 0,01···0,2 mm Korngröße, 2···50 Vol.-% Feststoffgehalt, die lange Schleuderzeiten und intensive Auswaschung erfordern. Durchsätze bis 50 $m^3/h$. Der Feststoff wird mit einem **Schälmesser** abgelöst und meist durch eine **Schnecke** oder Schurre ausgetragen. Eine **Restschicht** bleibt auf dem Filtermedium. Für die nachfolgenden Chargen klärt sie das Filtrat mit.

Es gibt zwei Ausführungen: Schälzentrifugen mit **Siebtrommel** (Bild 3.17a) und Schälzentrifugen mit **Syphontrommel** (Bild 3.17b).

Die **Syphontrommel** hat im Gegensatz zur Siebtrommel einen geschlossenen Mantel. Das Filtrat fließt an der Trommelrückwand in eine **Ringtasse,** wo es mit einem schwenkbaren **Schälrohr** entnommen wird. Je nach Stellung des Schälrohrs in der Ringtasse lässt sich durch das **Niveaugefälle** $h$ ein bestimmtes **Vakuum** unter dem Filtermittel erzeugen, dessen Kraft sich zur Zentrifugalkraft der Trommel addiert und die Filtrationsleistung steigert. Nach jeder Charge kann bei ausgeschwenktem Schälrohr die Restschicht auf dem Filtermittel rückgespült werden. Die **Rückspülflüssigkeit** wird über die Ringtasse in die Trommel geführt.

Die **Schubzentrifuge** (Bild 3.18) in ein- oder mehrstufiger Ausführung eignet sich zur Trennung rasch filtrierbarer, körniger oder faseriger Schleudergüter sowie zu weitgehender Auswaschung des Filterkuchens. Der Feststoff wird durch den oszillierenden Schubboden ausgetragen.

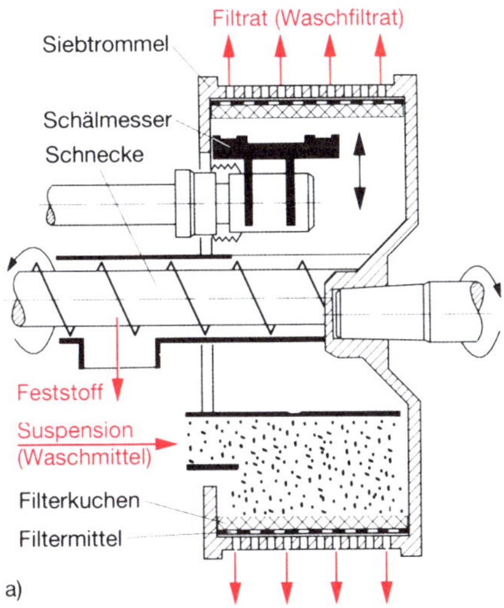


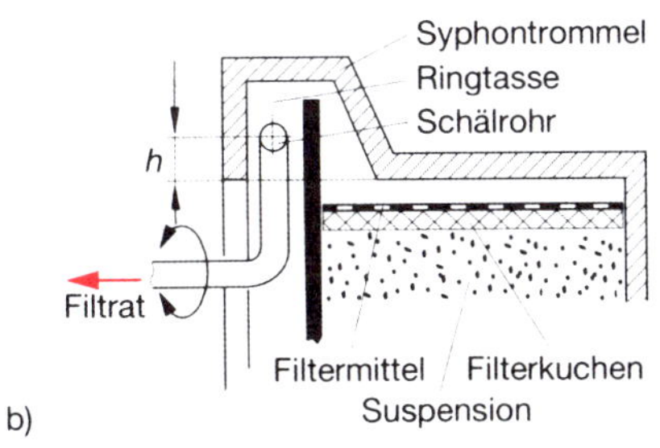


*Bild 3.17 Schälzentrifugen: a) mit Siebtrommel (nach Alfa Laval), b) mit Syphontrommel (nach Krauss Maffei)*

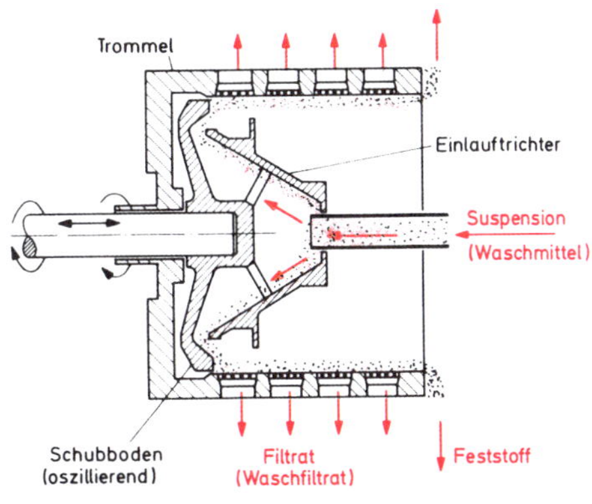


*Bild 3.18 Schubzentrifuge (nach Alfa-Laval)*

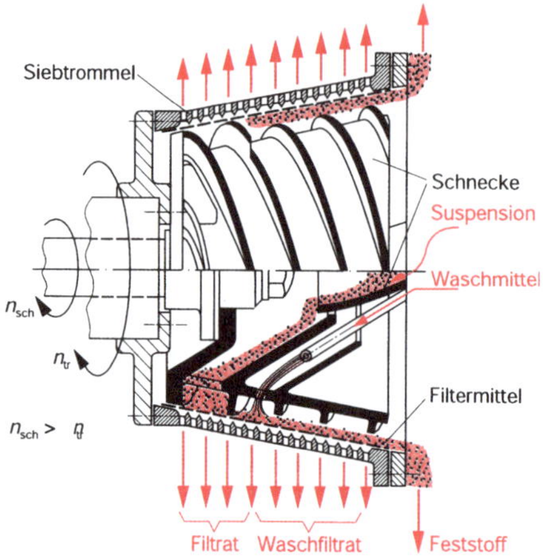


*Bild 3.19*
*Siebschneckenzentrifuge (nach Sieb-technik)*

Die **Schwingzentrifuge** transportiert den entwässerten Kuchen durch hochfrequente Schwingungen der Siebtrommel ebenfalls in axialer Richtung zum Austrag; sie zeichnet sich aus durch großen Durchsatz und schonende Produktbehandlung. Besonders geeignet ist sie zur Filtration kristalliner Schlämme.

Die **Siebschneckenzentrifuge** (Bild 3.19) besteht aus einer konischen Siebtrommel und einer darin rotierenden Schnecke. Die Drehzahl $n_{sch}$ der Schnecke ist größer als die Drehzahl $n_{tr}$ der Siebtrommel. Die Schnecke fördert daher das Gut zum Austrag. Die Größe der Differenzdrehzahl $\Delta n = n_{sch} - n_{tr}$ beeinflusst die Verweildauer des Guts im Fliehkraftfeld und somit auch das Entfeuchtungsergebnis. Die Förderung des Guts wird unterstützt durch eine Komponente der Fliehkraft in Austragsrichtung. Die Siebschneckenzentrifuge eignet sich vorzugsweise für einen Korngrößenbereich von 10 mm bis 0,1 mm bei hohem Durchsatz und geringer Restfeuchte.

### 3.3.5 Bogensieb

Das **Bogensieb** ist ein filterähnliches Gerät, das die Zentrifugalkräfte in einem bogenförmig umgelenkten Produktstrom zum Eindicken, Entwässern und Klassieren ausnutzt (Bild 3.20).

Das Bogensieb besteht aus einem stationären Gehäuse mit einem konkav gekrümmten **Spaltsieb-Belag** (Spaltweite 0,05···2 mm). Im Normalfall wird das Bogensieb mit frei zufließender Suspension beaufschlagt. Es eignet sich besonders zur Voreindickung von Suspensionen als wirtschaftliche Vorstufe vor Zentrifugen und Trocknern. Erreichbar sind Flächendurchsätze (Filtergeschwindigkeiten) von 300 $m^3/m^2$ h auf Siebflächen von 0,1···3 $m^2$. Die **Trennkorngröße** liegt zwischen 20 µm und 2 mm.

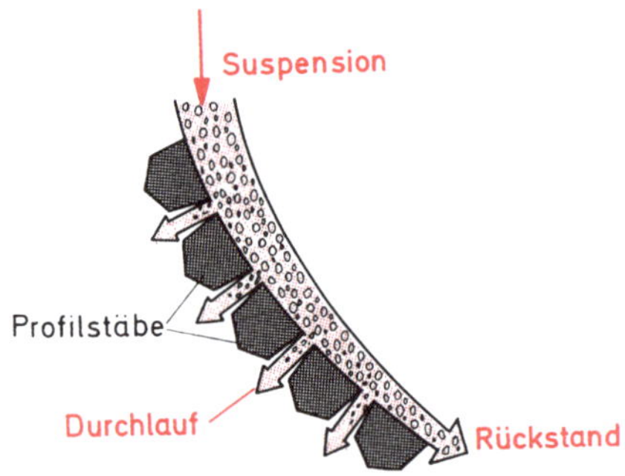


*Bild 3.20 Bogensieb (nach Dorr-Oliver)*

### 3.3.6 Auswaschen des Filterkuchens

Der Filterkuchen enthält häufig in der Restflüssigkeit gelöste Stoffe, die zur Erzielung der geforderten Produktreinheit vom Feststoff abgetrennt werden müssen. Die Trennung von Feststoff und Lösung – **Mutterlauge** genannt – kann durch Waschen erreicht werden.

Der Waschprozess besteht aus zwei aufeinanderfolgenden Waschvorgängen: Verdrängungswäsche und Diffusionswäsche.

Bei der **Verdrängungswäsche** wird die Mutterlauge von der durch den Filterkuchen gedrückten Waschflüssigkeit verdrängt. Bevorzugt werden dabei die Bereiche großen **Zwischenraumvolumens,** während enge Poren und Kapillaren vom Waschmittel nicht erfasst werden. Aus diesen Bereichen muss die Mutterlauge in die Waschbahnen hineindiffundieren. Die **Diffusionswäsche** ist ein im Vergleich zur Verdrängungswäsche sehr langsam ablaufender Vorgang.

Die Verdrängungswäsche ist dann beendet, wenn etwa doppelt so viel Waschflüssigkeit $V_w$ durch den Kuchen strömt, wie das im Kuchen enthaltene Flüssigkeitsvolumen $V_{2F}$ ausmacht.

Es wird daher empfohlen, zunächst einen **Stoß-Waschvorgang** mit $V_w = 2\ V_{2F}$ durchzuführen, und daran eine Diffusionswäsche mit verringertem Waschmittelvolumen anzuschließen, das lediglich zur Aufrechterhaltung des Diffusionsgefälles dienen soll.

Der Widerstand des Filterkuchens ist bei der Wäsche etwa ebenso groß, wie der Widerstand beim Filtrieren. Bei der Berechnung der **Waschdauer** können daher die für die Filtration ermittelten Filterkonstanten verwendet werden.

**Beispiel 3.4**

Auf einer Rahmenfilterpresse soll der Filterkuchen einer Kunststoffsuspension gewaschen werden. Jeder Rahmen hat einen Querschnitt von 60 cm × 60 cm. Der Filterkuchen ist 2,5 cm dick und hat eine Dichte von $\varrho_2 = 1{,}8\ \text{kg/dm}^3$. Die Kuchen-Restfeuchte beträgt $f = 40$ Masse-%. Für die Filtration wurden die Filterkonstanten $K = 240\ \text{l}^2/\text{m}^4\ \text{min}$ und $C = 10\ \text{l/m}^2$ ermittelt. Die Mutterlauge hat eine Dichte von $\varrho_M = 1{,}1\ \text{kg/dm}^3$. Wie lange dauert die Verdrängungswäsche für einen Stoßwaschvorgang mit $V_w = 2\ V_F$?

*Lösung*

1. Flüssigkeitsvolumen des Filterkuchens:

$$V_{2F} = \frac{V_2 \cdot \varrho \cdot f}{\varrho_M}$$

$$V_{2F} = 6\ \text{dm} \cdot 6\ \text{dm} \cdot 0{,}25\ \text{dm} = 9\ \text{dm}^3$$

$$V_{2F} = \frac{9\ \text{dm}^3 \cdot 1{,}8\ \text{kg/dm}^3 \cdot 0{,}4}{1{,}1\ \text{kg/dm}^3} = 5{,}88\ \text{l}$$

2. Spezifisches Waschmittel-Volumen:

$$q = \frac{V_w}{A} = \frac{2 \cdot V_{2F}}{A}$$

Als Fläche muss hier der doppelte Rahmenquerschnitt eingesetzt werden, weil die Flüssigkeit durch zwei Flächen abströmt (Bild 3.14a).

$$q = \frac{2 \cdot 5{,}88\ \text{l}}{2 \cdot 0{,}6\ \text{m} \cdot 0{,}6\ \text{m}} = 16{,}33\ \text{l/m}^2$$

3. Dauer der Waschperiode: $t = \dfrac{q^2 + 2qC}{K}$

$$t = \frac{266{,}7\ \text{l}^2/\text{m}^4 + 327\ \text{l}^2/\text{m}^4}{240\ \text{l}^2/\text{m}^4\ \text{min}} = 2{,}47\ \text{min}$$

$$t \approx 2{,}5\ \text{min}$$

# 3.4 Trennung von Emulsionen

Emulsionen sind heterogene Gemische zweier sich ineinander nicht lösender Flüssigkeiten. Eine **Emulsion** besteht aus einer flüssigen, in Form von Tröpfchen fein verteilten, dispersen Phase und dem flüssigen Dispersionsmittel. Der **Tröpfchendurchmesser** liegt zwischen 0,5 und 10 µm.

Voraussetzung für die mechanische Trennung von Emulsionen ist, dass die dispergierten Tröpfchen unter Schwerkraft- oder Fliehkrafteinwirkung zusammenlaufen und allmählich eine **zusammenhängende Phase** bilden (instabile Emulsionen).

Wichtige technische Emulsionen sind **Öl-in-Wasser-Emulsionen** (O-W-Typ), z.B. Schneid-Kühlmittel bei der Zerspanung, und **Wasser-in-Öl-Emulsionen** (W-O-Typ), z.B. zähe Schmiermittel mit Fettcharakter. Beim O-W-Typ überwiegt das Wasser, beim W-O-Typ überwiegt das Öl bzw. Fett.

Die Trennung instabiler Emulsionen erfolgt durch **Fliehkräfte,** vorwiegend in Tellerzentrifugen (Separatoren) und Hydrozyklonen. Die abgetrennten flüssigen Komponenten werden kontinuierlich abgeführt.

## 3.4.1 Emulsionstrennung in der Tellerzentrifuge

Zur Erklärung des Trennvorgangs wird zunächst ein **Schwerkraftabscheider** betrachtet (Bild 3.21).

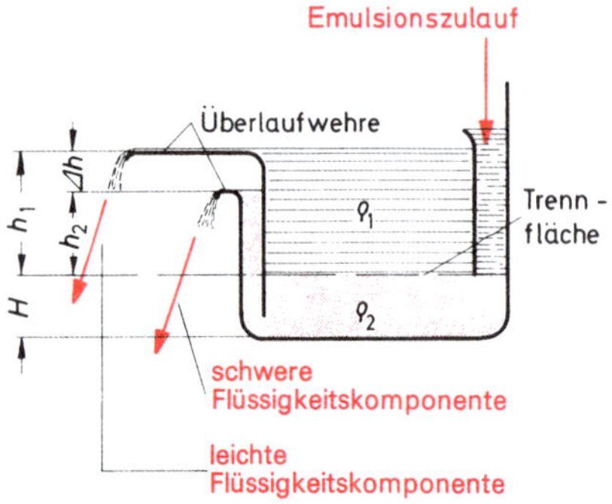


*Bild 3.21*
*Emulsionstrennung durch Schwerkraft*

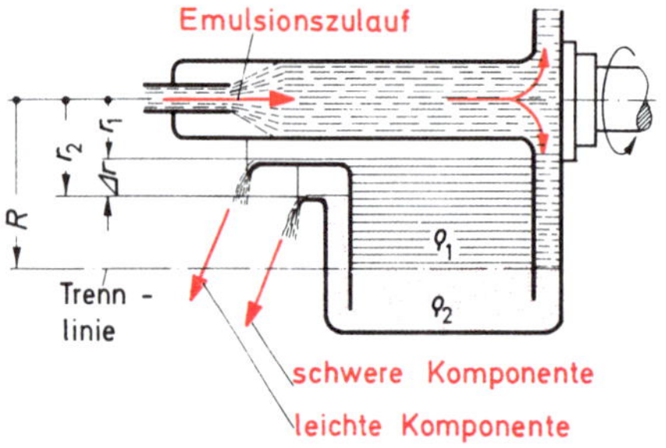


*Bild 3.22 Emulsionstrennung durch Fliehkraft*

*Bild 3.23 Emulsionstrennung in einer Tellerzentrifuge (nach Westfalia-Separator)*

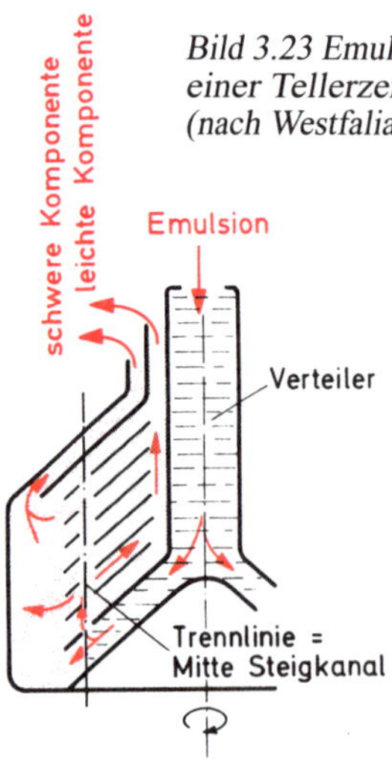


Die zufließende Emulsion entmischt sich. Es entsteht zwischen der schweren und leichten Flüssigkeitskomponente eine mehr oder weniger scharfe **Phasengrenze,** verdeutlicht durch die Trennlinie in Bild 3.21).

Die Abstände $h_1$ und $h_2$ der Überlaufwehre von dieser Trennlinie müssen so bemessen sein, dass in Bezug auf die Trennlinie **hydrostatisches Gleichgewicht** zwischen der leichten und schweren Komponente herrscht:

$$\varrho_1 \cdot h_1 = \varrho_2 \cdot h_2; \quad \frac{h_1}{h_2} = \frac{\varrho_2}{\varrho_1}$$

Der Abstand $H$ der Trennlinie vom Boden richtet sich nach dem Volumenanteil der schweren Komponente im Zulauf.

Für den Zentrifugalabscheider in Bild 3.22 gelten die gleichen Gesetzmäßigkeiten. Es bildet sich auch hier eine Trennfläche. Zwischen der schweren und leichten Phase besteht hydrostatisches Gleichgewicht:

$$\frac{R^2 - r_1^2}{R^2 - r_2^2} = \frac{\varrho_2}{\varrho_1}$$

Diese quadratische Beziehung ergibt sich deshalb, weil in der Zentrifuge der **hydrostatische Druck** mit $r^2$ zunimmt. Die Beziehung gilt auch für die Tellertrommel in Bild 3.23. Jeder Teller hat am Umfang mehrere Löcher, die übereinanderliegend **Steigkanäle** bilden. Das zugeführte Gemisch strömt durch den Verteiler in die Steigkanäle und verteilt sich von dort in die Tellerzwischenräume, wo die Gemischzerlegung erfolgt.

Die Trennfläche (Trennlinie) zwischen den beiden Komponenten muss durch die Steigkanäle des Tellerpakets gehen, wenn beide Komponenten rein abgetrennt werden sollen. Die Lage der Trennfläche wird verschoben, wenn sich Konzentration oder Dichte der Komponenten ändert.

Die Lage der Steigkanäle richtet sich nach den Anteilen der einzelnen Komponenten des zufließenden Flüssigkeitsgemisches und danach, welche Flüssigkeitskomponente am saubersten abgetrennt werden soll.

Allgemein gilt, dass man derjenigen Komponente die **größte** Absetzfläche zuordnet, welche die wichtigste ist und welche am **saubersten** abgetrennt werden soll. Will man die schwere Komponente möglichst rein gewinnen, so werden die Steigkanäle nach innen verlegt. Will man die leichte Komponente möglichst rein gewinnen, legt man die Steigkanäle nach außen.

Die Überlaufdurchmesser der leichten und schweren Komponente sind nun so einzuregeln, dass die Trennlinie in die erforderliche Lage kommt. Normalerweise liegt der Überlauf der leichten Komponente konstruktiv fest, so dass nur noch der Überlaufdurchmesser der schweren Komponente variiert werden kann. Das geschieht mit Hilfe auswechselbarer **Überlaufscheiben** unterschiedlichen Innendurchmessers. Die Trennlinie ist bei geöffneter Zentrifuge an der Tellerunterseite meist deutlich zu sehen.

Die Größe des Überlaufdurchmessers $d_2$ der schweren Komponente kann nach folgender Formel bestimmt werden:

$$d_2 = \sqrt{\frac{D^2 \cdot (z - 1) + d_1^2}{z}}; \; z = \frac{\varrho_2}{\varrho_1}$$

Hierin ist: $D$ Lochkreisdurchmesser der Steigkanäle in mm; $d_1$ Austrittsdurchmesser für die leichte Flüssigkeitskomponente in mm; $d_2$ Austrittsdurchmesser für die schwere Komponente in mm; $\varrho_1$ Dichte der leichten Komponente in kg/dm$^3$; $\varrho_2$ Dichte der schweren Komponente in kg/dm$^3$.

Separatoren für die Emulsionstrennung führen häufig die abgetrennten Komponenten mit **Schälscheiben** (Greifer) schaumfrei unter Druck ab. **Greiferseparatoren** werden dort eingesetzt, wo die Flüssigkeit nicht mit der Außenluft in Berührung kommen darf oder unter Druck abgeführt werden soll. Oft wird außer dem Ablauf auch noch der Zulauf hermetisch abgedichtet, z.B. dann, wenn der Flüssigkeitsdruck im System nicht absinken darf oder bei empfindlichen Gütern (z.B. Eiweiß), die den Einlaufdruckstoß nicht vertragen.

### 3.4.2 Sonstige Emulsionstrennverfahren

Instabile Emulsionen können unter bestimmten Bedingungen auch im **Hydrozyklon** getrennt werden. Da die Flüssigkeitstropfen in der Scherströmung des Hydrozyklons beansprucht und u.U. sogar zerteilt werden, sind für eine einwandfreie Auslegung eines Hydrozyklons zur Flüssig-Flüssig-Trennung genaue Kenntnisse über die **Beanspruchbarkeit** der dispergierten Tropfen erforderlich.

Die bekannten Gesetzmäßigkeiten bei der Fest-Flüssig-Trennung im Hydrozyklon lassen sich auf **Grenztropfengröße** und **Emulsionsdurchsatz** übertragen. Für die Anwendung des Hydrozyklons zur Emulsionstrennung sprechen:

Große Dichtedifferenz der Komponenten, geringe Zähigkeit der umgebenden Phase, hohe Grenzflächenspannung und nicht zu große Anforderungen an den Reinheitsgrad der abgetrennten Komponenten.

Bild 3.24 zeigt die Bauart eines Hydrozyklons zur Emulsionstrennung. Die leichte Komponente wird durch das Tauchrohr und die schwere Komponente durch einen schmalen Ringraum an der Zyklonwand abgezogen. Im Raum zwischen Ring und Tauchrohr verbleibt ein **ungetrennter Gemischrest,** der abgezogen und dem Zyklon wieder zugeführt wird.

Normalerweise ist eine vollständige Emulsionstrennung nur in zwei hintereinander geschalteten Zyklonen möglich.

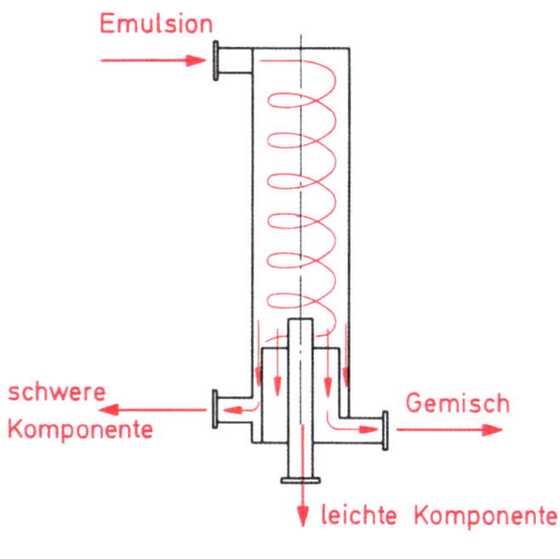


*Bild 3.24 Hydrozyklon zur Emulsionstrennung*

Die Trennung instabiler Emulsionen ist auch durch **Filtration** möglich. Als Filtermittel dienen hier Stoffe mit sehr großer äußerer Oberfläche, z.B. offenporige Kunststoffe, Faserschichten. Metallgestricke oder lose Schüttungen. Die Abscheidung der dispergierten Phase erfolgt durch

**Adhäsion** und **Koaleszenz.** Daher werden die Apparate dazu auch **Koaleszenzabscheider** genannt (DIN 1999 Teile 4 bis 6).

Beim Durchströmen des Filtermittels werden die dispergierten Tröpfchen durch **Adhäsion** an der Oberfläche des Filtermittels angelagert. Aufgrund der Oberflächenspannung fließen benachbarte Tröpfchen zu größeren Tropfen zusammen (**Koaleszenz**). Bei genügend großem Tropfenvolumen übersteigt die Auftriebskraft oder Massenkraft der kumulierten Tropfen die Adhäsionskraft, und die leichtere disperse Phase trennt sich vom schweren Dispersionsmittel.

**Koaleszenzabscheider** werden z.B. zur Entfernung von Benzin oder Öl aus dem Waschwasser von Kfz-Betrieben verwendet. Als Filtermittel dient hier ein vertikaler Hohlzylinder aus einem sehr offenporigen Kunststoff. Erreichbar sind 5 mg/l (5 ppm) Leichtstoffe im Ablauf.

Zur Emulsionstrennung werden häufig auch **Horizontal-Plattenfilter** eingesetzt. Die Filterplatten können bis zu 800 g/m$^2$ der dispergierten Phase aufnehmen.

Bekannt ist die **Kondensatentölung** durch Anschwemmfilter aus Kieselguren und Perliten bis auf einen Ölgehalt unter 0,01 ppm.

Die Emulsionstrennung durch **Ultrafiltration** gewinnt zunehmend an Bedeutung; sie ist besonders gut für die Trennung von Öl-in-Wasser-Emulsionen geeignet. Als Filtermittel werden Membranen verwendet. Auf die **Membrantrennverfahren** wird im folgenden Abschnitt näher eingegangen.

## 3.5 Membranfiltration

Die Membranfiltration gehört zum Gebiet der **Membrantrennverfahren,** die oft auch als **Membrantechnologie** bezeichnet werden. Membrantrennverfahren verwenden zur Trennung von Stoffgemischen Membranen. Eine **Membran** ist eine dünne, feinporige Wand, die fast alle Teilchen oberhalb einer bestimmten Größe zurückhält und die kleineren Teilchen ungehindert und ohne Verluste durchlässt. Diese Eigenschaft wird **Selektivität** genannt. Die Membranfiltration wird vorwiegend zur Trennung molekulardisperser und kolloiddisperser Flüssigkeitsgemische eingesetzt. Bild 3.25 zeigt die prinzipielle Arbeitsweise:

Das **Retenat** enthält die vor der Membran aufkonzentrierten Moleküle. Es ist also ein **Konzentrat** und daher nicht mit dem Filterkuchen der konventionellen Filtration zu vergleichen. Das **Permeat** enthält alle Substanzen, die die Membran passieren; es entspricht dem **Filtrat** der Kuchenfiltration.

> Das Flüssigkeitsgemisch strömt an der Vorderseite der Membran entlang und wird durch die Triebkraft der Druckdifferenz zwischen Vorder- und Rückseite in die Fraktionen Retenat und Permeat zerlegt.

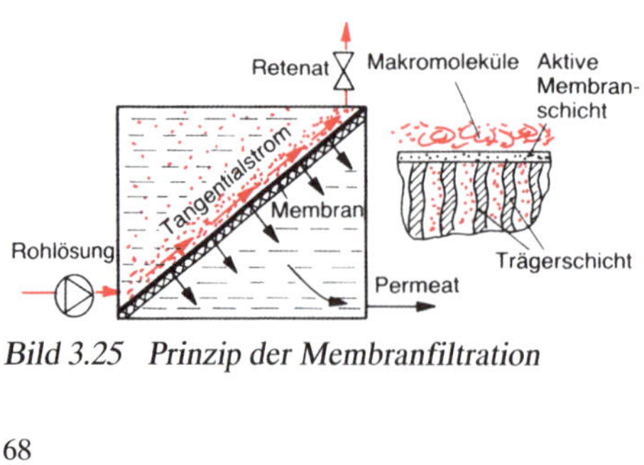


*Bild 3.25 Prinzip der Membranfiltration*

Das zu trennende Flüssigkeitsgemisch strömt quer (tangential) zur Membran. Deshalb wird diese Filtrationsart auch Tangentialstromfiltration oder **Cross-Flow-Filtration** genannt. Der Tangentialstrom wird am Retenatauslassventil so eingestellt, dass ein bestimmter Permeatdurch satz erhalten bleibt. Bei geschlossenem Retenatventil würden nach kurzer Zeit die Makromoleküle die aktive Membranfläche mit einer geschlossenen Ablagerung, **Gelschicht** genannt, überziehen.

Die Membranfiltration wird in drei Verfahren unterteilt: Umkehrosmose, Ultrafiltration und Mikrofiltration (Bild 3.26). Die Verfahren unterscheiden sich im Wesentlichen nur in Art und Selektivität des verwendeten Membrantyps, während die Durchführung dem in Bild 3.25 gezeigten Prinzip entspricht.

**Umkehrosmose** ist ein Filtrationsverfahren zur vollständigen Lösungstrennung. Nur das Lösungsmittel wird durchgelassen, alle gelösten Moleküle oder Ionen bleiben im Retenat zurück. **Ultrafiltration** ist ein selektives Filtrationsverfahren. Das Lösungsmittel sowie gelöste Moleküle und Makromoleküle unterhalb eines bestimmten Molekulargewichts werden durchgelassen. **Mikrofiltration** ist ebenfalls ein selektives Filtrationsverfahren, das nach der Partikelgröße

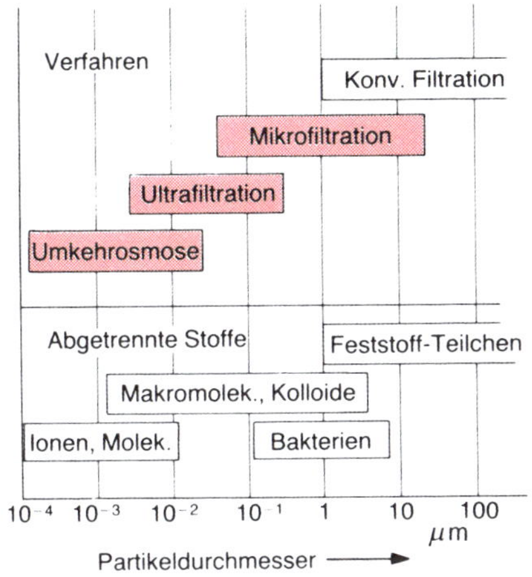


*Bild 3.26*
*Einteilung der Membranfiltrationsverfahren*

trennt. Feststoff- oder Kolloidteilchen oberhalb eines bestimmten Durchmessers bleiben im Retenat zurück.

Grundsätzlich besteht eine **Filtrationsmembran** aus der feinporigen **aktiven Schicht** und der grobporigen **Trägerschicht.** Es werden Membranen aus organischen Polymeren (Polysulfon, Polyvinylidenfluorid) und aus anorganischen Werkstoffen verwendet. Bei **organischen Membranen** ist die dünne (< 2 μm) aktive Schicht mit einer ca. 100 μm dicken Trägerschicht verschweißt.

Bei **anorganischen Membranen** bestehen aktive Schicht und Trägerschicht oft aus demselben Material, z.B. aus Aluminium- oder Zirkonoxid; sie unterscheiden sich natürlich hinsichtlich Dicke und Porendurchmesser. Auch poröses Glas wird als Membranwerkstoff eingesetzt. Anorganische Membranen haben gegenüber organischen den Vorteil der höheren **Temperaturbeständigkeit,** die eine **Sterilisation** durch Heißdampf zulässt, z.B. in der Biotechnologie.

Die Trenneigenschaften lassen sich durch die **Trenngrenze** oder durch den **Porendurchmesser** der aktiven Schicht definieren. Der Porendurchmesser dient meist zur Kennzeichnung von Mikrofiltrationsmembranen. Als Trenngrenze wird die Masse des Makromoleküls (g/mol) angegeben, das von der Membran zu 95% zurückgehalten wird (Cut-off-Molekulargewicht). Die Trenngrenze von **Ultrafiltrationsmembranen** liegt je nach Trennaufgabe zwischen 10 000 und 300 000, ihr Porendurchmesser zwischen 4 nm und 10 nm. Die Porendurchmesser von **Mikrofiltrationsmembranen** betragen 0,1···10 μm.

Der **Permeatdurchsatz** (l/m²h), die sog. **Fließrate,** hängt vom Membrantyp, vom Zulaufdruck und von der Konzentration der gelösten Stoffe ab. Die Fließrate steigt mit dem **Zulaufdruck,** bleibt aber oberhalb eines bestimmten Drucks annähernd konstant. Die Fließrate ist bei konstantem Druck umso höher, je niedriger die **Konzentration** der Lösung ist. Die Fließrate sinkt im Laufe der Betriebszeit wegen der sich allmählich bildenden Gelschicht. Nach einer bestimmten Zeit, der **Standzeit,** muss die Membran, z.B. durch **Permeat-Rückspülung,** gereinigt werden.

Der **Betriebsdruck** hängt vom Membrantyp für die betreffende Trennaufgabe ab. Bei der Ultrafiltration und der Mikrofiltration liegt er etwa bei 2···10 bar. Die Umkehrosmose arbeitet mit Drücken zwischen 50 bar und 100 bar. Der Permeatdurchsatz beträgt je nach Membrantyp 100···600 l/m²h.

Die Form der Membran ist der Aufgabenstellung angepasst. Es gibt Rohrmembranen, Hohlfasermembranen, Spiralmembranen und Plattenmembranen. Die Anordnung der Membranen zu einer Filterbaugruppe wird **Modul** genannt. Typische Konstruktionen sind der Hohlfasermodul und der Hexagonalmodul. Beim **Hohlfasermodul** sind Hohlfasern mit 40 μm Innen- und 80 μm Außendurchmesser druckstabil zu einem Bündel angeordnet, das innen mit der Rohlösung beaufschlagt wird (Bild 3.27).

Das **Hexagonalmodul** (Sechskantprisma) hat

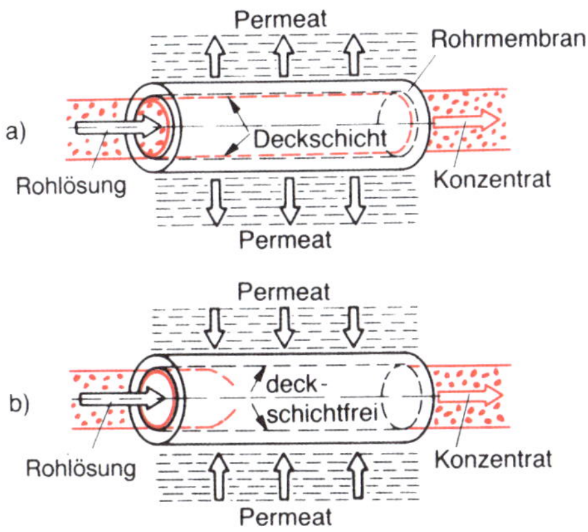


*Bild 3.27*
*Membranfiltration: a) Filtrieren, b) Rückspülen*

z.B. 19 mit Rohrmembranen versehene Kanäle. Membranen und Träger sind aus demselben anorganischen Werkstoff ($Al_2O_3$ oder $ZrO_2$). Die engporigen, dünnen Rohrmembranen (4···6 mm Ø) werden mit dem Modulträger durch Sintern monolithisch verbunden. Die Hexagonalform ermöglicht den kompakten Einbau einer großen Filterfläche in ein kleines Gehäusevolumen.

Das allgemein in der Membrantechnik angewandte Modulsystem ermöglicht eine kompakte Anordnung von **Filterflächen** bis zu 100 $m^2$. Durch einfachen Austausch der Module kann z.B. ein Mikrofiltrationssystem in ein Ultrafiltrationssystem umgewandelt werden.

**Anwendungsbeispiele:** Meerwasserentsalzung durch Umkehrosmose; Herstellung von keimfreiem Brauchwasser für die Pharmazie; Emulsionstrennung und Rohstoffrückgewinnung bei der industriellen Abwasserreinigung; Zellernte und Konzentrierung von Enzymen und Hormonen in der Biotechnologie; Rückgewinnung von Lösungsmitteln in Elektro-Lackieranlagen und von Katalysatoren in chemischen Prozessen.

## 3.6 Auspressen von Flüssigkeiten (Scheidepressen)

Flüssigkeitshaltige, kompressible Massen, z.B. Filterkuchen, Obst und Ölfrüchte, Kunststoff- und Kunstkautschuk-Koagulate, werden häufig ausgepresst. Man nennt dieses Grundverfahren auch **Scheidepressen.**

> Scheidepressen ist bei Schlämmen mit wenig durchlässigen Filterkuchen oft wirtschaftlicher als Filtrieren.

Das Pressgut wird in einem gelochten Behälter – Seiher oder Presskorb – von einem mechanisch oder hydraulisch betätigten Pressorgan – Stempel, Kolben oder Schnecke – zusammengedrückt. Zunächst entweicht die Luft. Bei weiterer Kompression tritt die Flüssigkeit aus. Das vom Seiher oder Korb zurückgehaltene Pressgut wirkt als **Filtermittel.**

> Langsamer Anstieg der Druckkraft längs des Pressweges ergibt geringen Energieverbrauch, klares Filtrat und vermeidet Verstopfungen.

Scheidepressen für **absatzweisen** Betrieb sind:

1. **Keltern oder Korbpressen,** älteste und einfachste Bauart, Pressdruck bis 15 bar, nur für **Saftpressung** geeignet.
2. **Seiherpressen** mit einem Mantel aus gelochten Blechen für höhere Drücke bis 35 bar, für Ölpressung geeignet.
3. Hydraulische **Etagen- oder Packpressen,** Verwendung von Filtertüchern, besonders **klares Filtrat,** Drücke bis 100 bar, hauptsächlich für **Süßmosterei.**
4. **Kachel- oder Trogpressen** bestehen aus mehreren ineinander geschachtelten, perforierten Presstöpfen, die mit Pressgut gefüllt sind. Pressdruck bis 250 bar, Eignung für das Auspressen breiiger Massen, z.B. von Kakaobutter.

Scheidepressen für **kontinuierlichen** Betrieb sind:

1. **Schneckenpressen** mit konischer Schnecke in perforierten Seiherkörper laufend (Bild 3.28). Durch Veränderung des Durchmesserverhältnisses oder der Steigung der Pressschnecke verengt sich der Pressraum zum Ausgang hin. Verengung und Stau vor dem Austritt führen zur **Kompression** des Pressguts. **Öl-Schneckenpressen** bestehen aus Mehrstufen-Spaltsiebseihern und Pressschnecken mit Abschnitten unterschiedlicher Steigungen. Pressdruck bis 100 bar. Für trockene, nicht schmierende Güter weniger geeignet.
2. **Walzenpressen** mit zwei elastisch aneinander gepressten Walzen. Seitlicher Abfluss der ausgepressten Flüssigkeit. Geeignet für die Flüssigkeitsabtrennung aus Faserstoffen.

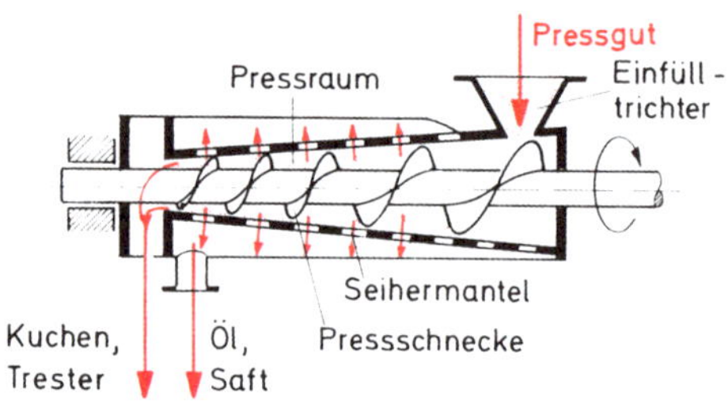


*Bild 3.28 Seiher-Schneckenpresse*

# 4 Mechanische Zerlegung von Feststoffgemischen

Die in der Verfahrenstechnik zumeist anfallenden Feststoffgemische sind **körnige Haufwerke.** Die Bestandteile derartiger Haufwerke unterscheiden sich in ihrer **Korngröße** oder (und) in ihren chemischen oder physikalischen **Eigenschaften.** Dementsprechend gibt es bei der Zerlegung von Feststoffgemischen zwei Trennverfahren: Klassieren und Sortieren.

**Klassieren** ist die Zerlegung eines körnigen Haufwerks in einzelne Kornklassen unterschiedlicher Größenbereiche.
**Sortieren** ist die Zerlegung eines körnigen Haufwerks in Komponenten unterschiedlicher Stoffart oder Eigenschaften.

## 4.1 Klassieren

**Aufgaben** des Klassierens:

1. Herstellung einer für den nachfolgenden Verfahrensschritt erforderlichen Korngrößenverteilung (Körnung).
2. Erzeugung von verkaufsfähigen Haufwerken mit gewünschter oder vorgeschriebener Korngrößenverteilung, z.B. Baustoffe, Kunststoffpulver oder -granulate.
3. Entlastung der Zerkleinerungsmaschinen (Mühlen) von Feingut zum Zwecke der Wirkungsgradsteigerung.

Folgende **Klassierverfahren** werden angewendet: Siebklassieren (Sieben) auf Siebböden nach den geometrischen Abmessungen, Windsichten (Aeroklassieren) in einem Luftstrom nach der Endfallgeschwindigkeit, Stromklassieren (Hydroklassieren) in einem Flüssigkeitsstrom ebenfalls nach der Endfallgeschwindigkeit.

Das Klassieren nach der **Endfallgeschwindigkeit** in einem fluiden Medium nennt man **Gleichfälligkeitsklassieren.**

Unterscheidungsmerkmale für die Klassierverfahren sind **Trennschärfe** (Trennerfolg) und **Trenngrenze** (Trennkorngröße). Die Trennschärfe wird in der Praxis durch die **Fehlausträge** bestimmt. Fehlausträge sind Grobkorn im Feingutaustrag und Feingut im Grobkornaustrag.

Die Trenngrenze ist beim Klassieren die Korngröße, bei der die **Aufteilung** eines Haufwerks in zwei verschiedene **Kornklassen** – Überlauf und Unterlauf – erfolgt; sie ist beim Sieben durch die Größe der **Sieböffnung** festgelegt. Beim Gleichfälligkeitsklassieren ist sie die Korngröße, die zu **gleichen Teilen** in beiden Kornklassen enthalten ist (Trenngrad = 50%, Abschnitt 4.1.1).

Siebklassieren ergibt die beste Trennschärfe. Gleichfälligkeitsklassieren ergibt die kleinsten Werte für die Trenngrenze.

Beim **Siebklassieren** (Bild 4.1) wird das zu trennende Feststoffsystem (**Aufgabegut**) in eine grobe Fraktion (Grobgut) und in eine feine Fraktion (Feingut) getrennt. Das **Grobgut** verbleibt oberhalb des Siebbodens als **Rückstand,** das **Feingut** passiert die Öffnungen des Siebbodens als **Durchgang.**

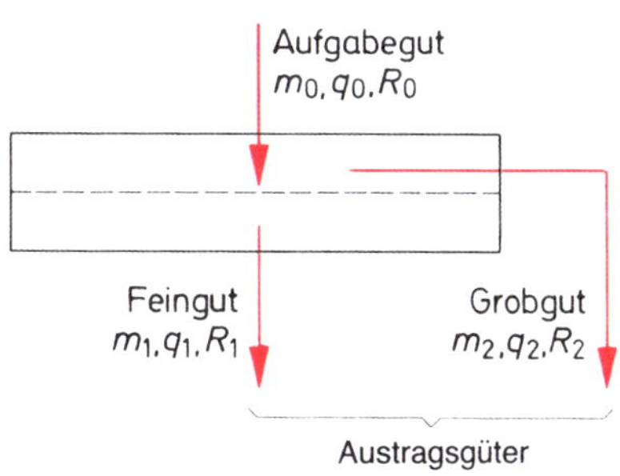


*Bild 4.1 Schema der Klassierung*

### 4.1.1 Trenngradkurve, Trenngrenze, Trennschärfe

Von einer Klassiervorrichtung, z.B. von einem Sieb (Bild 4.1), wird das Aufgabegut (Index 0) in zwei Fraktionen getrennt: in Feingut (Index 1) und Grobgut (Index 2). Die Trennung erfolgt nach der Korngröße $x$. Aufgabegut, Feingut und Grobgut haben die **Verteilungsdichten** $q_0$, $q_1$ und $q_2$.

Die Verteilungsdichte ist der Differentialquotient:

$$q = \frac{dR}{dx} \quad ; \quad q \approx \frac{\Delta R}{\Delta x}$$

$R$ Massenanteil der Kornklasse $\Delta x$ am Haufwerk (siehe Abschnitt 4.3.2 Körnungskennlinien)

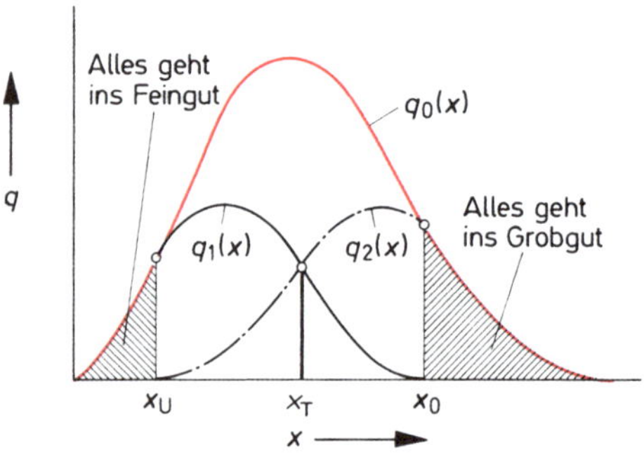


*Bild 4.2 Verteilungsdichtekurven von Aufgabegut, Grobgut und Feingut*

Bild 4.2 zeigt die Verteilungsdichtekurven $q = f(x)$ von Aufgabegut, Feingut und Grobgut. Für eine genügend schmale Kornklasse $\Delta x$ ergibt die Massenbilanz:

$$m_0 \cdot q_0 = m_1 \cdot q_1 + m_2 \cdot q_2$$

$$q_0 = \frac{m_1}{m_0} \cdot q_1 + \frac{m_2}{m_0} \cdot q_2$$

$$\frac{m_1}{m_0} = f; \quad \frac{m_2}{m_0} = g$$

$$q_0 = f \cdot q_1 + g \cdot q_2; \quad f + g = 1$$

$f$ Massenanteil des Feinguts am Aufgabegut,
$g$ Massenanteil des Grobguts am Aufgabegut

Der Erfolg des Klassierens wird durch Trenngrad, Trenngrenze und Trennschärfe beschrieben. Von *Tromp* wurde der **Trenngrad** $T$ in die Klassiertechnik eingeführt.

Der Trenngrad $T$ ist das Verhältnis der im Grobgut vorhandenen Menge einer Kornklasse $\Delta x$ zu der im Aufgabegut vorhandenen Menge derselben Kornklasse $\Delta x$.

Für eine bestimmte, genügend schmale Kornklasse $\Delta x \approx x$ ergibt sich für das Grobgut der Trenngrad zu:

$$T = \frac{m_2}{m_0} \cdot \frac{q_2}{q_0} = \frac{q_0}{q_0} = g \cdot \frac{\Delta R_2}{\Delta R_0}$$

Werden die für die einzelnen Kornklassen bestimmten Trenngrade $T$ über der Korngröße $x$ aufgetragen, so erhält man die **Trenngradkurve,** auch Tromp-Kurve genannt (Bild 4.3). Die Kurve beginnt mit dem **unteren Grenzkorn** $x_u$ und endet mit dem **oberen Grenzkorn** $x_0$. Das sind die Korngrößen, die den Überschneidungsbereich der Verteilungsdichtekurven begrenzen. Aus der Trenngradkurve können Trenngrenze und Trennschärfe der Klassierung bestimmt werden.

Die Trenngrenze ist der Medianwert der Trennkurve. Sie ist die Korngröße $x_T$, deren Mengenanteil zur Hälfte ins Grobgut und zur Hälfte ins Feingut gelangt.

$x_T$ ist somit die Korngröße, bei der $q_1 = q_2$ bzw. $T = 0{,}5$ ist (siehe Bild 4.1 und 4.2).

Bei idealer Trennung wäre die Trenngradkurve ein Stufensprung bei $x_T$ (strichpunktierte Linie in Bild 4.3) und der **Trennschärfegrad** wäre $\chi = 1$. Bei realer Trennung ist $\chi < 1$. (Bei idealer Mischung ist $\chi = 0$.)

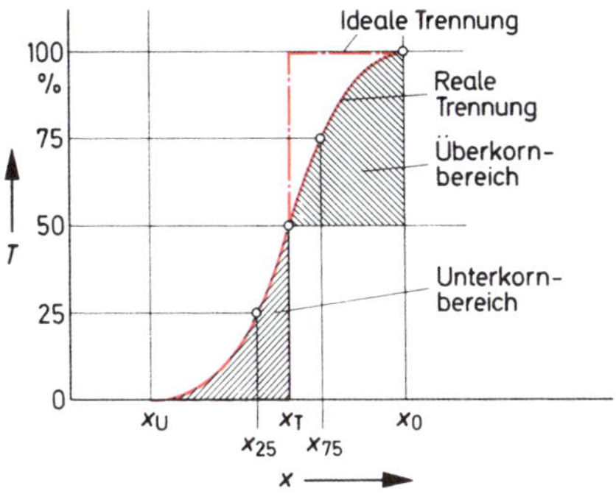


*Bild 4.3 Trenngradkurve der in Bild 4.2 dargestellten Klassierung*

Die **Trennschärfe** kennzeichnet die Annäherung einer realen Trennung an die ideale Trennung; sie ist ein Maß für die Güte der Klassierung.

Der **Trennschärfegrad** ist der Quotient zweier Korngrößen, denen bestimmte, im gleichen Abstand von der Trenngrenze $x_T$ liegende Trenngrade zugeordnet sind. Nach Bild 4.3 ist:

$$\chi = \frac{x_{25}}{x_{75}}$$

$x_{25}$ Korngröße für die $T = 25\%$
$x_{75}$ Korngröße für die $T = 75\%$

Es werden auch noch andere Quotienten für den Trennschärfegrad $\chi$ verwendet:

$$\frac{x_{16}}{x_{84}} \text{ oder } \frac{x_{10}}{x_{90}} \text{ oder } \frac{x_{35}}{x_{65}}$$

Zur Kennzeichnung der Trennschärfe werden oft noch folgende Kennzahlen angegeben:

**Kennzahl nach *Terra*:**

$$E_T = \frac{x_{75} - x_{25}}{2}$$

**Imperfektion:**

$$T = \frac{x_{75} - x_{25}}{2\, x_T} = \frac{E_T}{x_T}$$

Folgende Trennschärfegrade sind erreichbar:

Scharfe Analysentrennung $\chi = 0{,}8 \cdots 0{,}9$,
Scharfe technische Trennung $\chi = 0{,}6 \cdots 0{,}8$,
Normale technische Trennung $\chi = 0{,}3 \cdots 0{,}6$

**Beispiel 4.1**

Für die Siebklassierung mit einem Sieb von 8 mm Maschenweite ergibt die Analyse der Körnung von Aufgabegut (Index 0) und Grobgut (Index 2) die folgenden Massenanteile $\Delta R$ der einzelnen Kornklassen $\Delta x$.

| $\Delta x$ in mm | $\Delta R_0$ in % | $\Delta R_2$ in % | $\frac{\Delta R_2}{\Delta R_0}$ | $T$ in % |
|---|---|---|---|---|
| 0 ⋯ 1 | 20,6 | 0 | 0 | 0 |
| 1 ⋯ 3 | 20,4 | 5,2 | 0,2549 | 12,3 |
| 3 ⋯ 4 | 11,2 | 9,7 | 0,8860 | 42,9 |
| 4 ⋯ 6 | 18,8 | 28,5 | 1,5160 | 73,4 |
| 6 ⋯ 8 | 15,9 | 29,5 | 1,8553 | 89,8 |
| 8 ⋯ 10 | 9,0 | 18,6 | 2,0667 | 100 |
| 10 ⋯ 15 | 4,1 | 8,5 | 2,07 | 100 |

Der Massenanteil des Grobguts am Aufgabegut ist $g = 0{,}484$

Gesucht sind: Trenngradkurve, Trenngrenze, Trennschärfegrad $\chi$, Kennzahl nach *Terra* und Imperfektion.

*Lösung*

Die Trenngrade der einzelnen Kornklassen werden zunächst mit der Formel berechnet:

$$T = g \cdot \frac{\Delta P_2}{\Delta P_0} \cdot 100\%$$

Die Ergebnisse stehen in obiger Tabelle.

Bild 4.4 zeigt die Trenngradkurve. Aus der Trenngradkurve werden die weiteren Werte bestimmt.

Trenngrenze bei $T = 50\%$ : $x_T = 3{,}7$ mm
Trennschärfe: $x_{25} = 2{,}7$ mm, $x_{75} = 5{,}2$ mm

$$\chi = \frac{2{,}5 \text{ mm}}{5{,}2 \text{ mm}} = 0{,}52$$

Kennzahl nach *Terra:*

$$E_T = \frac{5{,}2 \text{ mm} - 2{,}7 \text{ mm}}{2} = 1{,}25 \text{ mm}$$

*Imperfektion:* $I = \frac{1{,}25 \text{ mm}}{3{,}7 \text{ mm}} = 0{,}34$

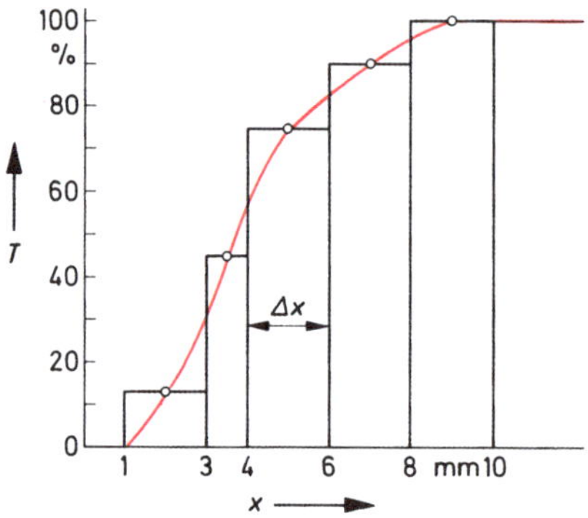


*Bild 4.4 Trenngradkurve zu Beispiel 4.1, entstanden aus dem Blockdiagramm*

## 4.1.2 Siebklassieren (Sieben)

Das **Sieben** trennt ein Haufwerk in den **Siebrückstand** (Grobgut) und den **Siebdurchgang** (Feingut). Der Durchgang sollte im Idealfall nur Korn enthalten, das kleiner ist als die Sieböffnung, und der Rückstand nur Überkorn, das größer ist als die Sieböffnung. In diesem Fall ist die **Trenngrenze** gleich der Größe der **Sieböffnung.**

Die Trenngrenze beim **Trockensieben** liegt bei 100 μm, günstigstenfalls bei 30 μm. Soll das Haufwerk in mehr als zwei Kornklassen getrennt werden, so ist ein Siebsatz aus hintereinandergeschalteten Einzelsieben zu verwenden.

Der **Siebgütegrad** ist eine Kenngröße für die **Trennschärfe** (Trennerfolg) eines Siebvorgangs. Der Siebgütegrad wird z.B. beeinflusst durch: Kornverteilung, Oberflächenfeuchte und Art der Gutbewegung. Der Siebgütegrad ist das Verhältnis des **Feinkornanteils** im Siebdurchgang zum Feinkornanteil im Aufgabegut. Feinkorn ist alles Korn, das kleiner als die Siebmaschenweite ist. Er beträgt 70···95%; das heißt, 5···30% des im Aufgabegut enthaltenen Feinkorns befinden sich im Siebrückstand.

Feinkörnige Haufwerke neigen zum **Verstopfen** der Siebmaschen. Die offene Siebfläche wird verkleinert, und der Siebdurchsatz nimmt ab. **Siebhilfen** sollen Verstopfungen verhindern. Wichtige Siebhilfen sind:

Bürsten bei Plansieben; Pneumatische Rüttelzylinder; Siebheizung bei feuchten Körnern; Wasserbrausen beim Nasssieben und Luftstrahlen beim Trockensieben (Luftstrahlsieb).

Beim **Nasssieben** schwemmt ein Flüssigkeitsstrom die Feingutteilchen durch die Sieböffnungen. Dadurch werden die **Kapillarkräfte** zwischen aneinanderklebenden Teilchen aufgehoben. Das Nasssieben wird auch eingesetzt zum **Entschlämmen** (Nassabtrennung von Feinstkorn) und **Läutern** (Abtrennung von lehmigen und tonigen Verunreinigungen).

Entscheidend für die in der Zeiteinheit durchgesetzte Aufgabegutmenge **(Siebgutstrom)** sind:

1. **Offene Siebfläche.** Je nach Größe, Form und Verteilung der Sieböffnungen beträgt sie 30···80% der Gesamtfläche des Siebbodens oder Siebrostes.
2. **Feinkornanteil** und **Oberflächenfeuchte,**
3. **Bewegungsvorgang,** z.B. auf Schwingsieben.

**Siebvorrichtungen** unterteilt man nach Ausbildung der Arbeitsfläche in **Siebböden** und **Siebroste.** Darüber hinaus werden Siebvorrichtungen hinsichtlich der **Gutbewegung** gegliedert in: feste Siebvorrichtungen, bewegliche Siebvorrichtungen und Siebe mit Gutbewegung durch Strömungskräfte.

**Schwingsiebmaschinen** sind die am häufigsten eingesetzten Siebvorrichtungen. Siebrahmen und Sieb werden durch **Unwuchtrotoren** oder **Magnetvibratoren** in Schwingungen versetzt. Die **Schwingungsbahnen** sind linear mit vorgegebener Richtung, kreis- oder ellipsenförmig. Die Schwingungsbahnform hängt von der Lagerung und der Aufhängung des Siebkastens und von der Anordnung des Schwingungserregers ab.

Das Schwingsieb erteilt dem Siebgut eine aus **Mikrowürfen** zusammengesetzte Bewegung (Bild 4.5). Der **Wurfwinkel** $\alpha$ ist bei Linear- und Ellipsenschwingern durch die Schwingungsrichtung (Stoßrichtung) konstruktiv festgelegt; bei Kreisschwingern hängt er von der Kreisfrequenz $2 \cdot \pi \cdot f$ ab. $\alpha$ beträgt bei Linearschwingern 30 bis 60° und bei Kreisschwingern 75 bis 85°. Wegen des steilen Wurfwinkels müssen Kreisschwingsiebe um $\beta = 10°$ bis 20° geneigt sein, damit sich das Siebgut zum Überlauf fortbewegt. Die **Wurfweite** liegt zwischen 2 und 15 mm, die **Transportgeschwindigkeit** zwischen 0,15 und 0,6 m/s.

Die **Beschleunigung** $a$ in Richtung des Wurfwinkels $\alpha$ beträgt ein Vielfaches der Erdbeschleunigung $g$. Die vertikale Beschleunigungskomponente $a_v$ ist maßgebend für den Sieberfolg. Das Verhältnis $a_v/g$ ist die **Siebkennzahl** $K_v$; sie ergibt sich wie folgt:

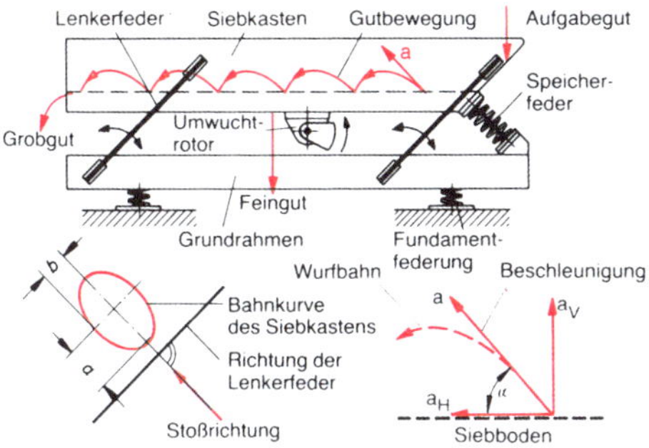


*Bild 4.5 Ellipsenschwingsieb*

$$K_V = \frac{a}{g} \cdot \frac{\sin(\alpha + \beta)}{\cos \beta}$$

Die Beschleunigung $a$ wird mit der Formel

$a = s \cdot (2 \cdot \pi \cdot f^2)$

berechnet. Bei Linearschwingern ist $s$ die Schwingungsamplitude $A$, und bei Kreisschwingern ist $s$ der Schwingkreisradius $r$. $f$ ist die Frequenz der Schwingung.

Linearschwinger: $f = 10 \cdots 20$ Hz,
$A = 2 \cdots 8$ mm
Kreisschwinger: $f = 12 \cdots 50$ Hz,
$r = 0{,}5 \cdots 6$mm

Das Abheben des Siebguts erfolgt bei $K_v > 1$. Technische Siebung ist erst bei $K_v > 1{,}5$ möglich. Üblich ist je nach Siebgut und Klassieraufgabe $K_v = 2$ bis 10.

Eine wichtige Kenngröße für Schwingsiebe ist der **spezifische Siebgutstrom** $q \approx Q/A$ in t/m²h. (Q Siebgutstrom in t/h, A = Siebfläche in m².) $q$ hängt von den Siebguteigenschaften ab und nimmt mit der Siebmaschenweite $w$ zu. Für Kies und Split ist z. B. für: $w = 4$, $q = 20$; $w = 10$, $q = 35$ bis 40. Großsiebmaschinen verarbeiten Siebgutströme von 600 bis 1000 t/h mit Siebflächen bis 60 m².

Für Schwingsiebe gilt allgemein:

**Feinsiebung:** hohe Frequenz, kleine Amplitude, kleine Transportgeschwindigkeit.
**Grobsiebung:** kleine Frequenz, große Amplitude, große Transportgeschwindigkeit.

Der Nachteil des Kreisschwingsiebs liegt darin, daß der Wurfwinkel von der Kreisfrequenz $2 \cdot \pi \cdot f$ abhängt und sehr groß ist. Deshalb ist die **Förderkomponente** $a_H$ der Beschleunigung so klein, dass das Sieb geneigt ausgeführt werden muss. Nachteilig beim Linearsieb ist es, dass das K orn zum Verklemmen in den Maschen neigt. Das Ellipsenschwingsieb gleicht die Nachteile dieser Siebformen mit einer aufwendigeren Konstruktion z. T. aus (Bild 4.5). Die elliptische Schwingung wird dadurch erzeugt, dass sich der Siebkasten auf einen elastisch gelagerten Grundrahmen durch Lenkerfedern abstützt und senkrecht dazu frei schwingen kann. Das Ellipsenschwingsieb kann für beliebige Wurfwinkel ausgelegt werden und daher eine horizontale Siebfläche haben.

Eine Sonderform der Schwingsiebmaschinen ist die **Mehrdeck-Siebmaschine.** Diese Bauform eignet sich besonders gut für siebschwieriges, feuchtes Gut (Bild 4.6). Bis zu sechs Siebdecks sind in einem linear schwingenden Gehäuse übereinander angeordnet. Die Maschenweite nimmt von oben nach unten ab, die Siebneigung nimmt zu. Die **Grobanteile** werden aus dem fast senkrecht durchfallenden Hauptstrom als **Fraktionen** abgetrennt und seitlich abgeführt. Auf das unterste, für die Trenngrenze relevante Deck gelangen so nur Partikel, die im Bereich der Trenngrenze liegen.

Das **Taumelsieb** besteht aus einem zylindrischen Siebkasten mit mehreren übereinandersitzenden Siebböden (0,6···2 m Ø, 0,05···10 mm Maschenweite). Der Siebkasten führt eine dem Handsieb gleichende Taumelbewegung aus. Die einzelnen Kornklassen des von oben zugeführten Gutes werden am Trommelumfang abgeführt. Taumelfrequenz 2···4 Hz, Durchsatz 0,2···3 t/h.

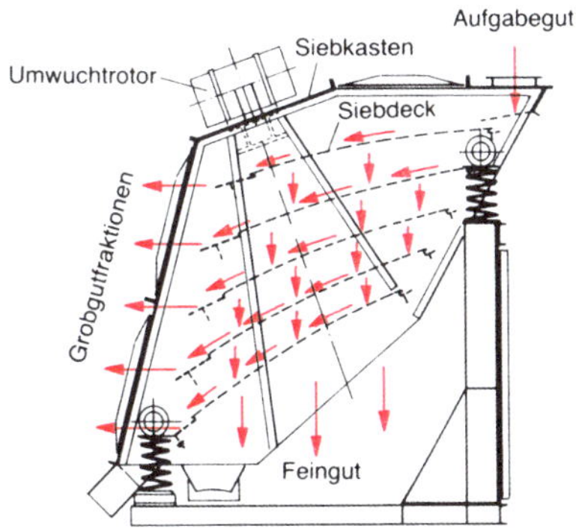


*Bild 4.6*
*Mehrdecksiebmaschine (nach Siebtechnik)*

**Tabelle 4.1 Sichter, Einteilung und Richtwerte**

| Bauart | Ausführungs-Beispiel | Trenngrenze (Kornscheide) in µm | Feingut-durchsatz in t/h | Anwendungsbereich |
|---|---|---|---|---|
| Schwerkraft-sichter | Zickzacksichter | 100···10 000 | ···200 | Grobsichtung körniger, frei fallender Güter |
| Streusichter | Kreiselsichter | 40···250 | 10···50 | Grob- bis Feinsichtung, Feingutgewinnung, Mahlgutentstaubung, Gewinnung von Kornfraktionen |
| | Zyklon-Umluft-sichter | 50···500 | ···500 | |
| Zentrifugal-sichter | Spiralsichter, Vertikal-ausführung | 4···200 | ···7 | Feinsichtung auch leichtklebriger, weicher Güter |
| | Spiralsichter, Horizontal-ausführung | 3···60 | ···7 | Feinstsichtung auch leichtklebriger, weicher Güter |

Das **Trommel-Luftstrahlsieb** ist geeignet für die Feinsiebung ohne Zerkleinerungswirkung, für die Siebung von Stoffen mit kritischen Eigenschaften (wie Agglomerieren, Kleben und elektrostatisches Aufladen) und ferner zum Abtrennen von geringen Mengen an Über- oder Unterkorn.

Das Gut wird kontinuierlich der Siebtrommel (Länge ≈ 1 m, 0,3 m Ø) zugeführt. Ein scharfer, durch eine **Langschlitzdüse** gerichteter Luftstrahl durchspült die in Schräglage rotierende Siebtrommel (rd. 50 $min^{-1}$) von außen nach innen in ihrer ganzen Länge. Dadurch werden die Maschen des Gewebes laufend freigespült und das Siebgut aufgewirbelt.

Die Siebmaschenweite liegt bei 0,04 mm und darüber. Der Durchsatz beträgt je nach Gutbeschaffenheit 40···300 kg/h.

### 4.1.3 Sichten

Sichten ist Klassieren durch Ausnutzung der **unterschiedlichen Sinkgeschwindigkeit** verschieden großer Feststoffteilchen in einem **Luftstrom** (Windsichten). **Sichten** wird angewendet für das **trockene Klassieren** von feinkörnigen Haufwerken mit einer Feuchtigkeit von maximal 5···6%. Je nach Windsichterbauart liegt die Trenngrenze (Kornscheide) zwischen 3 µm und 10 mm.

Alle **Sichter** bestehen aus dem Sichtraum, dem Ventilator zum Erzeugen des Luftstroms und einer Entstaubungseinrichtung, die das Feingut aus dem Sichtluftstrom abtrennt. Die Sichtluft wird im **Kreislauf** geführt.

Man unterscheidet Fliehkraft- und Schwerkraftsichter. Die Streusichter liegen im Übergangsbereich zwischen Schwerkraft- und Fliehkraftsichter (siehe Tabelle 4.1).

Bei den **Schwerkraftsichtern** kennt man Sichter mit freifallendem und zwangsläufig geführtem Sichtgut. Bei der letzteren Bauart bewegt sich das Gut über Leitelemente dem Sichtluftstrom entgegen. Durch eine Zickzackführung des Guts (Zickzacksichter) wird eine trennscharfe Sichtung ermöglicht.

Beim **Streusichter** in Bild 4.7 wird das Gut von einem rotierenden Streuteller in der Luft suspendiert und dem Sichtraum zugeführt. Das Grobgut fliegt sofort nach außen gegen den Grobgutkonus und fällt nach unten in den Grobgutaustritt. Feingutteilchen werden vom aufsteigenden Luftstrom des Druckventilators mitgenommen, vom Sichtventilator abgesaugt und in den Feingutabscheideraum geblasen. Die entstaubte Sichtluft wird vom Druckventilator wieder angesaugt.

Die **Trenngrenze** (Trennkorngröße) hängt von der Höhenstellung des Druckventilators ab. Die Ventilatorabsenkung ergibt infolge steiler Schraubenströmung eine gröbere Sichtung.

Der **Zyklonumluftsichter** schleudert das Sichtgut vom Streuteller in einen aufsteigenden Luftstrom, der das Feingut einer **Zyklonbatterie** zuführt, wo dann die Feingutabtrennung erfolgt. Die gereinigte Luft wird wieder in den Sichtraum geblasen. Der Sichtluftventilator ist **außerhalb** des Sichters angeordnet.

Der **Zentrifugalsichter** erreicht die schärfste Sichtung. Der bekannteste Zentrifugalsichter ist der **Wirbelsichter** (Spiralsichter); er besteht aus einem flachzylindrischen Raum, in den die Sichtluft und das Sichtgut tangential eintreten (Zyklonprinzip). Die Luft durchströmt den Sichtraum von außen nach innen in einer Spiralbahn. Auf jedes Teilchen wirkt einerseits die Fliehkraft radial nach außen und andererseits der Sog des Ventilators nach innen. In dieser Strömung werden also die groben Teilchen nach außen getragen und das Feingut von der Luft nach innen mitgeführt.

**Spiralsichter** werden gebaut in **Horizontalausführung** (Weitkammerausführung) mit horizontaler Sichtraumachse und in **Vertikalausführung** mit vertikaler Sichtraumachse.

Speziell für **Feinsichtungen** ist der **Vielradsichter** in Bild 4.8 geeignet, dessen Feingutzone aus vier bis sechs Kanalsichträdern (1) besteht, die waagerecht sternförmig um die Feingutleitung (2) angeordnet sind. Das Gut wird vom Fallschacht (3) aus in die Grobgutzone (4) aufgegeben, in die über einen Schaufelkranz (5) Sichtluft eingeblasen wird. Feingutkorngrößen von $d_{97}$ = 4···200 µm bei Feingutdurchsätzen von 0,07···7 t/h sind erzielbar. Die Gebläseleistung beträgt 3···66 kW. Vorteile: Kleine Baugröße, geringer Energieverbrauch, geringer Verschleiß, optimale Abstimmung von Grobgut- und Feingutzone.

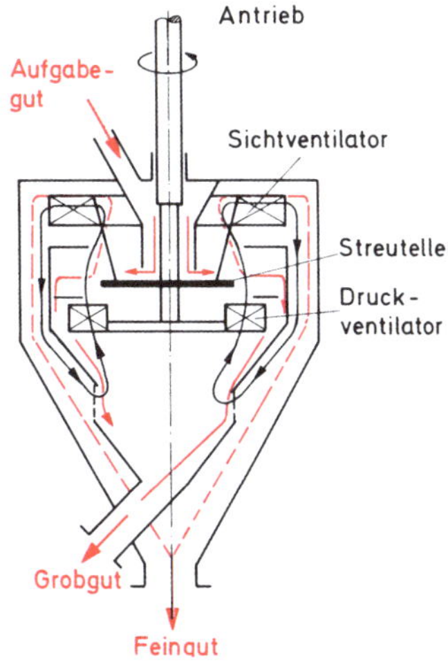


*Bild 4.7 Streusichter*

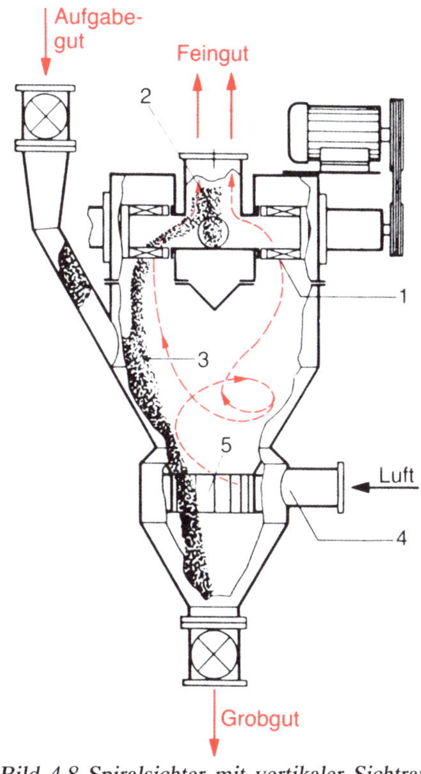


*Bild 4.8 Spiralsichter mit vertikaler Sichtraumachse (Turboplex-Vielradsichter von Alpine)*

## 4.1.4 Stromklassieren

Beim **Stromklassieren** (Hydroklassieren) werden durch **Sedimentation** aus einem Feststoffgemisch Kornklassen (Fraktionen) gleicher **Sinkgeschwindigkeit** abgeschieden. Sind im Idealfall Kornform und Dichte aller Körner gleich, dann sind diese **Gleichfälligkeitsklassen** identisch mit Korngrößenklassen.

Stromklassieren wird mit Schwerkraft oder Fliehkraft vorgenommen. Die Bewegung der Feststoffteilchen in der Flüssigkeit unterliegt den in Abschnitt 3.2 behandelten Gesetzen. Die Geräte zur Durchführung des Stromklassierens unterteilt man dementsprechend in Schwerkraft- und Fliehkraftklassierer. Bei den **Schwerkraftklassierern** unterscheidet man hinsichtlich der Richtung des Klassierwasserstroms zwischen Horizontalstrom- und Aufstromklassieren. Erstere werden noch in nicht mechanische Geräte (Spitzkästen) und mechanische Geräte (Rechenklassierer) unterteilt. Der bekannteste Vertreter der **Fliehkraftklassierer** ist der Hydrozyklon.

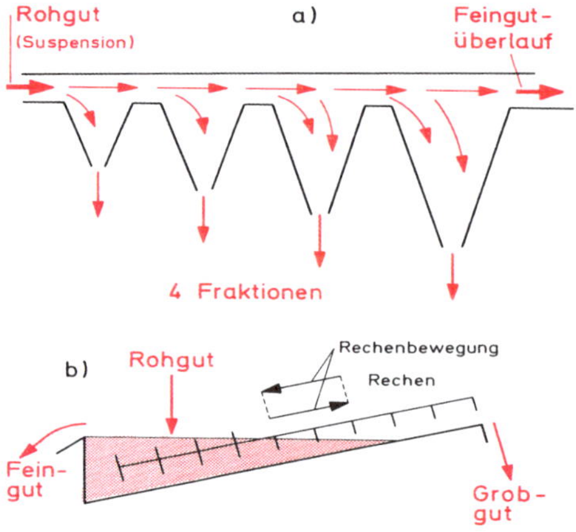


*Bild 4.9 Schwerkraft-Stromklassierer:*
*a) Spitzkästen, b) Rechenklassierer*

Der **Spitzkasten** (Bild 4.9) besteht aus einer Rinne mit pyramidenförmigen Klassierkammern, die sich, in Strömungsrichtung hintereinandergeschaltet, stetig im Strömungsquerschnitt vergrößern. Die stetige Verlangsamung der horizontalen Strömungsgeschwindigkeit der Suspension

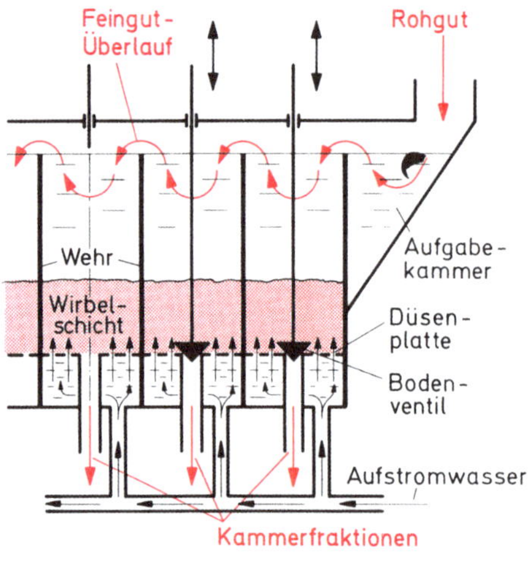


*Bild 4.10 Aufstromklassierer in mehrstufiger Bauweise (nach Dorr-Oliver)*

führt dazu, dass in den aufeinanderfolgenden Spitzen immer feinere Kornklassen abgeschieden werden.

**Rechenklassierer** zerlegen Suspensionen lediglich in sandige Anteile und feine Schlämme; sie werden meist in der Erzaufbereitung eingesetzt. In einem Trog übernimmt ein Rechen die Grobgutförderung während das Feingut mit dem Wasserstrom abfließt (Bild 4.9).

Beim **Aufstromklassierer** wird durch zusätzliches Frischwasser ein Aufstrom erzeugt. Der **Aufstrom** bremst die Sedimentation und verlängert die Absetzzeit. Maßgebend für die Trenngrenze des Aufstromklassierers sind Strömungsgeschwindigkeit des Aufstroms und Sinkgeschwindigkeit der Feststoffteilchen. Neuzeitliche Aufstromklassierer bestehen aus mehreren nebeneinander angeordneten Klassierkammern, die suspensionsseitig durch Überlaufwehre miteinander in Verbindung stehen (Bild 4.10).

Das Rohgut wird dem **Mehrstufen-Aufstromklassierer** als eingedickte Suspension zugegeben (Feststoffgehalt 1000 g/l). Die Aufstromgeschwindigkeit nimmt von Kammer zu Kammer ab. In den Kammern sinken die Teilchen zu Boden, deren Absetzgeschwindigkeit größer ist als die Aufstromgeschwindigkeit.

Die Verteilung des Aufstromwassers erfolgt durch die im Boden jeder Kammer eingebaute Düsenplatte. Dadurch bildet sich oberhalb der Düsenebene eine **Wirbelschicht.** In der Wirbelschicht erfolgt eine **Kornentmischung,** die zu einer scharfen Klassierung führt.

Die über die Höhe der Wirbelschicht automatisch gesteuerten Bodenventile tragen die ausklassierten Kammerfraktionen in einer Konzentration von 800···1000 g/l aus. Durch Zusammenleiten mehrerer Kammerunterläufe lässt sich jede gewünschte Körnungszusammensetzung erreichen.

Der Durchsatz eines Mehrstufen-Aufstromklassierers beträgt je nach Aufgabekörnung 10···15 t/h. Der Klassierbereich liegt zwischen rd. 100 µm und 3 mm. Es können 8 und mehr Fraktionen scharf abklassiert werden. Neben der Klassierung wird auch gleichzeitig eine intensive **Abschlämmung** vorgenommen. Ton, Lehm und organische Verunreinigungen strömen mit dem Überlaufwasser ab. Mit einem nachgeschalteten Zyklon kann daraus noch die Feinstfraktion < 100 µm zurückgewonnen werden.

Der am häufigsten eingesetzte **Fliehkraftklassierer** ist der **Hydrozyklon.** Ein Hydrozyklon kann nur eine einzige Kornfraktion abklassieren. Mehrere Fraktionen lassen sich durch **Zyklonschaltungen** gewinnen. Die Trennschärfe des Hydrozyklons ist geringer als die des Aufstromklassierers, jedoch wesentlich höher als die eines Überlauftanks ohne Aufstromwasser. Der Bereich für gute Klassierwirkung liegt beim Hydrozyklon zwischen 10 und 200 µm. Auch **Vorklassierungen** zur Anreicherung in Bereichen zwischen 200 und 600 µm sind mit Hydrozyklonen durchführbar. Nachgeschaltete Mehrstufen-Aufstromklassierer leisten dann die scharfe Auftrennung in mehrere Fraktionen.

Insgesamt werden Hydrozyklone im Gebiet der Klassierung zu folgenden Aufgaben eingesetzt:

1. **Voreindickung** des Zulaufs eines Aufstromklassierers, falls der Zulauf stark verdünnt anfällt.
2. **Rückgewinnung des Feinguts** aus dem Überlauf eines Aufstromklassierers.
3. Eigentliche **Klassierung,** Mehrstufenklassierung.
4. **Feinkornschlämmung** von Kaolin, Kreide, Füllstoffen.
5. **Überkornabscheidung** (Entgrießung).

## 4.2 Sortieren

Beim Sortieren werden die physikalischen **Eigenschaftsunterschiede** der zu trennenden Feststoffteilchen ausgenutzt. Man unterscheidet daher grundsätzlich zwischen **Dichtesortieren, Magnetsortieren** und **Elektrosortieren.** Das **Flotieren** ist ebenfalls ein Sortierverfahren.

### 4.2.1 Dichtesortieren

Beim Dichtesortieren wird die unterschiedliche Dichte der Feststoffkomponenten in einem Gemenge zum Trennen ausgenutzt.

Tabelle 4.3 gibt eine Zusammenstellung der Verfahren für das Dichtesortieren. Vorwiegend wird Nasssortieren mit Hilfe der Schwerkraft angewendet. Maßgebend für die Durchführbarkeit des Dichtesortierens ist die **Dichtedifferenz** zwischen den voneinander zu trennenden Feststoffkomponenten; sie sollte $\Delta\varrho$ = 1200 kg/m$^3$ nicht wesentlich unterschreiten. Die untere Teilchengröße hängt vom Sortierverfahren ab.

Zum **Nasssortieren** werden Setzapparate und Herde eingesetzt. **Setzapparate** sortieren das Korngemisch in einem abwechselnd auf- und abwärts gerichteten Wasserstrom (Bild 4.11). Setzapparate werden auch für das **Trockensortieren** wasserlöslicher Stoffe angewendet. Als Sortiermedium dient hier ein pulsierender Luftstrom. Die spezifisch leichteren Teilchen werden durch den pulsierenden Wasser- oder Luftstrom höher gehoben und gehen in den Überlauf, die spezifisch schwereren Teilchen setzen sich auf einem Sieb ab. Die Korngröße des Sortierguts darf nicht unter 2 mm liegen.

Beim **Schwertrübesortieren** (Schwimm-Sink-Verfahren) wird eine Trennflüssigkeit eingesetzt, deren Dichte mit 1300···3000 kg/m$^3$ **zwischen** den Dichten der beiden Feststoffkomponenten liegt.

Die leichte Komponente **schwimmt** nach oben, die schwere Komponente **sinkt** nach unten. Die Trennflüssigkeit (Schwertrübe) ist hier eine Suspension feinstgemahlener, schwerer Feststoffe in Wasser, z.B. Magnetit, Schwerspat, Ferrosilicium. Die Suspension wirkt im Vergleich zur Korngröße des Sortierguts wie eine **homogene Flüssigkeit.** Wegen der hohen Dichte der Trennflüssigkeit ist die Absetzgeschwindigkeit gering. Daher darf die Korngröße der Komponenten nicht kleiner als 3···5 mm sein. Zum Schwertrübesortie-

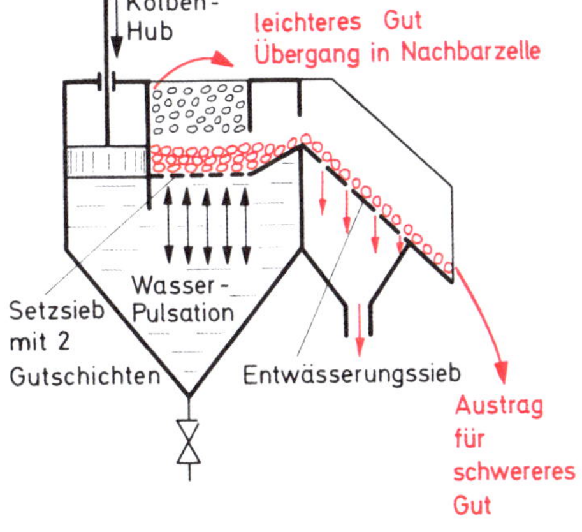


*Bild 4.11 Setzapparat zum Dichtesortieren (Nasssortieren)*

**Tabelle 4.2 Stromklassierer, Einteilung und Richtwerte**

| Strömungsart | Bauart | Wirkungsweise | Klassierbereich in mm | Durchsatz in t/h |
|---|---|---|---|---|
| Horizontalstrom | Spitzkästen | Sedimentation im Schwerefeld. Fraktionsaustrag durch Schwerkraft | 0,1···10 | 30···60 |
| | Rechenklassierer, Spiralklassierer | Sedimentation im Schwerefeld. Mechanischer Grobkornaustrag | 0,1···10 | 50···100 |
| Vertikalstrom | Aufstromklassierer<br>einstufig | Sedimentation im Schwerefeld. Behinderung durch Aufstrom.<br>1-Kammer-Gerät mit Grobkornwirbelschicht | 0,1···5 | 50···100 |
| | mehrstufig | bis zu 22 Kammern mit Grobkornwirbelschicht und Überlaufwehr | 0,1···3 | 10···50 |
| Spiralstrom | Hydrozyklon | Sedimentation im Zentrifugalfeld. Unterlauf mit Grobkorn, Überlauf mit Feinkorn | 0,01···0,2 | 200···500 |

**Tabelle 4.3 Dichtesortieren, Verfahren und Richtwerte**

| Sortierprinzip | Verfahren | Wirkungsweise | Sortierapparat | Korngröße in mm | Durchsatz in t/h |
|---|---|---|---|---|---|
| Nasssortieren | Läutern | Waschen in Behältern | Bottich, Rührbehälter | > 1···2 | – |
| | Setzen | Sortieren mit pulsierendem Aufwasserstrom auf Setzsieb | Kolbensetzapparat<br>Hydraulik-setzapparat | > 1···2 | 3···5 |
| | Schwertrübeverfahren | Sortieren in rotierender Schwerflüssigkeit | Hydrozyklon | > 2···5 | 10···15 |
| | | | Sinkscheider | 10···120 | ···60 |
| | Herdsortieren | Sortieren in strömendem Wasser auf geneigter Unterlage | Rundherd | < 2 | 0,2···1 |
| | | | Schüttelherd | < 2 | 0,2···3 |
| Trockensortieren | Luftsetzen | Sortieren mit pulsierendem Unterwind auf schwingendem Setzsieb | Luftsetzapparat | 5···40 | 35···60 |

**Tabelle 4.4 Magnetscheider**

| Benennung | Funktionsprinzip | Wirkungsweise | Bemerkungen |
|---|---|---|---|
| Trommel-Magnet-scheider mit Magnet-segment | 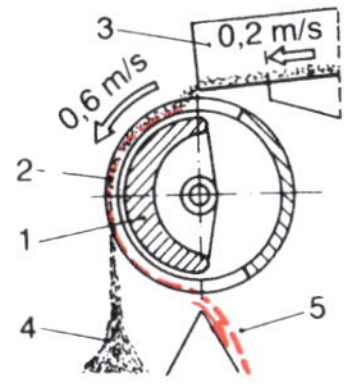  | Das Magnetsegment (1) aus Permanent- oder Elektromagneten steht fest. Die Trommel (2) unter Förderrinne (3) rotiert. Das eisenfreie Gut (4) wird früher abgeworfen als das eisenhaltige Gut (5). | Fördergut wird auf der Trommel wegen höherer Geschwindigkeit auf 1/3 der Schichthöhe reduziert. Geringe Schichthöhe erleichtert Abscheidung. Trommeldurchmesser 200···600 mm. |
| mit Magnet-walzen | 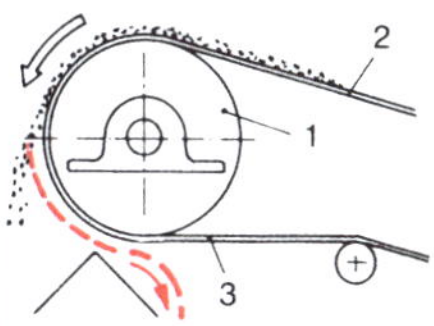  | Magnetwalze (1) auf ganzem Umfang magnetisch. Arbeitet als Antriebs- oder Spanntrommel am Abwurfende eines Förderbands (2). Abwurf des Eisens bei (3). | Gut geeignet für die Abscheidung feiner Eisenteilchen aus feinkörnigem Fördergut. |
| Überband-magnet-scheider | 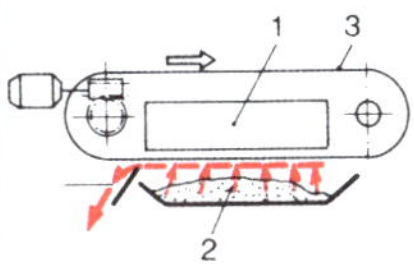  | Aushebemagnet (1) über bewegtem Förderband (2) hebt Eisenteile heraus, die an Austragsband (3) haften bleiben und außerhalb des Magnetfeldes abgeworfen werden (4). | Permanentmagnet, Einbau quer zur Förderrichtung. Gut geeignet für die Abscheidung größerer ferromagnetischer Fremdkörper. |

ren werden wirkungsvoll Hydrozyklone eingesetzt.

**Herdsortieren** wird bei Korngrößen unter 2 mm angewendet. Schüttelherde sortieren das mit Wasser aufgeschwemmte Gemenge in einer Spülwasserströmung auf geneigter, quer zur Strömungsrichtung des Spülwassers schüttelnder Unterlage. Strömungsgeschwindigkeit des Spülwassers und Herdneigung sind so eingestellt, dass die leichteren Komponenten mit dem Wasser abfließen und die schwereren seitlich aus dem Flüssigkeitsstrom herauswandern.

### 4.2.2 Magnetsortieren und Elektrosortieren

> Beim Magnetsortieren werden aus einem Gemenge magnetisierbarer und nicht magnetisierbarer Feststoffe die magnetisierbaren Komponenten abgetrennt.

Zu den leicht magnetisierbaren Feststoffen zählen außer Eisen und Stahl die Oxide, Sulfide und Silikate des Eisens. Schwer magnetisierbar sind die Oxide des Mangans. Die günstigste Teilchengröße liegt beim Magnetsortieren zwischen 1 und 10 mm. Das erforderliche Magnetfeld erzeugen gleichstromerregte Elektromagnete oder Permanentmagnete. Tabelle 4.4 gibt eine Übersicht über wichtige **Magnetscheider-Bauarten.**

> Das Elektrosortieren trennt ein Gemenge in elektrisch leitende und elektrisch nicht leitende Feststoffe.

Bei diesem Sortierverfahren wird das Gemenge auf einer rotierenden, geerdeten Trommel in einem **Hochspannungsfeld** mit 15···40 kV Gleichstrom negativ aufgeladen und zunächst von der Trommel (Pluspol) angezogen. Die Teilchen geben anschließend ihre Ladung an die geerdete Trommel ab und fallen herunter. Bei **leitenden** Stoffen geht diese Entladung rascher; sie fallen daher früher ab als nicht leitende Stoffe und können getrennt davon aufgefangen werden.

### 4.2.3 Flotieren

> Flotieren ist das Sortieren von feinkörnigen Gemengen in einer Suspension mit Hilfe von Luftblasen aufgrund unterschiedlicher Benetzbarkeit gegenüber Wasser und künstlichen Zusätzen.

Die **Flotation** ist ein **Schaum-Schwimm-Verfahren.** In die **Flotationstrübe** (Suspension) werden **Luftblasen** durch Rührer oder Druckluftdüsen eingeführt. Flotationschemikalien (Flotationsmittel) bewirken, dass von den aufgeschlämmten Feststoffteilchen **eine** Komponente schwer benetzbar (hydrophob) wird. Die andere Komponente bleibt wasserbenetzbar (hydrophil).

In der durchwirbelten Suspension haften die **hydrophoben Teilchen** an den Luftblasen und steigen mit diesen nach oben. Der die hydrophobe Komponente enthaltende Schaum schwimmt auf der Suspensionsoberfläche und kann dort entnommen werden. Die benetzbar gebliebene, hydrophile Komponente verbleibt in der Suspension und wird entweder mit herkömmlichen Verfahren abgetrennt oder nachträglich ebenfalls flotiert.

Die Flotation wird durch chemische **Flotationsmittel** ermöglicht. Man unterscheidet drei Gruppen von Flotationsmitteln: Sammler, Schäumer und Regler.

**Sammler** setzen die Wasserbenetzbarkeit der flotierenden Komponente herab. **Schäumer** stabilisieren die Luftblasen zu einem tragfähigen Schaum. **Regler** differenzieren die hydrophobierende Wirkung der Sammler je nach Art der flotierenden Komponente.

**Sammler** sind unpolare, hydrophobe Kohlenwasserstoffe mit polaren, löslich machenden und adsorptionsfähigen Atomgruppen. Entsprechend der Ladung der polaren Gruppen unterscheidet man **anionaktive** und **kationaktive** Sammler (Tabelle 4.5).

**Schäumer** bestehen ebenfalls aus polar- und unpolar aufgebauten Kohlenwasserstoffketten. Sammler wirken daher oft gleichzeitig als Schäumer. Spezielle Schäumer sind Phenole, Fettalkohole und Terpenderivate, z.B. Kresol, Pineoil, Eukalyptusöl.

Bei den **Reglern** unterscheidet man Drücker und Beleber. **Drücker** bewirken, dass die Oberfläche der nicht flotierenden Komponente keine Sammler aufnehmen kann. Drücker sind z.B. Cyanide, Phosphate und Chromate.

**Beleber** sollen die passivierende Wirkung der Drücker wieder aufheben und die Oberfläche der zunächst gedrückten Komponente wieder sammleraufnahmefähig machen. Beleber sind z.B. Kupfersulfat, Natriumsulfid und Schwefelsäure.

Die Flotation wird bei der **Erzaufbereitung** zur Trennung von Mineralien verwendet. Bei Mischerzen werden die Komponenten nacheinander durch **Selektivflotation** hochgeschwommen. Selektivflotation ist nur durch das Zusammenwirken von Drückern und Belebern möglich.

Bei der Trennung von Bleiglanz und Zinkblende durch Selektivflotation wird zuerst die Zinkblende durch Natriumcyanid gedrückt, der Bleiglanz mit Hilfe des Sammlers flotiert und abgeschieden. Dann wird die Zinkblende mit Kupfersulfat zur Aufnahme des Sammlers belebt und ebenfalls hochgeschwommen.

Alle Mineralien sind flotierbar. Über 90% der Weltförderung an sulfidischen Kupfer-, Blei- und Zinkerzen wird durch Flotation gewonnen.

Zur Flotation werden die Feststoffe zerkleinert, und zwar Erze auf 0,3 mm, Salze auf 0,7 mm und Kohle auf 1 mm Korngröße.

In der **Steinkohlenaufbereitung** wird der Rohschlamm durch Flotation in Kohle und Gestein sortiert. Ferner wird die Flotation in der Abwasserreinigung und -aufbereitung eingesetzt.

**Tabelle 4.5 Polare Sammlersubstanzen für die Flotation**

| Art der Polarität | Benennung und Aufbau R = Alkylgruppe | | | | |
|---|---|---|---|---|---|
| anionisch | Xanthanate | Carboxylate | Alkylsulfate | Alkylsulfonate | Mercaptane |
| | $R{-}OCS_2^-$ | R–COO– | $R{-}OSO_3^-$ | $R{-}SO_3^-$ | R–S– |
| kationisch | Primär-alkylamin | Sekundär-alkylamin | Tertiär-alkylamin | Quartär-alkylammonium | Alkyl-pyridinium |
| | $R{-}NH_3^+$ | $R_2{-}NH_2^+$ | $R_3{-}NH^+$ | $R_4{-}N^+$ | $R{-}C_5N{-}R^+$ |

Apparate zur Durchführung der Flotation sind **Flotationszellen** und Flotationströge. Bild 4.12 zeigt den Aufbau einer Flotationszelle. Bei den Flotationszellen wird nach der Art der Luftzuführung zwischen **Rührwerkszellen** und **Druckluftzellen** unterschieden.

Bei der **Zellenflotation** werden je nach Flotationsgut 4 bis 6 Zellen hintereinandergeschaltet. Die Flotationstrübe fließt über ein höhenregulierbares Wehr in der Zwischenwand zur nächsten Zelle und wird dort wieder dem Rührwerk zur Durchmischung und Belüftung zugeführt. Der **Konzentratschaum** wird ein- oder zweiseitig durch Abstreiferpaddel ausgetragen. Das Zellenvolumen liegt zwischen 3 und 14 m$^3$; die Motorleistung je Zelle beträgt 10 bis 40 kW. Trübeströme bis zu 1000 m$^3$/h können je Anlage flotiert werden.

Neben der Zellenflotation findet noch die **Trogflotation** Anwendung. Dabei werden mehrere Rührwerke ohne Trennwände in einen mit der Flotationstrübe gefüllten Trog gesetzt. Die Luft wird von außen über ein Zentralrohr zugeführt. Die Rührwerke saugen die Trübe aus dem oberen Trogbereich an. Im Allgemeinen ist die **Selektivität** bei der Trogflotation geringer als bei der Zellenflotation, weil hier der turbulenzfreie Beruhigungsraum für die Schaumblasen größer ist.

Die Flotation kann empfindlich gestört werden,

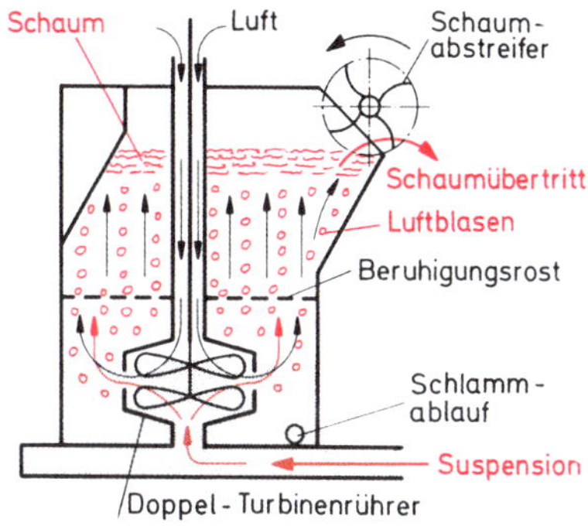


*Bild 4.12 Flotationszelle (Rührwerkszelle)*

wenn **Flotationsgifte** in der Flotationssuspension enthalten sind, dazu zählen: Eisen- und Aluminiumsalze, Humine, Eiweißstoffe und Gerbsäuren. Vorwiegend zur Abwasserreinigung wird die **Elektroflotation** eingesetzt, bei der die Luftblasen durch Wasser-Elektrolyse von Elektroden erzeugt werden (Spannung 4···6 V), die im Zellenboden angeordnet sind. Die Gasblasen liegen hier im mittleren, flotationsgünstigen Größenbereich. Die Gasblasenmenge ist einstellbar. Rest-Ballaststoffgehalte von 1 ppm (1 g/t) sind erreichbar.

# 4.3 Körnungsanalyse

Die Zerkleinerung liefert kein einheitliches Korn, sondern ein aus **Kornklassen** bestehendes **Kornkollektiv** (Haufwerk) mit einer charakteristischen **Kornverteilung.**

Die **Kornverteilung** gibt den prozentualen Anteil der Kornklassen am Kornkollektiv an. Die **Kornklasse** ist der Bereich zwischen oberer und unterer Korngröße. Die **Korngröße** ist eine lineare Abmessung, die sich aus der Korngrößenbestimmung ergibt, z.B. eine Siebmaschenweite.

## 4.3.1 Korngrößenbestimmung

**Korngrößenbestimmung** ist die Ermittlung der korngrößenmäßigen Zusammensetzung eines Kornkollektivs durch Bestimmung der **Mengenanteile** (Massenanteile) der einzelnen Kornklassen. Die Kornklassen haben eine durch das Analysenverfahren gegebene **Kornklassenbreite** $\Delta x$. Die wichtigsten Verfahren der Korngrößenbestimmung sind Siebanalyse, Sedimentationsanalyse, Sichtanalyse und optische Analyse.

Die **Siebanalyse** ist im Normblatt DIN 66 165 «Grundlagen» standardisiert; sie wird durchgeführt mit **Analysensieben** unterschiedlicher Maschenweite von Hand oder auf Prüfsiebmaschinen mit ruhendem oder bewegtem Sieb. Bei der Siebung von Feinstkorn wird das Gut mit einer Flüssigkeit (Nasssiebung) oder mit Luftstrahlen (Luftstrahlsieb) durch das Gewebe gespült. Kleinstes siebbares Korn bei mechanischer Siebung 40···60 µm und bei **Nasssiebung** von Hand 5 µm. Die Siebanalyse ist auch anwendbar bei Haufwerken mit Komponenten unterschiedlicher Dichte.

Bei der **Sedimentationsanalyse** ermittelt man die Korngröße aus der **Sinkgeschwindigkeit** in einer wässrigen Suspension im Schwerfeld: Gemessen wird nach zwei Methoden:

Die **Differentialmethode** bestimmt mit Pipettegerät oder Photosedimentometer die Sinkgeschwindigkeit aus der momentanen Feststoffkonzentration der Suspension (DIN 66 115).

Die **Integralmethode** arbeitet mit der **Sedimentationswaage** und ermittelt aus der fortlaufend registrierten Sedimentmasse die Sinkgeschwindigkeit (DIN 66 116).

Die Sedimentationsanalyse ist anwendbar für Körner **gleicher Dichte** mit Korngrößen zwischen 1 µm und 250 µm.

Die **Sichtanalyse** (DIN 66 118) wird bei trockenen Stäuben mit Körnern **gleicher Dichte** angewendet. Die Korngrößenbestimmung durch die Sinkgeschwindigkeit in einem Gas kann im Schwerefeld oder Zentrifugalfeld durchgeführt werden. Geräte für die Sichtanalyse sind der **Schwerkraft-Gegenstromsichter** und der **Fliehkraft-Querstromsichter.** Korngrößenbereich 1···100 µm.

Bei der **optischen Analyse** im Abtastmikroskop tastet ein Lichtstrahl die Probe zeilenweise ab. Die von den Teilchen verursachten Lichtabschwächungen werden in einem Photoempfänger gezählt und ausgewertet. Die Auswertung liefert Zahl und Größe der Partikel, anwendbar ab 0,5 µm.

Auch **laseroptische Verfahren** werden zur Korngrößenanalyse eingesetzt. Bei einigen dieser Verfahren werden Interferenzsignale ausgewertet, die bei der Lichtstreuung an Einzelteilchen entstehen. Bei anderen Verfahren überstreicht ein fokussierter Laserstrahl die Partikel. Die Dauer der Überstreichung ist ein Maß für die Korngröße.

Im **Phasen-Doppler-Analysator (PDPA)** z. B. entsteht im Schnittpunkt zweier Laserstrahlen ein Muster von hellen und dunklen Interferenzstreifen. Beim Durchgang eines Teilchens durch den Strahlenschnittpunkt wird eine Sequenz von Dopplersignalen erzeugt, deren Frequenz der **Teilchengeschwindigkeit** (bis 200 m/s) proportional ist. Die unterschiedliche Phasenlage bei gleicher Frequenz der von mehreren Detektoren empfangenen Signale ist ein Maß für die Teilchengröße (>0,5 µm).

## 4.3.2 Körnungskennlinien

Eine **Körnungskennlinie** ist die grafische Darstellung der Kornverteilung. Aufgetragen werden die Mengenanteile der Kornklassen über der Klassenbreite. Die Abszisse ($x$-Achse) ist **logarithmisch** geteilt.

Wichtige Körnungskennlinien sind Verteilungsdichtekurven und Verteilungssummenkurven. Letztere werden noch vorwiegend, in Bezug auf die Siebanalyse, Rückstands- bzw. Durchgangskennlinien genannt.

Die **Verteilungsdichtekurve** stellt die Abhängigkeit der **Verteilungsdichte** $q$ von der Korngröße $x$ dar; $q = f(x)$. Die Verteilungsdichte ist der auf die Klassenbreite $\Delta x$ bezogene Massenanteil $\Delta R$ einer Kornklasse:

$$q = \frac{\Delta R}{\Delta x} = \frac{\mathrm{d}R}{\mathrm{d}x}$$

Die Massenanteile $\Delta R$ ergeben sich aus der **Korngrößenbestimmung,** z.B. aus der **Siebanalyse.** Die $q$-Werte trägt man über den zugehörigen Klassenbreiten auf. Es ergibt sich ein **Blockdiagramm,** das durch eine stetige Verteilungskurve ersetzt wird (Bild 4.13a).

Eine **Summenkurve** ergibt sich, wenn die Siebrückstände $\Delta R$ fortlaufend addiert (summiert) und die Summen $R$ über der jeweiligen Endkorngröße $x$ aufgetragen werden.

$$R(x) = \sum_{x_{max}}^{x} \Delta R; \; D(x) = 100 - R = 100 - \sum_{x_{max}}^{x} \Delta R$$

Hierin ist: $R$ Rückstandssumme in %, $D$ Durchgangssumme in %, $\Delta R$ Siebrückstand in %.

**Extremwerte:**

Bei $x = x_{min}$ ist $R = 100\%$, $D = 0\%$ bei $x = x_{max}$ ist $R = 0\%$, $D = 100\%$. Die **Rückstandssummenkurve** ist die **Integralkurve** der Verteilungsdichtekurve (Bild 4.13b); sie gibt für jede Korngröße $x$ an, wieviel Prozent $R$ der Körnung **größer** als diese Korngröße sind. **Maximum** der Verteilungsdichtekurve und **Wendepunkt** der Rückstandssummenkurve liegen über der gleichen Korngröße.

Da sich Durchgang und Rückstand zu 100% ergänzen, verläuft die **Durchgangssummenkurve spiegelbildlich** zur Rückstandssummenkurve. Die Durchgangssummenkurve gibt für jede Korngröße $x$ an, wieviel Prozent $D$ der Körnung kleiner sind als diese Korngröße (Bild 4.13c).

## 4.3.3 RRSB-Verteilungsfunktion

Die Kornverteilung vieler durch die Zerkleinerung hergestellter Haufwerke kann durch eine **Verteilungsfunktion** mathematisch beschrieben werden. Die grafische Darstellung dieser empi-

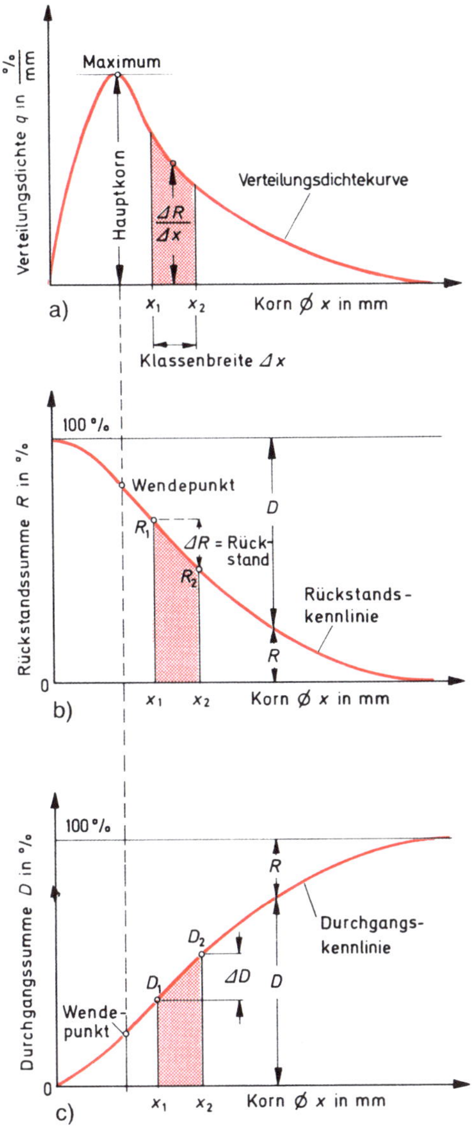


*Bild 4.13 Körnungskennlinien: a) Verteilungsdichtekurve, b) Rückstandssummenkurve, c) Durchgangssummenkurve*

risch ermittelten Verteilungsfunktion ergibt eine **Summenkurve.** An der Entwicklung der Verteilungsfunktion bis zu ihrer heutigen mathematischen Form waren nacheinander *Rosin, Rammler, Sperling* und *Bennet* beteiligt. Die Funktion wird daher als RRSB-Verteilungsfunktion bezeichnet und lautet:

$$R(x) = 100 \cdot e^{-\left(\frac{d}{d'}\right)^n}$$

Hierin ist: $R$ Rückstandssumme in Prozent, $d$ Korn- oder Teilchenäquivalentdurchmesser in µm als Abszissenwert, e = 2,718 (Basis der natürlichen Logarithmen), $n$ und $d'$ Feinheitsparameter.

Der **Feinheitsparameter** $d'$ hat die Bedeutung eines statistischen **Korngrößenmittelwerts;** er ergibt sich aus der RRSB-Funktion für $d = d'$ zu

$$R = \frac{100\%}{e} = \frac{100\%}{2{,}718} = 36{,}8\%;$$

$$D = 100\% - R = 63{,}2\%$$

Der Feinheitsparameter $d'$ ist ein Maß für die Feinheit des Haufwerks. Er ergibt sich bei einer Durchgangssumme von $D$ = 63,2% (bzw. $R$ = 36,8%).

Der Feinheitsparameter $n$ hat die Bedeutung einer **Gleichmäßigkeitszahl.** Je größer die Gleichmäßigkeitszahl $n$ (bei konstantem $d'$), desto gleichkörniger ist das Haufwerk. Bei den meisten Haufwerken liegt $n$ zwischen 0,8 und 2,0.

Zweimaliges Logarithmieren der RRSB-Verteilungsfunktion ergibt den folgenden Ausdruck:

$$\lg\left(\lg\frac{1}{R}\right) = \lg\left(\lg\frac{1}{1-D}\right) = n \cdot \lg d + \text{konst.}$$

Dieser Ausdruck entspricht mathematisch der Gleichung einer Geraden von der Form $y = n \cdot d$ + konst. Daraus folgt:

In einem Netz mit einer nach lg (lg $1/(1-D)$) bzw. lg(lg $1/R$) geteilten Ordinatenachse und einer nach lg $d$ geteilten Abszissenachse ergibt die RRSB-Funktion eine Gerade. Diese RRSB-Gerade ist gekennzeichnet durch Feinheitsparameter $n$ als Steigungsfaktor ($n$ = tan $\alpha$) und durch die Abszisse des Feinheitsparameters $d'$.

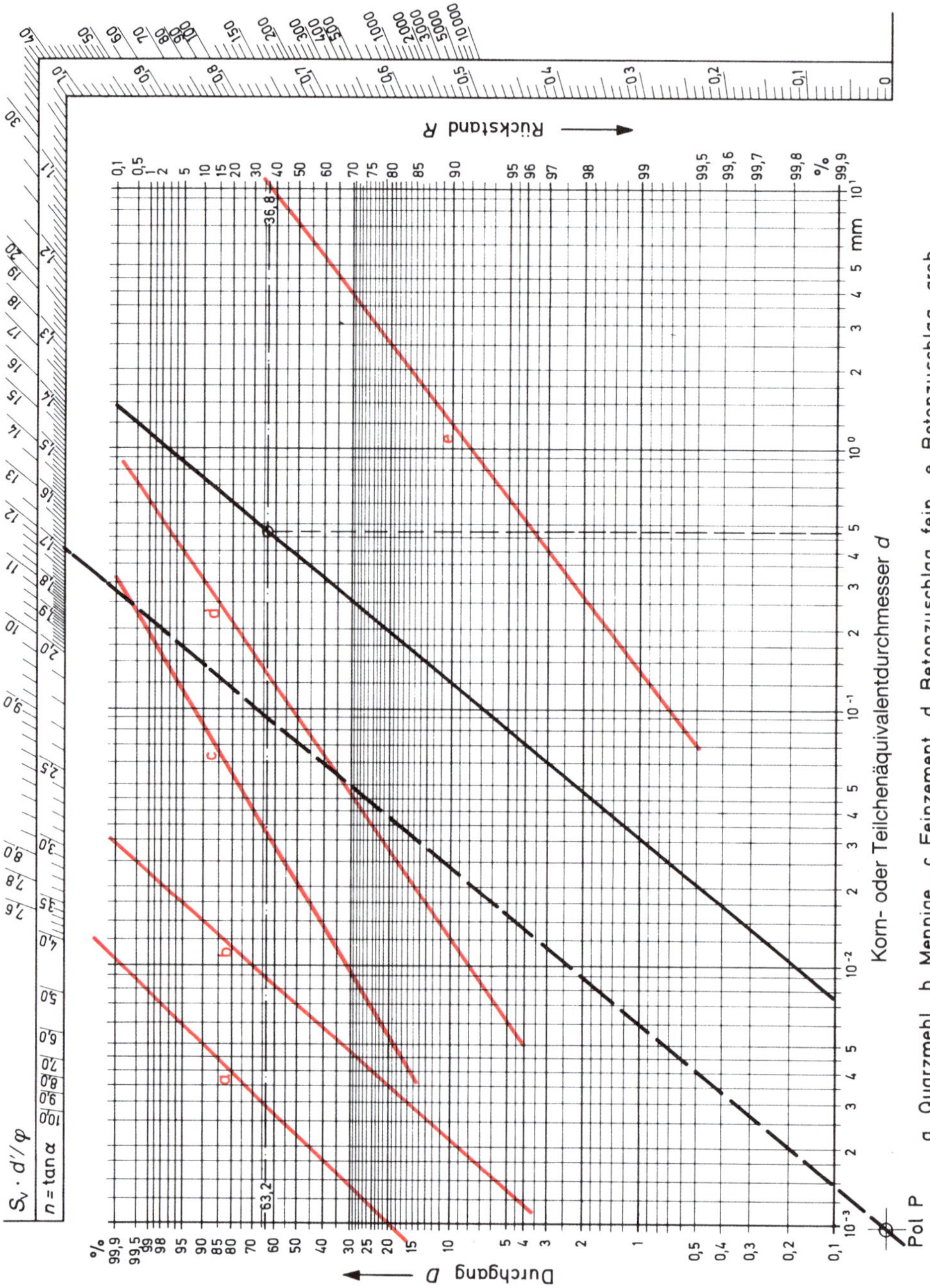


*Bild 4.14 RRSB-Körnungsgesetz mit RRSB-Geraden für Haufwerke unterschiedlicher Kornverteilung*

Man bezeichnet ein auf diese Weise logarithmisch geteiltes Koordinatensystem **RRSB-Körnungsnetz.** Das RRSB-Körnungsnetz kann über den Fachhandel bezogen werden.

Bild 4.14 zeigt das nach DIN 66 145 genormte RRSB-Körnungsnetz mit mehreren RRSB-Geraden. Eine der RRSB-Geraden ist hierin mit schwarzer Volllinie eingetragen. Der Schnitt dieser Geraden mit der Ordinate $D$ = 63,2% bzw. $R$ = 36,8% ergibt für die mittlere Korngröße den Wert $d'$ = 0,48 mm.

Zur Bestimmung des Feinheitsparameters $n$ wird die Gerade parallel zum Pol P verschoben (gestrichelte Linie). Auf dem ersten Randmaßstab kann die Gleichmäßigkeitszahl $n$ = 1,7 abgelesen werden. Die hier durch die Gerade dargestellte RRSB-Funktion repräsentiert also ein Haufwerk mit relativ grobem und gleichmäßigem Korn. Bild 4.14 zeigt in Rot noch weitere RRSB-Geraden technisch wichtiger Haufwerke.

Nicht alle Haufwerke ergeben im RRSB-Netz Geraden. Ausnahmen zeigt Bild 4.15. Dargestellt ist in

a) **Körnung mit Fehlkorn** (Ausfallkörnung). Eine oder mehrere Kornklassen fehlen ganz oder teilweise.
b) **Anreicherung** einer Körnung an einer bestimmten Korngröße (Gleichkornsprung).
c) **Verarmung** einer Körnung an einer bestimmten Korngröße.

## 4.3.4 Bestimmung der spezifischen Oberfläche

Eine weitere wichtige Kenngröße für Haufwerke ist die **spezifische Oberfläche.** Die **volumenbezogene** spezifische Oberfläche hat die Einheit $cm^2/cm^3$, die **massenbezogene** spezifische Oberfläche hat die Einheit $cm^2/g$.
Man unterscheidet bei Haufwerken zwischen äußerer und innerer Oberfläche. Die **äußere Oberfläche** ergibt sich aus der Form der Teilchen, die **innere Oberfläche** kommt von Poren, Rissen und Zerklüftungen. Es gibt drei Methoden zur Bestimmung der spezifischen Oberfläche: das Adsorptionsverfahren, das Gasdurchlässigkeitsverfahren und die rechnerische Ermittlung mit Hilfe der RRSB-Funktion.
Bei der Bestimmung der spezifischen Oberfläche durch Gasadsorption nach *Brunnauer, Emmet* und *Teller* (**BET-Verfahren**) ist die von einem Haufwerk absorbierte Gasmenge ein Maß für die spezifische Oberfläche, die hier äußere und innere Oberfläche umfasst (Grundlagen siehe DIN 66 131).

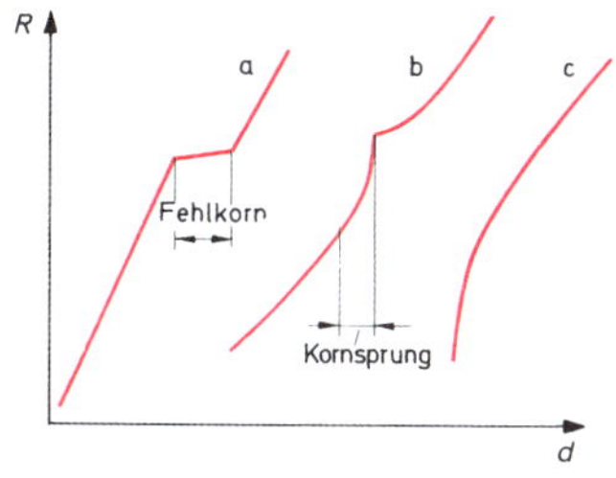


*Bild 4.15 Ausnahmen bei Kornverteilungen: a) Ausfallkörnung, b) Gleichkornsprung, c) Kornverarmung*

Beim **Durchströmungs-Verfahren** nach *Blaine* ist der Durchflusswiderstand gegenüber einem Gasstrom ein Maß für die spezifische Oberfläche, die hier nur die äußere Oberfläche umfasst (Verfahren und Gerät siehe DIN 66 127).

Die **Berechnung der spezifischen Oberfläche** mit Hilfe der RRSB-Funktion erfolgt unter der Voraussetzung, dass alle Teilchen durch Kugeln ersetzt werden, deren Durchmesser gleich der zugehörigen Maschenweite ist. Die volumenbezogene (äußere) spezifische Oberfläche $S_V$ ist dann eine Funktion des Kornmittelwerts $d'$ und der Gleichmäßigkeitszahl $n$: $S_v = f(n, d')$.

Diese **Oberflächenfunktion** wird durch den zweiten Randmaßstab des RRSB-Körnungsnetzes ausgedrückt. Wie Bild 4.14 zeigt, wird nach Parallelverschiebung der RRSB-Geraden in den Pol auf dem äußeren Randmaßstab eine dimensionslose Kennzahl

$$\frac{S_v \cdot d'}{\varphi} \quad \text{abgelesen.}$$

Diese Kennzahl gilt für einen Kornmittelwert $d'$= 1 cm und für kugelförmige Teilchen mit dem Formfaktor $\varphi$ = 1.

> Die spezifische Oberfläche eines Haufwerks wird ermittelt, indem man die abgelesene Kennzahl durch den Mittelwert $d'$ der vorliegenden Körnung dividiert und mit dem Formfaktor $\varphi$ des betreffenden Feststoffs multipliziert.

$$S_V = \left(\frac{S_V \cdot d'}{\varphi}\right) \cdot \frac{\varphi}{d'}$$

Der Formfaktor $\varphi$ gibt an, wievielmal größer die Oberfläche eines Körpers ist als die einer volumengleichen Kugel. Tabelle 4.7 gibt die Formfaktoren und Dichten einiger Feststoffe an.

Die massenbezogene Oberfläche $S_m$ in g/cm³ wird aus der volumenbezogenen Oberfläche ermittelt:

$$S_m = \frac{S_V}{\varrho_T}$$

Hierin ist $\varrho_T$ die Feststoffdichte nach Tabelle 4.7 in g/cm³.

**Tabelle 4.7 Formfaktoren, Feststoffdichten**

| Feststoff | Formfaktor $\varphi$ | Dichte $\varrho_T$ in g/cm³ |
|---|---|---|
| Kork | 1,98 | 0,3 |
| Kohlenstaub | 1,75 | 1,3 |
| Nat. Kohlenstaub | 2,12 | 1,3 |
| Fusit | 4,42 | 0,9 |
| Sand (rundl.) | 1,43 | 2,64 |
| Glas (eckig) | 1,90 | 2,57 |
| Glimmer | 9,27 | 2,80 |
| Flugstaub (kugelig) | 1,22 | 2,28 |
| Flugstaub | 2,28 | 2,28 |
| Wolframpulver | 1,18 | 17,3 |

**Beispiel 4.2**

Die Feinheitsparameter $d'$ und $n$ sowie die massebezogene Oberfläche $S_m$ sollen für das Haufwerk bestimmt werden, dessen Körnung durch die rote Volllinie $c$ (Feinzement) im RRSB-Netz in Bild 4.14 dargestellt ist. Gegeben sind:
Dichte $\varrho_T$ = 2,2 g/cm³, Formfaktor $\varphi$ = 2,5

*Lösung*

Für die dort eingetragene Gerade liest man im Schnittpunkt mit der strichpunktierten Linie $D$ = 63,2% bzw. $R$ = 36,8° einen Korndurchmesser von 0,035 mm ab. Dieser Wert ist der Feinheitsparameter $d'$ . Es ist also $d'$ = 0,035 mm.

Zur Bestimmung des zweiten Feinheitsparameters $n$ wird die rote Gerade $c$ in den Pol P verschoben. Danach wird auf dem inneren Randmaßstab der zweite Feinheitsparameter $n$ abgelesen. Es ist $n$ = 0,85.

Die in den Pol parallel verschobene Gerade geht auf dem äußeren Randmaßstab durch die dimensionslose Oberflächenkennzahl

$$\frac{S_v \cdot d'}{\varphi} = 90$$

Mit dem Formfaktor $\varphi$ = 2,5 ergibt sich die volumenbezogene Oberfläche zu:

$$S_v = \frac{S_v \cdot d'}{\varphi} \cdot \frac{\varphi}{d'}$$

$$= \frac{90 \cdot 2,5}{0,0035\ \text{cm}} = 64\,286\,\frac{\text{cm}^2}{\text{cm}^3}$$

Mit der Dichte des Feinzements von $\varrho_T$ = 2,2 g/cm³ erhält man die massenbezogene Oberfläche

$$S_m = \frac{S_V}{\varrho_T} = \frac{64\,286\ \text{cm}^2/\text{cm}^3}{2,2\ \text{g/cm}^3}$$

$$= 29\,221\ \text{cm}^2/\text{g}$$

# 5 Verfahren der Gasreinigung

Aufgabe der **Gasreinigung** ist die Abscheidung fester oder flüssiger Teilchen aus Gasen. Zweck der Gasreinigung ist entweder die Erzeugung reiner Prozess- oder Abgase oder die Rückgewinnung der im Trägergas enthaltenen Wertstoffe. Die Gasreinigung kann durch mechanische und elektrische Verfahren oder durch Absorption, Adsorption und Katalyse erfolgen. Die Abtrennung von Feststoffen aus Gasen nennt man **Entstaubung.**

Die Abgasreinigung ist für den **Umweltschutz** besonders wichtig. Im Rahmen der Umweltschutzgesetzgebung sind alle gewerblichen Anlagen, deren Emission durch Abgase ein bestimmtes

**Tabelle 5.1 Industrieabgase**

| Art der Abgase | MIK-Wert in | | MAK-Wert in | | geeignete Reinigungsverfahren |
|---|---|---|---|---|---|
| | mg/m$^3$ | ppm | mg/m$^3$ | ppm | |
| schwefeldioxidhaltige Abgase | 0,5 | 0,2 | 13 | 5 | Absorption, katalytische Oxidation |
| stickstoffhaltige Abgase | 1 | 0,5 | 9 | 5 | Absorption, katalytische Reduktion |
| chlorhaltige Abgase | 0,3 | 0,1 | 1,5 | 0,5 | Absorption |
| chlorwasserstoffhaltige Abgase | 0,7 | 0,5 | 7 | 5 | Wasserwäsche |
| schwefelwasserstoffhaltige Abgase | 0,1 | 0,15 | 10 | 15 | Absorption mit physikalischer oder oxidierender Regenerierung. Adsorption an Aktivkohle |
| kohlenmonoxidhaltige Abgase | | | 55 | 50 | Abfackeln, katalytische Nachverbrennung |
| organische Dämpfe, z.B. | | | | | Kondensation zur Vorreinigung, Adsorption an Aktivkohle, chemische Absorption |
| Benzol | | 1 | | 10 | |
| Toluol | | 5 | | 200 | |
| Methylenchlorid | | 5 | | 500 | |
| Tetrachlorkohlenstoff | | 0,5 | | 10 | |
| Trichlorethylen | | 5 | | 100 | |
| Aceton | | 50 | | 1000 | |
| Phenol | | 0,05 | | 5 | |
| Methylamine | | 0,01 | | 10 | |
| Nitrobenzol | | 0,05 | | 1 | |

Maß übersteigt, genehmigungspflichtig. Im Bereich dieser Anlagen dürfen die **Immissionen** bestimmte Grenzwerte – **MIK-Werte** – nicht übersteigen.

> **Emission** ist die Einführung luftfremder Bestandteile in die Atmosphäre, z.B. Staub, Nebel, belästigende oder giftige Gase. **Immissionen** sind Luftverunreinigungen, die auf Menschen, Tiere, Pflanzen, den Boden und das Wasser einwirken.

Die gesetzlichen Rahmenbestimmungen fordern eine Reinigung der Abgase. Tabelle 5.1 gibt eine Zusammenstellung **industrieller Abgase** mit den zugehörigen $MIK_D$-Werten für Dauereinwirkung, MAK-Werten und Reinigungsverfahren.

> **MIK-Wert** heißt Grenzwert der maximalen Immissions-Konzentration. **MAK-Wert heißt** Grenzwert der maximalen Arbeitsplatz-Konzentration von Immission gemessen in Atemhöhe, **ppm** heißt part per million, z.B. 1 g/t oder 1 $cm^3/m^3$

Große Mengen schwefeldioxidhaltiger Abgase entstehen bei der Verbrennung schwefelhaltiger Brennstoffe. Stickstoffoxidhaltige und kohlenmonoxidhaltige Abgase bilden sich in Verbrennungsmotoren. Schwefeldioxid- und stickstoffoxidhaltige Abgase verursachen **Smog** und den für das **Waldsterben** verantwortlichen **sauren Regen.**

Tabelle 5.2 gibt die Staubgehalte von Industrieabgasen und Umgebungsluft an.

**Tabelle 5.2 Staubgehalte in Abgasen und Umgebungsluft**

| Art | Staubkonzentration in $mg/m^3$ |
|---|---|
| Dampferzeuger – Rauchgase ungereinigt | 10 000 ··· 100 000 |
| Dampferzeuger – Rauchgase gereinigt | 1 ··· 100 |
| Gichtgas ungereinigt | 10 000 ··· 50 000 |
| Gichtgas gereinigt | 5 ··· 20 |
| Blasstahlwerkabgase ungereinigt | 1000 ··· 100 000 |
| Blasstahlwerkabgase gereinigt | 10 ··· 100 |
| Atmosphäre von Industriegebieten | 0,2 ··· 1 |
| Atmosphäre von Großstadt-Wohngebieten | 0,1 ··· 0,5 |
| Atmosphäre industrieferner Gebiete | 0,01 ··· 0,05 |

# 5.1 Entstaubung

Zur Entstaubung von Abgasen werden mechanische oder elektrische Verfahren eingesetzt. Die **mechanische Entstaubung** kann durch Sedimentieren. Filtrieren oder Auswaschen erfolgen. Die **elektrische Entstaubung** wendet zur Feststoffabtrennung die Wirkungen des elektrischen Feldes von hochgespanntem Gleichstrom an.

Hinsichtlich der **Entstaubungsverfahren** unterscheidet man Schwerkraftentstauber, Fliehkraftentstauber (Zyklone), Filtrationsentstauber, Waschentstauber (Wäscher) und Elektroentstauber. Bild 5.1 gibt einen Überblick über die Einsatzbereiche der einzelnen Entstauber.

## 5.1.1 Abscheidegrade

Die **Abscheidegrade** dienen zur Beurteilung von Entstaubern und Entstaubungsverfahren. Unterschieden wird zwischen Gesamtabscheidegrad und Stufen- oder Fraktionsabscheidegrad.

> Der **Gesamtabscheidegrad** $\eta_G$ ist das Verhältnis der gesamten abgeschiedenen Feststoffmasse zur gesamten im Rohgas enthaltenen Feststoffmasse. Der **Fraktionsabscheidegrad** $\eta_F$ ist das Verhältnis der aus einer bestimmten Kornklasse abgeschiedenen Masse zu der im Rohgas enthaltenen Masse dieser Kornklasse.

*Bild 5.1*
*Einsatzbereiche der Entstauberbauarten, Korngrößenbereiche der Aerodispersionen*

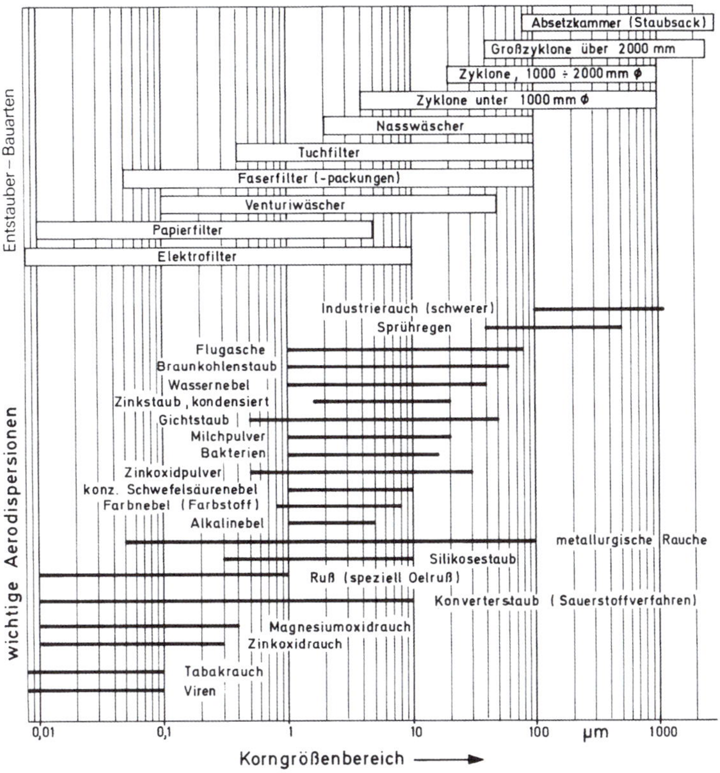


*Bild 5.2 Wichtige Entstauberkennlinien: Fraktionsabscheidegradkurve und Rückstandssummenkurven für Rohgas, Reingas und abgeschiedenes Gut*

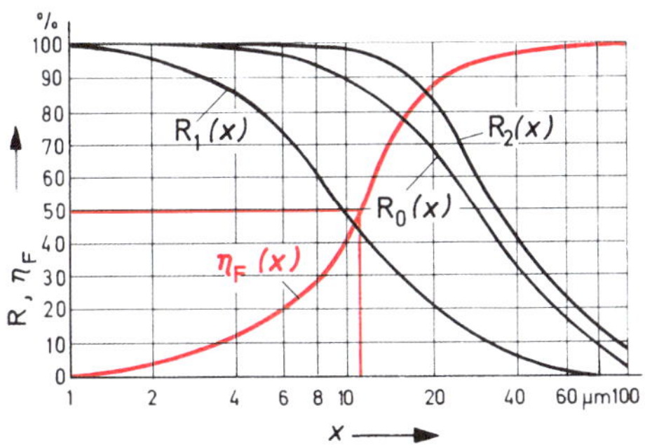


Aus der Mengenbilanz ergeben sich folgende Beziehungen:

$$\frac{\eta_G}{100\%} = \frac{\dot{m}_2}{\dot{m}_0} = \frac{\dot{m}_0 - \dot{m}_1}{\dot{m}_0} = \frac{\dot{V} \cdot c_0 - \dot{V} \cdot c_1}{\dot{V} \cdot c_0}$$

$$\eta_G = \frac{c_0 - c_1}{c_0} \cdot 100\%$$

$$\eta_F(\Delta d) = \frac{\Delta R_0 \cdot c_0 - \Delta R_1 \cdot c_1}{\Delta R_0 \cdot c_0} \cdot 100\%$$

Hierin ist: $\dot{m}$ Feststoffmasse in kg; $\dot{V}$ Gasdurchsatz in m³/h, $c$ Feststoffkonzentration in kg/m³; $\Delta R$ Rückstand einer bestimmten Kornklasse durch Körnungsanalyse ermittelt. Indizes: 0 für Rohgas, 1 für Reingas, 2 für abgeschiedenes Gut.

Durch Auftragen der Fraktionsabscheidegrade über der Korngröße $x$ erhält man die **Fraktionsabscheidegradkurve.** Fraktionsabscheidegrade und Gesamtabscheidegrad sind durch folgende Beziehung verknüpft:

$$\eta_G = \sum \left( \eta_F \cdot \Delta R_0 \right)$$

Bild 5.2 zeigt für einen Entstauber die **Fraktionsabscheidegradkurve** sowie die **Rückstandssummenkurven** für Rohgasstaub, Reingasstaub und abgeschiedenen Staub.

Der Schnittpunkt der Ordinate $\eta_F$ = 50% ergibt die **Kornscheide**, auch **Trennkorngröße** genannt (rd. 11 µm in Bild 5.2).

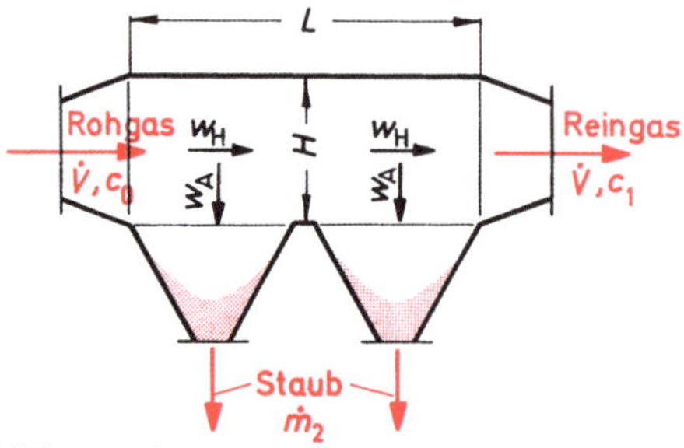


*Bild 5.3 Absetzgaszug*

## 5.1.2 Schwerkraftabscheidung

Die **Schwerkraftabscheidung** dient zur Vorreinigung von Gasen. Abscheidegrade um 50% lassen sich erreichen bei Teilchen über 100 µm Korngröße, langen und niedrigen **Absetzkammern** sowie geringen Gasgeschwindigkeiten. Einrichtungen zur Schwerkraftabscheidung sind **Absetzgaszüge** (Bild 5.3) und **Staubkammern** (Bild 5.4).

Für das Trennkorn gilt die Bedingung Absetzzeit $t_A$ = Verweilzeit $t_V$.

$$t_V = \frac{L}{w_H}; \quad t_A = \frac{H}{w_A}; \quad w_A = \frac{H \cdot w_H}{L}$$

Daraus ergibt sich die Trennkorngröße $x_T$ eines Schwerkraftabscheiders:

$$x_T = \sqrt{\frac{18 \cdot \eta \cdot H \cdot w_H}{\Delta\varrho \cdot g \cdot L}}$$

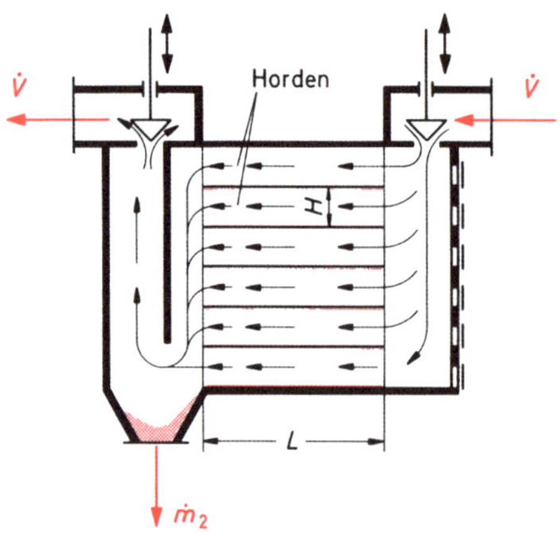


*Bild 5.4 Staubkammer*

Hierin ist: $\eta$ dynamische Zähigkeit in Pa s, $H$ Abscheiderhöhe in m, $w_H$ horizontale Gasgeschwindigkeit in m/s, $\Delta\varrho$ Dichtedifferenz $\approx \varrho_T$ Staubdichte in kg/m³, $g$ Fallbeschleunigung in m/s², $L$ Kammerlänge in m.

Die Trennkorngröße ist bei der Schwerkraftabscheidung umso kleiner, je kleiner Kammerhöhe und Gasgeschwindigkeit sind und je größer die Kammerlänge ist. Bei großen Durchsätzen werden mehrere niedrige Trennräume zu einer Staubkammer parallel geschaltet.

Aus dieser allgemeinen Absetzbedingung lässt sich die nachstehende Formel für den Gesamtentstaubungsgrad eines Schwerkraftabscheiders entwickeln:

$$\eta_G = \frac{L \cdot w_A \cdot 100\%}{H \cdot w_H}$$

Hierin ist $w_A$ die Absetzgeschwindigkeit einer mittleren Korngröße des im Rohgas enthaltenen Staubs, z.B. die zu $R_0$ = 50% gehörende Korngröße. Die gleiche Formel eignet sich auch zur Bestimmung der Fraktionsentstaubungsgrade. Es wird dann die Absetzgeschwindigkeit der mittleren Korngröße der betreffenden Kornklasse eingesetzt.

**Beispiel 5.1**

Durch eine Staubkammer (Bild 5.4) strömen $\dot{V}$ = 12 000 m³/h staubhaltiges Abgas. Die Staubkammer besteht aus $z$ = 20 Horden mit $H$ = 200 mm lichter Höhe, $L$ = 6 m Länge und $B$ = 1,5 m Breite. Die Stoffwerte des Rauchgases sind:

$\eta = 7{,}5 \cdot 10^{-5}$ Pa s, $\varrho_T = 3700$ kg/m³,

$\varrho_D = 1$ kg/m³, $c_0 = 1000$ g/m³

Zu berechnen sind:

Absetzgeschwindigkeit des Trennkorns und Trennkorngröße.

*Lösung*

1. Horizontale Gasgeschwindigkeit:

$$w_H = \frac{\dot{V}}{A}$$

$$A = z \cdot H \cdot B = 20 \cdot 0{,}2\text{ m} \cdot 1{,}5\text{ m} = 6\text{ m}^2$$

$$w_H = \frac{12\,000\text{ m}^3/\text{h}}{6\text{ m}^2 \cdot 3600\text{ s/h}} = 0{,}555\text{ m/s}$$

2. Absetzeschwindigkeit des Trennkorns:

$$w_A = \frac{H \cdot w_H}{L}$$

$$w_A = \frac{0{,}2\,\text{m} \cdot 0{,}555\,\text{m/s}}{6\,\text{m}} = 0{,}0185\,\text{m/s}$$

3. Trennkorngröße:

$$x_T = \sqrt{\frac{18 \cdot \eta \cdot w_A}{\Delta\varrho \cdot g}}$$

$$x_T = \sqrt{\frac{18 \cdot 7{,}5 \cdot 10^{-5}\,\text{Pa s} \cdot 1{,}85 \cdot 10^{-2}\,\text{m/s}}{3{,}7 \cdot 10^3\,\text{kg/m}^3 \cdot 9{,}81\,\text{m/s}^2}}$$

$$x_T = \sqrt{6{,}88 \cdot 10^{-10}\,\text{m}^2}$$

$$x_T = 2{,}62 \cdot 10^{-5}\,\text{m} \approx 26\,\mu\text{m}$$

4. Kontrolle der Reynoldszahl:

$$Re = \frac{w_A \cdot x_T \cdot \varrho_D}{\eta}$$

$$Re = \frac{1{,}85 \cdot 10^{-2}\,\text{m/s} \cdot 2{,}6 \cdot 10^{-5}\,\text{m} \cdot 1\,\text{kg/m}^3}{7{,}5 \cdot 10^{-5}\,\text{Pa s}}$$

$$Re = 6{,}4 \cdot 10^{-3} < 0{,}5$$

Die Anwendung des *Stokes*-Gesetzes ist also zulässig.

## 5.1.3 Fliehkraftabscheidung

### 5.1.3.1 Abscheidung im Zyklon

Bei der Entstaubung im **Zyklon** liegen die gleichen Strömungsverhältnisse vor wie bei der Suspensionstrennung im **Hydrozyklon** (siehe Abschnitt 3.2.4). Die Staubteilchen bewegen sich auf einer **Spiralbahn**. Die dabei wirkende Fliehkraft führt zur Abscheidung des Staubes.

Die **Zyklonberechnung** wird nach der Theorie von *Barth*, *Muschelknautz* und *Brunner* vorgenommen. Diese Berechnungsmethode geht von folgenden Annahmen aus

1. Die **größte Umfangsgeschwindigkeit** $u_1$ herrscht im Zyklon auf einer Zylinderfläche, deren Durchmesser gleich dem Tauchrohrdurchmesser $d_1$ ist (Bild 5.5). Diese Mantelfläche ist die Trennfläche $A$ für den Abscheidungsvorgang.
2. Die gesamte **Reibung** – vorwiegend Wandreibung – greift auf einer Zylinderfläche an mit dem Radius $r_R = \sqrt{r_1 \cdot r_z}$ und der Höhe $H$ (Bild 5.5). Vor und hinter dem Reibungszylinder herrscht verlustlose **Potentialströmung** gemäß $u \cdot r = \text{konst.}$
3. Der **Druckverlust** $\Delta p$ im Zyklon wird auf die Strömungsgeschwindigkeit $v_1$ im Tauchrohr bezogen. Der **Druckverlustbeiwert** hängt nur von der geometrischen Abmessung des Zyklons ab.

Der Berechnungsgang zur Auslegung eines Gaszyklons erfordert zunächst die Annahme von Konstruktionsdaten, und zwar die Verhältniszahlen:

$$\frac{A_0}{A_1} = 0{,}5\cdots1{,}8; \quad \frac{H}{r_1} = 10\cdots25; \quad \frac{s}{r_1} = 3;$$

$$\frac{r_z}{r_1} = 3\cdots4; \quad \frac{b}{r_0} = 0{,}2\cdots0{,}5$$

Weiter muss ein die **Strahleinschnürung** im Einlauf berücksichtigender Beiwert $\alpha$ angenommen werden. Er ist bei üblichen Einlaufkonstruktionen $\alpha = 0{,}75$. Schließlich ist für die **Wandreibung** ein Beiwert $\lambda = 0{,}005\cdots0{,}01$ anzunehmen.

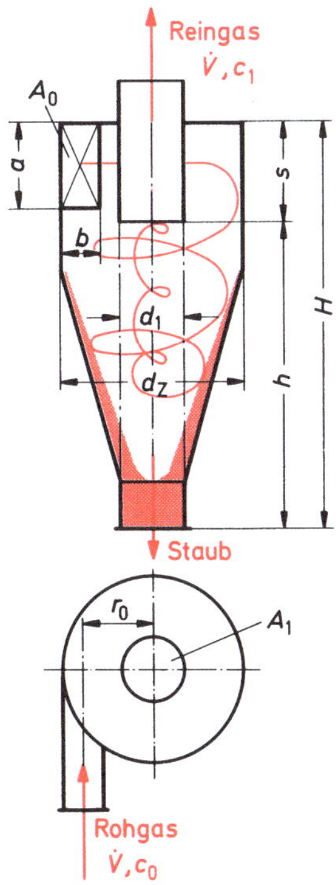


*Bild 5.5 Hauptabmessungen eines Zyklons*

Bei der Zyklonberechnung nach der Theorie von *Barth* werden die folgenden Formeln verwendet. Diese Formeln können auch sinngemäß für Hydrozyklone verwendet werden.

1. Verhältnis **Umfangsgeschwindigkeit** $u_1$ zur **Tauchrohrgeschwindigkeit** $v_1$:

$$\frac{u_1}{v_1} = \frac{1}{\alpha \cdot \frac{A_0}{A_1} \cdot \frac{r_1}{r_0} + \lambda \cdot \frac{H}{r_1}}$$

2. **Druckverlust** $\Delta p$:

$$\Delta p = \zeta \cdot \frac{\varrho_D}{2} \cdot v_1^2; \qquad v_1 = \frac{\dot{V}}{A_1} \quad ;$$

Näherungsweise kann der **Druckverlustbeiwert** $\zeta$ mit Hilfe von Bild 5.6 bestimmt werden. Es ist:

$$\zeta \approx 1,2 \cdot \zeta_1$$

3. **Trennkorngröße** $x_T$:

$$x_T = \sqrt{\frac{18 \cdot \eta \cdot w_z \cdot r_1}{u_1^2 \cdot \Delta\varrho}}$$

4. **Absetzgeschwindigkeit** im Zentrifugalfeld $w_z$:

$$w_z = \frac{\dot{V}}{2\pi \cdot r_1 \cdot h} = \frac{x^2 \cdot \Delta\varrho \cdot u_1^2}{18 \cdot \eta \cdot r_1}$$

In diesen Formeln ist: $u_1$ maximale Umfangsgeschwindigkeit in m/s, $v_1$ Tauchrohrgeschwindigkeit in m/s, geometrische Größen $A_0, A_1, r_1, r_0, H$ in $m^2$ bzw. m (siehe Bild 5.5), $\Delta p$ Druckverlust in Pa, $\varrho_D$ Gasdichte in kg/m³, $\dot{V}$ Durchsatz, in m³/h, $\zeta$ Druckverlustbeiwert dimensionslos, $w_z$ Zentrifugalabsetzgeschwindigkeit in m/s, $\eta$ dynamische Viskosität in Pa s, $\varrho_T$ Feststoffdichte in kg/m³.

Die **Abscheidegüte** eines Zyklons kann nur berechnet werden, wenn die **Fraktionsabscheidegradkurve** und die **Rückstandssummenkurve** des Staubs im Rohgas bekannt sind. Bild 5.7 zeigt eine für Radialzyklone typische Fraktionsabscheidegradkurve, aufgetragen über dem Verhältnis $x/x_T$. Hierin ist $x$ eine beliebige Korngröße und $x_T$ die rechnerisch ermittelte Trennkorngröße.

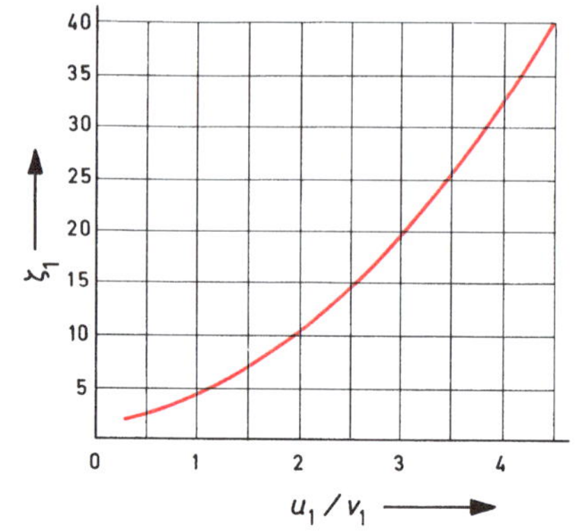


*Bild 5.6 Druckverlustbeiwert*

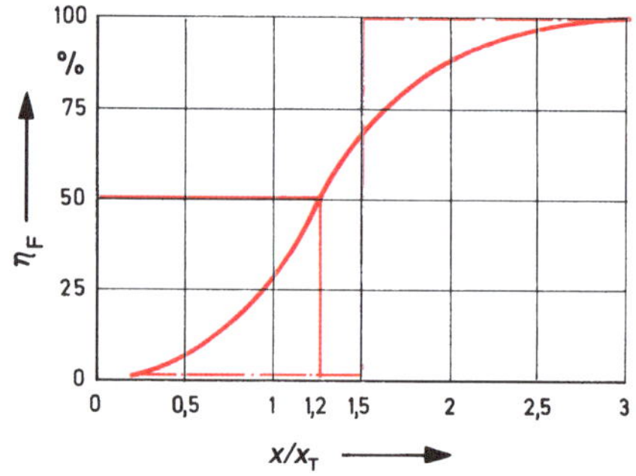


*Bild 5.7 Typische Fraktionsentstaubungsgradkurve eines Tangentialzyklons*

Man erkennt: Korn mit **rechnerisch** ermittelter Trennkorngröße ($x/x_T = 1$) wird nur zu ungefähr 30% abgeschieden. Die Kornscheide mit $\eta_F$ = 50% liegt bei $x = 1,2\ x_T$. Zu annähernd 100% werden Staubteilchen abgeschieden, deren Korngröße mindestens dreimal so groß wie die rechnerisch ermittelte Trennkorngröße ist.

Zur näherungsweisen Berechnung des Gesamtabscheidegrads wird die Fraktionsabscheidegradkurve durch einen Stufensprung von 0 auf 100% bei $x/x_T = 1,5$ ersetzt. Der Gesamtabscheidegrad $\eta_G$ ist dann gleich dem Rückstand $R_0$ für $x = 1,5\ x_T$

**Tabelle 5.3 Richtwerte für Gaszyklone**

| Bauart | Zyklon-durchmesser in mm | Korngrößen-bereich in µm | Druckverlust in Pa | Abscheidegrad in % |
|---|---|---|---|---|
| Tangential-Einzelzyklon | 1000 ··· 6000 ··· (10 000) | 100 ··· 5000 | 400 ··· 1500 | 70 ··· 90 |
| Axial-Multi-zyklon | 100 ··· 300 | 5 ··· 2000 | 200 ··· 600 | 70 ··· 96 |

Die **Abscheidegüte eines Zyklons** wird allgemein durch folgende Zusammenhänge bestimmt:

Die Abscheidegüte nimmt zu mit:

1. abnehmendem Zyklondurchmesser
2. zunehmendem Druckverlust (Optimalwert 1000···1500 Pa)
3. wachsender Zyklonhöhe (Optimalwert 8···10 $d_1$)
4. zunehmender Staubkonzentration im Rohgas

Es werden bei der Entstaubung drei **Zyklonbauarten** angewendet: Tangentialzyklone, Axialzyklone und Multizyklone (Tabelle 5.3).

**Tangentialzyklone** haben tangentiale Gaszuführung. Bei den **Axialzyklonen** erhält das axial einströmende Rohgas durch **Leitschaufeln** die erforderliche Drehströmung (Bild 5.8). Axialzyklone werden ebenso wie Radialzyklone berechnet.

Für Axialzyklone gilt grundsätzlich:
Mit Leitschaufeln lassen sich nicht so große Umfangsgeschwindigkeiten erzeugen wie mit tangentialer Einströmung. Daher ist bei Axialzyklonen die Trennkorngröße höher und der Druckverlust niedriger als bei Tangentialzyklonen. Axialzyklone eignen sich für großen Rohgasdurchsatz.

Beim Multizyklon (Bild 5.8) werden 10···100 Kleinzyklone – vorwiegend Axialzyklone – parallelgeschaltet und in einem gemeinsamen Gehäuse zusammengefasst. Multizyklone eignen sich zur Abscheidung feiner Stäube bei großem Rohgasdurchsatz und geringem Platzbedarf.

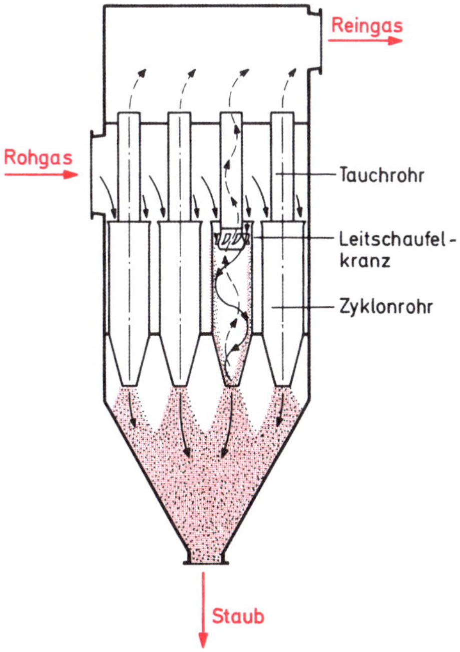


*Bild 5.8 Axial-Multizyklon*

**Beispiel 5.2**

In einem Radialzyklon werden $\dot{V} = 2000\ m^3$ staubhaltige Abluft mit $\varrho_D = 1{,}2\ kg/m^3$ durchgesetzt. Der Zyklon hat folgende Abmessungen (Bild 5.5):

$d_1$ = 250 mm, $d_z$ = 1500 mm, $r_0$ = 325 mm,
$H$ = 3000 mm, $a$ = 500 mm, $b$ = 100 mm.

Wie groß ist der Druckverlust $\Delta p$?

*Lösung*

1. Querschnittsverhältnis $A_0/A_1$:

$$A_0 = a \cdot b = 0{,}5\,\text{m} \cdot 0{,}1\,\text{m} = 0{,}05\,\text{m}^2$$

$$A_1 = \frac{d_1^2 \cdot \pi}{4} = \frac{0{,}25^2 \cdot \pi}{4}\,\text{m}^2 = 0{,}049\,\text{m}^2$$

$$\frac{A_0}{A_1} = 1$$

2. Geschwindigkeitsverhältnis $u_1/v_1$:

$$\frac{u_1}{v_1} = \frac{1}{\alpha \cdot \frac{A_0}{A_1} \cdot \frac{r_1}{r_0} + \lambda \cdot \frac{H}{r_1}}$$

$$= \frac{1}{0{,}75 \cdot 1 \cdot 0{,}38 + 0{,}005 \cdot 24}$$

$$\frac{u_1}{v_1} = \frac{1}{0{,}375} = 2{,}67$$

3. Druckverlustbeiwert: $\zeta = 1{,}2 \cdot \zeta 1$

aus Diagramm Bild 5.6: $\zeta \approx 15; \zeta = 18$

4. Tauchrohrgeschwindigkeit $v_1$:

$$v_1 = \frac{\dot{V}}{A_1} = \frac{2000\,\text{m}^3/\text{h}}{0{,}049\,\text{m}^2 \cdot 3600\,\text{s/h}}$$

$$v_1 = 11{,}3\,\text{m/s}$$

5. Druckverlust $\Delta p$:

$$\Delta p = \zeta \cdot \frac{\varrho_D}{2} \cdot v_1^2 = 18 \cdot 0{,}6\,\text{kg/m}^3 \cdot 128\,\text{m}^2/\text{s}^2$$

$$\Delta p = 1388\,\text{Pa} \mathrel{\hat{=}} 140\,\text{mm WS}$$

### 5.1.3.2 Abscheidung im Drehströmungsentstauber

Bild 5.9 zeigt das Wirkungsprinzip des **Drehströmungsentstaubers.** Dem Entstauber werden zwei, unabhängig voneinander einstellbare Gasströme zugeführt.

Das Rohgas tritt über einen Leitapparat in den Entstaubungsraum. Zusätzlich wird Reinluft tangential durch Düsen eingeblasen, um die Umfangsgeschwindigkeit des Rohgaswirbels zu erhöhen.

Der Staub bewegt sich im äußeren **Primärwirbel** nach unten und wird über der Bunkerblende abgeschieden. Das entstaubte Gas strömt im inneren **Sekundärwirbel** nach oben.

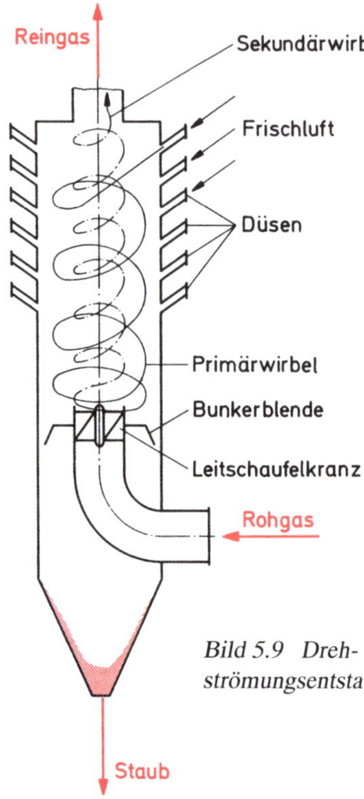


*Bild 5.9 Drehströmungsentstauber*

Der Drehströmungsabscheider eignet sich für feine, stark schleißende Stäube. Er ist teurer als der Zyklon; seine Betriebskosten liegen höher. Seine Abscheidegrade entsprechen denen von sehr gut ausgelegten Zyklonen.

**Unterschiede** gegenüber Zyklonen:

> Abscheidegüte in weitem Bereich fast unabhängig vom Rohrdurchmesser. Rohgasstaubgehalt ohne Einfluss auf Abscheidegüte. Trennkorngröße niedriger (rd. 0,5 µm). Druckverlust wesentlich größer.

## 5.1.4 Waschabscheidung (Nassentstaubung)

### 5.1.4.1 Abscheidung an Flüssigkeitstropfen

**Prinzip**: Die Staubteilchen prallen im Abscheideraum auf Flüssigkeitstropfen, bleiben an den Tropfen haften und werden mit diesen anschließend abgeschieden.

**Voraussetzung**: Benetzbarkeit des Staubes durch die Flüssigkeit. Durch Zugabe grenzflächenaktiver Substanzen kann die Benetzbarkeit verbessert werden.

Bei der Umströmung von Flüssigkeitstropfen durch eine Aerodispersion prallen alle Staubteilchen gegen die Tropfen, die sich innerhalb einer zylindrischen **Grenzstaubbahn** bewegen, deren Durchmesser $d_B$ kleiner ist als der Tropfendurchmesser $x_{Tr}$. Die **Abscheidewirkung der Flüssigkeitstropfen** ist umso besser, je größer das Verhältnis $d_B/x_{Tr}$ ist.

Die Abscheidewirkung bei der Umströmung eines Tropfens nimmt zu mit

1. der **Anströmgeschwindigkeit** der Staubteilchen,
2. der **Korngröße** der Staubteilchen,
3. abnehmender **Tropfengröße.**

Der Aufprall bei der Umströmung erfolgt durch die Massenträgheit der Staubteilchen. Die **Trägheitswirkung** nimmt mit der Korngröße stark ab. Die Grenze für die Abscheidung an Flüssigkeitstropfen liegt bei rd. 0,1 μm Korngröße.

### 5.1.4.2 Nassentstauber (Wäscher)

**Nassentstauber** zur Abscheidung an umströmten Flüssigkeitstropfen heißen auch **Wäscher**. Nach Art der Flüssigkeitszerteilung im Abscheideraum unterscheidet man Venturiwäscher, Waschtürme, Anströmwäscher und Strahlwäscher.

Im **Venturiwäscher** Bild 5.10a wird die Aerodispersion in einem **Venturirohr** auf 50 bis 160 m/s beschleunigt und im Diffusor verzögert. An der Engstelle des Rohres wird Flüssigkeit eingedüst. Im **Diffusor** werden die Staubteilchen bei starker Verwirbelung von den Tropfen angelagert. Die Abtrennung der staubhaltigen Tropfen erfolgt dann im nachgeschalteten **Zyklon**.

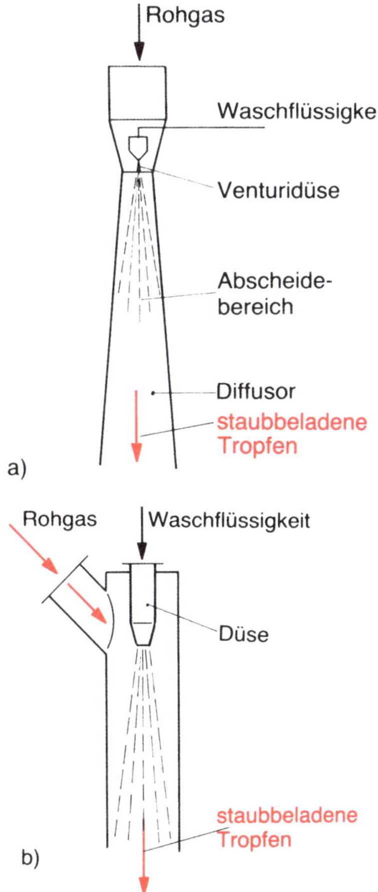


*Bild 5.10 Wäscherbauarten*
*a) Venturiwäscher, b) Strahlwäscher*

**Tabelle 5.4 Richtwerte für Waschabscheider**

| Bauart | Trenn-korngröße in μm | Druckverlust in Pa | Abscheidegrad in % | Wasser-Gas-Verhältnis in l/m³ |
|---|---|---|---|---|
| Venturiwäscher | 0,1 ··· 0,4 | 1000 ··· 20 000 | 96 ··· 98 | 0,5 ··· 5 |
| Waschtürme | 1 ··· 2 | 200 ··· 2 000 | 50 ··· 85 | 0,05 ··· 10 |
| Anströmwäscher | 0,7 ··· 1 | 1500 ··· 2 000 | 90 ··· 95 | 3 ··· 6 |
| Strahlwäscher | 0,6 ··· 0,9 | – | 90 ··· 98 | 5 ··· 25 |

Wesentlicher **Vorteil**: Geringer Platzbedarf. Die abgeschiedene Trübe wird anschließend eingedickt. Richtwerte über Venturiwäscher und andere Wäscher sind aus Tabelle 5.4 zu entnehmen.

**Strahlwäscher** (Bild 5.10b) sind im Prinzip große **Wasserstrahlpumpen**, Aufgrund dieser Funktion erzeugen sie als einzige Wäscher im Gasstrom einen **Druckgewinn** (Pressung), der zur Überwindung der internen Druckverluste ausreicht, auch bei Nachschaltung einer Füllkörperkolonne.

Die im Kreislauf geführte Waschflüssigkeit wird durch eine Düse mit 4 bis 7 bar Überdruck aufgegeben und saugt mit rd. 200···500 Pa das Rohgas im Gleichstrom an. Strahlwäscher sind unempfindlich gegen Durchsatzschwankungen und zum Auswaschen gasförmiger, geruchsintensiver Komponenten geeignet. Strahlwäscher werden für Gasströme bis 1 Mio. $m^3/h$ bei Temperaturen bis 1000 °C eingesetzt. Bezüglich Abscheidegrad und Energieverbrauch sind sie mit Venturiwäschern von ca. 2500 Pa Druckverlust vergleichbar.

In **Waschtürmen** erfolgt die Entstaubung an fallenden Tropfen, denen die Aerodispersion mit geringer Geschwindigkeit entgegenströmt. Die Abscheidung ist optimal bei einer Tropfengröße von 0,5···1 mm und bei Korngrößen über 10 µm. **Nachteil**: geringe Abscheidegrade.

In **Anströmwäschern** – auch **Wirbelwäscher** oder **Wirbler** genannt – wird die Flüssigkeitsoberfläche mit hoher Geschwindigkeit vom Rohgasstrom angeblasen. Die Flüssigkeit dispergiert in feine Tropfen, welche die Staubteilchen aufnehmen und anschließend in **Strömungsumlenkern** abgeschieden werden. **Nachteil**: anfällig gegen **Schwankungen** des Gasdurchsatzes.

> Wäscher werden meist zur Nachreinigung von bereits mechanisch (z. B. im Zyklon) entstaubten Gasen eingesetzt; sie eignen sich zur Feinststaubabscheidung (0,1···10 µm). Die Betriebskosten sind hoch, die Abscheidegrade liegen über 90%.

Die Anwendung von Wäschern ist nicht angebracht, wenn der abgeschiedene Staub trocken wiederverwendet werden soll, z. B. in der Metallurgie. Wäscher sind überfordert, wenn größere Staubanteile im Korngrößenbereich unter 0,1 µm liegen. Zu bedenken sind außerdem der notwendige Aufwand für Wasserkreislauf und **Abwasser** sowie der hohe **Energiebedarf**. Der Energiebedarf eines Hochleistungswäschers beträgt 8 bis 10 kWh/1000 $m^3$ Rohgas. Alternativen für Wäscher sind Filtrationsentstauber (Gewebefilter) mit 0,6 bis 0,8 kWh/1000$m^3$ sowie Nass- oder Trocken-Elektrofilter mit 0,2 bis 0,5 kWh/1000 $m^3$.

Die Abscheidung durch Umströmung von Tropfen ist die am häufigsten verwendete Methode. Daneben gibt es noch die Abscheidung an berieselten **Füllkörperschichten** oder auf **Kolonnenböden**. Das Rohgas durchströmt Füllkörper-. Glockenboden- oder Siebbodenkolonnen im Gegenstrom zur Flüssigkeit.

## 5.1.5 Filtrationsabscheidung

Die **Filtrationsabscheidung** wird zur Abtrennung von Feinststaub eingesetzt, wenn der Feststoff nicht benetzbar ist oder nicht benetzt werden darf oder wenn seine elektrischen Eigenschaften eine Elektroentstaubung nicht gestatten.

Nach der Art des Filtrationsvorgangs wird zwischen Tiefenfiltration und Oberflächenfiltration unterschieden. Bei der **Tiefenfiltration** strömt das Rohgas durch ein Filtermittel aus Gewebe oder Faserstoff. Dabei werden die Staubteilchen bis ca. 1 µm Korngröße zuerst zurückgehalten, lagern sich in das Filtermittel ein, verschließen die vorhandenen größeren Öffnungen und bilden eine **Filterhilfsschicht**. Erst dann ist die Abtrennung feinster Staubteilchen möglich. Die Filterhilfsschicht geht bei der Abreinigung teilweise verloren und muss wieder neu aufgebaut werden.

Bei der **Oberflächenfiltration** erfolgt die Staubablagerung an der Oberfläche einer mikroporösen **Membrane** (50 µm Dicke), die mit einem Trägerfaserstoff verbunden ist. Die Membrane besteht z. B. aus einem Fluor-Polymer (PTFE) und das Trägermaterial z. B. aus Polyesterfilz oder Glasfasergewebe. Der Aufbau einer Filterhilfsschicht ist hier nicht erforderlich. Die abgelagerte Staubschicht wird bei der Abreinigung vollständig abgestoßen oder fällt von selbst ab.

> Bestimmend für den **Abscheidegrad** sind Porosität und Faserdicke des Filtermittels. Außerdem hängt der Abscheidegrad noch von der **Anströmgeschwindigkeit** ab; sie liegt bei Feinststaub unter 0,1 m/s (360 m/h).

Als **Filtermittel** werden eingesetzt: Gewebe, Faserstoffe (Nadelfilz), gesinterte Kunststoffpartikel sowie Membranen, laminiert auf Gewebe oder Faserstoffen. Verwendet werden für Gewebe und Faserstoffe Synthesefasern. Temperaturbeständigkeit: Polyamid 80 bis 100 °C, Polyester 125 °C, Polyacrylnitril 135 °C, Nomex-Aramid 150 bis 180 °C, PTFE-Membrane auf Glasfaserstoff 260 bis 280 °C.

Filtrationsentstauber werden als Schlauchfilter oder Flächenfilter gebaut, die als Saugfilter oder als Druckfilter betrieben werden. Beim **Saugfilter** wird das **Reingas** herausgesaugt, beim heute fast ausschließlich verwendeten **Druckfilter** wird das **Rohgas** hineingedrückt. Druckfilter haben einen einfacheren Aufbau als Saugfilter. Nachteilig ist die Beaufschlagung des Gebläses mit staubhaltigem Gas. Die **Abreinigung** der Filter erfolgt periodisch durch Klopfen, Vibrieren oder Einblasen von Druckluft.

Großfilteranlagen bestehen aus mehreren getrennten **Filterkammern**. Jede Kammer enthält eine Gruppe von Filterelementen. Die Kammern werden nacheinander in einer bestimmten Zeitfolge abgereinigt. Dadurch ist ein kontinuierlicher Betrieb möglich. Bild 5.11a zeigt das Funktionsprinzip eines **Schlauchfilters**. Filterdaten: Abscheidegrad 95 bis 99,5%, Spezif. Rohgasstrom 20 bis 360 $m^3/m^2$ h, Druckverlust 400 bis 1500 Pa, Filterfläche je Kammer 10 bis 50 $m^2$.

**Flächenfilter** (Prinzip-Bild 5.11b) sind aus parallelgeschalteten, **plattenförmigen Filterelementen** aufgebaut. Sie sind in vertikaler Anordnung zu Zellen zusammengefasst; mehrere Zellen bilden eine Kammer. Die Filterelemente werden von **außen nach innen** durchströmt. Sie bestehen aus mit Drahtgewebe armierten Nadelfilz (Tiefenfiltration) oder aus gesintertem Polyethylen, das an der Oberfläche mit PTFE beschichtet ist (Oberflächenfiltration). Die Filterelemente lassen sich sowohl in Großgehäusen zentraler Entstaubungsanlagen als auch **dezentral** in Einbaufiltern bei der Förderung und Verarbeitung von Pulvermaterialien einsetzen. Filterdaten: Spezif. Rohgasstrom 80 bis 120 $m^3/m^2$ h, Abscheidegrad bis 99,9%, Druckverlust 500 bis 1000 Pa, Filterfläche 30 bis 120 $m^2$ je Kammer.

Filter aus **körnigen Schichten** werden zur Entstaubung heißer Abgase (350···450 °C) eingesetzt, z.B. von Zement-, Kalk- und Hüttenwerken sowie von Müllverbrennungsanlagen.

Zur Reinigung sehr heißer Gase (1000 °C) eignen sich selbsttragende, hohlzylindrische Filterelemente aus poröser **Keramik**. Das Rohgas strömt

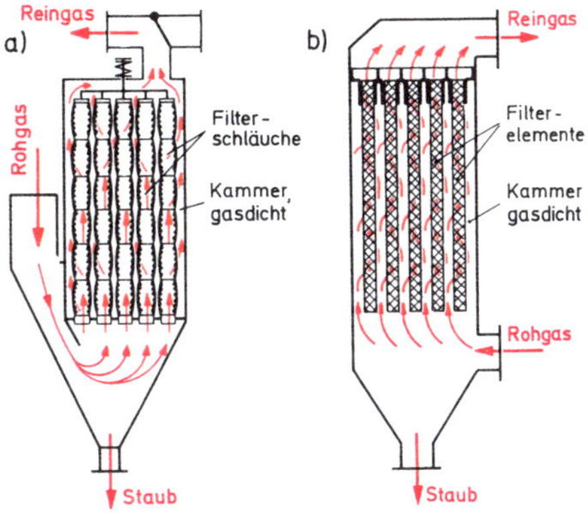


*Bild 5. 11 Filtrationsentstauber:*
*a) Schlauchfilter (Druckfilter)*
*b) Flächenfilter*

außen an den Elementen entlang nach unten und durch die Elemente hindurch. Das Reingas strömt innen nach oben (Prinzip wie Bild 5.11). Der abgelagerte Staub wird durch kurze Druckluftstöße nach außen abgesprengt.

## 5.1.6 Elektroabscheidung

Kennzeichen der Elektroabscheidung ist die Verschiebung der Staubteilchen zu den Abscheideflächen durch elektrostatische Kräfte in einem elektrischen Hochspannungsfeld.

### 5.1.6.1 Physikalische Grundlagen

Die Feststoff- oder Flüssigkeitsteilchen in einer Aerodispersion werden elektrostatisch aufgeladen durch Ionen und Elektronen, die in der **Korona** eines unter hoher Gleichspannung stehenden **Sprühdrahtes** erzeugt werden. In dem Hochspannungsfeld zwischen **Sprühelektrode** (Minuspol) und **Niederschlagselektrode** (Pluspol) werden die vorwiegend negativ aufgeladenen Staubteilchen von der geerdeten Niederschlagselektrode angezogen, dort entladen und abgeschieden.

Die **Grundform des Elektrofilters** ist ein geerdetes Rohr, in dessen Mitte ein isolierter Leiter gespannt ist, an den eine Hochspannung von 10···80 kV Gleichstrom gelegt wird (Bild 5.12).

Die **Aufladung** der Staubteilchen erfolgt beim Zusammenstoß mit Ionen oder Elektronen. Die **Grenzladung**, die angenähert ein Staubteilchen bis zur Sättigung aufnehmen kann, beträgt:

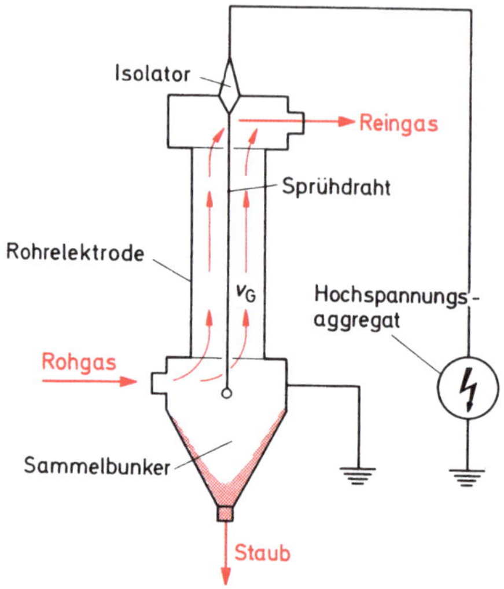


*Bild 5.12 Prinzip der Elcktroentstaubung im Trocken-Rohrelektrofilter (nach Lurgi)*

$$q = \pi \cdot \varepsilon_0 \cdot E \cdot \left[1 + 2\frac{\varepsilon_r - 1}{\varepsilon_r + 2}\right] \cdot x^2$$

Hierin ist: $q$ Grenzladung in A s, $\varepsilon_0$ Influenzkonstante $\varepsilon_0 = 8{,}85 \ . \ 10^{-12}$ A s/V m, $\varepsilon_r$ relative Dielektrizitätskonstante $\varepsilon_r \approx 3 \cdots 4$, $E$ Feldstärke in V/m, $x$ Teilchendurchmesser in m.

Bei der **Wanderung** der Staubteilchen zur Niederschlagselektrode herrscht, analog zur Sedimentation, Gleichgewicht zwischen treibender Kraft $F$ und hydrodynamischer Reibung $R$. Treibende Kraft ist die **Feldkraft** $F = q \cdot E$.

Für eine **laminare Umströmung** der Teilchen (*Stokes*-Gesetz) ergibt sich aus dem Kräftegleichgewicht die **Wanderungsgeschwindigkeit** der Teilchen.

$$w = \frac{q \cdot E}{3\pi \cdot \eta \cdot x}$$

Hierin ist: $q$ Ladung in A s, $E$ Feldstärke in V/m, $\eta$ dynamische Viskosität in Pa s, $x$ äquivalenter Teilchendurchmesser in m.

Diese Formel gilt für ein homogenes elektrisches Feld (Rohrfilter) und für Teilchen, die größer als rd. 0,5 µm sind. Kleinere Teilchen werden vom **«elektrischen Wind»** der fliegenden Gasionen mitgerissen und haben bis zu 10-mal größere Wanderungsgeschwindigkeiten als rechnerisch ermittelt. Der elektrische Wind mischt das Rohgas und untersützt die Abscheidung.

### 5.1.6.2 Elektroabscheider (Elektrofilter)

Elektroabscheider werden als Rohr-Elektrofilter und Platten-Elektrofilter gebaut. Vorherrschend sind die Plattenfilter.

**Rohr-Elektrofilter** bestehen aus parallelgeschalteten senkrechten Rohren (100···200 mm Ø, 2···5 m Höhe), in deren Mitte jeweils ein **Sprühdraht** isoliert aufgehängt ist (Bild 5.12).

In **Platten Elektrofiltern** dienen parallele, senkrechte Blechplatten als Niederschlagselektroden, zwischen denen in Abständen von 100···200 mm Sprühdrähte isoliert eingespannt sind (Bild 5.13). Zwischen den Niederschlagselektroden entstehen Gassen von 200···300 mm Breite, 5···15 m Länge und rd. 7 m Höhe. Die Gasgeschwindigkeit in den Gassen ist 1···4 m/s.

Die beiden Abscheiderbauarten haben folgende **Eigenschaftsmerkmale**:

**Rohrfilter**: homogenes elektrisches Feld, gleichmäßige Gasverteilung, schwierige Abreinigung

**Plattenfilter:** einfacher Aufbau, geringes Bauvolumen, leichte Abreinigung, kein homogenes elektrisches Feld.

Hinsichtlich der Betriebsweise unterscheidet man zwischen Trocken- und Nasselektrofiltern.

**Trockenelektrofilter** sind vorwiegend Plattenfilter. Der niedergeschlagene Staub wird periodisch abgeklopft und über Staubschleusen ausgetragen. **Nasselektrofilter** sind meist Rohrfilter. Die Schwebeteilchen im Rohgas sind hier entweder von Wäschern oder Kühlern benetzte Feststoffteilchen oder Nebeltröpfchen, die als Schlamm oder Flüssigkeitsfilm abgeschieden werden. Nasselektrofilter eignen sich auch zur Abscheidung von Teer-, Öl-, Aromaten- und Säurenebeln.

Der **Trockenelektrofilter** arbeitet nur dann einwandfrei, wenn der **spezifische Widerstand** des Staubes im Bereich zwischen $10^4$ und $10^{11}$ Ω cm liegt. Außerhalb dieses Widerstandsbereichs liegende Stäube müssen vorher benetzt und dann im Nasselektrofilter abgeschieden werden.

Der **Nasselektrofilter** arbeitet nur dann einwandfrei, wenn das Trägergas mit Feuchtigkeit **übersättigt** ist. Er erreicht meist höhere Abscheidegrade als der Trockenelektrofilter.

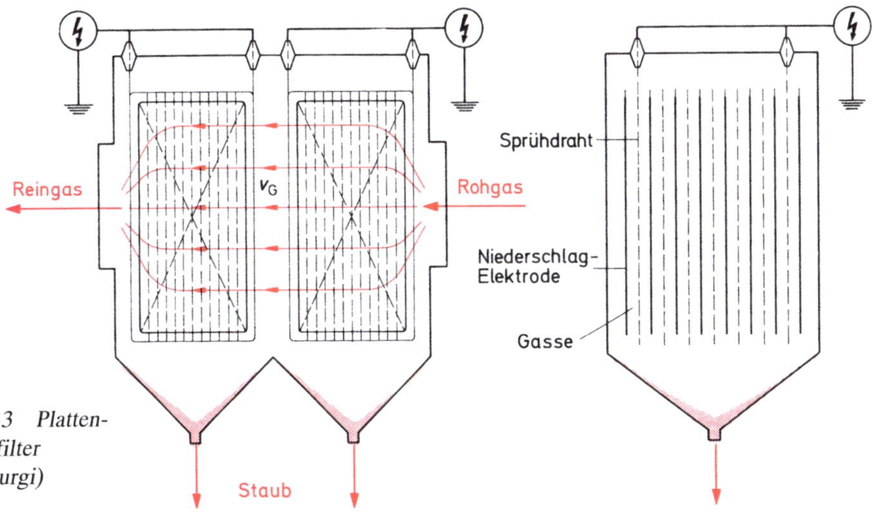


*Bild 5.13 Platten-Elektrofilter (nach Lurgi)*

**Tabelle 5.5 Anwendungsbereiche und Energiebedarf von Elektroabscheidern**

| Anwendungs-bereich | Aufgabe | Vorwiegende Filterbauart | Energiebedarf in $\frac{\text{kWh}}{1000\ \text{m}^3}$ | Druckverlust in Pa |
|---|---|---|---|---|
| Kraftwerke, Müllverbrennung | Entstaubung der Rauchgase | Plattenfilter (Trockenfilter) | 0,08···0,3 | ···50 |
| Zementindustrie | Entstaubung der Abgase aus Öfen, Mühlen, Trocknern | Plattenfilter (Trockenfilter) | 0,1 ···0,35 | ···100 |
| Nichteisen-Metallhütten | Rückgewinnung von Metall-verbindungen aus Abgasen | Rohrfilter (Nassfilter) | 0,5 ···1,5 | 100···200 |
| Eisenhütten und Stahlwerke | Gichtgasreinigung | Plattenfilter (Nass- und Trockenfilter) | ···2 | ···400 |
| | Entstaubung von Konverterabgas | | ···1 | ···500 |
| Chemische Industrie | Reinigung von Röstgasen | Plattenfilter (Nassfilter) | 1 ···1,5 | 100···200 |
| | Abscheidung von Säurenebel | Rohrfilter (Nassfilter) | 0,5 | 100 |
| | Teerabscheidung aus Schwelgasen | Rohr- und Plattenfilter (Nassfilter) | 0,4 ···1,1 | 50···100 |

Zur **Hochspannungserzeugung** aus niedergespanntem Drehstrom dienen Transformatoren mit nachgeschalteten Gleichrichtern. Als **Gleichrichter** werden Selen- oder Silizium-Gleichrichter verwendet. Für einen optimalen Abscheideeffekt wird die Spannung dicht unterhalb der verfahrensbedingt stark schwankenden **Durchschlagsspannung** des Gases gehalten; die Abscheider sind daher mit automatischer **Thyristor-Spannungssteuerung** ausgerüstet.
Auch im Elektrofilter gilt, dass die Verweilzeit des Gases mindestens gleich der Absetzzeit der Schwebeteilchen sein muss:

$$t_A = \frac{s}{w_E}; \; t_V = \frac{L}{V_G}; \; L \cdot w_E = s \cdot V_G$$

Hierin ist: $s$ Abstand zwischen Sprüh- und Niederschlagselektrode in m, $L$ Länge des Gasweges in m, $w_E$ tatsächliche Wanderungsgeschwindigkeit in m/s, $v_G$ Gasgeschwindigkeit in m/s.

Bei der **Berechnung des Abscheidegrads** eines Elektroentstaubers wird nach *Deutsch* davon ausgegangen, dass der elektrische Wind eine einheitliche Wanderungsgeschwindigkeit $w_E$ aller Teilchen erzeugt. Folgende Formeln werden angewendet:

$$\eta_G = 100\% \cdot \left(1 - e^{-\frac{w_E \cdot L}{s \cdot v_G}}\right) \quad \text{für Plattenfilter}$$

$$\eta_G = 100\% \cdot \left(1 - e^{-\frac{2 w_E \cdot L}{s \cdot v_G}}\right) \quad \text{für Rohrfilter}$$

**Richtwerte für Elektroentstauber:**

| | |
|---|---|
| Betriebsspannung: | 30···80 kV |
| Installierte Leistung: | 200 kVA |
| Teilchengrößenbereich: | 0,01···50 µm |
| Rohgasstaubgehalt: | 100 g/m³ |
| Max. Gastemperatur: | 450 °C |
| Druckverlust: | 50···200 Pa |
| Gasdurchsatz: | 5000···500 000 m³/h |
| Abscheidegrad: | 95···99,9% |

Tabelle 5.5 gibt Beispiele für die Anwendung von Elektroabscheidern.

### 5.1.7 Biofiltration

**Biofiltration** ist eine Reinigungstechnik für industrielle Abgase, mit der unerwünschte Komponenten mit Hilfe von **Mikroorganismen** aus einem Abgasstrom entfernt werden.

Die Mikroorganismen werden bei der Herstellung des Filtermaterials eingeimpft. Die Wahl der Mikroorganismen hängt von der Art der abzubauenden Komponenten ab, z. B. Norardia für Styrol, Hyphomicrobium für Methylenchlorid und Thiobacillus für Schwefelwasserstoff.

In einer vorgeschalteten Prozessstufe werden die Abgase durch Entstauben, Befeuchten und Kühlen konditioniert und dann gleichmäßig über das Filter verteilt durch die körnigen Filterschichten geleitet. Nach Absorption im Filtermaterial werden die Schadstoffe von den Mikroorganismen **biologisch** in Kohlendioxid, Wasser und Mineralsalze umgesetzt.

Durch Verwendung schadstoffspezifisch gezüchteter Mikroorganismen ist die Abscheidung nahezu aller in industriellen Abgasen vorkommenden Kohlenwasserstoffe und Säurebildner möglich, sofern deren Konzentration 5000 ppm nicht übersteigt. **Biofilter** eignen sich auch gut zum Beseitigen von geruchsbelästigenden Stoffen. Biofilter werden derzeit für Gasströme bis zu ca. 100 000 m³/h gebaut.

## 5.2 Gasreinigung durch Absorption

Werden an **Prozessgase**, z. B. an Synthesegas, Ferngas, Erdgas, Wassergas und Raffineriegas hohe **Reinheitsanforderungen** gestellt, so müssen störende Stoffe wie Kohlendioxid, Schwefelwasserstoff, Benzin, Benzol, Naphthalin, Schwefeldioxid und vor allem Schwefelwasserstoff entfernt werden. **Synthesegase** z. B. müssen ferner frei von **Katalysatorgiften** sein, besonders von Schwefel- und Stickstoffverbindungen.

Die **Reinigung von Abluft** aus Produktionsanlagen ist in den meisten Fällen gesetzlich vorgeschrieben. Nach der TA Luft ist für Ethanol, Methanol, Glykol und Aceton zz. ein Grenzwert von 50 mg/m³ zulässig. Für Formaldehyd und Phenol liegt er bei 20 mg/m³.

Die **Rauchgase von Kesselanlagen** und anderen Großfeuerungsstätten müssen nach den umweltbehördlichen Bestimmungen vor dem Einleiten in die Atmosphäre von Schwefel- und Stickstoffoxiden und anderen Schadstoffen gereinigt werden.

Für diese drei Aufgabengebiete der Gasreinigung, wobei große Rohgasströme zu bewältigen sind, werden vorwiegend **Absorptionsverfahren**, auch **Gaswäschen** genannt, eingesetzt.

Absorption ist die Aufnahme von Gasen und Dämpfen in Flüssigkeiten (Waschmitteln) durch physikalische Lösung oder chemische Reaktion.

**Prinzip der Gaswäsche:** Rohgas und Waschmittel werden miteinander vermischt. Das **Waschmittel** wäscht (absorbiert) Schadstoffe oder Wertstoffe selektiv aus. Das beladene Waschmittel wird dann von den absorbierten Bestandteilen befreit (regeneriert) und kann erneut verwendet werden.

**Waschmittel** sind reine Flüssigkeiten (z.B. Wasser und Methanol), Flüssigkeitsgemische (z.B. Waschöl) oder wässrige Lösungen anorganischer oder organischer Salze (z.B. Kaliumcarbonatlösung und Alkazidlauge). Welche Bestandteile das Waschverfahren aus dem Rohgas herausziehen kann, hängt ab von Art und Zusammensetzung des Waschmittels sowie von Druck und Temperatur der Gaswäsche.

Die Gaswäsche wird in **Waschtürmen** mit Einbauten (Füllkörper, Packungen) oder mit freiem Turmquerschnitt durchgeführt. Das Waschmittel wird mit Zerstäubungsdüsen aufgegeben. Waschmittel und Gas werden im Gegenstrom geführt. Beim Füllkörper- oder Packungs-Waschturm (Bild 5.14) erfolgt die Absorption innerhalb der Schüttung oder Packung. Wichtig sind hier gleichmäßige Flüssigkeitsverteilung und Tropfenspektrum mit größerem Grobtropfenanteil. Beim einbautenfreien Waschturm erfolgt die Absorption an der Tropfenoberfläche (Bild 5.15). Hier wird eine homogene Nebelzone mit feinen Tropfen benötigt. Dem Feintropfenaustrag durch den Gasstrom wird durch Tropfenabscheider und durch Düsenanordnung in mehreren Ebenen begegnet werden.

Alle Gaswäschen arbeiten kontinuierlich. Es wird möglichst bei hohem Druck und tiefer Temperatur absorbiert und bei niedrigem Druck und hoher Temperatur regeneriert.

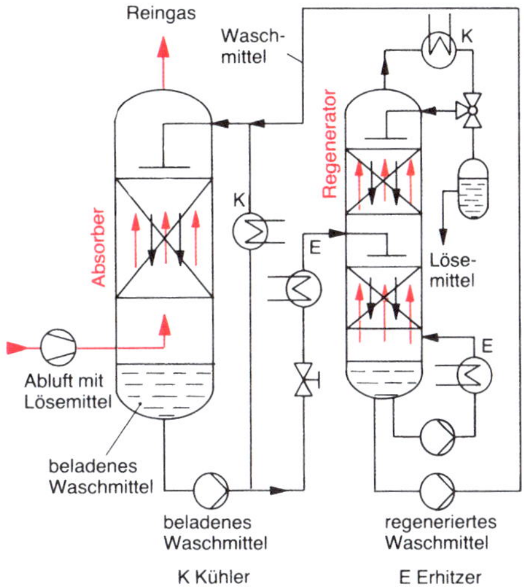


*Bild 5.14 Physikalische Gaswäsche*

Je nach Art der Absorption werden die Gaswäschen unterteilt in physikalische und chemische Wäschen. Bei den **physikalischen Wäschen** (Bild 5.14) bildet der ausgewaschene Gasbestandteil mit dem Waschmittel eine **physikalische Lösung,** daher wird der Verlauf von Absorption und Regeneration allein durch Druck und Temperatur bestimmt. Bei **chemischen Wäschen** (Bild 5.15) bildet der auszuwaschende Gasbestandteil im Absorber mit dem Waschmittel lockere **chemische Verbindungen.**

Bild 5.14 zeigt als Beispiel einer physikalischen Wäsche die **Reinigung von lösemittelhaltiger Abluft.** Als Waschmittel dient **Druckwasser,** das im Kreislauf geführt wird. Das Lösemittel wird im Absorber im Gegenstrom vom Waschmittel ausgewaschen. Die Regeneration des nun lösemittelhaltigen Waschmittels erfolgt in einer **Rektifiziersäule** (siehe Abschnitt 10.2.1) in der – ebenfalls im Gegenstrom – das Lösemittel vom Waschmittel abgetrennt wird. Ein weiteres Beispiel für physikalische Gaswäschen ist das **Rectisol-Verfahren.** Es verwendet als Waschmittel tiefgekühltes **Methanol** und erfasst alle Schad- und Wertstoffe in einer einzigen Waschanlage.

Bild 5.15 zeigt als Beispiel einer chemischen Wäsche die **Rauchgasentschwefelung.** Abgeschieden werden die sauren Bestandteile $SO_2$, HCI und HF mit Hilfe einer im Kreislauf geführten Waschsuspension, der Calcium, z. B. in Form

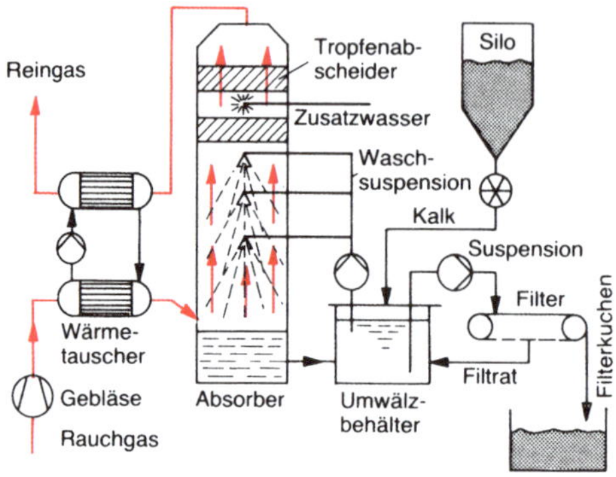


*Bild 5.15 Chemische Gaswäsche*

von CaO und $CaCO_3$, entsprechend dem gemessenen pH-Wert zudosiert wird. Im Absorber wird das Rauchgas mit der von einem **Sprühdüsenwäscher** fein verteilten Waschsuspension in Berührung gebracht. Die sauren Rauchgasbestandteile verbinden sich mit dem Calcium zu $CaSO_3$, $CaSO_4$ (Gips), $CaCl_2$ und $CaF_2$. Diese Feststoffe werden aus der Suspension ausgefiltert und deponiert. Das Filtrat wird dem Wäscher wieder zugeführt.

Eine umweltfreundliche Weiterentwicklung der Absorptionstechnik zur Gas- und Abluftreinigung sind Absorptionsverfahren mit **biologischer Abbaustufe.** Bild 5.16 zeigt als Beispiel für solche Verfahren das Funktionsschema einer **biologischen Abluftreinigung.** Das Verfahren arbeitet wegen der Kreislaufführung des Waschmittels abwasserfrei.

Nach dem Auswaschen der Schadstoffe im Absorber wird das beladene Waschwasser dem ersten **Bioreaktor** (Schlaufenreaktor) zum biologischen Abbau der Schadstoffe zugeführt. In beiden Bioreaktoren befinden sich freie und immobilisierte Mikroorganismen auf **Aktivkohlegranulat** oder vernetztem Kunststoffgranulat als Trägersubstanz.

Die Schadstoffe werden von den Mikroorganismen durch **biologische Oxidation** zu Kohlendioxid und Wasser abgebaut. Der dazu notwendige **Sauerstoff** wird zum größten Teil bereits im Absorber in das Waschmittel eingebracht; der noch erforderliche Rest wird durch Druckluft eingeblasen. Eine gute Sauerstoffversorgung, verbunden mit einer intensiven Dispergierung der Gasbläschen in der Biomasse des Reaktors, begünstigt die Abbauleistung der Mikroorganismen. Die Trägersubstanz übernimmt hierbei eine **Pufferfunktion,** die bei einem Überangebot von Schadstoffen wirksam wird. Die Schadstoffe werden in diesem Fall in der porösen Trägersubstanz **adsorbiert** und bei geringem Schadstoffangebot an die Mikroorganismen abgegeben.

Das in der ersten Stufe gereinigte Waschmittel wird wieder in den Absorber zurückgepumpt. Schwer abbaubare Bestandteile des Waschmittels werden im **zweiten Bioreaktor** durch Biokulturen mit spezifischen Eigenschaften abgebaut und danach wieder in den Kreislauf zurückgeführt. Zur Einstellung eines optimalen **pH-Werts** ist eine Mess- und Regeleinrichtung installiert, die die Dosierpumpen für Säure und Lauge ansteuert. Ein Teilstrom des Waschmittels wird zur Schlammabscheidung im Bypass über einen **Klärapparat** geführt.

Absorptionsverfahren mit biologischer Abbaustufe können Alkohole, Phenole, Glykole und Glykolether, Ester, Ketone, Aldehyde sowie Schwefel- und Stickstoffverbindungen abbauen. Voraussetzung ist **Löslichkeit** im Waschmittel.

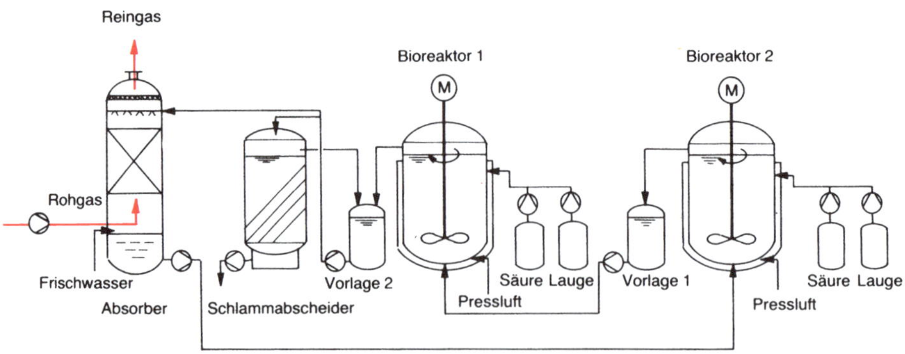


*Bild 5.16 Schema einer Gasreinigungsanlage mit biologischer Abbaustufe*

# 5.3 Gasreinigung durch Adsorption

Adsorption ist die selbsttätig ablaufende Anreicherung von Gasen und Dämpfen auf der Oberfläche fester Stoffe.

Die leichter kondensierenden Gasbestandteile werden bevorzugt adsorbiert. Deshalb kann die Adsorption auch zur **Trennung von Gasgemischen** eingesetzt werden.

Die adsorbierte Stoffmenge – die **Adsorbatmenge** – hängt in erster Linie ab von der spezifischen Oberfläche – insbesondere der inneren Oberfläche – und von der Oberflächenstruktur. Hochporöse und stark zerklüftete Stoffe mit großer innerer Oberfläche werden als **Adsorptionsmittel** eingesetzt.

Adsorptionsmittel – **Adsorbentien** – für die adsorptive Gasreinigung sind z.B. **Aktivkohle** mit 500···1400 $cm^2/g$ innerer Oberfläche, Kieselgel, Aluminiumoxid (Tonerde) und Molekularsiebe. **Molekularsiebe** oder **Zeolithe** sind synthetisch hergestellte Natrium-Aluminium-Silikate, deren Kapillarstruktur und Porenvolumen durch das Herstellungsverfahren exakt festgelegt und auf die spezielle Trennaufgabe zugeschnitten sind.

In den Poren, Spalten und Kapillaren der Adsorptionsmittel herrschen Oberflächenkräfte (Kapillarkräfte), die den Dampfdruck des adsorbierten Stoffes erniedrigen. Die daraufhin eintretende Kondensation verstärkt noch die Trennwirkung der Adsorption.

Neben der inneren Oberfläche sind Temperatur und Druck maßgebend für die adsorbierte Stoffmenge.

Tiefe Temperatur und hoher Druck begünstigen die Adsorption, hohe Temperatur und niedriger Druck begünstigen die Abgabe des adsorbierten Stoffes, die Desorption.

Prinzip der adsorptiven Gasreinigung: Das Gas wird durch den **Adsorber** geleitet. Das Adsorptionsmittel (Adsorbens) nimmt die abzutrennende Komponente (Adsorbat) auf. Nach einer gewissen Beladungsperiode wird heißes Gas oder Dampf durch den Adsorber geleitet. Das **Adsorbat** wird ausgetrieben und kann konzentriert gewonnen werden. Das Adsorptionsmittel ist entladen. Nach der Entladungsperiode beginnt wieder ein neuer Zyklus.

Zur Ermöglichung einer kontinuierlichen Betriebsweise werden mehrere Adsorber wechselweise geschaltet und vollautomatisch gesteuert. Die Adsorber sind zylindrische Behälter, die das Adsorptionsmittel als Schüttung oder Schicht enthalten.

**Adsorptionsverfahren mit Aktivkohle** werden z.B. eingesetzt zur Abtrennung von Propan, Butan und Benzin aus Erdgas oder zur Entfernung (Feinreinigung) von Naphthalin, Harzbildnern und Benzol aus Fern- und Synthesegas. Mit Aktivkohle wird auch schwefelwasserstoffhaltige Abluft von Viskosebetrieben gereinigt. Ferner eignen sich Aktivkohleverfahren zur Lösemittelrückgewinnung (chlorierte Kohlenwasserstoffe) aus der Abluft chemischer Betriebe.

Bild 5.17 zeigt die Arbeitsweise der Gasreinigung am Beispiel der **Lösemittelrückgewinnung.** Die Adsorber werden wechselweise mit Wasserdampf desorbiert. Ein Kondensator verflüssigt das Dampf-Lösemittel-Gemisch, das dann in einem Abscheider getrennt wird. Mit **Dreibett-Aktivkohleanlagen** (3 Adsorber) lassen sich **Reingaswerte** von 5 mg Lösemittel/$m^3$ stabil erreichen. Das anfallende **Abwasser** hat einen Restgehalt von 1 µg/l.

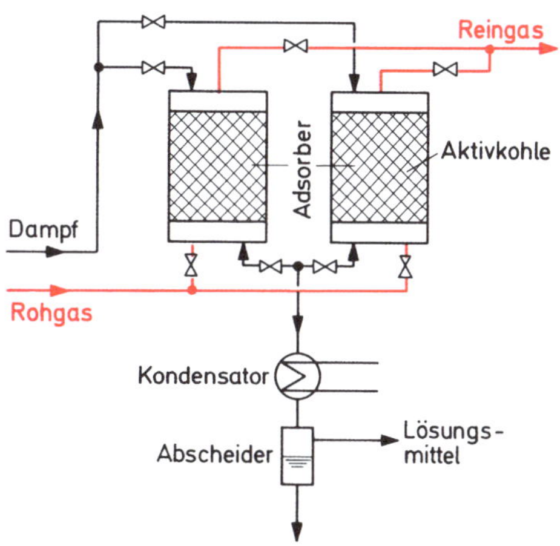


*Bild 5.17 Adsorptionsanlage zur Abscheidung von Lösemitteldämpfen (nach Lurgi)*

Neben der Adsorption an Aktivkohle wird zunehmend die Adsorption an synthetisch hergestellten **Molekularsieben** (spezifische Oberfläche 800 bis 1000 $m^2/g$) eingesetzt. Weil die Zuführungsporen zu den inneren Hohlräumen des Molekularsiebs eine definierte Weite haben, werden nur solche Stoffe adsorbiert, deren Moleküldurchmesser kleiner als die Porengröße des Kristallgitters ist.

In **Molekularsieben** wird das Adsorbat besonders intensiv festgehalten. Daher ist die Adsorption in einem höheren Temperaturbereich möglich als bei Aktivkohle- oder Kieselgeladsorbern. Molekularsiebe eignen sich zur **selektiven Gasfeinreinigung** und Gastrennung. Beispiele:
Entschwefelung und Trocknung von Erdgas, Feinreinigung von Ethylen und Propylen zur Polymerisation. Entfernung von $CO_2$ aus Erdgas.

Abschließend soll noch kurz auf die Theorie der **Adsorption** eingegangen werden. Bei der Bindung von Gas- und Dampfmolekülen an die Oberfläche des Adsorbens sind zwischenmolekulare elektrostatische Anziehungskräfte, sog. **Van-der-Waals-Kräfte,** wirksam. Die Bindung ist nicht chemischer Natur (keine Chemisorption).

Die Anlagerung der Gasmoleküle vermindert deren molekulare Beweglichkeit. Als Folge sinkt der Dampf- bzw. Gasdruck ab. Die Beladung stellt sich so ein, dass der Druck des adsorbierten Gases im Gleichgewicht mit dem Umgebungsdruck steht. Die Minderung der Beweglichkeit führt auch zu einem Energieverlust, der in Form von **Sorptionswärme** frei wird. Bei der Desorption muss diese Energie dann wieder zugeführt werden, z.B. in Form von Heißluft oder Dampf.

*Langmuir* hat für die Beladung des Adsorbens mit einer monomolekularen Schicht eine Theorie entwickelt. Hiernach ist die adsorbierte Gasmenge $\dot{m}$ proportional dem Quotienten $x$ aus Umgebungsdruck $p$ und Sättigungsdampfdruck $p_s$. Mit $x = p/p_s$ ergibt sich die Beziehung.

$$\dot{m} = \dot{m}_{max} \cdot \frac{c \cdot x}{1 + c \cdot x}$$

$\dot{m}_{max}$ ist der bei monomolekularer Beladung maximal adsorbierbare Gasmassenstrom, wenn die gesamte angebotene Oberfläche von Gasmolekülen belegt würde.

Diese Theorie wurde von *Brunnauer*, *Emmet* und *Teller* für multimolekulare Schichten weiterentwickelt (BET-Theorie).

Die Adsorptionstechnik lässt sich durch allgemeingültige Formeln kaum beschreiben, weil sich die Parameter Druck, Temperatur und Konzentration zeitlich ändern. Außerdem sind die Stoffeigenschaften der Adsorptionsmittel meist nicht exakt bekannt. Man ist daher gezwungen die **Adsorptionsisothermen** für den vorliegenden speziellen Anwendungsfall experimentell zu bestimmen. Diese Kurven geben die Beladung des Adsorptionsmittels in Abhängigkeit vom Druck bei konstanter Temperatur an.

## 5.4 Katalytische Gasreinigung

Das Verfahrensprinzip der katalytischen Gasreinigung ist die **heterogene Katalyse** an fest angeordneten Katalysatoren.

Katalyse ist die Beeinflussung einer chemischen Reaktion durch Stoffe, die selbst nicht an der Reaktion teilnehmen. Diese Stoffe nennt man **Katalysatoren**. Unter heterogener Katalyse versteht man die Umsetzung von Gasen und Flüssigkeiten an festen Katalysatoren.

Die katalytische Gasreinigung wandelt die unerwünschten oder schädlichen Gasbestandteile in unschädliche Verbindungen um. Ein bekanntes Beispiel für die katalytische Gasreinigung ist die **Stadtgasentgiftung** durch Umwandlung von giftigem Kohlenmonoxid in ungiftiges Kohlendioxid mit Hilfe von Eisenoxid-Chromoxid-Katalysatoren.

**Alkalisierte Aktivkohle** wirkt als Katalysator bei der Entfernung organischer Schwefelverbindungen aus Prozessgasen bis auf Restgehalte unter 1 $mg/m^3$ **(Sulfosorbonverfahren).**

Zur kombinierten Entstickung und Entschwefelung von Abgasen aus Feuerungsanlagen eignet sich das **Desonox-Verfahren** (entwickelt von *Lurgi*, *Lentjes*, *Degussa*). Nach dem Schema in Bild 5.18 durchströmen die entstaubten Rauchgase mit 400 bis 450 °C in einem Reaktor nacheinander zwei Katalysatoren: zuerst den **Entstickungskatalysator** und danach den **Schwefeldioxid-Oxidationskatalysator.** Die Entstickung erfolgt durch Reduktion nach der **SCR-Techno-**

logie (Selective Catalytic-Reduction) mit Ammoniak ($NH_3$) als Reduktionsmittel. Dabei entstehen aus $NO_x$ Stickstoff und Wasser. Die **katalytische Schwefeldioxid-Oxidation** führt zu Schwefeltrioxid ($SO_3$), das zusammen mit dem in den Rauchgasen vorhandenen Wasserdampf als 70- bis 80%ige **Schwefelsäure** ($H_2SO_4$) abgeschieden wird, die als wertvoller Chemierohstoff vermarktet wird. Deponieprodukte fallen nicht an. Nach Verlassen des Wäschers ist der Gas-Staubgehalt gleich null.

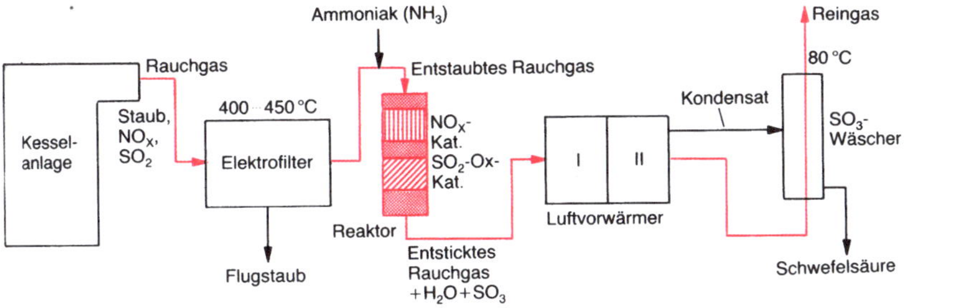


*Bild 5.18 Schema eines Verfahrens zur kombinierten Gasentstickung und -entschwefelung*

# 5.5 Tropfenabscheidung aus Gasen

**Flüssigkeitsnebel** entstehen bei der Kondensation dampfförmiger Komponenten oder beim Zerstäuben von Flüssigkeiten, z.B. in Waschtürmen. Die Tropfendurchmesser der **Nebel** liegen zwischen 1 µm und 100 µm. Zur Abtrennung der Tropfen verwendet man Zyklonabscheider, Umlenkabscheider, Drahtgestrickfilter und gitterartige Kunststoffgewebe. Bei Einbauten aus **Kunststoffgeweben** werden Grenztropfengrößen zwischen 0,5 und 1 µm erreicht.

Bild 5.19 zeigt einen **Zyklon zur Tropfenabscheidung** in Axialbauweise. Die Tropfen werden in der Wirbelströmung radial nach außen geschleudert und setzen sich an der Wand als Flüssigkeitsfilm ab, der nach unten abfließt. Das entnebelte Gas verlässt den Zyklon durch das Tauchrohr. Die Grenztropfengröße derartiger Nebelzyklone liegt zwischen 2 und 6 µm und der Druckverlust zwischen 500 und 1500 Pa.

**Umlenkabscheider** bestehen aus Paketen gewellter Lamellen. Der mit Tröpfchen beladene Gasstrom wird in den Kanälen des Lamellenpakets ständig umgelenkt. Die Tropfen prallen im Umlenkbereich gegen die Lamellenwand. Die **Grenztropfengröße** liegt bei üblichen Anströmgeschwindigkeiten von 2···6 m/s im Bereich zwischen 10 und 70 µm. Die Abscheidegrade betragen 98% und mehr. Die Druckverluste sind mit 50 bis 500 Pa äußerst niedrig.

Umlenkabscheider werden z.B. eingesetzt in Kühltürmen, Luftkondensatoren, Waschtürmen und in der Säurefabrikation.

**Drahtgestrickfilter** bestehen aus einem Geflecht von sehr dünnen Drähten (rd. 0,3 mm). Die Grenztropfengröße liegt bei ca. 3···5 µm. Die mitgeführten Tröpfchen bleiben durch **Adhäsionskräfte** an der Oberfläche hängen, vereinigen sich durch **Van-der-Waals-Kräfte** zu größeren Tropfen (Koaleszenz) und laufen als Flüssigkeitsfilm ab. Drahtgestrick-Filterpakete werden eingebaut in Destillations-, Absorptions- und Waschkolonnen.

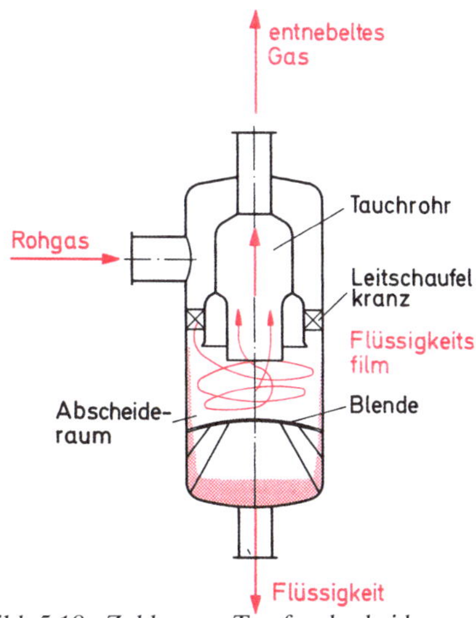


*Bild 5.19 Zyklon zur Tropfenabscheidung*

# 6 Mechanische Verfahren zur Stoffvereinigung

Die mechanischen Verfahren zur Stoffvereinigung gliedern sich in die beiden Hauptgruppen Mischen und Kornvergrößerung. Die Gruppe der **Mischverfahren** besteht aus Rühren, Kneten und Trockenmischen. Diese Mischverfahren dienen z.B. zum Homogenisieren (Vergleichmäßigen), Suspendieren, Emulgieren, Fluidisieren, Dispergieren, Anteigen, Lösen und Sättigen. Zu den Kornvergrößerungsverfahren gehören Sintern, Granulieren, Tablettieren, Brikettieren.

## 6.1 Mischen

Ziel aller Mischverfahren ist das Vereinigen verschiedenartiger Stoffe zu einem Gemisch mit möglichst vollkommener **Gleichverteilung.** Hinsichtlich des **Aggregatzustandes der Komponenten** in einem Gemisch unterscheidet man:

1. Gasgemische, z.B. nitrose Gase, Säuredämpfe,
2. Flüssigkeitsgemische, z.B. Lösungen und Emulsionen,
3. Flüssigkeits-Feststoff-Gemische, z.B. Suspensionen, Pasten, teigige Massen,
4. Flüssigkeits-Gas-Gemische, z.B. begaste Flüssigkeiten, Säurenebel,
5. Feststoffgemische, z.B. Baustoffgemenge,
6. Gas-Feststoff-Gemische, z.B. Stäube, Wirbelschichten.

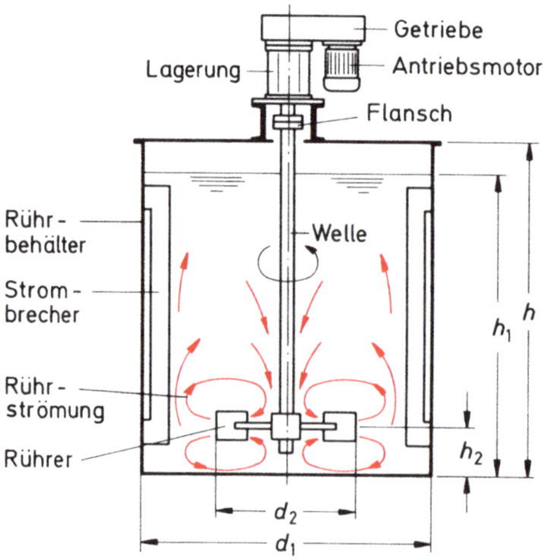


*Bild 6.1 Rührwerk mit Scheibenrührer*

Zur **Durchmischung von Gasen** mit stark unterschiedlicher Dichte reicht die **Diffusion** meist nicht aus. Die Mischung wird mit Hilfe turbulenter Strömungen in Gebläsen und Mischdüsen vorgenommen. Gas-Feststoff-Gemische werden ebenfalls mit Hilfe turbulenter Gasströmungen hergestellt.

Zum **Homogenisieren** der unter 2 bis 5 angegebenen Gemische stehen die Verfahren Rühren, Kneten und Trockenmischen (Vermengen) zur Verfügung.

Homogenisieren ist die Erzeugung eines im Idealfall einphasigen Gemisches, in dem alle Konzentrations-, Temperatur- und Eigenschaftsunterschiede ausgeglichen sind.

### 6.1.1 Rühren

> Rühren ist ein Verfahren, bei dem Flüssigkeiten miteinander vermischt werden oder gasförmige und feste Stoffe in Flüssigkeiten dispergiert oder gelöst werden.

#### 6.1.1.1 Physikalische Grundlagen

Die Mischung der Komponenten erfolgt beim Rühren durch **Strömungskräfte,** die in der Rührströmung entstehen. Die Rührströmung wird vom rotierenden **Rührorgan** erzeugt. Art. Stärke

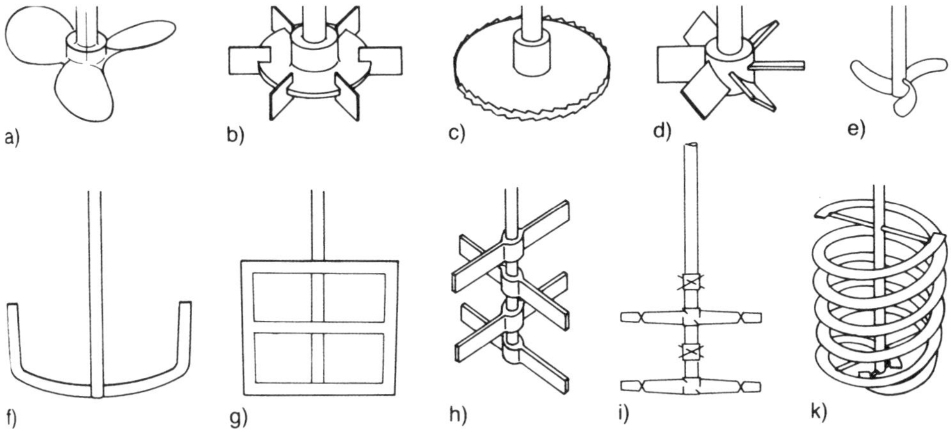


*Bild 6.2 Wichtige Rührerformen: a) Propellerrührer, b) Scheibenrührer, c) Zahnscheibenrührer, d) Schrägblattrührer, e) Impellerrührer, f) Ankerrührer, g) Gitterrührer, Blattrührer ohne Durchbrüche, h) Kreuzbalkenrührer, i) MIG-Rührer, k) Wendelrührer*

und Richtung der Rührströmung hängen ab von Rührerform, Viskosität der Flüssigkeit und Relativgeschwindigkeit zwischen Rührer und Flüssigkeit.

Der Rührer **saugt** das Mischgut **axial** an, und zwar die schwereren Komponenten von unten und die leichteren von oben (Bild 6.1). Das Mischgut wird vom Rührer erfasst, dispergiert und **radial** oder **axial** mit großer Energie wieder **ausgeschleudert.** Schaufel-. Propeller-, MIG- und Wendelrührer haben axiale Austrittströmung.

Bild 6.2 zeigt die wichtigsten **Rührerformen.** Tabelle 6.1 gibt zu diesen Rührorganen Richtwerte und Strömungsformen an.

Je niedriger die **Viskosität** der Flüssigkeit ist, desto leichter mischbar sind die Komponenten. Zähflüssiges Mischgut erfordert zur Durchmischung Rührorgane, die eine kräftige **Scherströmung** erzeugen können, z.B. Ankerrührer, Blattrührer, Mehrstufen-Impuls-Gegenstromrührer (MIG-Rührer) und Wendelrührer.

Die intensive Durchmischung erfolgt in erster

## Tabelle 6.1 Rührerformen, Richtwerte

| Rührorgan | Rührer-Ø $d_2/d_1$ | Bodenabstand $h_2/d_2$ | Umfangsgeschw. in m/s | Rührströmung | | mPa s Viskosität in mPa s |
|---|---|---|---|---|---|---|
| | | | | Ansaugen | Austritt | |
| Propellerrührer | 0,2 ··· 0,4 | 0,1 ··· 1,5 | 2 ··· 15 | axial | axial | <500 |
| Scheibenrührer | 0,3 ··· 0,4 | 1 | 2 ··· 6 | axial | radial | <500 |
| Zahnscheibe | 0.2 ··· 0,5 | 1 ··· 2 | 10 ··· 20 | axial | radial | <500 |
| Schrägblattrührer | 0,3 ··· 0,4 | 0,5 ··· 1 | 4 ··· 10 | axial | radial | <500 |
| Kreuzbalkenrührer | 0,6 ··· 0,9 | 0,15 ··· 0,2 | 2 ··· 6 | axial | tangential | 500 ··· 5000 |
| MIG[1]-Rührer | 0,7 ··· 0,95 | 0,15 | 1,5 ··· 8 | axial | axial | 500 ··· 5000 |
| Ankerrüher | 0,9 ··· 0,95 | 0,025 | 2 ··· 6 | axial | radial | 5000 ··· 50 000 |
| Wendelrührer | 0,9 ··· 0,9 | 0,01 ··· 0,05 | 0,5 ··· 1 | axial | axial | 5000 ··· 50 000 |
| Gitterrührer | 0,5 ··· 0,7 | 0,2 | 2 ··· 5 | axial | tangential | 500 ··· 5000 |
| Impellerrührer | 0,5 ··· 0,7 | 0,08 ··· 0,18 | 3 ··· 8 | axial | radial | <500 |

$d_1$ = Behälter-Ø; $d_2$ = Rührer-Ø; $h_2$ = Bodenabstand

[1] MIG = Mehrstufen-Impuls-Gegenstrom (EKATO)

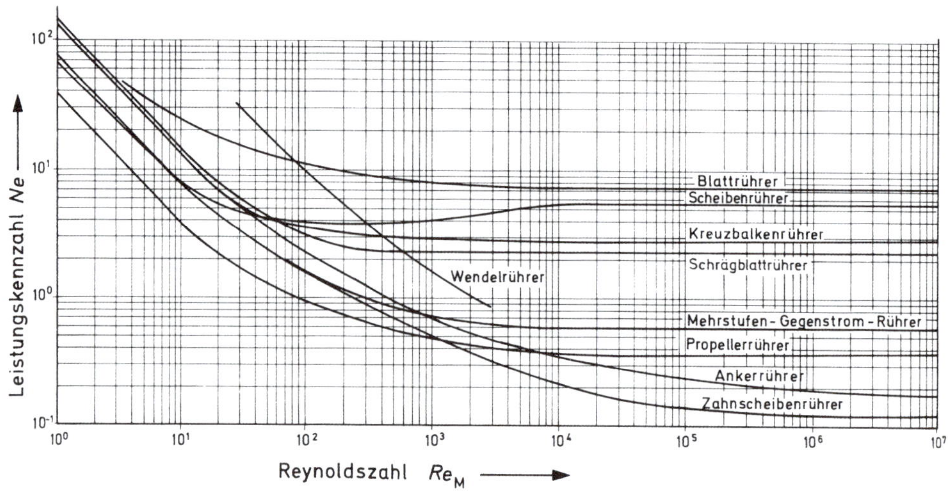


*Bild 6.3 Diagramm zur Bestimmung der Leistungskennzahl eines Rührers (nach Ekato)*

Linie durch das **Geschwindigkeitsgefälle** (Scherströmung) zwischen dem vom Rührer ausgeschleuderten Gut und dem umgebenden Behälterinhalt. Man muss daher vermeiden, dass der Behälterinhalt mit dem Rührer rotiert. Die Neigung zur **Eigenrotation** nimmt mit abnehmender Viskosität zu. Strömungsführende Einbauten, **Strombrecher** genannt, verhindern die Eigenrotation.

Die **Rührleistung** der einzelnen Rührer wird mit Hilfe der durch Modellversuche ermittelten dimensionslosen Leistungskennzahl *Ne* (Newton-Kennzahl) ermittelt:

$$Ne = \frac{P}{\varrho \cdot d^5 \cdot n^3}; \quad P = Ne \cdot \varrho \cdot d^5 \cdot n^3$$

Hierin ist: *Ne* Leistungskennzahl, $\varrho$ Dichte der Flüssigkeit in kg/m³, *d* Durchmesser des vom Rührorgan beschriebenen Kreises in m, *P* Leistung in W, *n* Drehzahl in $s^{-1}$.

Die **Leistungskennzahl** ist von der Reynoldszahl abhängig. *Büche* hat eine für das Rühren **modifizierte Reynoldszahl** definiert:

$$Re_M = \frac{n \cdot d^2}{\nu}; \quad Ne = f(Re_M)$$

In Bild 6.3 können die Leistungskennzahlen der wichtigsten Rührerformen in Abhängigkeit von der modifizierten Reynoldszahl abgelesen werden. Die Reynoldszahl ist auch hier ein Kriterium für die **Form der Rührströmung.** Es ergeben sich folgende Strömungsformen:

Laminarströmung, wenn $Re_M < 30$
Übergangsströmung, wenn $Re_M = 30 \cdots 100\,000$
Turbulente Strömung, wenn $Re_M > 100\,000$

Im Turbulenzbereich der Rührströmung ist die Leistungskennzahl konstant.

Die zur Überwindung der Trägheits- und Reibungskräfte benötigte **Anlaufleistung** $P_A$ ist größer als die Betriebsleistung *P*; sie ergibt sich nach *Kasatkin* aus der Beziehung:

$$P_A = P \cdot 0{,}134 \cdot Re_M^{0{,}22}$$

Die **Gleichverteilung** der zu mischenden Komponenten ist nach einer bestimmten **Rührzeit** erreicht. Die erforderliche Rührzeit hängt ab von der Rührerart und der Rührerdrehzahl.
Mit zunehmender Drehzahl nimmt die Rührzeit hyperbolisch ab, während die Leistungsaufnahme mit $n^3$ ansteigt. Diese Gesetzmäßigkeit wird durch die Gleichung

$$C = n \cdot t$$

ausgedrückt. Hierin ist *C* eine dimensionslose Kennzahl, die **Durchmischungszahl**. *C* ist von der Reynoldszahl abhängig. Die Funktion $C = f(Re_M)$ erreicht in einem optimalen Rey-noldszahlbereich ein Minimum. Tabelle 6.2 gibt für einige Rührerbauarten Optimalwerte für $Re_M$

### Tabelle 6.2 Durchmischungskennzahl *C*

| Rührertyp | Mit Strombrecher | | Ohne Strombrecher | |
|---|---|---|---|---|
| | *Re* | *C* | *Re* | *C* |
| Kreuzbalkenrührer | $5 \cdot 10^3 \cdots 5 \cdot 10^4$ | 14 | $10^3 \cdots 10^5$ | 32 |
| Gitterrührer | $5 \cdot 10^3 \cdots 5 \cdot 10^4$ | 10 | $10^3 \cdots 10^5$ | 22 |
| Blattrührer | $5 \cdot 10^3 \cdots 5 \cdot 10^4$ | 8 | $10^3 \cdots 10^5$ | 18 |
| Ankerrührer | – | – | $10^4 \cdots 10^5$ | 50 |
| Wendelrührer | – | – | $1 \cdots 50$ | 60 |
| MIG-Rührer | $10^4 \cdots 5 \cdot 10^5$ | 15 | $10^3 \cdots 10^5$ | $50 \cdots 90$ |
| Scheibenrührer | $5 \cdot 10^3 \cdots 10^5$ | 50 | – | – |
| Propellerrührer | $4 \cdot 10^4 \cdots 10^5$ | 80 | – | – |
| Impellerrührer | $2 \cdot 10^4 \cdots 10^5$ | 18 | $5 \cdot 10^3 \cdots 10^5$ | 30 |

und die zugehörigen Durchmischungskennzahlen *C* an.

Grundsätzlich kann man sagen:

> Die Mischzeit ist umso kürzer, je rascher der Rührer die Behälterfüllung umwälzt, je größer also der Förderstrom des Rührers ist. Rührer mit hohem Förderstrom sind z.B. Propellerrührer und Wendelrührer, Rührer mit geringem Förderstrom sind z.B. Balken- und Blattrührer.

**Beispiel 6.1**
Zwei Säuren sollen mit einem Propellerrührer in einem Rührbehälter von $d_1 = 1200$ mm $\phi$ mit $n = 250\ \text{min}^{-1}$ gemischt werden. Gegeben sind: Dichte $\varrho = 1350\ \text{kg/m}^3$, kinematische Zähigkeit $\nu = 1{,}25 \cdot 10^{-5}\ \text{m}^2/\text{s}$.

Gesucht sind: erforderliche Anfahrleistung $P_A$ des Rührwerks und die Mischzeit *t*.

*Lösung*

1. Propellerdurchmesser $d_2$:
   Aus Tabelle 6.1 entnimmt man für den Propellerrührer das Verhältnis $d_2/d_1$. Es ist
   $d_2 = (0{,}2 \cdots 0{,}4) \cdot d_1 = (0{,}2 \cdots 0{,}4) \cdot 1200$ mm
   $d_2 = 400$ mm gewählt.
2. Reynoldszahl $Re_M$ und Leistungskennzahl *Ne*:

$$Re_M = \frac{n \cdot d^2}{\nu};\quad n = 250\ \text{min}^{-1} = 4{,}17\ \text{s}^{-1}$$

$$Re_M = \frac{4{,}17\ \text{s}^{-1} \cdot 0{,}16\ \text{m}^2}{1{,}25 \cdot 10^{-5}\ \text{m}^2/\text{s}} = 5{,}3 \cdot 10^4$$

Bild 6.3 ergibt für diese Reynoldszahl die Leistungskennzahl $Ne = 0{,}4$.

3. Betriebsleistung *P* und Anfahrleistung $P_A$:
   $P = Ne \cdot \varrho \cdot n^3 \cdot d^5$
   $P = 0{,}4 \cdot 1350\ \text{kg/m}^3 \cdot 71{,}5\ \text{l/s}^3 \cdot 0{,}0105\ \text{m}^5$
   $P = 405\ \text{kg m}^2/\text{s}^3 = 405\ \text{W}$
   $P_A = P \cdot 0{,}134 \cdot (Re)^{0{,}22}$
   $P_A = 405\ \text{W} \cdot 0{,}134 \cdot 5{,}3^{0{,}22} \cdot 10^{0{,}88}$
   $P_A = 405\ \text{W} \cdot 0{,}134 \cdot 1{,}45 \cdot 7{,}6 =$
   $= 598\ \text{W} \approx 600\ \text{W}$
4. Mischzeit:
   Aus Tabelle 6.3 wird für den Propellerrührer die Durchmischungskennzahl $C = 80$ entnommen.

$$C = n \cdot t;\quad t = \frac{C}{n} = \frac{80}{4{,}15\ \text{s}^{-1}}$$

$$t = 19{,}3 \approx 20\ \text{s}$$

#### 6.1.1.2 Rührwerksanlagen

Die Kombination von Rührgefäß, Rührer und Rührerantrieb nennt man **Rührwerk** oder **Rührwerksanlage** (Bild 6.1).

Die **Rührgefäße** können je nach Art des durchzuführenden Prozesses offen oder geschlossen sein. Geschlossene Gefäße stehen unter Atmosphärendruck, Überdruck oder Vakuum. Rührbehälter mit Überdruck oder Vakuum erfordern eine Konstruktion, die die Rührbewegung im Innern ermöglicht, aber einen Druckausgleich mit der Atmosphäre verhindert. Die **Abdichtung** der in den Rührbehälter ragenden Welle erfolgt mit Stopfbuchsen- oder Gleitringdichtungen.

**Stopfbuchsendichtungen**: Wellenumfangsgeschwindigkeit bis 1,5 m/s, Vakuum bis 60 mbar, Überdruck bis 3 bar, **Leckage ist unvermeidlich**, hoher Reibungsverlust.

## Tabelle 6.3 Knetmaschinen

| Maschinenart | Betriebsweise | Knetorgan | Spezif. Energiebedarf in kWh/kg | Nutzvolumen bzw. Durchsatz | Anwendungsbereiche (Beispiele) |
|---|---|---|---|---|---|
| Doppelmuldenkneter | periodisch | Schaufel | 0,01 ···0,5 | 20···4000 l | Mischen zäher, klebriger Massen, Mastizieren |
| Innenmischer | periodisch | Nocke | 0,5 ···2 | 5···200 l | Plastizieren und Aufschmelzen |
| Planetenkneter | periodisch | Arm | 0,001···0,2 | 1000···600 l | Nahrungsmittelherstellung |
| Frenkelmischer | kontin. | Schnecke | 0,1 ···1 | 0,5···10 t/h | Kautschuk- und Kunststoff-Aufbereitung, Extrudieren, Plastizieren |
| Buss-Ko-Kneter | kontin. | Schnecke | 0,1 ···1 | 0,1···5 t/h | |
| Doppelschneckenkneter | kontin. | Schnecken, Knetscheiben | 0,1 ···1 | 0,1···2,5 t/h | Abpressen. Extrudieren, Stranggranulieren |

**Gleitringdichtungen:** Wellenumfangsgeschwindigkeit bis 5 m/s, Vakuum bis 0,01 mbar, Überdruck maximal 6···25 bar, **keine Leckage** aus dem Behälterraum, geringer Reibungsverlust, Wellenauslenkung möglich.

Bei der Stopfbuchsendichtung liegt die Dichtfläche auf dem Umfang der Welle, bei der Gleitringdichtung liegt sie auf einer schmalen Ringfläche zwischen zwei Gleitringen (Wellengleitring rotiert, Gehäusegleitring steht fest).

Die **Rührwellen** sind fliegend gelagert und werden meist zweiteilig mit Wellenkupplung ausgeführt. Das Wellenende im Behälterinneren wird zur Vermeidung radialer Wellenauslenkungen oft zusätzlich geführt. Wegen der niedrigen Rührerdrehzahl ist in der Regel der Einbau eines **Getriebes** erforderlich.

Rührwerksanlagen haben ein äußerst vielfältiges Anwendungsgebiet. Sie werden für alle Prozesse eingesetzt, bei denen fließfähige Stoffe oder Flüssigkeitsgemische zu verarbeiten sind, z.B. zum: Absorbieren, Aufrühren, Ausfällen, Auswaschen, Begasen, Dispergieren, Emulgieren, Entgasen, Extrahieren, Fermentieren, Flotieren, Kristallisieren, Lösen, Mischen, Neutralisieren, Polymerisieren. Suspendieren, Verschäumen, Vergleichmäßigen und Wärmeübertragen.

Entsprechend dieser Prozessvielfalt wurden zahlreiche **Rührerformen** entwickelt, die generell in schnell und langsam laufende Rührer unterteilt werden (Tabelle 6.1).

Nicht nur die Rührerform wird der Rühraufgabe angepasst, sondern häufig auch die **Anordnung des Rührers** im Behälter. Neben der üblichen vertikalen, zentrischen Anordnung ist gegebenenfalls eine exzentrische, geneigte oder horizontale Lage notwendig. Häufig erfordert die Prozessführung besondere Einbauten, z.B. zur Verhinderung von Rührgutrotation, zur Fernhaltung grobstückiger Feststoffe beim Lösen, zur Gaseinleitung beim Begasen.

Bei großen **Polymerisationsreaktoren** (ab 30 $m^3$) wird oft der Rührwerksantrieb – abweichend von der üblichen Anordnung **auf** dem Behälter – als sog. **Untenantrieb** von unten in den Behälterboden eingebaut. Der Untenantrieb ergibt eine kurze und dünne Rührwelle sowie eine Vereinfachung der Lagerung, also eine Senkung der Investitionskosten.

### 6.1.2 Kneten

Kneten ist ein Mischverfahren, bei dem die zu verarbeitenden Komponenten des Mischguts in hochviskoser, plastischer oder pastöser Form vorliegen.

#### 6.1.2.1 Physikalische Grundlagen

Homogenisieren durch Kneten erfordert **große Scherkräfte** und einen hohen spezifischen Energieverbrauch (bis zu 1 kWh/kg). Neben dem Vermengen der Massen erfolgt beim Kneten auch eine **Feststoffzerkleinerung**.

Beim Kneten hochviskoser Massen gilt das **Bingham'sche Reibungsgesetz** für das ideal-plastische Fließen. Aus diesem Gesetz folgt, dass die Masse erst dann zu fließen beginnt, wenn die Schubspannung $\tau$ eine bestimmte Fließgrenze $\tau_F$ erreicht hat. Das Binghamgesetz besagt weiter: Die Viskosität $\eta'$ des Knetguts ist **nicht konstant,** sondern von der Schubspannung $\tau$ abhängig. Das Binghamgesetz lautet:

$$D = \frac{dv}{dy} = \frac{\tau - \tau_F}{\eta'} \; ; \; \eta' = f(\tau)$$

Hierin ist: $D$ Schergeschwindigkeit in $s^{-1}$, $dv/dy$ Geschwindigkeitsgefälle zwischen Knetorgan und Knetgut, $\tau$ Schubspannung in $N/m^2$, $\tau_F$ Fließgrenze in $N/m^2$, $\eta'$ (scheinbare) Viskosität in Pa s.

Im Gegensatz zum Kneten gilt beim **Rühren niederviskoser Flüssigkeiten** das **Newton'sche Reibungsgesetz** für das ideal-viskose Fließen:

$$D = \frac{dv}{dy} = \frac{\tau}{\eta} \; ; \; \eta = \text{konst}$$

Das Binghamgesetz gilt z.B. für Pasten, Salben, Fette, Harze, Schlämme, Zement, plastifizierte Kunststoffmassen, Anstrichstoffe.

Die für die Homogenisierung erforderlichen großen Schubspannungen bzw. **Scherkräfte** werden durch die **Knetorgane** erzeugt. Als Knetorgane dienen Schaufeln oder Schnecken. Starke Scherbeanspruchung des Knetguts wird mit einer hohen **Schergeschwindigkeit** $D$ erreicht ($\tau \sim D \sim dv/dy$). $D$ ist umso größer, je höher die **Relativgeschwindigkeit** $v$ und je enger der Scherspalt $y$ ist, in dem die Scherströmung erfolgt.

Um enge **Scherspalte** zu erreichen, füllen die Knetorgane – im Gegensatz zu den Rührorganen – den größten Teil des Mischraumes aus. Die Scherbeanspruchung führt zu starker **Reibungswärme**, die das Mischgut aufheizt und die u.U. abzuführen ist.

In ihrer strömungserzeugenden Wirkungsweise sind die Knetorgane mit den Rührorganen vergleichbar. Deshalb gilt auch beim Kneten die grundlegende **Leistungsgleichung**

$$P = Ne_K \cdot \varrho \cdot n^3 \cdot d^5$$

Die **Leistungskennzahl** $Ne_K$ muss durch Modellversuche ermittelt werden. Hier zeigt sich, dass $Ne_K$ nicht nur von der Reynoldszahl $Re_M$ abhängig ist, sondern noch von einer weiteren Kennzahl $K_M$, die die **Fließeigenschaften** des Knetguts erfasst.

$$Ne_K = f(Re_M; K_M)$$

Für die beiden Kennzahlen gelten folgende Beziehungen:

$$Re_M = \frac{\varrho \cdot u \cdot d}{\eta'} \; ; \; K_M = \frac{\tau_F \cdot d}{\eta' \cdot u}$$

Hierin ist: $d$ Durchmesser des Knetorgans in m, $\eta'$ Knetgutviskosität in Pa s, $u$ Umfangsgeschwindigkeit in m/s, $\varrho$ Knetgutdichte in $kg/m^3$.

Bei fließfähigen Schlämmen und Pasten hängt $Ne_K$ praktisch nur von $Re_M$ ab, bei steifen, pastösen oder plastischen Massen jedoch im Wesentlichen von der Knetgutkennzahl $K_K$.

Aus der Ähnlichkeitsfunktion ergibt sich nach *Büche* ein **Modellgesetz** für den Leistungsbedarf geometrisch ähnlicher Kneter. Bei gleicher Drehzahl beider Ausführungen (Index 1 und Index 2) gilt für zähe, teigige Knetgüter:

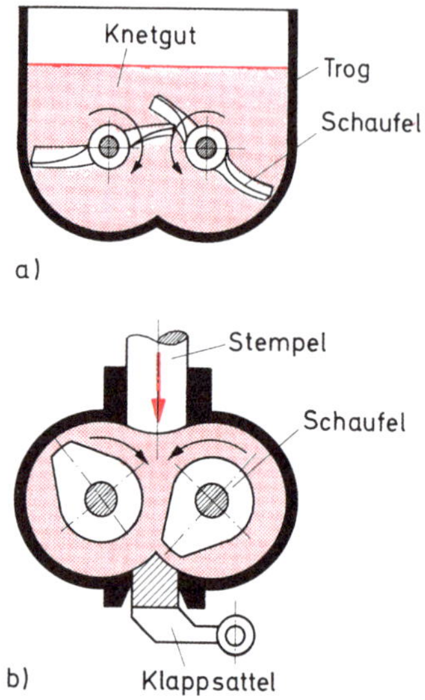


*Bild 6.4 Schaufelkneter: a) Doppelmuldenkneter, b) Innenmischer*

$$\frac{P_1}{P_2} = \left(\frac{d_1}{d_2}\right)^3$$

Hiernach wächst der Knetleistungsbedarf mit der 3. Potenz einer charakteristischen Länge, z.B. des Kneterdurchmessers *d*.

### 6.1.2.2 Knetapparate

Nach Art der Knetorgane unterscheidet man zwischen Schaufelknetern und Schneckenknetern. Zu den **Schaufelknetern** gehören Mulden- und Doppelmuldenkneter, Innenmischer und Planetenkneter. **Schneckenkneter** – auch Schneckenmischer genannt – werden unterteilt in Einschnecken- und Doppelschneckenkneter. Die meisten Knetapparate arbeiten unter Atmosphärendruck; es gibt jedoch Sonderausführungen für Vakuum und Überdruck.

**Schaufelkneter** arbeiten diskontinuierlich. Die Taktzeit richtet sich nach dem Knetgut, z.B. 45 min für 200 kg Rohkautschuk. Der am häufigsten eingesetzte Schaufelkneter ist der **Doppelmuldenkneter** (Bild 6.4a). Zwei z-förmige Knetschaufeln rotieren gegensinnig mit unterschiedlicher Drehzahl in einem Trog, der aus einem sattelförmigen Mittelteil und vertikalen Seitenwänden gebildet wird. Die Schaufeln pressen das Knetgut gegen den Trogsattel, dort wird es zerteilt und vom Wirkbereich der einen in den Wirkbereich der anderen Schaufel geleitet. Die Entleerung dieses periodisch arbeitenden Kneters erfolgt durch Kippen oder mit einer Transportschnecke.

Der **Innenmischer** ist eine Sonderausführung des Doppelmuldenkneters. Im Gegensatz zu diesem hat das Knetgut im Innenmischer keine freie Oberfläche, sondern wird von einem Stempel ständig in den Mischraum gepresst und unter Druck gehalten (Bild 6.4b). Die dadurch entstehenden sehr großen Scherkräfte erzeugen eine starke Erwärmung, die durch intensive Kühlung – auch der Knetorgane – abgeführt werden muss. Die starke mechanische Beanspruchung erfordert eine Panzerung der produktführenden Teile.

Der **Planetenkneter** hat zwei in einen Mischtrog hineinragende, fliegend gelagerte Knetarme, die sowohl um ihre Achse rotieren als auch auf Kreisbahnen im Trog umlaufen. Die erzeugbaren Scherkräfte sind geringer als beim Doppelmuldenkneter und Innenmischer.

**Schneckenkneter** sind kontinuierlich arbeitende Knetmaschinen. Im einfachsten Fall besteht die Schnecke aus einem rechteckigen Band, das schraubenförmig um einen zylindrischen Kern gewunden ist. Die Schnecke wird vom Gehäuse umschlossen, das oft zur Reinigung aufklappbar ist. Die rotierende Schnecke transportiert das Knetgut in den Schneckengängen zum Austrag. Der Transportbewegung ist, wie Bild 6.5a zeigt, noch eine rotierende **Schleppströmung** überlagert, die durch die Wandreibung und die Relativbewegung zwischen dem an der Gehäusewand und an der Schnecke haftenden Gut entsteht. Die Rotation des Knetguts in den Gängen bewirkt eine Vermischung quer zur Transportrichtung.

Verstärkt wird diese **Quervermischung**, wenn auch das Gehäuse mit Schneckengängen versehen wird, deren Steigung entgegengesetzt zur Schneckensteigung gerichtet ist (Bild 6.5b). Die freien Gangquerschnitte nehmen bei der Schnecke in Förderrichtung ab und im Gehäuse in Förderrichtung zu. Dadurch wird Schicht für Schicht aus dem Schneckenkanal in den Gehäusekanal verdrängt. Das Gut wird ständig umgeschichtet und durchgemengt. Einschneckenkneter dieser Konstruktion nennt man auch **Frenkelmischer**. Der **Buss-Ko-Kneter** ist ebenfalls ein kontinuierlich arbeitender Einschneckenkneter. Hier ist das Schneckenband in einzelne Schneckenflügel aufgelöst. Im Gehäuse sitzen 3 Reihen Knetzähne,

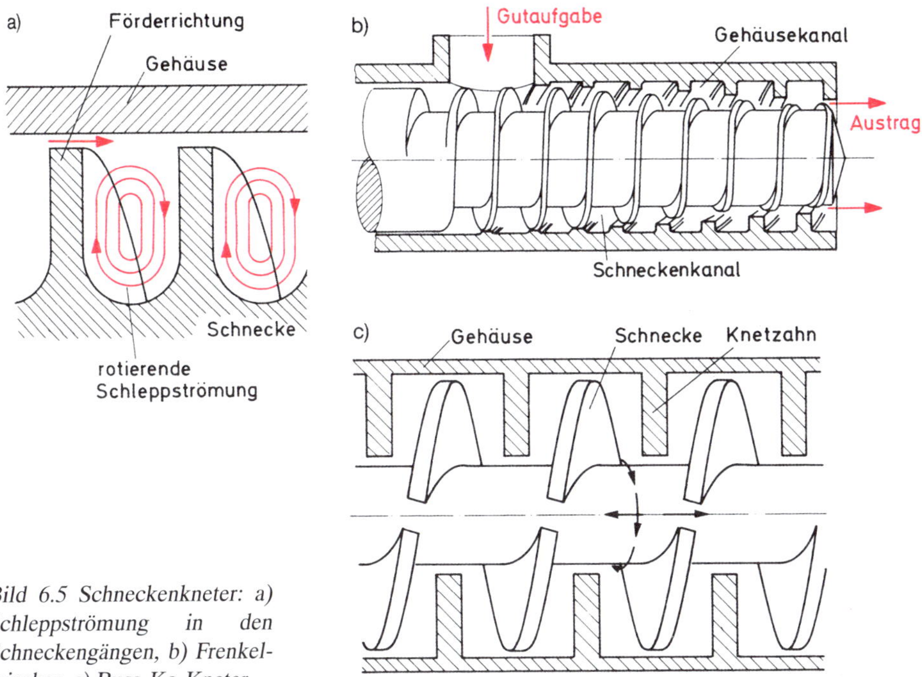


*Bild 6.5 Schneckenkneter: a) Schleppströmung in den Schneckengängen, b) Frenkel-mischer, c) Buss-Ko-Kneter*

die in die Schneckengänge hineinragen (Bild 6.5c). Der rotierenden Bewegung der Schnecke wird eine oszillierende axiale Bewegung überlagert. Bei dieser Doppelbewegung treten die Knetzähne beim Vor- und Rückhub zwischen den Schneckenflügeln hindurch und bewirken eine Gutumschichtung in axialer und radialer Richtung. Die Knetwirkung wird beeinflusst durch Zahnform und Spaltweite.

Beim **Doppelschneckenkneter** laufen zwei ineinander greifende Schnecken mit gleicher Drehrichtung um. Die Mischwirkung erfolgt vorzugsweise im Spalt zwischen den ineinander kämmenden Schneckengängen. Meist haben diese Kneter tiefgeschnittene zweigängige Schnecken, so dass der senkrechte Schnitt durch die Schnecke eine Linsen- oder Zweispitzform ergibt. Das Ineinanderkämmen der Schnecken bewirkt sowohl eine zwangsläufige Förderung als auch eine gegenseitige Selbstreinigung.

Im Gegensatz zum Einschneckenkneter ist die Förderung und Quervermischung beim Zweischneckenkneter weitgehend unabhängig vom Reibungskoeffizienten Gut/Werkstoff.

Auch niederviskose Pasten sowie pulvrige und faserige Stoffe können auch bei Unterfüllung noch verlässlich gefördert und gemischt werden.

In Tabelle 6.3 wird eine Zusammenstellung der Richtwerte und Anwendungsbereiche wichtiger Knetmaschinen gegeben.

### 6.1.3 Trockenmischen

Trockenmischen ist das Vergleichmäßigen (Homogenisieren) pulveriger Feststoffe im trockenen Zustand oder mit geringen Flüssigkeits- oder Pastenmengen.

Die Mischung hat eine krümelige oder pulvrige Konsistenz. Eine Zerkleinerung erfolgt hier nur bei lockeren Agglomeraten.

#### 6.1.3.1 Grundlagen

Zu Beginn des Mischvorgangs liegen die Komponenten getrennt voneinander oder grob gemischt vor. Während des Mischens verteilen sie sich ineinander. Am Ende des Mischvorgangs herrscht im Idealfall **Gleichverteilung.**

> Der **Mischungszustand** wird gekennzeichnet durch die Standardabweichung $\sigma$ von $n$, durch Stichproben gewonnenen, Verteilungsmesswerten $x_i$ einer Komponente.

Die **Standardabweichung** $\sigma$ ergibt sich nach der folgenden Formel aus der Summe der Differenzquadrate zwischen dem jeweiligen Messwert $x_i$ und dem Mittelwert der Gleichverteilung $\bar{x}$ bzw. dem Sollwert.

$$\sigma = \sqrt{\frac{1}{n-1} \cdot \sum_{i=1}^{n} (x_i - \bar{x})^2}$$

Bezieht man die **Standardabweichung** $\sigma$ auf die Standardabweichung $\sigma_0$ des Zustands vor dem Mischen, dann ergibt sich die **relative Standardabweichung** $\sigma_{rel}$:

$$\sigma_{rel} = \frac{\sigma}{\sigma_0}$$

Die relative Standardabweichung ist ein Maß für den Mischungsgrad $M$:

$$M = 1 - \sigma_{rel} = 1 - \frac{\sigma}{\sigma_0}$$

Zu **Beginn** des Mischvorgangs ist

$\sigma = \sigma_0$ und $M = 0$

Am **Ende** des Mischvorgangs ist

$\sigma < \sigma_0$ und $M > 0$

Bei **idealer Gleichverteilung** ist

$\sigma = 0$ und $M = 1$

Zum Erreichen der idealen Gleichverteilung ist theoretisch eine unendlich lange Mischungszeit $t$ erforderlich. Der Mischungsgrad wächst rasch.

Mit der Zeit wird jedoch die Zunahme $\Delta M$ stetig geringer.

Die zeitliche Änderung des Mischungsgrades $\Delta M/\Delta t$ bzw. $dM/dt$ nennt man **Mischgeschwindigkeit** $w_M$; sie folgt dem Gesetz:

$$W_M = \frac{dM}{dt} = A \cdot (1 - M)$$

Für $t = 0$ ist $M = 0$ und $w_M = A$. Die Konstante $A$ ist vom Mischgut und vom Mischapparat abhängig; ihr entspricht die Steigung der Mischkennlinie $M = f(t)$ im Ursprung.

Die Integration der obenstehenden, umgeformten Differentialgleichung

$$A \cdot dt = \frac{dM}{1 - M}$$

ergibt die folgende Beziehung zwischen Mischungsgrad $M$ und Mischzeit $t$.

$$M = 1 - e^{-A \cdot t}$$

Beim Trockenmischen pulvriger Stoffe tritt während des Mischvorgangs auch wieder ein **Entmischen** auf. Der Zustand der **idealen Gleichverteilung** ($M = 1$) lässt sich nicht erreichen. Gleichgewicht zwischen Mischen und Entmischen stellt sich bereits bei $M < 1$ ein.

Bild 6.6 zeigt als **Beispiel** die Prüfung des Mischungszustandes einer Mischung von Eisenerz und Kupferoxid (CuO). Gemessen wird der CuO-Anteil in 200 mg Gemisch bei jeweils 9 Proben nach 15, 30, 60 und 120 s Mischungszeit. Der anzustrebende Sollwert der Mischung beträgt

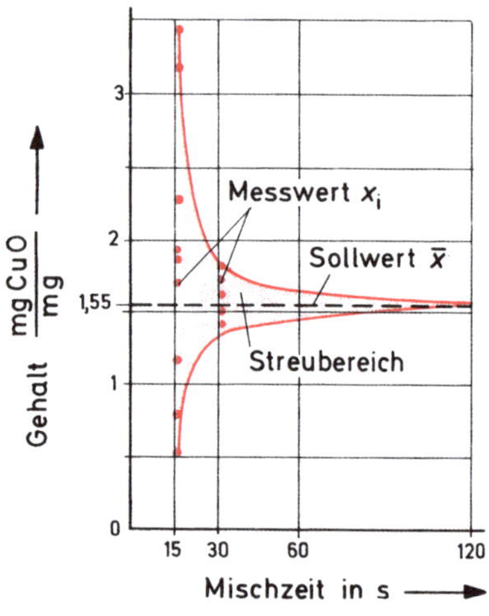


*Bild 6.6 Streuung der Messwerte an 9 Proben aus einem Kupferoxid-Eisenerz-Gemisch in Abhängigkeit von der Mischzeit (nach Eirich)*

$\bar{x}$ = 1,55 mg CuO/200 mg Gemisch. Nach 120 s Mischungszeit sind die Abweichungen $(x_1 - \bar{x})$ der Messwerte so gering, dass der Mischungsgrad annähernd 1 sein wird.

> Die geringste Neigung zum Entmischen haben pastöse Mischungen, die größte Neigung zum Entmischen haben trockene Feststoffgemische. Ein hoher Mischungsgrad ist umso schlechter erreichbar, je stärker sich die Komponenten hinsichtlich Körnung und Dichte unterscheiden, z.B. Kunststoffe und mineralische Stoffe.

### 6.1.3.2 Geräte zum Trockenmischen

Es wird zwischen mechanischen und pneumatischen Mischern und zwischen dynamischen und statischen Mischern unterschieden. Die **mechanischen Mischer** werden unterteilt in Freifallmischer, Zwangsmischer und Schwerkraftmischer. Bei den **Zwangsmischern** wird die zwangsläufig erzeugte Durchmischung durch Rotation des Gehäuses oder durch Schub- und Schleuderbewegung der Mischelemente oder durch Bewegungen von Gehäuse **und** Mischelementen vorgenommen. Freifallmischer und Zwangsmischer sind **dynamische Mischer.** Im Gegensatz dazu sind die **Schwerkraftmischer** statische Mischer, weil das Gut beim Fließen durch ein Silo von festen Einbauten gemischt wird.

**Freifallmischer** sind rotierende Behälter, häufig mit eingebauten Mischeinrichtungen, in denen das Gut in Fall- bzw. Wurfbewegungen umgelagert und vermischt wird (Prinzip des Drehrohrs, siehe Bild 2.5). Die Rotationsachse ist horizontal oder geneigt **(Taumelmischer).**

**Trommelmischer** rotieren um die Behälterlängsachse und arbeiten kontinuierlich. Der Mischguttransport wird durch Schrägstellen der Trommel oder Schneckenband-Einbauten unterstützt. Für Chargenbetrieb eingesetzte Freifallmischer sind z.B. **Doppelkonusmischer** und **V-Mischer.** Freifallmischer werden für **einfache Mischaufgaben** eingesetzt.

Die **Froude-Zahl** *Fr* ist ein Kriterium für die Art der Gutbewegung in einem **dynamischen Mischer.** Die Froude-Zahl ist hier folgendermaßen definiert:

$$Fr = \frac{D \cdot \omega^2}{2g} \; ; \; \omega = 2\pi \cdot n$$

Hierin ist: $D$ Mischtrommeldurchmesser oder der Außendurchmesser eines Mischelements in m, $\omega$ Winkelgeschwindigkeit in $s^{-1}$, $g$ Fallbeschleunigung 9,81 m/s², $n$ Drehzahl in $min^{-1}$.

> Bei $Fr < 1$ dominiert die Schwerkraft, die Gutbewegung ist durch Verschieben oder Umwälzen gekennzeichnet. Bei $Fr > 1$ dominieren Zentrifugalkräfte.

Im **Freifallmischer** legen sich bei $Fr > 1$ die Partikel des Mischguts durch die Fliehkraft an die Behälterwand an, und es erfolgt dann keine Durchmischung mehr. Im **Schleudermischer** wird dagegen das Gut erst bei $Fr > 1$ aufgewirbelt (fluidisiert) und wie eine Flüssigkeit in einem Rührbehälter gemischt.

Die **kritische Drehzahl** $n_{kr}$ ergibt sich für $Fr = 1$ aus der obigen Definitionsgleichung zu:

$$n_{kr} = \frac{1}{2\pi}\sqrt{\frac{g}{2D}}$$

**Zwangsmischer** mit verschiebender oder umwälzender Gutbewegung sind z.B. Schneckenbandmischer und Kegelschneckenmischer (Bild 6.7a und b). Bei der Gutbewegung durch die Schnecke wird der Mischgutverband nicht aufgelöst. Mischgut mit ausgeprägt unterschiedlichen Komponentenmerkmalen kann nicht befriedigend gemischt werden.

Beim **Kegelschneckenmischer** dreht sich die Mischschnecke um ihre eigene Achse und wird gleichzeitig entlang der konischen Behälterwand geführt.

Typische Bauarten der **Schleudermischer** sind Pflugscharmischer mit horizontaler Mischwelle sowie Fluidmischer und Tellermischer mit vertikaler Mischwelle. Schleudermischer können in einem weiten Drehzahlbereich betrieben werden. Bei sehr niedrigen Drehzahlen wirken sie verschiebend und zerstreuend.

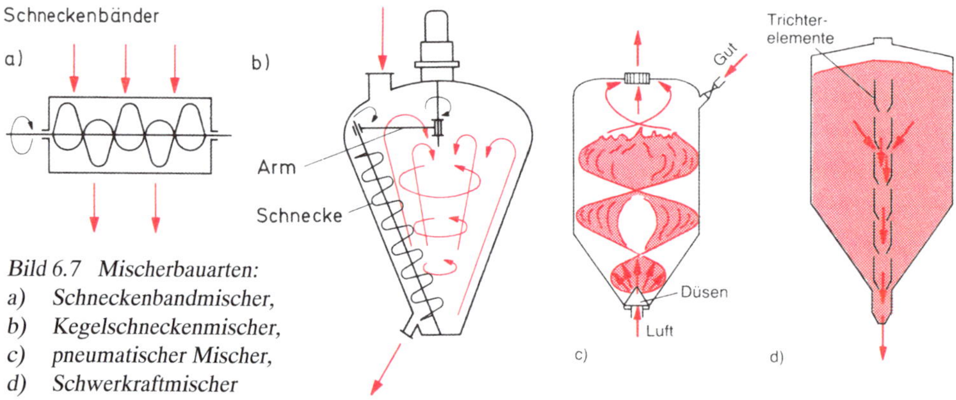


*Bild 6.7 Mischerbauarten:*
*a) Schneckenbandmischer,*
*b) Kegelschneckenmischer,*
*c) pneumatischer Mischer,*
*d) Schwerkraftmischer*

**Fluidmischer** (Bild 6.8a) sind hochtourige Geräte mit stehendem, abgeschlossenem Behälter und in Bodennähe eingebautem rotierenden Schaufelrad. Das Mischgut wird im Luftpolster des Behälters fluidisiert. Es entsteht eine kreisende Gutströmung ähnlich der Rührströmung, bei der das Mischgut trombenförmig vom Mischorgan angezogen wird. Bei Umfangsgeschwindigkeiten an den Mischorganspitzen bis zu 40 m/s entsteht eine hohe Reibungswärme, die gegebenenfalls durch die Kühlung abgeführt werden muss oder – beim Sintermischer – zum Agglomerieren ausgenutzt werden kann.

Der **Tellermischer** (Bild 6.8b) besteht aus dem Mischteller und zwei exzentrisch angeordneten, vertikal gelagerten Mischsternen. Beim Gegenstrom-Intensiv-Mischer rotiert der Mischteller im Uhrzeigersinn, entgegengesetzt dazu rotieren die Mischsterne. Beim Querstrom-Intensivmischer rotiert ein Mischstern im Drehsinn des Mischtellers und ein Mischstern entgegengesetzt.

Bei **pneumatischen Mischern** wird das Schüttgut von Druckluft oder Inertgas durchströmt. Es expandiert mit zunehmender Strömungsgeschwindigkeit und kommt in einen aufgelockerten, **fluidisierten** Zustand. Die Druckluft wird auf der Unterseite des Silos durch Düsen (Bild 6.7c) oder durch einen porösen Boden zugeführt (Fließbettmischer). Die Fluidisierung setzt ein, wenn eine charakteristische Geschwindigkeit erreicht ist. Diese Geschwindigkeit hängt ab von Korngröße, Feststoffdichte und Gutpackung. Zur Gutoberfläche aufsteigende und dort zerplatzende **Blasen** intensivieren die Durchmischung.

**Schwerkraftmischer** sind Silos, in denen das Schüttgut aus verschiedenen Höhenschichten durch **Einbauten**, z.B. durch Trichterelemente (Bild 6.7d), eingezogen und dadurch gemischt wird. Schwerkraftmischer eignen sich nicht für Güter, die zur Verstopfung und Brückenbildung an den Einbauten neigen.

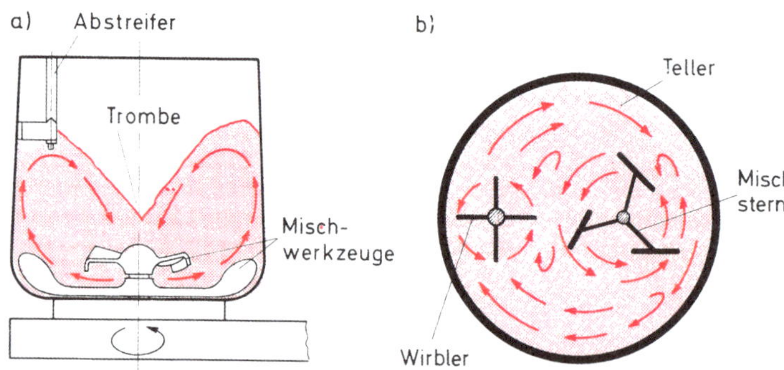


*Bild 6.8 Schleudernde Zwangsmischer: a) Fluidmischer, b) Tellermischer (nach Eirich)*

**Tabelle 6.4 Häufig eingesetzte Trockenmischer**

| Mischergruppe | Mischerbauart | Betriebsweise | Mischorgan | Leistungsbedarf in kW/ 100 l Nutzvolumen | Durchsatz bzw. Nutzvolumen | Gutbeschaffenheit |
|---|---|---|---|---|---|---|
| Freifallmischer | Trommelmischer | kontin. | Spiralbleche | 0,2 ··· 0,4 | 3 ··· 80 $m^3/h$ | trocken, feinkörnig, pulvrig |
| | Doppelkonusmischer | periodisch | Konustrommel | | 2 ···100 $m^3$ | |
| Zwangsmischer, verschiebend | Schneckenbandmischer | kontin. | Bandschnecke | 0,2 ··· 2 | 15 ···20 $m^3/h$ | trocken oder feucht |
| | Kegelschneckenmischer | periodisch | Schnecke, Bandschnecke | 0,1 ···0,3 | 50 ···100 $m^3$ | trocken, feucht, auch pastös |
| | Siloschneckenmischer | periodisch | Schnecke, Bandschnecke | 0,05 ···0,5 | 50 ···100 $m^3$ | trocken, feinkörnig, pulvrig |
| Zwangsmischer, schleudernd | Pflugscharmischer | periodisch kontin. | Mischschaufeln | 0,2 ··· 2 | 0,5··· 20 $m^3$ | feinkörnig, pulvrig, trocken bis leicht feucht, mit Flüssigkeitszugabe zum Anteigen, auch pastös |
| | Zweiwellen-Wirbelschneckenmischer (Paddelmischer) | periodisch kontin. | 2 Paddelschnecken | 0,2 ···2 | ···300 $m^3/h$ | |
| | Fluidmischer | periodisch | Schaufelrad | ···30 | 1 ···10 $m^3$ | feinkörnig, pulvrig trocken |
| | Tellermischer | periodisch | Teller und Mischsterne | 1 ···3 | 0,5 ···5 $m^3$ | feinkörnig, pulvrig-breiig, bis pastös |
| Pneumatische Mischer | Silomischer | periodisch | Mischluft 1··· 2 bar | 0,03 | 50 ···500 $m^3$ | feinkörnig, pulvrig, trocken |
| | Fließbettmischer | | Mischluft 10 ··· 40 bar | 0,3 ···1 | ···6000 $m^3$ | |

### 6.1.4 Statisches Mischen von Fluiden

Statisches Mischen ist ein Sondergebiet des Mischens fluider Phasen. Im Gegensatz zum Rühren werden die Komponenten beim statischen Mischen nicht durch bewegte Mischorgane homogenisiert, sondern durch ortsfeste Einbauten in einem Mischrohr (Bild 6.9).

Eingebaute **Mischelemente** bewirken ein fortlaufendes Zusammenführen, Umlagern und Trennen einer Vielzahl von Teilströmen. Jedes Mischelement besteht aus geriffelten Lamellen, die so aufeinander geschichtet sind, dass offene, sich kreuzende Kanäle entstehen.

**Statisch mischbar** sind: Gase, wässrige Flüssigkeiten, hochviskose Flüssigkeiten, Flüssigkeiten mit sehr großen Viskositätsunterschieden sowie Gase mit Flüssigkeiten.

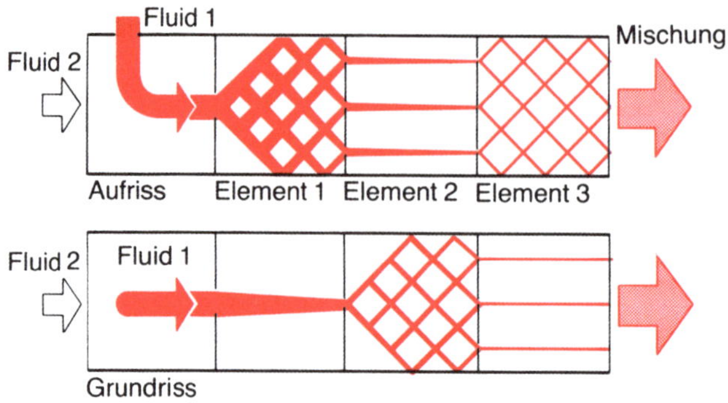


*Bild 6.9 Aufbau eines statischen Mischers (nach Sulzer)*

In den offenen, sich kreuzenden Kanälen eines Mischelements wird das Fluid in einzelne Teilströme aufgespalten. An jeder Kreuzungsstelle wird eine Teilmenge in den kreuzenden Kanal abgeschert. Eine **Inhomogenität** gleicht sich im ersten Mischelement zweidimensional und im folgenden Element – um 90° verdreht – dreidimensional aus.

Das Verhältnis Länge zu Durchmesser *L*/*D*, die **relative Mischerlänge,** hängt vom gewünschten Mischungsgrad und von der Mischbarkeit der Fluide ab. Für die relative Mischerlänge sind folgende Werte gebräuchlich:

$L/D = 1 \cdots 3$ für Gase

$L/D = 3 \cdots 5$ für niederviskose Flüssigkeiten

$L/D = 5 \cdots 10$ für hochviskose Flüssigkeiten

$L/D = 10 \cdots 15$ für Fluide mit großen Viskositätsunterschieden, z.B. Gas/Flüssigkeit.

Die Fördereinrichtung muss den Druckverlust $\Delta p$ im Mischerrohr überwinden, $\Delta p$ hängt von der Strömungsform (laminar, turbulent) ab. Für **turbulente Strömung** beim Mischen von Gasen oder niederviskosen Flüssigkeiten ist:

$$\Delta p = \frac{16}{\pi^2} \cdot Ne \cdot \frac{\varrho \cdot \dot{V}^2}{D^4} \cdot \frac{L}{D}$$

Die **Newtonzahl** *Ne* ist für den verwendeten Mischelementtyp konstant, z.B. Ne ≈ 2.

Für laminare Strömung, beim Mischen hochviskoser Flüssigkeiten ist der Druckverlust:

$$\Delta p = \frac{4}{\pi} \cdot Ne \cdot Re \cdot \frac{\eta \cdot \dot{V}}{D^3} \cdot \frac{L}{D}$$

Das Produkt $Ne \cdot Re$ ist für den verwendeten Mischelementtyp konstant, z.B. $Ne \cdot Re \approx 1200$. $\Delta p$ ergibt sich in Pa, wenn Dichte $\varrho$ in kg/m³, Durchsatz $\dot{V}$ in m³/h, Rohr-Ø *D* in m und Viskosität $\eta$ in Pa · s eingesetzt werden.

**Vorteile** des statischen Mischers: kurze Mischstrecke, geringer Energiebedarf, keine bewegten Teile, Einbau in bestehende Anlagen, Mischmöglichkeit für Fluide mit großen Viskositätsunterschieden.

## 6.2 Mechanische Verfahren zur Kornvergrößerung

Weiterverarbeitung oder Endproduktbeschaffenheit erfordern oft, dass feinkörnige oder pulvrige Feststoffe zu größeren Stücken vereinigt werden müssen, z.B. zu Granulat, Pellets, Tabletten. Briketts, Schülpen.

Die **Kornvergrößerung** (Stückigmachen) erfolgt durch Agglomerieren oder Formpressen. Verfahren des Agglomerierens sind Aufbaugranulieren und Sintern. Formpressverfahren sind Brikettieren, Kompakteren und Granulatformen durch Strang- oder Walzenpressen.

## 6.2.1 Agglomerieren

Beim Agglomerieren wird das Feingut unter Wirkung von Grenzflächenkräften zu dispersen Stücken unregelmäßiger, nicht genau wiederholbarer (reproduzierbarer) Form und Größe zusammengeballt.

### 6.2.1.1 Aufbaugranulieren (Pelletieren)

Beim Aufbaugranulieren wird Granulat gebildet. Die Granulatkörner (Granalien) haben 0,5···20 mm Durchmesser. Die Granulatformung erfolgt durch mischende oder rollende Bewegung pulvriger Feststoffe unter Zuführung (oder in Anwesenheit) einer Flüssigkeit, vorwiegend Wasser.

Das **Hohlraumvolumen** des Granalien ist weitgehend mit Granulierflüssigkeit gefüllt, es liegt je nach Feuchtigkeitsgehalt bei Zementrohmehl zwischen 10 und 15% und bei Eisenerzpellets zwischen 36 und 40%.

Die beim Aufbaugranulieren – im Folgenden kurz Granulieren genannt – auftretenden **Grenzflächenkräfte** sind:

1. Festkörperbrücken durch erhärtende Bindemittel,
2. kapillare Haftkräfte durch Oberflächen- und Porenflüssigkeit,
3. Molekularanziehung der Feststoffoberflächen (nur bei trockener Granulierung),
4. formschlüssige Bindung bei zerklüfteter oder faseriger Oberflächenstruktur.

Das **Granulatwachstum** kann durch Beeinflussung von Verweilzeit und Feuchtigkeit in gewissen Grenzen gesteuert werden. Nur in Ausnahmefällen kann im trockenen Bereich granuliert werden, z.B. Zinkoxid und Ruß.

Die Verbesserung der Granulierbedingungen und Granulateigenschaften erfordert oft den Zusatz von **Bindemitteln**. Als Zusatzmittel werden z.B. Ton, Gips, Sulfitablauge, Melasse, Kunstharz, Bitumen, Wachs und Dextrin eingesetzt.

Bei der **Feuchtgranulierung** gibt es für jedes Material einen kritischen **Feuchtigkeitsbereich**. Granulation an der unteren Grenze dieses Bereiches ergibt nach langer Granulierzeit ein dichtes Granulat mit enger Kornverteilung. Granulation an der oberen Grenze ergibt nach kurzer Granulierzeit ein poröses Granulat.

Die Granulierung wird auf zylindrischen oder konischen Granuliertrommeln, Granuliertellern, Teller- und Schneckenmischern durchgeführt. Bei Granuliertellern und -trommeln überwiegt die rollende Gutbewegung. Bild 6.10 zeigt die Bewegungslinien des Guts auf einem **Granulierteller** (Pelletierteller).

Der schwenkbar auf das Antriebsaggregat angeflanschte Granulierteller dreht sich im Uhrzeigersinn. Das Füllgut wird bis nahe zur höchsten Stelle des Tellers transportiert und rollt in gleichmäßigem Strom in die untere Tellerhälfte zurück.

Je nach Materialverhalten wird an bestimmter Stelle die zur Granulatbildung erforderliche Flüssigkeit zugegeben. Abrollende Bewegung und Feuchtezugabe bewirken die Bildung der Granulatkörner. Durch die Schräglage des Tellers und die Bewegung des Füllgutes werden die größeren Körner (Pellets) an die Oberfläche getragen, während das feinere Material bei der Zugabe in die unteren Schichten gelangt. Sobald der Teller gefüllt ist, rollen die bereits gebildeten Pellets über den unteren Tellerrand kontinuierlich in die Auffangschurre.

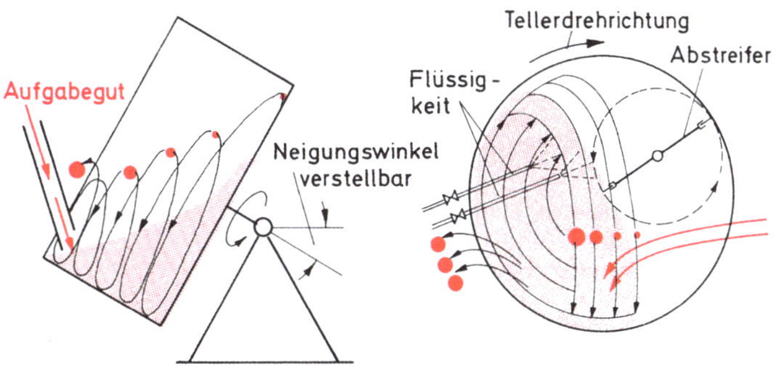


*Bild 6.10 Granulatbildung auf einem Granulierteller (nach Eirich)*

Die Pelletgröße wird bestimmt durch die stufenlos einstellbare Schräglage des Tellers, die Menge der zugeführten Flüssigkeit, deren Zerstäubungsgrad und den Feinheitsgrad des Materials.

Ein gegen den Tellerdrehsinn drehender Rotor sowie feststehende Wand- und Randabstreifer reinigen Tellerboden und Tellerwand von anhaftendem Material.

**Granulierteller** werden für folgende **Verfahren** eingesetzt:

1. Granulierung pulverförmiger Rohstoffe unter Zusatz einer geeigneten Granulierflüssigkeit.
2. Granulierung von hochkonzentrierten, heißen Lösungen und Schmelzen, wobei der Granulierteller als **Kühlpfanne** arbeitet. Beispiele: Harnstoff, Ammoniumnitrat, Kalkammonsalpeter.
3. Granulierung von Produkten, die bei geringer Erwärmung schmelzen, z.B. feinkristalliner Harnstoff.
4. Granulierung von Produkten, die bei gleichzeitiger Wärme- und Flüssigkeitszufuhr zum Granulieren neigen. Beispiel: Granulierung von Mischdünger aus Superphosphat, Ammonsulfat und Kali unter Dampfzusatz.

Die Granulierung mit **Schnecken- und Tellermischern** beruht auf der intensiven Mischbewegung und auf der Relativgeschwindigkeit zwischen bewegtem Gut und rotierenden Mischorganen. Der besondere Vorteil derartiger **Misch-Granulatoren** ist die Kombination von Misch- und Granulierprozess. Bei anderen Granuliergeräten muss das Gut vorgemischt zugeführt werden.

Neben der Aufbaugranulation kann die Granulaterzeugung noch durch **Zerkleinerung** vorgenommen werden, z.B. in Kegelbrechern, Walzenbrechern, Schneidmühlen, Strang- und Bandgranulatoren.

Zu den **thermischen Granulierverfahren** zählen: Granuliertrocknung durch Zerstäubungs-, Walzen- und Wirbelschichttrockner sowie die Erstarrungsgranulation auf gekühlten Flächen.

Die Aufbaugranulation durch Roll- oder Mischgranulieren wird z.B. in folgenden **Anwendungsbereichen** bevorzugt eingesetzt:

1. Erzeugung von **Erzpellets** mit 10 · · · 20 mm Ø aus feingemahlenen Erzkonzentraten unter Zusatz von 0,5% **Bentonit** (Aluminiumhydrosilikat) bei 10% Feuchtigkeit.
2. Granulierung von **Düngemitteln**, z.B. von Superphosphat unmittelbar nach dem Reaktionsprozess.
3. Granulierung von **Zementrohmehl** vor dem Sintern unter Zusatz von Wasser.

#### 6.2.1.2 Sintern

Sintern ist ein Agglomerierverfahren, das eine Wärmebehandlung erfordert. Feinkörnige, schmelzbare Feststoffe werden bis nahe an die Erweichungs- oder Schmelztemperatur erhitzt. Bei der eingehaltenen **Sintertemperatur** treten die Moleküle an den sich berührenden Oberflächen miteinander in Wechselwirkung. An den Berührungsstellen entstehen durch Diffusion **Festkörperbrücken**. Dadurch sintern (fritten oder schweißen) die Körner aneinander. Man sintert im Vakuum, in inerten Gasen oder in reduzierender Wasserstoffatmosphäre.

**Geräte zum Sintern** sind Drehrohröfen (Zement), Schachtöfen, Sinterpfannen und kontinuierlich arbeitende Sinterbänder. Anwendungsgebiete des Sinterns sind:

Stückigmachen von Eisenpulver vor der Verhüttung, Sintern während des Röstens sulfidischer Erze, Vereinigung von Metallpulvern zu Formstücken, z.B. zu Sinterlagern oder hochfesten Werkstoffen (Pulvermetallurgie).

### 6.2.2 Formpressen

Beim Formpressen wird das Gut auf Pressmaschinen durch Druck zu Körpern vorgegebener Formen und Abmessungen vereinigt.

Bild 6.11 zeigt das Formpressen auf einer kontinuierlich arbeitenden **Zweiwalzenpresse**. Das Verdichten des pulverförmigen Guts erfolgt durch den Wälzdruck zwischen zwei gegenläufigen Arbeitswalzen. Die Walzen in Bildteil a) sind glatt; es werden größere Stücke in Form von **Schülpen** gepresst. Die Walzen in b) sind mit Formmulden versehen und zum **Tablettieren** oder **Brikettieren** geeignet. Das **Granulatformen** in c) erfolgt auf gezahnten Granulierwalzen. Der Pressdruck liegt zwischen 100 und 3000 bar; er richtet sich nach Feinheit, Kornverteilung und Feststoffeigenschaften. Der Durchsatz ist vom Pressdruck unabhängig, er beträgt bis zu 50 t/h.

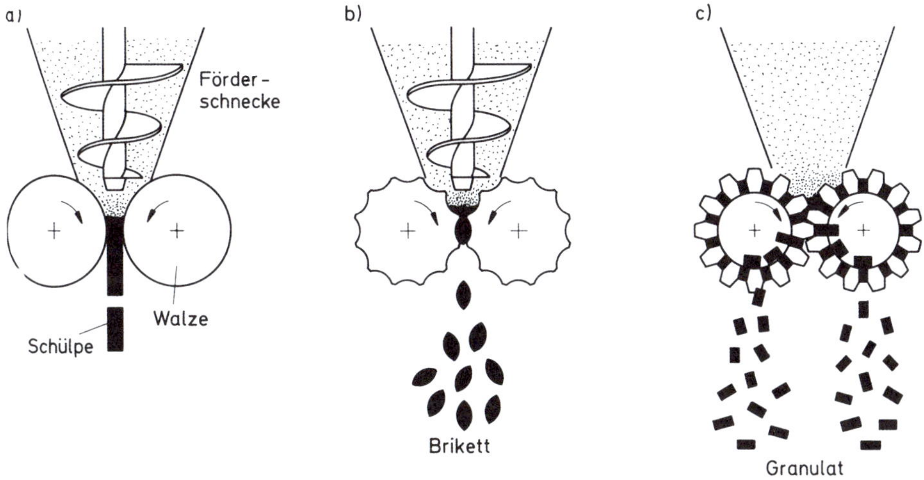


*Bild 6.11 Formpressen auf Walzenpressen zur Erzeugung von Schülpen, Briketts und Granulat (nach Hutt)*

Der **Verdichtungsvorgang** des Haufwerks beim Formpressen läuft in den meisten Fällen in drei aufeinanderfolgenden Stufen ab:

1. Umordnung der Partikel bei zunächst noch großer Porosität und niedrigem Pressdruck.
2. Füllen kleiner Zwischenräume zwischen den Partikeln durch Bruchstücke bei zunehmendem Pressdruck und dabei abnehmender Porosität.
3. Entstehen von Kontaktflächen zwischen den Partikeln infolge elastischer und plastischer Verformung. Bildung von Festkörperbrücken durch Schweiß- und Sintervorgänge infolge Reibungswärme.

Das Formpressen, insbesondere das Brikettieren kann auch mit Hilfe von Bindemitteln vorgenommen werden, die zunächst als Gleit- und Schmiermittel wirken und die Umordnung der Körner erleichtern. Als Bindemittel dienen z.B.: Kalk, Dolomit, Bitumen, Wasserglas und Sulfitablauge.

Zur Beschreibung des Zusammenhangs zwischen Verdichtung und Pressdruck kann man diesen einfachen, die wirklichen Verhältnisse recht gut wiedergebenden Ansatz verwenden:

$$\log p = c \cdot \frac{V}{V_\mathrm{T}} + k$$

Hierin sind: $p$ Pressdruck, $V$ Brikettvolumen, $V_\mathrm{T}$ porenfreies Feststoffvolumen, $c$ und $k$ stoffabhängige Konstanten

Die Grenzverdichtung ist erreicht, wenn $V = V_\mathrm{T}$ wird. Dann hat das Brikett die gleiche Dichte wie der Feststoff. Die Näherung an die Grenzdichte ist umso eher möglich, je höher die Schüttdichte des Aufgabeguts ist und je größer der mit der Presse erreichbare Pressdruck ist. Je größer die Verdichtung, desto größer ist auch die Druckfestigkeit des gepressten Körpers.

Zur großtechnischen **Brikettierung von Feinkohle** verwendet man häufig kontinuierlich arbeitende **Ringwalzenpressen.** Diese Pressen bestehen aus einem rollengelagerten, rotierenden Ring, in dessen Ringnut innen eine schwere profilierte Presswalze kleineren Durchmessers abrollt. Die Feinkohle wird in dem sich sichelförmig verengenden Spalt zwischen Rollbahn und Presswalze vorverdichtet und komprimiert. Auf der Ablaufseite wird der Brikettstrang gebrochen und weggefördert. Pressdruck 1500 bis 2000 bar, Ringdurchmesser bis 3,5 m, spezifischer Arbeitsbedarf 20 bis 30 kW h/t, Durchsatz 5 bis 10 t/h.

Zur Tablettierung pharmazeutischer Produkte werden Exzenter- und Rundlauf-Tablettenpressen eingesetzt. **Exzenterpressen** eignen sich für größere Tabletten und Stückzahlen bis 30 000/h. **Rundläuferpressen** werden für kleinere Tabletten und für Stückzahlen bis 250 000/h gebaut.

# 6.3 Dosieren von Feststoffen

Dosieren ist das **gleichmäßige Zuteilen** und **Aufgeben** von Stoffen oder Stoffgemischen. Die Dosierung kann periodisch (chargenweise) oder kontinuierlich als Stoffstrom vorgenommen werden. Die zu dosierenden Feststoffe gelangen aus Vorratsbehältern, Bunkern oder Fördereinrichtungen zu den Dosierapparaten und von dort zu Zerkleinerungsmaschinen, Trennapparaten, Mischern, Granulatoren, Reaktoren und Aufbereitungsanlagen.

Die Dosierung wird entweder nach dem **Schüttvolumen** oder nach der **Masse** (Gewicht) vorgenommen. Apparate, die nach dem Schüttvolumen dosieren, sind **Zellenradschleuse** und **Tellerspeiser** (Bild 6.12). Dosierung nach der Masse wird auf **Waagen** vorgenommen, z.B. auf kontinuierlich arbeitenden **Dosierbandwaagen** (Bild 6.12 c).

Zur kontinuierlichen Dosierung eines Volumenstroms dienen neben Zellenradschleuse und Tellerspeiser auch **Stetigförderer** wie Förderschnecke, Förderband und Vibrationsrinnen. Grundsätzlich können Fördern und Dosieren kombiniert werden.

Die Veränderung des Stoffstroms wird bei Zellenradschleusen durch stufenlose Drehzahlverstellung zwischen etwa 10 und 70 l/min vorgenommen. Das **Zellenrad** hat meist 8 Kammern. Der Zellenraddurchmesser liegt zwischen 100 und 400 mm. Der Volumenstrom beträgt je nach Durchmesser und Drehzahl des Zellenrads 0,2 bis 100 m³/h.

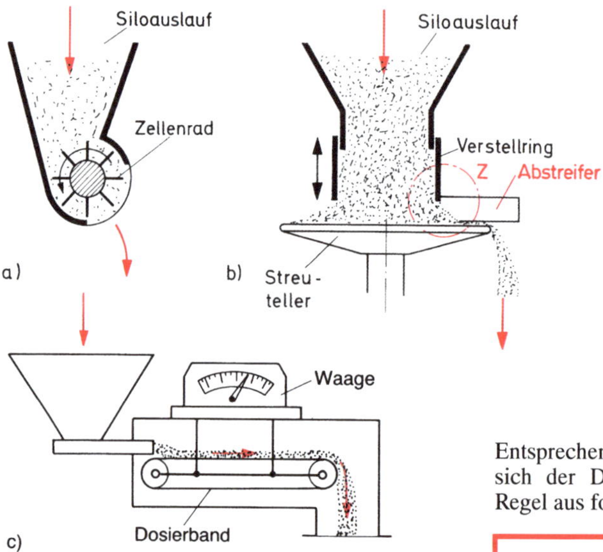


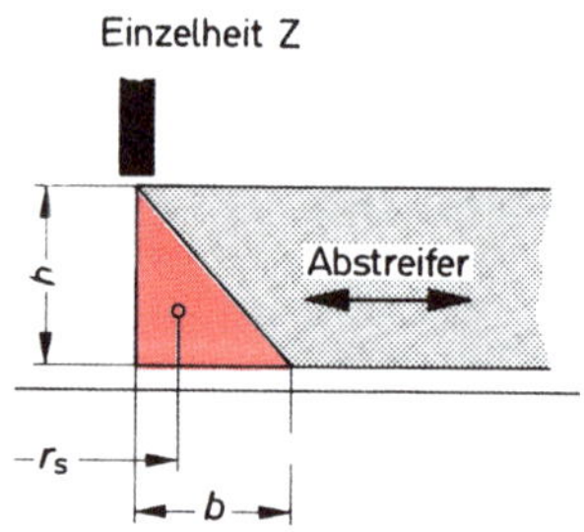


*Bild 6.12 Dosiereinrichtungen für Feststoffe: a) Zellenradschleuse, b) Tellerspeiser, c) Dosierbandwaage*

Der Dosierstrom beim **Tellerspeiser** wird durch den in der Höhe verstellbaren Ring verändert, der die Breite des auf dem Teller gebildeten Schüttkegels einstellt.

Außerdem kann der Dosierstrom noch durch Verschieben des Abstreifers in radialer Richtung und durch Verändern der Tellerdrehzahl verstellt werden. Die Drehzahl muss unter einem bestimmten kritischen Wert bleiben. Oberhalb dieser Grenzdrehzahl wird das Gut durch die Fliehkraft vom Teller geschleudert.

Entsprechend der Einzelheit Z in Bild 6.12b ergibt sich der Dosierstrom $\dot{V}$ nach der Guldin'schen Regel aus folgender Größengleichung:

$$\dot{V} = A \cdot 2 \cdot r_S \cdot \pi \cdot n; \quad A = \frac{b \cdot h}{2}$$

Mit der Drehzahl $n$ in min⁻¹ und den Abmessungen $b$, $h$ und $r_s$ in m erhält man $\dot{V}$ in m³/h mit der Zahlenwertgleichung:

$$\dot{V} = 60 \cdot \pi \cdot b \cdot h \cdot r_S \cdot n$$

**Dosierbandwaagen** dosieren in einem Verstellbereich von 1 : 10. Der Mengenstrom beträgt etwa 5 kg/h bis 10 t/h.

# 7 Fluidisieren und Wirbelschichttechnik

**Fluidisieren** ist die Überführung einer Festkörper-Schüttung in eine **Wirbelschicht** (Fließbett) mit Hilfe eines **Fluids** (Gas oder Flüssigkeit).

## 7.1 Schüttgutverhalten in fluiden Medien

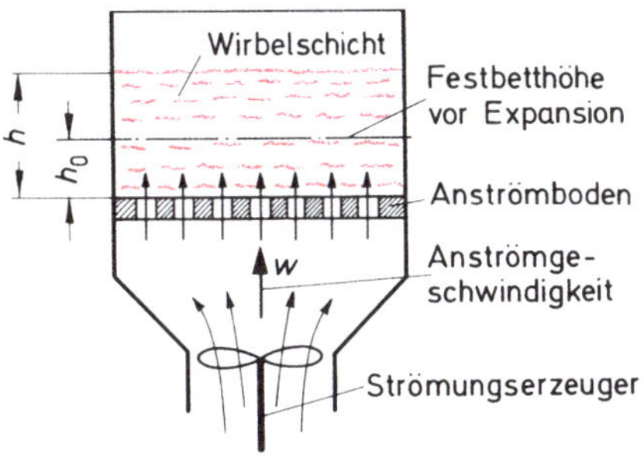


*Bild 7.1 Prinzip der Wirbelschichterzeugung*

Eine **Schüttung** feinkörnigen Feststoffs wird von einem Gas von unten nach oben durchströmt (Bild 7.1). Schüttung und Strömungserzeuger sind durch einen **Anströmboden** (poröse Platte oder Lochplatte) voneinander getrennt. Wird die Strömungsgeschwindigkeit $w$, von Null ausgehend, allmählich und stetig gesteigert, dann durchläuft die Schüttung nacheinander folgende Zustände:

1. Festbett;
2. Wirbelschicht, auch Fließbett genannt;
3. Flugstaubwolke.

Bild 7.2 zeigt die Abhängigkeit des Druckverlustes $\Delta p$ von der Strömungsgeschwindigkeit $w$. Man erkennt aus diesem Diagramm:

Der Druckverlust $\Delta p$ steigt zunächst mit der Strömungsgeschwindigkeit an, und zwar ist $\Delta p \sim w^2$. Dabei bleibt (aus dem Diagramm nicht ersichtlich) das Volumen der Schüttschicht konstant. Dieses Verhalten kennzeichnet den **Festbett-Zustand.**

Der Druckverlust wächst so lange mit der Strömungsgeschwindigkeit, bis **Gleichgewicht** herrscht zwischen der Strömungskraft $F = \Delta p \cdot A$, der Gewichtskraft der Schüttung $F_G$ und der Auftriebskraft $F_A$. Die Gasgeschwindigkeit, bei der das Kräftegleichgewicht eintritt, ist die **Lockerungsgeschwindigkeit** $w_L$.

> Bei Erreichen der Lockerungsgeschwindigkeit geht der Festbettzustand in den Wirbelschichtzustand (Fließbettzustand) über.

Infolge des Kräftegleichgewichts sind die Feststoffteilchen praktisch **schwerelos** und wie die Moleküle einer Flüssigkeit leicht gegeneinander verschiebbar. Deshalb verhält sich die **Wirbelschicht** weitgehend wie eine Flüssigkeit. Die Wirbelschicht fließt wie eine Flüssigkeit mit dem Gefälle durch Rinnen, Rohre und Kanäle. Es kann z.B. auch kontinuierlich Feststoff zu- und abfließen.

Bei weiterer Steigerung der Geschwindigkeit

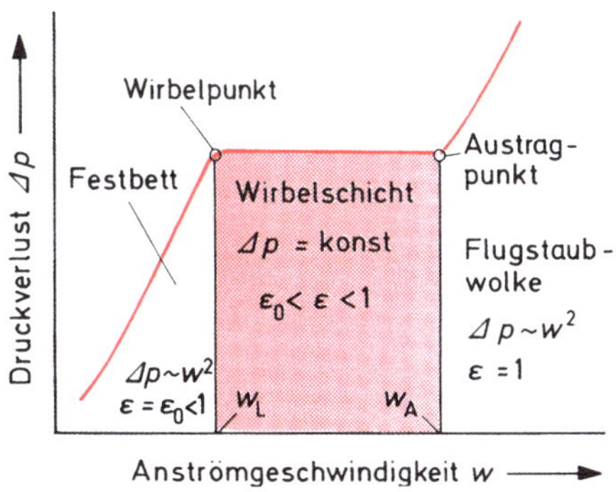


*Bild 7.2 Druckverlust als Maß für das Verhalten einer von einem Gas durchströmten Schüttung*

verhält sich die Wirbelschicht wie eine **siedende Flüssigkeit.** Der Druckverlust $\Delta p$ bleibt konstant. Das Volumen der Wirbelschicht nimmt durch Vergrößerung der Kornzwischenräume allmählich zu. Es bilden sich Gasblasen, die zur Oberfläche hochsteigen.

Bei einer bestimmten Grenzgeschwindigkeit ist das Zwischenraumvolumen der Wirbelschicht so groß geworden, dass sich die Wirbelschicht zu einer **Flugstaubwolke** auflöst und die Austragung der Feststoffteilchen beginnt. Die zugehörige Geschwindigkeit nennt man **Austragsgeschwindigkeit** $w_A$, sie entspricht der Sinkgeschwindigkeit der Teilchen unter Schwerkraftwirkung.

> Beim Erreichen der Austragsgeschwindigkeit geht der Wirbelschichtzustand in den Flugstaubzustand über.

## 7.2 Berechnung der Wirbelschichtzustandsgrößen

Der **Wirbelschichtzustand** existiert im Bereich zwischen Lockerungsgeschwindigkeit $w_L$ und Austragsgeschwindigkeit $w_A$. In diesem Bereich ist $\Delta p$ konstant, und das Volumen bzw. die Dicke der Wirbelschicht nimmt in wachsender Auflockerung zu. Kennzeichnend für die Auflockerung ist das relative Zwischenraumvolumen $\varepsilon$, Porosität genannt. Zur Auslegung eines Wirbelschichterzeugers müssen die Größen $\Delta p$, $w_L$ und $w_A$ und $\varepsilon$ berechnet werden

Den **Druckverlust** $\Delta p$ berechnet man aus dem Kräftegleichgewicht zwischen Strömungskraft, Gewichtskraft und Auftrieb. Es ergibt sich folgende Formel:

$$\Delta p = h_0 \cdot (1 - \varepsilon_0) \cdot \Delta\varrho \cdot g = h\,(1 - \varepsilon) \cdot \Delta\varrho \cdot g$$

Hierin ist: $\Delta p$ Druckverlust in bar, $h_0$ Höhe des Festbetts, $h$ Höhe der Wirbelschicht in m, $\varepsilon_0$ Festbett-Porosität in $m^3/m^3$, $\varepsilon$ Porosität der Wirbelschicht in $m^3/m^3$, $\Delta\varrho = \varrho_T - \varrho$ Dichtedifferenz zwischen Feststoff- und Gasdichte in $kg/m^3$, $g$ Fallbeschleunigung in $m/s^2$.

Für die **Porosität** (relatives Zwischenraumvolumen) gelten die Formeln:

$$\varepsilon_0 = \frac{V_F - V_T}{V_F} \cdot 100\%$$

$$\varepsilon = \frac{V_w - V_T}{V_w} \cdot 100\%$$

Hierin ist: $V_F$ Festbettvolumen, $V_T$ Volumen aller Feststoffteilchen, $V_w$ Wirbelschichtvolumen.

Bei einer **Schüttung** aus kugelförmigen Teilchen mit gas- oder luftgefüllten Zwischenräumen ist die Porosität:

$$\varepsilon_0 = 1 - \frac{\varrho_{Sch}}{\varrho_T} \approx 0{,}4$$

Hierin ist: $\varrho_{Sch}$ Schüttdichte in $kg/m^3$, $\varrho_T$ Teilchendichte in $kg/m^3$.

Nach der Druckverlustbeziehung sind Festbetthöhe $h_0$ und Wirbelschichthöhe $h$ durch die Porosität verknüpft.

$$h = h_0 \cdot \frac{1 - \varepsilon_0}{1 - \varepsilon}$$

Die **Porosität der Wirbelschicht** liegt zwischen den Grenzwerten 0,4 (Festbett) und 1. Nach *Weinspach* gibt es zur Berechnung der Porosität folgende **Kenngrößenbeziehungen:**

$$\varepsilon = 2{,}23 \left(\frac{Re}{Ar}\right)^{1/4} \quad \text{für } Re = 10^{-2} \cdots 20$$

$$Re = \frac{w \cdot x_T}{\nu} \qquad Ar = \frac{x_T^3}{\nu^2} \cdot \frac{\Delta\varrho}{\varrho} \cdot g$$

Hierin ist: $w$ Strömungsgeschwindigkeit in m/s, $x_T$ Teilchengröße in m, $\nu$ kinematische Zähigkeit in $m^2/s$, $\Delta\varrho = \varrho_T - \varrho$ Dichtedifferenz in $kg/m^3$, $g$ Fallbeschleunigung in $m/s^2$, *Ar* Archimedeszahl, *Re* Reynoldszahl.

Die **Lockerungsgeschwindigkeit** gilt stets für das **leere Rohr** vor dem Anströmboden. Zur Berechnung der Lockerungsgeschwindigkeit gibt es eine Reihe von Kenngrößenbeziehungen. Häufig wird die nachstehende Beziehung angewendet.

$$Re_L = \frac{Ar}{1400 + 5{,}22\sqrt{Ar}} = \frac{w_L \cdot x_T}{\nu}$$

Die **Austragsgeschwindigkeit** ergibt sich aus der Grundgleichung der Schwerkraftsedimentation (Abschnitt 3.2.1). Mit $\Delta\varrho \approx \varrho_T$ und $\zeta = 1$ für unregelmäßig geformte-Feststoffteilchen erhält man

$$w_A = \sqrt{\frac{4 \cdot x_T \cdot \varrho_T \cdot g}{3 \cdot \varrho_D}}$$

Die **mittlere Verweilzeit** $t_m$ von Feststoffteilchen in der Wirbelschicht, wenn der Feststoff-Massen-Strom $\dot{m}$ kontinuierlich zu- und abgeführt wird, berechnet man mit Hilfe der Formel:

$$t_m = \frac{m}{\dot{m}} = \frac{A \cdot h \cdot \varrho_T \cdot (1 - \varepsilon)}{\dot{m}}$$

Der Anteil der Feststoffteilchen $y$, deren Verweilzeit **größer** ist als eine vorgegebene Zeit $t$, kann mit Hilfe dieser Exponentialgleichung ermittelt werden:

$$y = e^{-\left(\frac{t}{t_m}\right)} = e^{-\left(\frac{t \cdot \dot{m}}{m}\right)}$$

Für den Fall $t = t_m$ ist $y = \frac{1}{e} = 0{,}368 = 36{,}8\%$

# 7.3 Wirbelschichttechnik

Wirbelschichtverfahren ermöglichen eine gute **Temperaturführung.** Das Wirbelgut hat sehr hohe Wärmeübergangskoeffizienten für die Wärmeübertragung an Heiz- und Kühlflächen sowie an einströmende Medien. Chemische Umsetzungen verlaufen daher in Wirbelschichten nahezu **isotherm.**

Wirbelschichtverfahren ermöglichen auch für den Feststoff eine kontinuierliche Arbeitsweise. Bei **katalytischen Verfahren** in der Wirbelschicht ist eine gleich bleibende Aktivität des Katalysators gewährleistet, weil sich dessen **Verweilzeit** leicht beeinflussen lässt.

Die Wirbelschichtverfahren weisen auch **Nachteile** auf:

1. Das Wirbelgut korrodiert und erodiert die ausgesetzten Apparateteile.
2. Wirbelschichtverfahren bleiben auf Wirbelgüter beschränkt, die während des Prozesses nicht verharzen oder zusammenbacken.
3. Die Beanspruchung der Feststoffteilchen beim Verwirbeln führt zu Bruch und Abrieb. Das ausgetragene feine Kornmaterial geht verloren (Katalysatorverluste).
4. Die Anströmgeschwindigkeit muss auf das jeweilige Wirbelgut sorgfältig abgestimmt werden, wenn die Wirbelschicht stabil bleiben soll. Dadurch wird die Wahl der Betriebsbedingungen eingeschränkt.

Typische Anwendungen der Wirbelschichttechnik (Fließbett-Technologie) sollen die folgenden Beispiele zeigen.

Beim **Rösten sulfidischer Erze** zur Schwefelsäurefabrikation (Bild 7.3) erlaubt die Wirbelschicht eine genaue Einhaltung der Rösttemperatur in allen Bereichen des Bettes. Die Wirbelschichttemperatur wird durch Kühlschlangen oder direkte Wassereinspritzung geregelt. Das Erzkon-

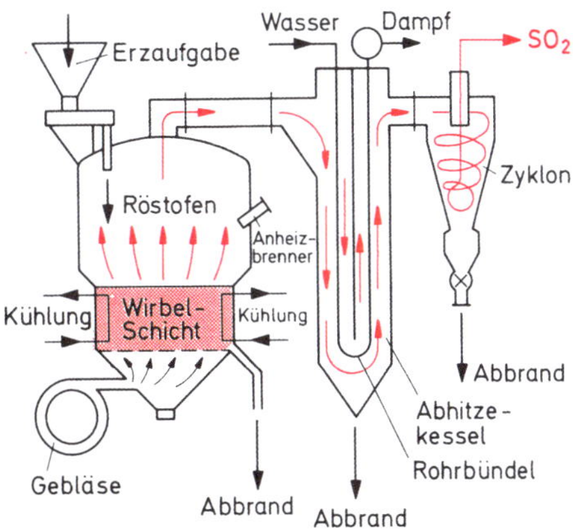


*Bild 7.3 Wirbelschichtverfahren zum Rösten sulfidischer Erze (nach Dorr-Oliver)*

zentrat kann trocken oder als Suspension zugeführt werden.

Die Abröstung erfolgt bei geringstem Luftüberschuss wegen vollkommener Mischung von Luft und Röstgut. Der **exotherme Röstprozess** verläuft nach einmaligem Anheizen selbsttätig. Wirbelschicht-Röstöfen werden für 5 bis 500 t/Tag gebaut. Die Korngröße des Erzes liegt zwischen 0,05 und 6 mm.

Eine weitere Anwendung der Wirbelschichttechnik ist das **Mischen von Schüttgütern im Fließbett.** Zum Mischen werden **Fließbettmischer mit Sektorenbelüftung** und **Strahlmischer** eingesetzt; beide sind Chargenmischer.

Beim Fließbettmischer mit Sektorenbelüftung ist der Anströmboden in mehrere getrennt zu belüftende Sektoren unterteilt. Bei unterschiedlichem Gasdurchsatz in den Sektoren entsteht eine **Schüttgutumwälzung.** Durch zyklisches Vertauschen der Luftdurchsätze in den Sektoren wird die Mischwirkung gefördert und tote Zonen vermieden. Fließbettmischer mit Sektorenbelüftung werden z.B. in der Zementindustrie zum Homogenisieren von Zementrohmehl eingesetzt. Mischer mit Durchmessern bis zu 23 m und Volumina bis 6000 $m^3$ sind hier in Betrieb.

Beim **Strahlmischer** wird das Gas nicht – wie bisher – über den ganzen Behälterboden in das Mischgut eingeleitet, sondern mit hoher Geschwindigkeit durch eine Düsenöffnung eingeblasen (Bild 7.4). Hinter der Düsenöffnung ist ein zentrales, perforiertes Rohr angeordnet, das unten einen **Diffusor** trägt. Vom hinter der Düse auftretenden Unterdruck (Injektorprinzip) werden die Feststoffteilchen in den Diffusor eingezogen und vom Gasstrahl zur Bettoberfläche gefördert. Damit eine gute Mischgutumwälzung auftritt und tote Zonen vermieden werden, muss der Gasstrahl bis zur Bettoberfläche wirken, und die zylindrische Behälterwand muss so nahe wie möglich an der Strahlachse angeordnet sein. Auf diese Weise erhält man ein so genanntes **sprudelndes Fließbett.**

Eine Wirbelschicht-Vergasungsanlage für **Biomassen** (Lurgi GmbH) zeigt Bild 7.5. Die Vergasung erfolgt in einer **zirkulierenden Wirbelschicht,** die sich im Übergangsgebiet zwischen blasenbildender Wirbelschicht und pneumatischer Förderung einordnen lässt. Wie Bild 7.5 zeigt, beruht die Feststoff-Bewegung auf zwei **Zirkulationen:**

1. im gesamten System, da der Rückführzyklon mitgerissene Partikel dem Reaktor wieder zuführt,
2. im Innern des Reaktors durch ständig wechselnde Strähnenbildung.

Hohe Relativgeschwindigkeiten und intensive Mischbewegungen zwischen Gas und Feststoff

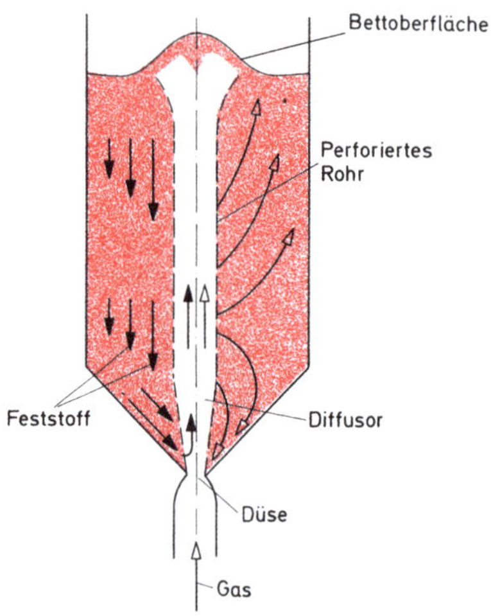


*Bild 7.4 Funktionsprinzip des Strahlmischers*

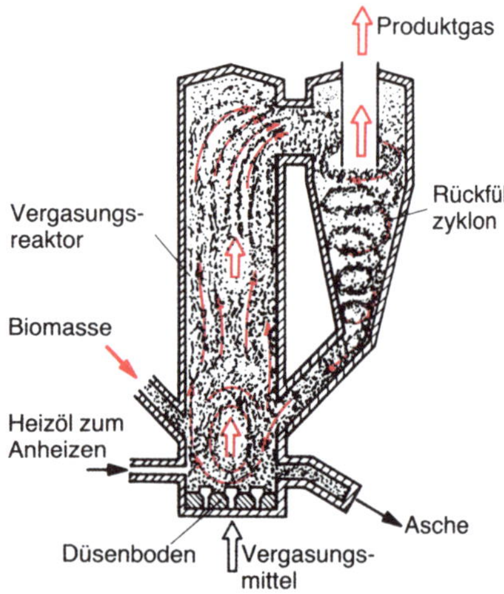


*Bild 7.5 Biogas-Generator mit zirkulierender Wirbelschicht*

erzeugen einen guten Wärme- und Stoffaustausch, der einen schnellen Umsatz bei weitgehend konstanter Temperatur im gesamten System ermöglicht.

Als **Vergasungsmittel** dienen Luft zur Heizgasgewinnung oder Sauerstoff zur Gewinnung höherwertiger Gase.

**Vergasbare Biomassen** sind Torf, Holzabfälle, Stroh, Rinde, Schalen, Bioabfälle, Klärschlamm. Abhängig vom gewählten Vergasungsmittel lassen sich Heizgase ($H_U$ = 6000···10 000 kJ/m³) und Synthesegase zur Methanolgewinnung (Kraftstoffe) erzeugen.

Die **Wirbelschicht-Trocknung** eignet sich für Pulvermaterialien, Granulate, Agglomerate und Pellets mit einem Teilchendurchmesser von 0,05 bis 5 mm. Durch Fluidisieren der Partikel wird ein leichter Trockengut-Transport erreicht und durch den intensiven, homogenen Wärmeübergang eine hohe Trocknungsrate bei Vermeidung von lokalen Überhitzungen.

Bild 7.6 zeigt einen Wirbelschicht-Trockner für Materialien, die direkt beim Eintritt in das Fließbett fluidisieren. Durch die Leitbleche wird eine mäanderförmige **Horizontalbewegung** der fluidisierten Teilchen vorgegeben und dadurch ein enges Verweilzeitspektrum erreicht, wodurch sich sehr niedrige Restfeuchten erzielen lassen. Für Materialien, die einen gewissen Trocknungsgrad zum Fluidisieren brauchen, werden Trockner ohne Leitbleche verwendet.

Je nach Produkt und Umweltschutzbestimmungen wird die Trocknung in einem offenen oder in einem geschlossenen System durchgeführt. Ein **geschlossenes System** mit einer Inertgasatmosphäre (Stickstoff) ist z. B. notwendig, wenn das Gut Lösemittel enthält oder mit Sauerstoff nicht in Berührung kommen darf.

Bei der **Wirbelschicht-Agglomeration** werden Sprühtrocknung, Agglomeration und Kühlung zu einer kontinuierlichen Verfahrensstufe kombiniert. Sprühflüssigkeit (Lösung oder Suspension) verdampft in einem Heißluftstrom. Die darin enthaltenen Feststoffpartikel werden in einer zirkulierenden Wirbelschicht weiter von der Sprühflüssigkeit benetzt und zu Agglomeraten einstellbarer Größe aufgebaut. Das fertige Granulat wird dann einem Wirbelschicht-Kühler zugeführt. Wirbelschicht-Agglomeratoren werden z. B. in Pharmazie und Lebensmitteltechnik eingesetzt (Produktdurchsatz bis 5000 kg/h).

In **Wirbelschichtfeuerungen** können Stoffe mit hoher Feuchtigkeit, hohem Ballast- und Schadstoffanteil sowie Sondermüll auf einem **Sand-Fließbett** verfeuert werden, z.B. Klärschlamm, Altöle, Petrolkoks und Lackrückstände.

Bild 7.7 zeigt eine Feuerung mit **intern zirkulierender** Wirbelschicht. Durch Zusatz von Kalkstein oder Dolomit wird das Schwefeldioxid der Verbrennungsgase von dem sich in der Wirbelschicht bildenden Calciumoxid in Calciumsulfat (Gips) umgesetzt. Bei den relativ niedrigen Verbrennungstemperaturen von 750 bis 950 °C wird die Bildung von Stickoxiden vermieden.

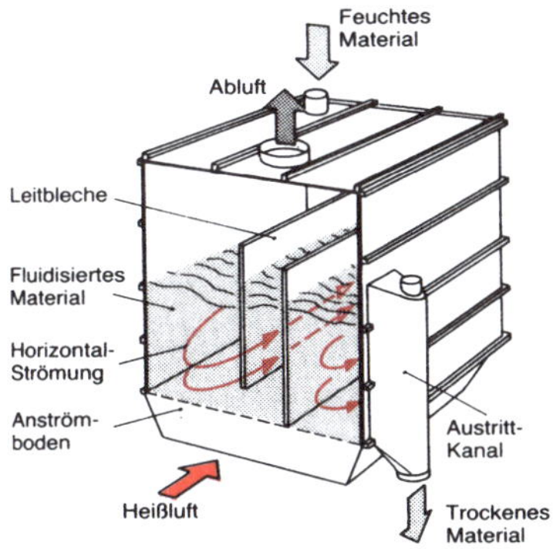


*Bild 7.6 Wirbelschicht-Trocknung*

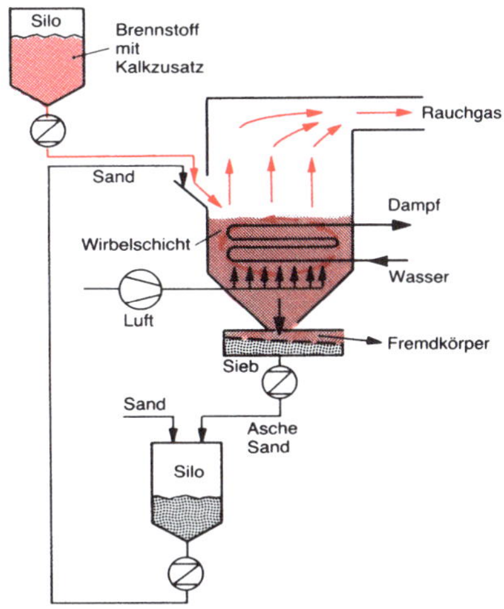


*Bild 7.7 Wirbelschicht-Feuerung*

**Beispiel 7.1**

In einem Wirbelschichtapparat mit Kreisquerschnitt wird Silikagel mit Heißluft bei 150 °C getrocknet. Der mittlere Korndurchmesser beträgt $x_T$ = 1 mm. Es sollen $\dot{m}$ = 2,5 t/h verarbeitet werden. Die Verweilzeit der Teilchen muss $t_m$ = 10 min betragen. Der Heißluft-Volumenstrom beträgt $\dot{V}_L$ = 4300 m³/h. Gegeben sind ferner: Schüttdichte $\varrho_{Sch}$ = 650 kg/m³; Teilchendichte $\varrho_T$ = 1100 kg/m³; kinematische Zähigkeit der Luft bei 150 °C; $v$ = 2,9 10⁻⁵ m²/s; Dichte der Luft bei 150 °C $\varrho_L$ = 0,834 kg/m³.

Zu berechnen sind:

1. Lockerungsgeschwindigkeit $w_L$
2. Durchmesser $D$ des Apparats für eine Betriebsgeschwindigkeit $w = 2{,}5 \cdot w_L$
3. Höhe des Fließbetts im Betriebszustand h
4. Druckverlust $\Delta p$
5. Austragsgeschwindigkeit $w_A$

*Lösung*

1. Lockerungsgeschwindigkeit $w_L$

$$Ar = \frac{x_T^3 \cdot \Delta\varrho \cdot g}{v^2 \cdot \varrho_L} =$$

$$= \frac{10^{-9}\ \text{m}^3 \cdot 1099\ \text{kg/m}^3 \cdot 9{,}81\ \text{m/s}^2}{8{,}41 \cdot 10^{-10}\text{m}^4/\text{s}^2 \cdot 0{,}834\ \text{kg/m}^3}$$

$$Ar = 15\,373$$

$$Re_L = \frac{Ar}{1400 + 5{,}22 \cdot \sqrt{Ar}} =$$

$$= \frac{15\,385}{1400 + 5{,}22 \cdot \sqrt{15\,385}}$$

$$Re_L = 7{,}510$$

$$w_L = \frac{Re_L \cdot v}{x_T} = \frac{7{,}510 \cdot 2{,}9 \cdot 10^{-5}\ \text{m}^2/\text{s}}{0{,}001\ \text{m}}$$

$$w_L = 0{,}218\ \text{m/s}$$

2. Fließbettdurchmesser $D$
   Betriebsgeschwindigkeit
   $w = 2{,}5 \cdot w_L = 2{,}5 \cdot 0{,}218\ \text{m/s} = 0{,}545\ \text{m/s}$

   Fließbettquerschnitt:

$$A = \frac{\dot{V}_L}{w} = \frac{4300\ \text{m}^3/\text{h}}{3600\ \text{s/h} \cdot 0{,}545\ \text{m/s}}$$

$$A = 2{,}19\ \text{m}^2; \quad D = \sqrt{\frac{4 \cdot A}{\pi}}$$

$$D = \sqrt{\frac{4 \cdot 2{,}19\ \text{m}^2}{\pi}} = 1{,}670\ \text{m}$$

3. Höhe des Fließbetts im Betriebszustand

Die Höhe des Festbetts $h_0$ ergibt sich aus dem Feststoffdurchsatz $\dot{m}$ und der Verweilzeit $t_m$.

$$h_0 = \frac{\dot{m} \cdot t_m}{A \cdot (1 - \varepsilon_0) \cdot \varrho_T}$$

Dieser Ausdruck wird in die Formel für $h$ eingesetzt:

$$h = h_0 \cdot \frac{1 - \varepsilon_0}{1 - \varepsilon} = \frac{\dot{m} \cdot t_m}{A \cdot (1 - \varepsilon_0) \cdot \varrho_T} \cdot \frac{1 - \varepsilon_0}{1 - \varepsilon}$$

$$h = \frac{\dot{m} \cdot t_m}{A \cdot (1 - \varepsilon) \cdot \varrho_T}$$

Die Porosität $\varepsilon$ des Fließbetts im Betriebszustand erhalten wir aus:

$$\varepsilon = 2{,}23 \cdot \left(\frac{Re}{Ar}\right)^{1/4} = 2{,}23 \cdot \left(\frac{2{,}5 \cdot Re_L}{Ar}\right)^{1/4}$$

$$\varepsilon = 2{,}23\left(\frac{18{,}77}{15\,373}\right)^{1/4} = 0{,}42$$

$$h = \frac{2500\ \text{kg/h} \cdot 10\ \text{min}}{60\ \text{min/h} \cdot 2{,}19\ \text{m}^2 \cdot 0{,}58 \cdot 1100\ \text{kg/m}^3}$$

$$h = 0{,}298\ \text{m}$$

$$h = 298\ \text{mm}$$

4. Druckverlust im Fließbett

$$\Delta p = h \cdot (1 - \varepsilon) \cdot \Delta\varrho \cdot g;$$

$$\Delta p = 0{,}393\ \text{m} \cdot 0{,}44 \cdot 1099\ \text{kg/m}^3 \cdot 9{,}81\ \text{m/s}^2$$

$$\Delta p = 1864\ \text{N/m}^2 = 18{,}64\ \text{mbar}$$

5. Austragsgeschwindigkeit $w_A$

Diese Geschwindigkeit wird zur Kontrolle berechnet, sie muss beträchtlich über der Betriebsgeschwindigkeit liegen.

$$w_A = \sqrt{\frac{4 \cdot x_T \cdot \varrho_T \cdot g}{3 \cdot \varrho_L}}$$

$$w_A = \sqrt{\frac{4 \cdot 0{,}001\ \text{m} \cdot 1100\ \text{kg/m}^3 \cdot 9{,}81\ \text{m/s}^2}{3 \cdot 0{,}834\ \text{kg/m}^3}}$$

$$w_A = 4{,}15\ \text{m/s}$$

$w_A$ ist fast um eine Zehnerpotenz größer als $w$ = 0,545 m/s.

# 8 Wärmeübertragung

Wärmeübertragung ist ein **Transportvorgang,** bei dem ein **Wärmestrom** von einem Materiebezirk höherer Temperatur zu einem Materiebezirk niedrigerer Temperatur fließt. Voraussetzungen für die Warmeübertragung sind **Temperaturgefälle** und **Austauschfläche.**

Aufgaben der Wärmeübertragung in der Verfahrenstechnik sind:

1. Einhaltung vorgegebener Temperaturen durch Beheizen oder Kühlen,
2. Änderung von Aggregatzuständen durch Verdampfen, Kondensieren, Schmelzen, Verfestigen, Kristallisieren und Sublimieren,
3. Trennung von Stoffgemischen, z.B. durch Destillieren und Absorbieren.

## 8.1 Arten der Wärmeübertragung

Die Wärme kann auf drei Arten übertragen werden, und zwar durch Wärmeleitung, Konvektion und Wärmestrahlung. Fast immer kommen die drei Übertragungsarten gemeinsam vor.

### 8.1.1 Wärmeleitung

Wärmeleitung ist die **Wärmefortpflanzung** innerhalb eines Stoffes durch **Molekülstöße.** Der durch Wärmeleitung übertragene Wärmestrom $Q$ kann durch die Formel berechnet werden:

**Wärmeleitung einer ebenen Wand**

$$Q = \frac{\lambda}{s} \cdot A \cdot \Delta t$$

**Wärmeleitung einer Rohrwand**

$$Q = \frac{2\,\pi \cdot l}{\ln \dfrac{r_a}{r_i}} \cdot \lambda \cdot \Delta t$$

In diesen Gleichungen ist: $Q$ Wärmestrom in W, $\lambda$ Wärmeleitzahl in W/m K, $A$ Übertragungsfläche in m$^2$, $\Delta t$ Temperaturdifferenz in K, $l$ Rohrlänge, $r_a$ Außenradius, $r_i$ Innenradius jeweils in m, $s$ Wanddicke in m.

Tabelle 8.1 gibt eine Zusammenstellung der Wärmeleitzahlen wichtiger Stoffe.

### 8.1.2 Wärmeübertragung durch Konvektion

Unter Konvektion versteht man den Transport von Bezirken oder Schichten fluider Medien zur Wärmeübertragungsfläche. Man unterscheidet zwischen **freier Konvektion** und **erzwungener Konvektion.**

Freie Konvektion entsteht durch Strömungsvorgänge, die allein durch Dichteunterschiede in einem Temperaturfeld hervorgerufen werden. Erzwungene Konvektion wird durch eine von außen aufgezwungene Fluidströmung erzeugt.

Man nennt die **Wärmeübertragung durch Konvektion** zwischen einem Fluid und einer Fläche auch **Wärmeübergang.** Der Wärmestrom beim Wärmeübergang ist proportional dem **Wärmeübergangskoeffizienten** $\alpha$ mit der Einheit W/(m$^2$ K).

$$Q = \alpha \cdot A \cdot \Delta t$$

Der **Wärmeübergang bei erzwungener Konvektion** ist abhängig vom Strömungszustand (laminar oder turbulent) – ausgedrückt durch die **Reynoldszahl** *Re* – von den Stoffwerten des Fluids – ausgedrückt durch die **Prandtlzahl** *Pr* –

| Stoffart | Wärmeleitzahl in W/(m K) | spezifische Wärmekapazität in J/(kg · K) |
|---|---|---|
| Eisenmetalle | 46 ... 58 | 450 ... 500 |
| Leichtmetalle | 150 ... 250 | 840 ... 870 |
| Kupfer | 395 | 390 |
| Porzellan, Steinzeug | 0,8 ... 1,3 | 700 ... 800 |
| Mineralien | 1 ... 4 | 700 ... 900 |
| Glas | 0,6 ... 1 | 800 ... 850 |
| Holz | 0,17... 0,34 | 2 100 ... 2 900 |
| Kunststoffe | 0,1 ... 0,4 | 1 500 ... 2 000 |
| Schaumstoffe | 0,02 ... 0,08 | 1 000 ... 1 500 |
| Wasser | 0,58 | 4 190 |
| organische Flüssigkeiten | 0,1 ... 0,5 | 1 000 ... 4 000 |
| Luft | 0,026 | 1 000 |
| Wasserstoff | 0,187 | 14 |
| Generatorgas | 0,023 | 280 |
| Wasserdampf | 0,019 | 1 050 |
| (100 °C) | | 2 000 |

**Tabelle 8.1 Wärmeleitzahlen und spezifische Wärmekapazitäten (20 °C und 1 bar)**

und von der Wärmeleitung der Grenzschicht zwischen Fluid und Übertragungsfläche – ausgedrückt durch die **Nusseltzahl** *Nu*.

Der Wärmeübergang wird durch das Potenzprodukt der drei Kennzahlen *Nu*, *Re* und *Pr* beschrieben:

$$Nu = \frac{\alpha \cdot l}{\lambda} = C \cdot Re^m \cdot Pr^n$$

$$Re = \frac{w \cdot l}{\nu}\,; \quad Pr = \frac{\eta \cdot c_p}{\lambda}$$

Hierin ist: $\alpha$ Wärmeübergangskoeffizient in $W/(m^2 K)$, $l$ charakteristische Länge in m, $\lambda$ Wärmeleitzahl in W/(m K), $w$ Geschwindigkeit in $m^2/s$, $\nu$ kinematische Viskosität in $m^2/s$, $\eta$ dynamische Viskosität in Pa s, $c_p$ spezifische Wärmekapazität in W s/(kg K).

Tabelle 8.2 nennt Anhaltswerte für Wärmeübergangskoeffizienten.

Die **Wärmeübertragung durch freie Konvektion** kommt in der Verfahrenstechnik selten vor. Für die freie Konvektion ruhender Luft an Wänden mit Außentemperaturen von $t_w$ = 50...350 °C ergibt sich der Wärmeübergangskoeffizient $\alpha$ zu:

$$\alpha = 9{,}3 + 0{,}06 \cdot t_w$$

| Medium | Wärmeübergangskoeffizient in $W/(m^2 K)$ |
|---|---|
| Luft an ebene Wände | 8... 80 |
| Wasser an ebene Wände | 100... 1 000 |
| siedendes Wasser | 1 000...15 000 |
| kondensierender Wasserdampf | 6 000...25 000 |
| kondensierende org. Dämpfe | 600... 2 000 |
| Luft außen an Rohrbündel | 20... 1 000 |
| Wasser in Rohren (turbulent) | 2 000...15 000 |
| Wasser außen an Rohrbündel | 1 000... 5 000 |
| Wasser an Rührgefäßmantel | 3 000... 3 500 |
| Luft an Wirbelschicht | 200... 600 |

**Tabelle 8.2 Wärmeübergangskoeffizienten fluider Medien an Wandflächen**

### 8.1.3 Wärmeübertragung bei Änderung des Aggregatzustands

Der **Wärmeübergang bei Verdampfung** wird verursacht durch die freie **Konvektion** der Flüssigkeit und die **Rührwirkung** der entstehenden Dampfblasen. Man unterscheidet zwischen der normalen **Blasenverdampfung** und der **Filmverdampfung.**

> Filmverdampfung entsteht bei sehr großen Wärmestromdichten (> 300 000 W/m²), wenn die Dampfblasen einen zusammenhängenden, die Heizfläche isolierenden Dampffilm bilden. Beim Umschlag Blasenverdampfung/Filmverdampfung sinkt die Wärmeübergangszahl plötzlich ab, die Heizfläche wird nicht mehr ausreichend abgekühlt und kann durchbrennen.

**Tabelle 8.3 Wärmeübergangskoeffizienten bei Verdampfung von Wasser und 1 bar**

| Wärmestromdichte in W/m² | | Wärmeübergangskoeffizient in W/(m² K) |
|---|---|---|
| Blasen-verdampfung | 8 000 | 1 400 |
| | 10 000 | 1 500 |
| | 20 000 | 2 500 |
| | 50 000 | 5 000 |
| | 100 000 | 8 500 |
| | 150 000 | 10 000 |
| Filmver-damp-fung | 300 000 | 10 000 |
| | 400 000 | 3 000 |
| | 500 000 | 1 500 |

In Tabelle 8.3 werden die Wärmeübergangskoeffizienten in Abhängigkeit von der Wärmestromdichte für die Verdampfung von Wasser bei Normaldruck angegeben. Die Wärmeübergangskoeffizienten anderer siedender Flüssigkeiten erhält man durch Multiplikation dieser Werte mit Korrekturwerten, die für **organische Flüssigkeiten** zwischen 0,3 und 0,7 liegen.

Bei der **Kondensation** unterscheidet man zwischen Film- und Tropfenkondensation.

Bei **Filmkondensation** benetzt das Kondensat die Kühlfläche und es entsteht ein zusammenhängender Film. **Tropfenkondensation** erfolgt bei hoher Oberflächenspannung und geringer Viskosität des Kondensats. Organische Flüssigkeiten kondensieren fast nur als Filme. Bei Wasser können beide Kondensationsarten gleichzeitig auftreten.

Für den **ungünstigeren** Fall der **Filmkondensation** gilt nach *Nusselt* für eine laminar abströmende **Wasserhaut** folgende Gleichung:

$$\alpha = 0{,}94 \sqrt[4]{\frac{\varrho \cdot g \cdot \lambda^3 \cdot \Delta h_v}{\nu \cdot h \cdot \Delta t}}$$

Hierin ist neben den bereits bekannten Größen: $\Delta h_v$ Kondensationswärme des Dampfes in J/kg, $h$ Laufweg des Wasserfilms in m, bei $n$ übereinanderliegenden horizontalen Kühlrohren ist $h = 2{,}5 \cdot n \cdot d$.

Die Wärmeübergangskoeffizienten der **Tropfenkondensation** sind wesentlich größer als die der Filmkondensation: 35 000 ··· 70 000 W/(m² K) gegenüber 5000 ··· 10 000 W/(m² K).

### 8.1.4 Wärmeübertragung durch Strahlung

Von Bedeutung für die Wärmeübertragung in verfahrenstechnischen Apparaten ist die **Wärmestrahlung zwischen zwei Festkörperflächen,** die durch ein vollkommen durchlässiges Medium voneinander getrennt werden. Der Wärmestrom ist hier proportional der **Strahlungs-Wärmeübergangszahl** $\alpha_S$.

$$\alpha_S = C_{12} \cdot \frac{T_1^4 - T_2^4}{T_1 - T_2}$$

Hierin ist: $T_1$ Temperatur der wärmeren Fläche in K, $T_2$ Temperatur der kälteren Fläche in K, $C_{12}$ gemeinsame Strahlungszahl in W/m² K⁴.

Zur Ermittlung der gemeinsamen **Strahlungszahl** werden folgende Formeln verwendet:

$$C_{12} = \frac{1}{(1/C_1) + (1/C_2) - (1/C_S)}$$

$$C_1 = \varepsilon_1 \cdot C_S; \quad C_2 = \varepsilon_2 \cdot C_S$$

Hierin ist: $C$ Strahlungszahl in W/m² K⁴, $C_S$ Strahlungszahl des absolut schwarzen Körpers:

$C_S = 5{,}67 \cdot 10^{-8}$ W/(m² K⁴), $\varepsilon$ Schwärzegrad gemäß nachstehender Zusammenstellung:

| Material | Schwärzegrad |
|---|---|
| Kupfer, poliert | 0,03 |
| Aluminium, poliert | 0,05 |
| Ziegelmauerwerk | 0,9 |
| Kupfer, oxidiert | 0,6···0,9 |
| Gusseisen | 0,65 |
| Stahl, oxidiert | 0,8 |

Die **Wärmestrahlung** ist im Bereich höherer Temperaturen nennenswert an der gesamten Wärmeübertragung beteiligt. Die Wärmestrahlung unterscheidet sich von der **Lichtstrahlung** nur durch die im Infrarotbereich (0,8···15 µm) liegende Wellenlänge.

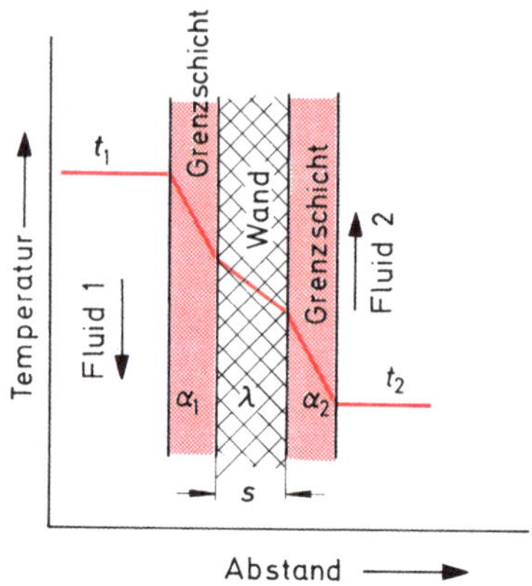


*Bild 8.1 Wärmedurchgang durch eine Wand*

## 8.2 Wärmedurchgang

Wärmedurchgang ergibt sich, wenn mehrere Wärmeträger – Wände und Fluide – an der Wärmeübertragung beteiligt sind. Bild 8.1 zeigt den Wärmedurchgang durch eine Wand.

Der **Wärmestrom beim Wärmedurchgang** wird beschrieben durch die Gleichung:

$$Q = k \cdot A \cdot \Delta t_m$$

Hierin ist: $Q$ Wärmestrom in W, $k$ Wärmedurchgangszahl in W/m² K, $A$ Übertragungsfläche in m², $\Delta t_m$ mittlere logarithmische Temperaturdifferenz der fluiden Medien.

Die **Wärmedurchgangszahl** ergibt sich aus den Wärmeübergangszahlen $\alpha$ der Fluide sowie aus der Wärmeleitzahl $\lambda$ und der Wanddicke $s$.

**Für ebene Wände:**

$$\frac{1}{k} = \frac{1}{\alpha_1} + \frac{s}{\lambda} + \frac{1}{\alpha_2}$$

**Für Rohrwände:**

$$\frac{1}{k_a} = \frac{1}{\alpha_a} + \frac{d_a}{\alpha_i \cdot d_i} + \frac{d_a}{2\lambda} \cdot \ln\left(\frac{d_a}{d_i}\right)$$

Ist die Temperaturdifferenz zwischen den fluiden Medien entlang der Wand nicht konstant, dann muss die **mittlere logarithmische Temperaturdifferenz** in die Wärmestromgleichung eingesetzt werden.

Die Fluide können im **Parallelstrom** (Gleichstrom) und im **Gegenstrom** geführt werden (Bild 8.2a und b).

Beim Parallelstrom strömen beide Fluide in gleicher Richtung entlang der Trennwand; beim Gegenstrom strömen sie in entgegengesetzter Richtung. Beim Gegenstrom tritt das abgekühlte wärmere Medium mit niedrigerer Temperatur aus als das erwärmte kältere Medium. Beim Gegenstrom wird mehr Wärme übertragen als beim Parallelstrom.

Die **mittlere logarithmische Temperaturdifferenz** wird bei Parallel- und Gegenstrom gemäß Bild 8.2 folgendermaßen berechnet:

$$\Delta t_m = \frac{\Delta t_A - \Delta t_E}{\ln(\Delta t_A / \Delta t_E)}$$

Für den Fall $\Delta t_A / \Delta t_E < 2{,}2$ genügt das **arithmetische Mittel :**

$$\Delta t_m = \frac{\Delta t_A + \Delta t_E}{2} \quad \text{gültig für: } \Delta t_A \neq \Delta t_E$$

Neben Parallel- und Gegenstrom gibt es noch den

**Kreuzstrom.** Beim Kreuzstrom strömt eines der Fluide durch Rohre, die senkrecht zur Strömungsrichtung des zweiten Fluids stehen. $\Delta t_m$ liegt zwischen den Werten für Parallel- und Gegenstrom.

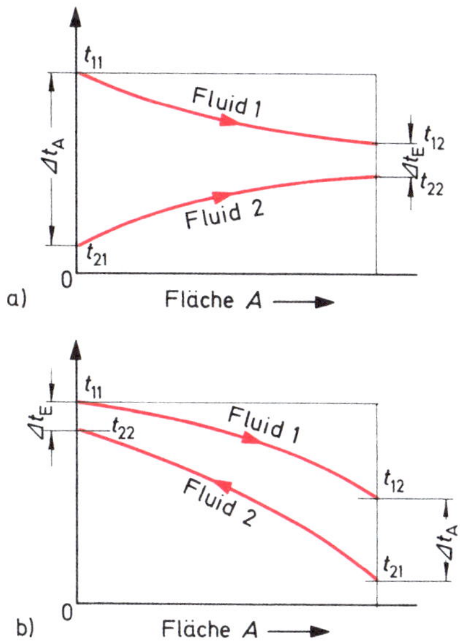


*Bild 8.2 Temperaturverlauf zweier Fluide: a) bei Parallelstrom, b) bei Gegenstrom*

# 8.3 Wärmeübertragungsmittel

Wärmeübertragungsmnittel – **Wärmeträger** – sind Flüssigkeiten, die neben Wasser zur **indirekten Beheizung** von Apparaten und Reaktionsbehältern dienen (DIN 51522).

> Wärmeträger werden benötigt, wenn bei Atmosphärenüberdruck höhere Temperaturen als 90···100 °C aufzubringen sind. Wärmeträger sind organische Flüssigkeitsgemische auf Mineralölbasis oder synthetische Produkte.

Als Wärmeträger für hohe Temperaturen werden z.B. folgende Substanzen verwendet:

**Mobiltherm** (Mobiloil): Paraffinbasisches Mineralöl. Einsatzbereich –8 bis 320 °C.

**Marlotherm SH** (SASOL AG): Dibenzyltoluole. Einsatzbereich –14 bis 350 °C.

**Therminol 66** (Solutia): Terphenyle. Einsatzbereich 8 bis 350 °C.

**Diphyl** (Bayer): Diphenyl/Dephenyloxid. Einsatzbereich 13 bis 400 °C.

**Syltherm** 800 (Dow): Polydimethylsiloxan. Einsatzbereich –60 bis 400 °C.

# 8.4 Wärmeaustauscher

> Wärmeaustauscher – auch **Wärmeübertrager** genannt – sind Apparate, die von zwei fluiden Medien (Flüssigkeiten oder Gase) durchströmt werden, wobei das wärmere Fluid seine Wärme auf das andere Fluid überträgt.

## 8.4.1 Auslegung von Wärmeaustauschern

Es gibt zwei Arten von Wärmeaustauschern: Rekuperatoren und Regeneratoren.

Bei **Rekuperatoren** sind die Fluide durch eine feste Wand getrennt, Die Wärme wird durch die Trennwand (z.B. Rohrwand) übertragen. **Regeneratoren** verwenden zur Wärmeübertragung eine

**Speichermasse,** durch die abwechselnd das Wärme abgebende und das Wärme aufnehmende Fluid geleitet wird. (Beispiel Siemens-Martin-Ofen). Die Wärmeaustauscher der Verfahrenstechnik sind überwiegend **Rekuperatoren.**

Wärmeaustauscher, in denen eine Änderung des Aggregatzustands erfolgt, nennt man **Verdampfer** oder **Kondensatoren.**

Zur Berechnung der **Wärmeübertragungsfläche** – Heizfläche, Kühlfläche – dienen die folgenden Grundgleichungen

$$A = \frac{Q}{k \cdot \Delta t_m};$$

$$Q = \dot{m}_1 \cdot c_1 \cdot \Delta t_1 = \dot{m}_2 \cdot c_2 \cdot \Delta t_2$$

Hierin ist: $A$ Übertragungsfläche in $m^2$, $Q$ Wärmestrom in W, $k$ Wärmedurchgangszahl in $W/m^2$ K, $\Delta t_m$ mittlere logarithmische Temperaturdifferenz, $\dot{m}$ Massenstrom in kg/s, $c$ spezifische Wärmekapazität in J/kg K (bei Gasen $c_p$), $\Delta t$ Temperaturänderung in K, Index 1 für Fluid 1, Index 2 für Fluid 2.

Die errechnete Übertragungsfläche ist noch mit einem **Sicherheitsfaktor** von 1,1 ··· 1,3 zu multiplizieren. Nach dem Entwurf der Heiz- bzw. Kühlfläche muss der **Druckverlust** der beiden Fluide nachgerechnet werden.

## 8.4.2 Wärmeaustauscher-Bauarten

Besprochen werden **Rekuperatoren** zum Heizen und Kühlen eines Fluids. Vorwiegend werden folgende Bauarten eingesetzt:

Doppelrohrapparate, Schlangenaustauscher, Rohrbündelaustauscher, Plattenaustauscher, Spiralaustauscher und Lamellenaustauscher.

Der **Doppelrohrapparat** (Liebig-Kühler) besteht aus Mantel- und Kernrohr. Er wird auch in Schlangenform gebaut.

**Rohrschlangenwärmeaustauscher** bestehen aus schraubenförmig gewickelten Rohren, sog. Zylinderschlangen, die von einem Behälter umschlossen sind. Im Behälter können mehrere Lagen von Zylinderschlangen angeordnet werden (Kreuzgegenströmer der Tieftemperaturtechnik).

**Rohrbündelwärmeaustauscher** sind die gebräuchlichste Bauart. Hier unterscheidet man drei Varianten (Bild 8.3): Haarnadelaustauscher, Austauscher mit festen Böden und Leitblechen. Austauscher mit Schwimmkopf.

Vorteile der **Haarnadelbauart:** Ausbaumöglichkeit des Rohrbündels. Ausdehnungsmöglichkeit der U-Rohre. Ein- und Austritte der Fluide liegen alle an einem Ende des Apparats (Zugänglichkeit). Nachteile: Innere Rohrreinigung ist nur schwer möglich, unterschiedliche Länge der U-Rohre.

**Plattenwärmeaustauscher** ähneln in der Bauart Filterpressen, sie bestehen aus gerillten oder formgepressten, auf Holmen gefädelten Platten, die gegeneinander abgedichtet zusammengepresst werden. Plattenabstand 5···15 mm. Je zwei Platten bilden einen **Kanal** (Bild 8.4a).

Die Wellung der Kanalplatten erzeugt in den Kanälen eine turbulente Dünnschichtströmung mit sehr hohen Wärmeübergangszahlen.

Der **Spiralwärmeaustauscher** besteht aus zwei

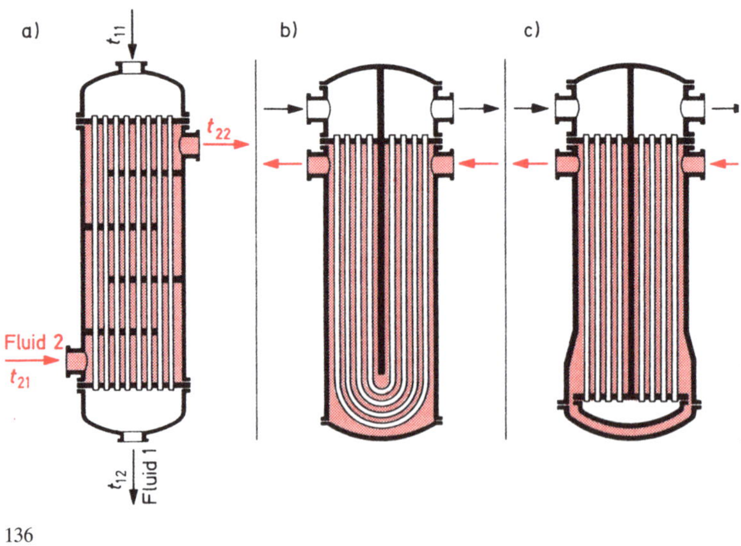


*Bild 8.3 Rohrbündelwärmeaustauscher: a) Geradrohraustauscher mit festen Böden, b) Haarnadelaustauscher, c) Geradrohraustauscher mit Schwimmkopf*

um einen Kern als Doppelspirale gewickelten Blechbändern. Dadurch entstehen zwei konzentrische **Spiralkanäle** für die beiden Fluide, die in reinem Gegenstrom geführt werden. Die Kanalweite kann dem Durchsatz des jeweiligen Fluids angepasst werden (Bild 8.4b).

Der **Lamellenwärmeaustauscher** besteht aus dünnen profilierten Blechen, die paarweise zu Lamellen verschweißt und zu einem Bündel mit kreisförmigem Querschnitt zusammengebaut sind. Das **Lamellenbündel** wird von einem Mantel umschlossen. Die Profilierung der Bleche ergibt flache **Kanäle** im Innern einer jeden Lamelle, die von dem einen Fluid durchströmt werden. Das andere Fluid fließt in den Lamellenzwischenräumen (Bild 8.4c).

Neben diesen Wärmeaustauscherbauarten gibt es noch zahlreiche Sonderkonstruktionen, z.B. Schneckenaustauscher für pastöse Stoffe, Graphit-Ringnutaustauscher für aggressive Fluide wie Säuren und Laugen.

Zu erwähnen sind noch **selbstreinigende Geradrohr-Wärmetauscher** (nach Bild 8.3a). In den Rohren werden vom Aufwärtsstrom Kugeln oder zylindrische Teilchen aus Glas, Keramik oder Stahl von ca. 2 mm Ø in der Schwebe gehalten. Eine gelochte Bodenplatte verwirbelt die Teilchen und verteilt sie gleichmäßig auf die Rohre. Kontinuierlich wird ein Teil der Partikel zum Austauscherkopf befördert und strömt von dort durch ein weites Zentralrohr nach unten zum Einlass. Es entsteht eine **zirkulierende Wirbelschicht,** die eine Verunreinigung der Rohrwände verhindert. Der Anteil der Teilchen am Rohrvolumen beträgt je nach Art und Menge der Verunreinigungen 1 bis 30%.

Tabelle 8.4 gibt Richtwerte für die vorstehend genannten Wärmeaustauscher-Bauarten an. Baugruppen von Rohrbündel-Wärmeaustauschern mit zwei festen Böden sind teilweise genormt (DIN 28180, 28182, 28183, 28184 und 28186). Die Normen betreffen im Wesentlichen Berohrung und Anschlussmaße.

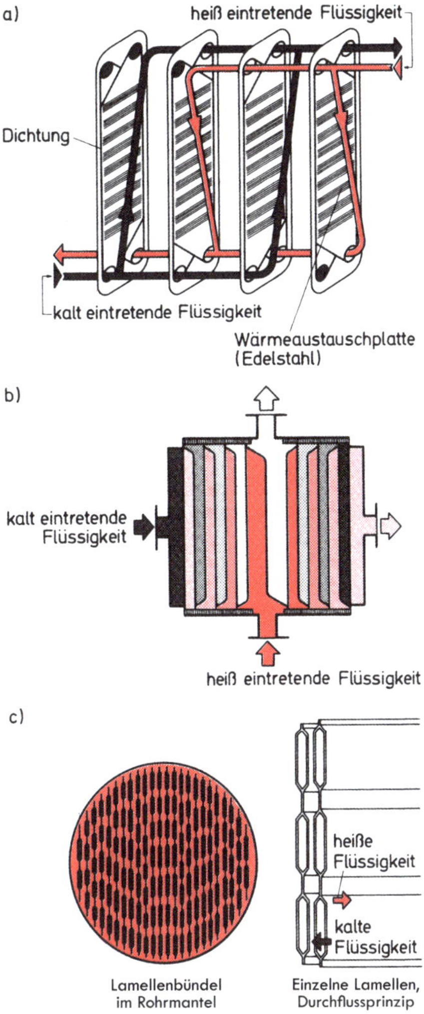


*Bild 8.4 Kompaktwärmeaustauscher: a) Plattenwärmeaustauscher, b) Spiralwärmeaustauscher, c) Lamellenwärmeaustauscher*

### Beispiel 8.1

In einem Rohrbündel-Wärmeaustauscher mit **Schwimmkopf** (Bild 8.3c) werden 12 m³/h Kondensat von 100 °C auf 60 °C durch 48 m³/h Kühlwasser abgekühlt, das in den Rohren strömt. Die Wärmedurchgangszahl beträgt unter Berücksichtigung der Verschmutzung $k = 750\ \text{W/m}^2\ \text{K}$. Die Eintrittstemperatur des Kühlwassers beträgt 20 °C. Kondensat und Kühlwasser werden im Gegenstrom geführt. Für die Berohrung werden gerade Rohre 17,2×1,8 verwendet. Die Kühlwassergeschwindigkeit in den Rohren darf wegen des Druckverlustes nicht größer als 1,2 m/s sein. Die spezifische Wärmekapazität von Kühlwasser und Kondensat beträgt 4190 J/(kg · K). Zu bestimmen sind Anzahl und Länge der Rohre.

**Tabelle 8.4 Wärmeaustauscher**

| Bauart | Übertragungs-fläche in $m^2$ | k-Wert für Wasser an Wasser in $W/m^2 K$ | Betriebs-druck in bar | Anwendungsbeispiele |
|---|---|---|---|---|
| Doppelrohr-W. | ... 20 | ...2000 | ...200 | Kühler für hohe Drücke und geringe Durchsätze |
| Rohrbündel-W. | ...1000 | 500...1000 | ... 50 | Vorwärmer, Kühler, Kondensator, Wärme-rückgewinnung |
| Rohrschlangen-W. | ...2000 | 1000...2000 | ... 50 | Kreuzgegenströmer für Gas-Tiefkühlung |
| Platten-W. | ...1000 | 2000...5000 | 10... 20 | Erhitzer zum Pasteuri-sieren, Sterilisieren |
| Spiral-W. | ... 250 | 1500...2500 | ... 15 | Kühler, Vorwärmer, Kondensator, Wärme-rückgewinnung |
| Lamellen-W. | ... 800 | 2000...3000 | ... 35 | Kühler, Vorwärmer, Eindampfer, Wärme-rückgewinnung |
| Graphit-Ringnut-W. | ... 20 | ...2000 | ... 3 | Kühler, Vorwärmer für aggressive Medien |

*Lösung*

1. Wärmestrom $Q$ für das Kondensat:

$$Q = \dot{m}_1 \cdot c_1 \cdot \Delta t_1$$

$$\Delta t_1 = 100\ °C - 60\ °C = 40\ °C = 40\ K$$

$$Q = \frac{12\,000}{3\,600}\ kg/s \cdot 4190\ W\ s/kg\ K \cdot 40\ K$$

$$= 558\,000\ W$$

2. Austrittstemperatur des Kühlwassers:

$$t_{a2} = t_{e2} + \Delta t_2; \Delta t_2 = \frac{Q}{\dot{m}_2 \cdot c_2}$$

$$\Delta t_2 = \frac{558\,000\ W \cdot 3600\ s/h}{48\,000\ kg/h \cdot 4190\ W\ s/kg\ K}$$

$$= 10\ K = 10\ °C$$

$$t_{a2} = 20\ °C + 10\ °C = 30\ °C$$

3. Mittlere Temperaturdifferenz $\Delta t_m$:

$$\Delta t_A = 100\ °C - 30\ °C = 70\ °C = 70\ K$$

$$\Delta t_E = 60\ °C - 20\ °C = 40\ °C = 40\ K$$

$$\frac{\Delta t_A}{\Delta t_E} = \frac{70\ K}{40\ K} = 1{,}75 < 2{,}2$$

Die mittlere Temperaturdifferenz kann also durch das **arithmetische Mittel gebildet werden:**

$$\Delta t_m = \frac{70 + 40}{2} = 55\ K$$

4. Kühlfläche $A$:

$$A = \frac{Q}{k \cdot \Delta t_m} = \frac{558\,000\ W}{750\ W/m^2 K \cdot 55\ K}$$

$$= 13{,}5\ m^2$$

5. Anzahl der Rohre:
Das Kühlwasser fließt durch 2 Rohrzüge zu je *n* Rohren.

$$A_R = \frac{\dot{V}_2}{w} = n \cdot \frac{d_i \cdot \pi}{4}$$

$$d_i = 13{,}6\ \text{mm}; \quad d_i^2 \cdot \pi/4 = 145\ \text{mm}^2$$

$$= 1{,}45 \cdot 10^{-4}\ \text{m}^2$$

$$n = \frac{\dot{V}_2}{w \cdot d_i^2 \cdot \pi/4}; \dot{V}_2 = 48\ \text{m}^3/\text{h}$$

$$= 1{,}33 \cdot 10^{-2}\ \text{m}^3/\text{s}$$

$$n = \frac{1{,}33 \cdot 10^{-2}\ \text{m}^3/\text{s}}{1{,}2\ \text{m/s} \cdot 1{,}45 \cdot 10^{-4}\ \text{m}^2} = 76{,}5 \approx 77$$

Insgesamt werden $2n = 154$ Rohre benötigt.

Rohrlänge $l$:

Die Rohrlänge ergibt sich aus der Kühlfläche *A*.

$$A = 2\,n \cdot d_a \cdot \pi \cdot l; \quad l = \frac{A}{2\,n \cdot d_a \cdot \pi}$$

$$l = \frac{13{,}5\ \text{m}^2}{154 \cdot 0{,}0176\ \text{m} \cdot \pi} = 1{,}59\ \text{m}$$

$$l = 1590\ \text{mm}$$

Zu dieser Rohrlänge muss nun noch die zum Einschweißen in die beiden Rohrböden erforderliche Länge addiert werden.

### 8.4.3 Berücksichtigung der Verschmutzung

Während des Betriebs bilden sich an den Wärmeübertragungsflächen Schmutzablagerungen, die den Wärmewiderstand erhöhen und damit die Wärmedurchgangszahl *k* herabsetzen. Die Dicke der Ablagerung nimmt stetig zu, so dass Wärmeaustauscherflächen von Zeit zu Zeit gereinigt werden müssen.

Da man meist weder die Dicke *s* der Ablagerung noch deren Wärmeleitzahl $\lambda$ kennt, berücksichtigt man bei der Auslegung von Wärmeaustauschern den Verschmutzungseinfluss durch **Verschmutzungsfaktoren.** Der Verschmutzungsfaktor ist der Quotient aus Ablagerungsdicke *s* und Ablagerungs-Wärmeleitzahl $\lambda$:

$$f = \left(\frac{s}{\lambda}\right) \text{Ablagerung}$$

Die Einheit des Verschmutzungsfaktors ist $\text{m}^2 \cdot \text{K/W}$.

Verschmutzungsfaktoren sind Erfahrungswerte; sie hängen in der Hauptsache von der Art des Fluids ab. In Tabelle 8.5 sind **Anhaltswerte für Verschmutzungsfaktoren** nach TEMA (Standards of Tubular Exchanger Manufacturers Association) enthalten.

Die Verschmutzungsfaktoren werden in die Formel zur Berechnung der Wärmedurchgangszahl eingeführt. Für den **Wärmedurchgang an einer ebenen Wand** (Bild 8.1) wird folgende Berechnungsformel verwendet:

$$1/k = \frac{1}{\alpha_1} + f_1 + \frac{s}{\lambda} f_2 + \frac{1}{\alpha_2}$$

Die Indizes gelten für Fluid 1 und Fluid 2.
Die **Wärmedurchgangszahl einer Rohrwand** wird mit folgender Formel berechnet:

$$1/k = \frac{1}{\alpha_a} + f_a + \left(f_i + \frac{1}{\alpha_i}\right) \cdot \frac{d_a}{d_i} + \frac{d_a}{2 \cdot \lambda} \cdot \ln\left(\frac{d_a}{d_i}\right)$$

Hierin steht der Index «a» für die Außenseite und der Index «i» für die Innenseite des Rohres.

**Tabelle 8.5**
**Richtwerte für Verschmutzungsfaktoren**

| Fluid | $f$ in $(\text{m}^2 \cdot \text{K})/\text{W}$ |
|---|---|
| Meerwasser | 0,0001 bis 0,0002 |
| Fluss- oder Kühlturmwasser | 0,0002 bis 0,0004 |
| Brackwasser, Abwasser | 0,0005 bis 0,001 |
| Brunnenwasser | 0,0002 bis 0,0004 |
| Kondensat, enthärtetes Wasser | 0,0001 bis 0,0002 |
| Kohlenwasserstoffkondensat | 0,0002 |
| schweres Heizöl | 0,001 |
| Wärmeträgeröl | 0,0002 |
| Kältemittel | 0,0002 |
| Sauberer Wasserdampf | 0,0001 |
| Luft | 0,0004 |
| organische Dämpfe | 0,0002 |

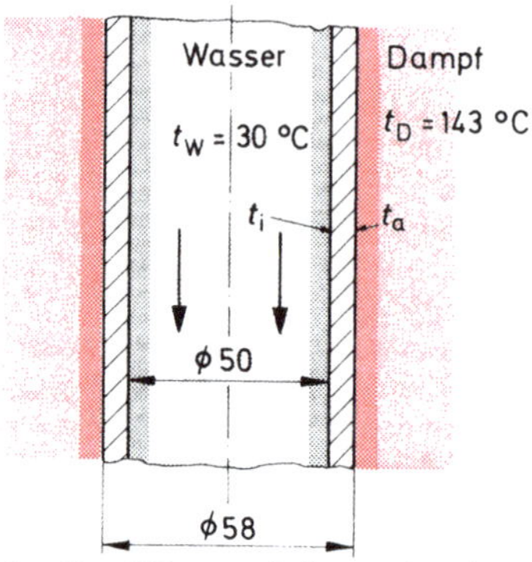


*Bild 8.5 Das Wasser wird vom kondensierenden Dampf erwärmt*

**Beispiel 8.2**

In einem Vorwärmer wird turbulent durch die Stahlrohre strömendes Flusswasser von Sattdampf aufgeheizt, der an der Rohraußenwand kondensiert. Die Rohre haben 50 mm Innendurchmesser und 4 mm Wanddicke (Bild 8.5). Der Dampf von 3 bar Überdruck hat eine Temperatur $t_D$ = 143 °C. Die Temperaturen an der Innen- und Außenwand des Rohres $t_i$ und $t_a$ sind zu berechnen. Die Wassertemperatur beträgt an der Berechnungsstelle $t_w$ = 30 °C.

Die Berechnung ist **unter Berücksichtigung der Verschmutzung** durchzuführen. Wärmeübergangszahlen, Wärmeleitzahl und Verschmutzungsfaktoren sind den Tabellen 8.1, 8.2 und 8.5 zu entnehmen, und zwar die niedrigsten Wärmeübergangszahlen, die niedrigste Wärmeleitzahl und die höchsten Verschmutzungsfaktoren.

*Lösung*

Die Temperaturen $t_a$ und $t_i$ ergeben sich aus dem Gleichungssystem

$q = k \cdot (t_D - t_W) = \alpha_a \cdot (t_D - t_A) = \alpha_i \cdot (t_i - t_w)$

$q$ ist hierin die Wärmestromdichte in W/m².
Die Wärmedurchgangszahl $k$ wird mit folgender Formel berechnet:

$$1/k = \frac{1}{\alpha_a} + f_a + \left(f_i + \frac{1}{\alpha_i}\right) \cdot \frac{d_a}{d_i} + \frac{d_a}{2 \cdot \lambda} \cdot \ln\left(\frac{d_a}{d_i}\right)$$

Aus den Tabellen 8.1, 8.2 und 8.5 werden nachstehende Größen entnommen:

$\alpha_a$ = 6000 W/m² K,

$\alpha_i$ = 2000 W/m² K,

$\lambda$ = 46 W/m K

$f_a$ = 0,0001 m² K/W

$f_i$ = 0,0004 m² K/W

Die Werte werden in die Wärmedurchgangszahlformel eingesetzt.

$$1/k = \frac{1}{6000} + 0{,}0001 + \left(0{,}0004 + \frac{1}{2000}\right) + \frac{0{,}058}{0{,}050} + \frac{0{,}058}{92} \cdot \ln\left(\frac{0{,}058}{0{,}050}\right) \mathrm{m^2\,K/W}$$

$$1/k = 0{,}000\,167 + 0{,}0001 + 0{,}001 + 0{,}001\,04 + 0{,}000\,093$$

$1/k$ = 0,0014 m² K/W; $k$ = 714,3 W/m² K

Nun kann die an der Berechnungsstelle auftretende Wärmestromdichte berechnet werden.

$q = k \cdot (t_D - t_W)$ = 714,3 W/m² K · 113 K

$q$ = 80 716 W/m²

Die Außenwandtemperatur $t_a$ ergibt sich aus der folgenden Beziehung:

$$t_a = t_D - \frac{q}{\alpha_a} = 416\ \mathrm{K} - \frac{80\,716}{6000}\ \mathrm{K} = 402{,}5\ \mathrm{K}$$

$t_a$ = 129,5 °C

Für die Innenwandtemperatur ergibt sich:

$$t_i = t_W + \frac{q}{\alpha_i} = 303\ \mathrm{K} + \frac{80\,716}{2000}\ \mathrm{K} = 343{,}4\ \mathrm{K}$$

$t_i$ = 70,4 °C

Die Rohrwand hat (einschließlich Verschmutzung) also außen eine Temperatur von etwa 130 °C und innen eine Temperatur von etwa 70 °C.

# 9 Thermische Verfahren zur Feststoffabtrennung

Die Feststoffabtrennung aus Stoffgemischen mit Hilfe thermischer Verfahren erfolgt durch Wärmezufuhr oder Wärmeentzug. Das **Ausgangssystem** kann entweder heterogen oder homogen sein. Das heterogene System Feststoff/Flüssigkeit wird durch Trocknen getrennt. Zur Trennung des meist homogenen Systems Lösungsmittel/gelöster Feststoff werden folgende Trennverfahren eingesetzt: Eindampfen, Kristallisieren, Ausfrieren, Aussalzen, Fällen. Das heterogene System Feststoff/Feststoff wird durch Sublimieren oder Extrahieren (Auslaugen) thermisch getrennt.

## 9.1 Trocknen

> Trocknen ist die Abtrennung der Flüssigkeit aus einem Feststoff-Flüssigkeits-System, dem Feuchtgut, durch Verdunsten oder Ausdampfen der Flüssigkeit. Endprodukt ist das Trockengut.

Die **Wärmeenergie** kommt bei der **Verdunstungstrocknung** aus der Trocknungsluft und beim **Ausdampfen** aus der Beheizung und aus dem Trockengut.

Die entstehenden **Dämpfe** – Brüden genannt – werden entweder durch die Trocknungsluft abgeführt oder durch Druck- bzw. Partialdruckgefälle abgezogen. Das **Ausdampfen** wird bei Normaldruck oder bei Unterdruck vorgenommen (Vakuumtrocknung). Getrocknet werden Stoffe, bei denen die **mechanische Flüssigkeitsabtrennung** nicht möglich ist oder nicht ausreicht.

Beispiele für **Trockengüter** (getrocknete Produkte): Textilien, Papier, Lebensmittel, Waschpulver, Kaffee, Kunststoffpulver und -granulat, Baustoffe, Arzneimittel, Milchpulver.

### 9.1.1 Physikalische Grundlagen

Der **Trocknungsverlauf** hängt davon ab, wie die Feuchtigkeit – meist Wasser – an den Feststoff gebunden ist. Im günstigsten Fall haftet die Feuchtigkeit in dünnen Filmen an der Oberfläche. Das **Oberflächenwasser** wird von der darüberstreichenden Trocknungsluft verdampft und als Wasserdampf mitgerissen bis die Sättigung erreicht ist. Außer an der Oberfläche kann das Wasser auch in Kapillaren, Poren oder in Kristallen sitzen. Molekular- und Kapillarkräfte sind zu überwinden, wenn dieser Flüssigkeitsanteil an die Oberfläche gelangen soll.

Bei der **Verdunstungstrocknung** durch über das Feuchtgut streichende Trocknungsluft hat das Oberflächenwasser einen **Sättigungsdruck** $p_S$ und die Luft einen **Partialdruck** $p_L$. Die treibene Kraft für die Diffusion des Wasserdampfes in die Luft ist das **Druckgefälle** $p_S - p_L$.

Der Sättigungsdruck $p_S$ ist proportional dem **Wasserdampfgehalt** $X_T$ der **Grenzschicht** an der Gutoberfläche; der Partialdruck $p_L$ ist proportional dem Wasserdampfgehalt $X_L$ der Trocknungsluft weit ab von der Grenzschicht.

Somit ergibt sich für den **Massenstrom** $\dot{m}$ des in die Trocknungsluft diffundierenden Wasserdampfes die Beziehung:

$$\dot{m} = k' \cdot A \cdot (X_T - X_L)$$

Hierin ist: $\dot{m}$ Massenstrom in kg/h, $A$ Oberfläche in m², $X$ Wasserdampfgehalt in kg/kg, $k'$ Stoffübergangszahl der Verdunstung in kg/m² h.

An der Gutoberfläche hat die Grenzschicht die Temperatur $\vartheta_T$. Weit ab von der Grenzschicht hat die Trocknungsluft die Temperatur $\vartheta_L$. Von der Trocknungsluft empfängt also das Gut den Wärmestrom:

$$Q = k \cdot A \cdot (\vartheta_L - \vartheta_T)$$

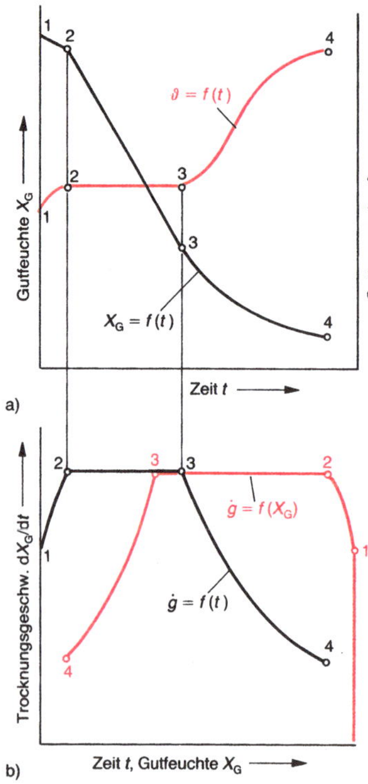


*Bild 9.1 Trocknungskurven*

Der Ablauf des Trocknungsvorgangs wird durch meist experimentell ermittelte **Trocknungskurven** wiedergegeben. Bild 9.1a zeigt die Kurven von Gutfeuchtigkeit $X_G$ und Guttemperatur $\vartheta$ in Abhängigkeit von der Zeit $t$. Im Kurvenabschnitt 1–2 wird das nasse Gut bis auf die Verdampfungstemperatur vorgeheizt, wobei etwas Feuchtigkeit verdampft. In Abschnitt 2–3 verdampft die Oberflächen-Flüssigkeit. Die Feuchtigkeit nimmt linear ab, während die Guttemperatur konstant bleibt. Im Abschnitt 3–4 verdampft die Restflüssigkeit aus dem Inneren des Guts. Die Abnahme der Feuchtigkeit wird geringer. Gleichzeitig steigt die Guttemperatur an.

Im Diagramm 9.1b ist die **Trocknungsgeschwindigkeit** über der Zeit dargestellt (schwarz). Sie entspricht dem Feuchtigkeitsstrom $\dot{m}$ je $m^2$ Gutoberfläche.

$$\dot{g} = dX_G/dt = \dot{m}/A$$

Manchmal ist es angebracht, die Trocknungsgeschwindigkeit über der Gutfeuchte $X_G$ darzustellen (rote Kurve in Bild 9.1b).

Die Trocknungsgeschwindigkeit bleibt so lange konstant, bis das **Oberflächenwasser** verdunstet ist. Daran anschließend hängt die Trocknungsgeschwindigkeit von der langsameren **Diffusionsgeschwindigkeit** des Dampfes aus dem Innern des Trockenguts ab.

### 9.1.2 Trocknungsverfahren

Die Vielfalt der Trocknungsverfahren lässt sich nach zwei Gesichtspunkten klassifizieren:

1. Druck und Temperatur im Trocknungsraum
2. Art der Energiezufuhr

Getrocknet wird bei Überdruck, Normaldruck und Vakuum. Die Temperatur liegt über oder unter der Umgebungstemperatur. Danach ergeben sich folgende Trocknungsverfahren:

**Außenlufttrocknung**. Das Gut wird der Außenluft ausgesetzt, die unverändert aus dem Freien kommt.

**Normaldruck-Übertemperatur-Trocknung.** Das Gut wird dem Atmosphärendruck und höherer Temperatur ausgesetzt.

**Vakuum-Übertemperaturtrocknung.** Das Gut wird einem Unterdruck und höherer Temperatur ausgesetzt. Da die Siedetemperatur der Gutfeuchtigkeit mit dem Druck abnimmt, erlaubt die Druckerniedrigung eine Herabsetzung der Trocknungstemperatur und damit eine schonende Trocknung temperaturempfindlichcr Güter.

**Vakuum-Untertemperaturtrocknung.** Das Gut wird einem Unterdruck und Temperaturen von –15···–50 Grad Celsius ausgesetzt **(Gefriertrocknung).** Die gefrorene Gutfeuchte geht im Vakuum direkt in den Dampfzustand über **(Sublimation).**

Die **Wärmeenergie** kann durch Konvektion, Berührung, Strahlung oder Hochfrequenzschwingungen dem Feuchtgut zugeführt werden. Hiernach ergeben sich folgende Trocknungsverfahren:

**Konvektionstrocknung.** Heißes Gas umspült das Gut. Im Wärme- und Stoffaustausch verdunstet die Feuchte **(Verdunstungstrocknung).** Dabei kann das Gut durchspült, aufgewirbelt und mitgerissen werden. Konvektionstrocknung ist das am häufigsten angewendete Verfahren.

**Kontakttrocknung.** Das Gut berührt beheizte Flächen, z.B. Walzen, Teller, Schnecken, Schaufeln. Dabei verdampft die Feuchte **(Ver-**

**dampfungstrocknung).** Das Gut befindet sich gegenüber der Heizfläche entweder in Ruhe, oder es wird durch Umbrechen oder Umwälzen ständig neu mit ihr in Kontakt gebracht.

**Strahlungstrocknung.** An das Gut werden große Wärmestromdichten durch Strahlung übertragen (16 000···40 000 kJ/m² h). Dadurch ergeben sich sehr kurze Trocknungszeiten bei jedoch sehr hohem Energieaufwand. Anwendung bei der Lacktrocknung und Keramikherstellung.

**Mikrowellentrocknung.** Im Feuchtgut wird die elektromagnetische Energie von Mikrowellen (ca. 2,5 GHz) in Wärme umgewandelt. Die Wärmeenergie lässt sich dabei gezielt einbringen. Kurze Trocknungszeiten, schonende Trocknung, aber teuere Energieerzeugung.

### 9.1.3 Trocknerbauarten

Tabelle 9.1 zeigt eine **Systematik** der Trockner, unterteilt nach dem **Trocknungsverfahren** und nach der Art der **Gutbewegung** im Trockner. Hinsichtlich der **Betriebsweise** werden diskontinuierlich und kontinuierlich arbeitende Trockner unterschieden.

Diskontinuierlich arbeiten **Drehtrommeltrockner** und **Schaufeltrockner,** die oft auch als Vakuumtrockner ausgelegt werden (Füllvolumen 0,2···15 m³). Bild 9.2 zeigt einen **Vakuum-Schaufeltrockner.** Er eignet sich auch zum Trocknen steifpastöser Schlämme und Filterkuchen. Ausdampfende **Lösemittel** lassen sich durch **Brüdenkondensation** wiedergewinnen.

Häufig eingesetzte kontinuierlich arbeitende Trockner sind Tellertrockner, Sprühtrockner (Zerstäubungstrockner), Wirbelschichttrockner (siehe 7.3) und Stromtrockner.

**Tellertrockner** (10···200 m² Trockenfläche) bestehen aus mehreren übereinanderliegenden feststehenden, beheizten Tellern. Rotierende Rührarme bewegen das Gut über die Tellerflächen und werfen es nach einstellbarer Verweilzeit auf den jeweils darunterliegenden Teller ab. Vakuumbetrieb und damit verbundene Lösemittel-Rückgewinnung sind möglich.

**Sprühtrockner** (Zerstäubungstrockner) werden zur Pulver- oder Granulatherstellung eingesetzt. Eine pumpbare Flüssigkeit (Lösung, Emulsion, Suspension) wird in einem Trocknungsturm zerstäubt und innerhalb weniger Sekunden durch Verdampfung in einem Heißgasstrom in ein pulverförmiges Produkt überführt. Zur Zerstäubung (siehe 2.2.2) werden vorwiegend **Rotationszerstäuber** und (seltener) **Druckdüsen** verwendet.

Rotationszerstäuber ergeben Produkt-Partikelgrößen von 30···100 μm bei Feststoffdurchsätzen bis zu 200 t/h je Zerstäuberrad (1000 kW Leistung). Druckdüsen ergeben Partikelgrößen von 100···300 μm bei Feststoffdurchsätzen bis ca. 1000 kg/h. Das Trockenpulver wird am Turmboden entnommen. Das staubhaltige Trocknungsgas wird durch Zyklone entstaubt.

**Tabelle 9.1 Trocknerbauarten**

| Art und Anordnung und Bewegung des Feuchtguts | Trocknungsverfahren | | |
|---|---|---|---|
| | Konvektionstrocknung | Kontakttrocknung | Vakuumtrocknung |
| Gut ruht auf feststehender oder bewegter Unterlage. Kein Umbrechen | Trockenschrank<br>Kanal-/Tunneltrockner<br>Bandtrockner | Walzentrockner<br>Trockenzylinder | Schranktrockner<br>Walzentrockner<br>Bandtrockner |
| Ständiges Umbrechen des Guts durch Rührorgane | Tellertrockner<br>Etagentrockner<br>Spin-Flash-Trockner | Schaufeltrockner<br>Muldentrockner<br>Schneckentrockner | Schaufeltrockner<br>Tellertrockner<br>Trommeltrockner |
| Gutbewegung und -umwälzung durch Schwerkraft | Rieseltrockner<br>Trommeltrockner | Röhrentrockner<br>Mahltrockner | Taumeltrockner<br>Doppelkonus-trockner |
| Gutbewegung durch Strömung | Sprühtrockner<br>Stromtrockner<br>Wirbelschichttrockner | – | – |

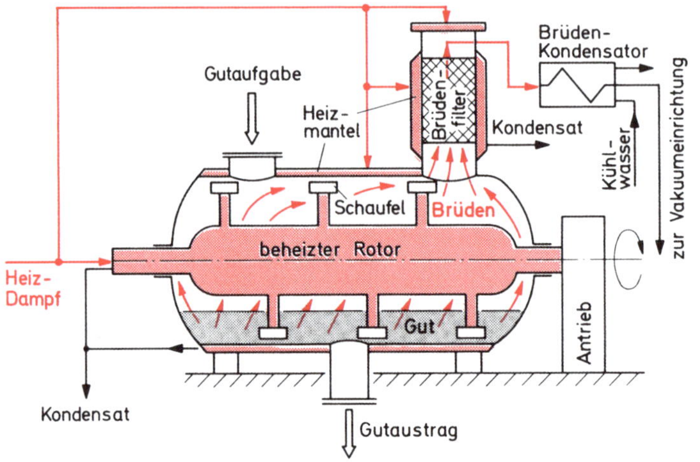


*Bild 9.2 Verfahrensschema eines Vakuum-Schaufeltrockners (nach Buss)*

Zur kontinuierlichen Trocknung nicht pumpfähiger Pasten und Filterkuchen werden **Spin-Flash-Trockner** (Swirl-Fluidizer) eingesetzt. Sie bestehen aus einem vom Trocknungsgas durchströmten **Schlagrotor** am Boden des Trocknungsturms. Der Rotor zerkleinert das Feuchtgut und erzeugt eine **Wirbelschicht**, in der die feuchten Partikel trocknen. Das Pulver wird an der Turmdecke ausgetragen und anschließend vom Gas getrennt.

Beim **Stromtrockner** wird körniges Feuchtgut vom Trocknungsgasstrom durch Rohre oder Kanäle pneumatisch gefördert und dabei getrocknet.

# 9.2 Eindampfen und Kristallisieren

> Unter Eindampfen versteht man die Abtrennung des Lösungsmittels aus einer Lösung durch Wärmezufuhr und damit verbundener Verdampfung.

Die **Konzentration** des gelösten Feststoffes nimmt beim Eindampfen stetig zu. Wird bei zunehmender Konzentration die Lösung **übersättigt**, dann scheidet sich der gelöste Stoff in Form von **Kristallen** ab. Diesen Vorgang nennt man **Kristallisation**.

## 9.2.1 Verdampfung

Verdampfung ist der Übergang einer Flüssigkeit in den dampfförmigen Zustand, nachdem ihre Oberfläche die vom **Druck** abhängige **Sättigungstemperatur** erreicht hat. Die zum Verdampfen einer Masseneinheit Flüssigkeit (z.B. 1 kg) erforderliche Wärmemenge nennt man **Verdampfungswärme.**

> Die Verdampfungswärme wird mit zunehmendem Druck kleiner und verschwindet am **kritischen Punkt.** Für Wasser liegt der kritische Punkt bei ca. 220 bar und 374 °C.

Die Zufuhr der Wärme erfolgt beim Verdampfen in den meisten Fällen **indirekt** unter Verwendung einer **Heizfläche**, die das **Heizmedium**, z.B. Dampf, von der Flüssigkeit trennt. Für die Auslegung der Verdampferheizfläche gelten die im Abschnitt 8 angegebenen Gleichungen für den **Wärmedurchgang,** insbesondere die Grundgleichung:

$$Q = \dot{m}\,[c \cdot (t_s - t_l) + r] = k \cdot A \cdot \Delta t_m$$

Hierin ist: $Q$ Wärmestrom in W, $\dot{m}$ Massenstrom der Flüssigkeit in kg/s, $c$ spezifische Wärmekapazität in W s/kg K, $t_s$ Siedetemperatur und $t_l$ Anfangstemperatur der Flüssigkeit in °C, $r$ Ver-

*Bild 9.3 Mehrkörperverdampferanlage*

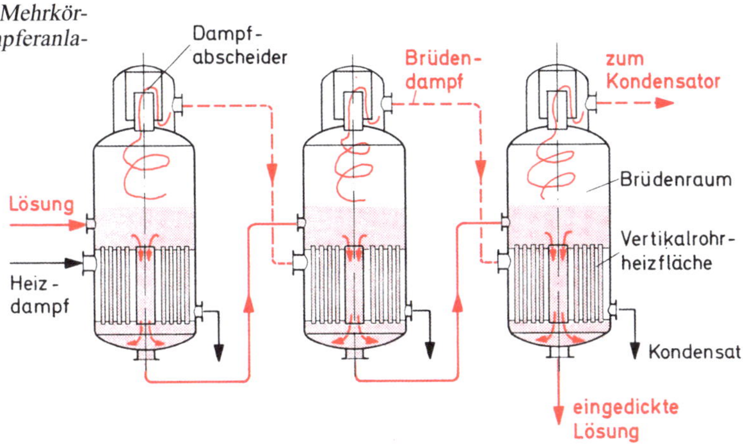


dampfungswärme in W s/kg, $k$ Wärmedurchgangszahl in W/m² K, $A$ Heizfläche in m², $\Delta t_m$ mittlere Temperaturdifferenz zwischen Heizmedien und Flüssigkeit.

Die **Leistung eines Verdampfers,** ausgedrückt durch den verdampften Flüssigkeitsstrom, wird durch folgende Einflüsse begünstigt:

1. geringer Flüssigkeitsinhalt,
2. große Temperaturdifferenz $\Delta t_m$, z.B. bei niedriger Siedetemperatur infolge Vakuumverdampfung,
3. hoher $k$-Wert durch saubere Heizflächen,
4. große Flüssigkeitsoberfläche zum Ausdampfen.

## 9.2.2 Verdampferbauarten

Verdampfer werden unterteilt in:

Verdampfer mit direkter und indirekter Beheizung,

diskontinuierlich und kontinuierlich arbeitende Verdampfer,

Einkörper- und Mehrkörperverdampfer.

Überwiegend werden **kontinuierlich** arbeitende Verdampfer mit **indirekter Beheizung** durch Dampf eingesetzt, die entweder als Einkörper- oder als Mehrkörperverdampfer betrieben werden.

Beim **Einkörperverdampfer** wird die Eindampfung der Lösung bis zu gewünschten Endkonzentration in einem einzigen Verdampferkörper vorgenommen. **Mehrkörperverdampfer** bestehen aus mehreren Verdampferkörpern, die dampfseitig und meist auch lösungsseitig hintereinander geschaltet sind (Bild 9.3). Bei Mehrkörperverdampfern kann aber auch jeder Verdampferkörper getrennt mit frischer Lösung gespeist werden. Man nennt diese Betriebsweise **Parallelspeisung**.

Mehrkörperverdampfer erhöhen die **Wirtschaftlichkeit** der Verdampfung. Der **Heizdampfverbrauch** sinkt bei einer Dreikörperverdampferanlage auf 40% des Verbrauchs eines Einkörperverdampfers. **Nachteil** des Mehrkörperverdampfers: Der im Verdampfer herrschende Druck verringert sich von Körper zu Körper. Zu dieser Druckabsenkung ist eine **Vakuumpumpe** erforderlich.

Bei den **indirekt** dampfbeheizten Verdampfern unterscheidet man in Bezug auf die Zirkulation der verdampfenden Lösung zwischen Verdampfern mit Naturumlauf und Verdampfern mit Zwangsumlauf.

In **Verdampfern mit Naturumlauf** steigt die verdampfende heiße Lösung infolge ihrer geringeren Wichte an der Heizfläche nach oben. Die frische kühlere Lösung mit größerer Wichte strömt außerhalb der Heizfläche nach unten. Je größer die **Umlaufgeschwindigkeit** der Lösung ist, desto besser ist der konvektive Wärmeübergang.

Umlaufgeschwindigkeit (bis max. 3 m/s) und Wärmeübergang werden durch **Zwangsumlauf** verbessert. Zwangsumlauf erfolgt mit Hilfe einer **Umwälzpumpe.** Es wird eine wesentlich größere Lösungsmittelmenge umgewälzt als verdampft werden kann. An den Heizflächen selbst wird nur wenig verdampft. Infolgedessen werden **Heizflächenverkrustungen** durch auskristallisierte Feststoffe vermieden. Die Verdampfung (Eindampfung) setzt erst ein, wenn sich die Lösung nach Austritt aus dem Heizregister entspannt.

Für die Kristallisation werden vorwiegend **Zwangsumlaufverdampfer** eingesetzt, z.B. stehende Kristallisationsverdampfer (Bild 9.5) und Entspannungsverdampfer. Im **Entspannungsverdampfer** – Flashverdampfer – wird die unter Druck stehende Lösung überhitzt und anschließend über ein Drosselventil in einem Entspannungsbehälter verdampft.

**Dünnschicht- oder Filmverdampfer** verdampfen die Lösung in einem dünnen, an der Heizfläche ablaufenden Film. Der dünne Lösungsfilm wird durch ein mechanisches Rührsystem mit feststehenden oder beweglichen Rührblättern gebildet, die an der Heizfläche entlangstreifen. Für die Kristallisation sind Dünnschichtverdampfer mit **beweglichen** Rührblättern geeignet.

### 9.2.3 Kristallisation

Kristallisation ist die Gewinnung von Feststoffen aus ihren Lösungen in Form von Kristallen. Voraussetzung für die Kristallisation ist eine übersättigte Lösung.

In einer übersättigten Lösung ist die Konzentration des gelösten Stoffes größer als die Sättigungskonzentration (Bild 9.4).

**Übersättigte Lösungen** werden erzeugt durch:

1. **Eindampfen** (Einengen) der Lösung durch Verdampfen des Lösungsmittels,
2. **Abkühlen** der Lösung.

Dementsprechend gibt es zwei Kristallisationsverfahren: **Verdampfungskristallisation** und **Kühlkristallisation**. Es werden zwei Varianten der Kühlkristallisation angewendet: **Oberflächen-kühlkristallisation** (Bild 9.5a) und **Vakuum-Kühlkristallisation.** Bei letzterer erfolgt eine Teilverdampfung des Lösungsmittels (Bild 9.5 b).

Welches Verfahren gewählt wird, hängt von dem **Löslichkeitsverhalten** des auszukristallisierenden Stoffes ab. Grundsätzlich gilt:

Nimmt die Löslichkeit mit fallender Temperatur stark ab (Bild 9.4 a), so ist die Kühlkristallisation zweckmäßig. Verändert sich die Löslichkeit nur wenig mit fallender Temperatur (Bild 9.4 b), so empfiehlt sich die Verdampfungskristallisation.

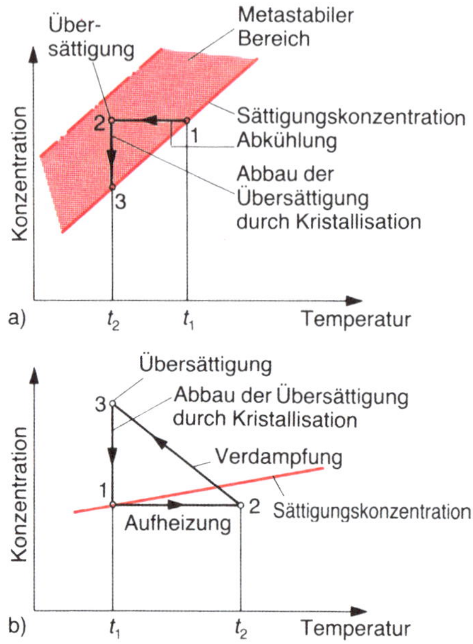


*Bild 9.4 Erzeugung einer übersättigten Lösung: a) durch Abkühlen, b) durch Verdampfen*

**Kühlkristallisation** wird z.B. angewendet zur Gewinnung von Ammoniumsulfat, Kaliumchlorid und Zitronensäure. Für die **Verdampfungskristallisation** eignen sich z.B. Kochsalz und Glaubersalz.

Sowohl für die Verdampfungs- als auch für die Kühlkristallisation werden in der Hauptsache zwei **Kristallisator-Bauarten** eingesetzt: stehende Umwälzkristallisatoren (Bild 9.5 a) und liegende Vakuumkristallisatoren (Bild 9.5 b).

Bei Verdampfungs-Kristallisationsprozessen kann durch **Hintereinanderschalten von Kristallisatoren** das verdampfte Wasser der wärmeren Kristallisatorstufe zum Beheizen des Heizkörpers in der kälteren Kristallisatorstufe verwendet werden. Auf diese Weise können erhebliche Mengen Heizdampf gespart werden.

Es werden Anlagen bis zu 500 $m^3/h$ Lösungsdurchsatz mit 50 t/h Kristallproduktion in kontinuierlichem Betrieb bei Korngrößen zwischen 0,3 und 0,8 mm ausgeführt.

**Umwälzkristallisatoren** werden eingesetzt bei Prozessen mit kontrollierter, gesteuerter Kristallisation oder kleineren Durchsatzleistungen: Sie arbeiten als **klassierende Kristallisatoren,** in de-

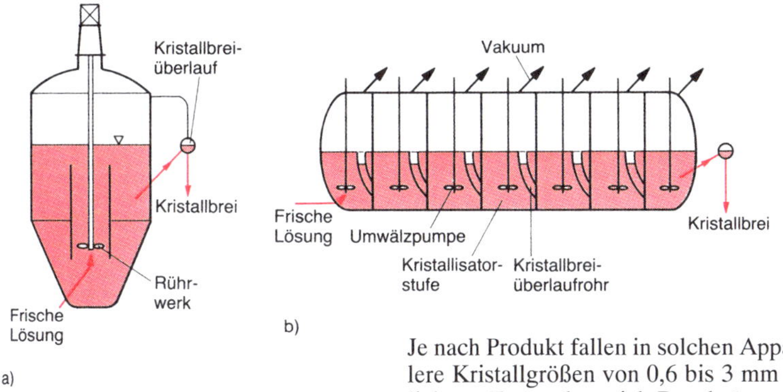


*Bild 9.5 Kristallisatoren: a) stehender Umwälzkristallisator, b) liegender Vakuumkristallisator*

nen ein Produkt mit sehr gleichmäßiger Kornverteilung erhalten wird. Oft ist es zweckmäßig, mehrere stehende Kristallisatoren hintereinanderzuschalten. Das geschieht dann, wenn bei Kühlkristallisationsprozessen der Temperaturunterschied der Ausgangslösung und der Kristallisator-Endstufe sehr groß ist.

Im Kristallisator in Bild 9.5 a wird frische heiße Lösung in den durch eine Pumpe erzeugten Lösungsumlauf geführt. Die Mischungstemperatur kann durch Vorwahl der Umwälzmenge so festgelegt werden, dass die durch Abkühlung entstehende Übersättigung die Grenze des **metastabilen Bereichs** (Bild 9.4 a) nicht überschreitet. In diesem Bereich können gleichmäßige Kristalle mittlerer Größe erzeugt werden, weil hier weniger Keime entstehen.

**Liegende Vakuumkristallisatoren** werden eingesetzt für sehr große Durchsätze von leicht kristallisierenden Stoffen wie Eisenvitriol und Glaubersalz. Diese Kristallisatoren sind in einzelne **Stufen** aufgeteilt (bis zu 30), die bei stufenweise abnehmenden Drücken und Temperaturen arbeiten. Hierdurch kann die Übersättigung in jeder Stufe durch kleinere Umlaufmengen als beim Kristallisator in Bild 9.5 a erreicht werden. Die kleineren Kreisläufe bewirken einen geringeren Kristallabrieb, und die kleineren Konzentrationsunterschiede führen zu geringerer Keimbildung und damit zur Entstehung größerer Kristalle. Der Transport der Lösung bzw. der Kristallsuspension von Stufe zu Stufe erfolgt durch das natürliche **Druckgefälle**.

Je nach Produkt fallen in solchen Apparaten mittlere Kristallgrößen von 0,6 bis 3 mm kontinuierlich an. Es ergeben sich Durchsätze von 500 bis 1000 $m^3/h$ Lösung und bis zu 100 t/h Kristallisat in **einer** Produktionseinheit.

Der aus dem Kristallisator abgezogene **Kristallbrei** wird anschließend durch Eindicken, Zentrifugieren oder Filtrieren und durch Waschen mit reinem Lösungsmittel von der Mutterlauge getrennt. Danach werden die feuchten Kristalle getrocknet und durch Sieben klassiert.

### 9.2.4 Aussalzen und Fällen

Die Herstellung einer **übersättigten Lösung** als Vorbedingung für die Kristallisation kann auch durch Herabsetzen des Lösungsvermögens des Lösungsmittels erfolgen.

Das **Lösungsvermögen** der Lösung bzw. die Löslichkeit des gelösten Feststoffes wird durch Aussalzen oder Fällen herabgesetzt. Das **Aussalzen** verändert die Bedingungen physikalisch. Dabei wird entweder das Lösungsmittel durch Zusatz von (billigen) Salzen gebunden oder die Dissoziation des gelösten Stoffes durch Zuführung gleichnamiger Ionen eines starken Elektrolyten zurück gedrängt.

Das **Ausfällen** ist die Abscheidung eines gelösten Stoffes nach vorangegangener **chemischer Reaktion.** Die chemische Reaktion führt zu Stoffen, deren Löslichkeit kleiner ist als die Löslichkeit des ursprünglich in der Lösung enthaltenen Stoffes.

Ein Beispiel für das Aussalzen ist die Abscheidung von Fettsäure-Alkaliverbindungen aus Seifenlösungen durch Zugabe von Kochsalz. Ähnlich verfährt man bei der Abscheidung von Farb- und Gerbstoffen aus wässrigen Lösungen. Durch Fällen gewinnt man z.B. reines Natriumbicarbonat. Hierbei wird $CO_2$ in eine Sodalösung eingeleitet.

## 9.3 Sublimieren

Beim Sublimieren geht ein fester Stoff durch Wärmezufuhr unter Überspringen des flüssigen Zustands direkt in den gasförmigen Zustand über.

Umgekehrt erfolgt durch Abkühlen ein direkter Übergang des Stoffes vom gasförmigen in den festen Zustand, **Desublimation** genannt.

Sublimation und Desublimation sind nur unterhalb des sog. **Tripelpunktes** des Druck-Temperatur-Zustandsdiagramms eines Stoffes möglich (Bild 9.6).

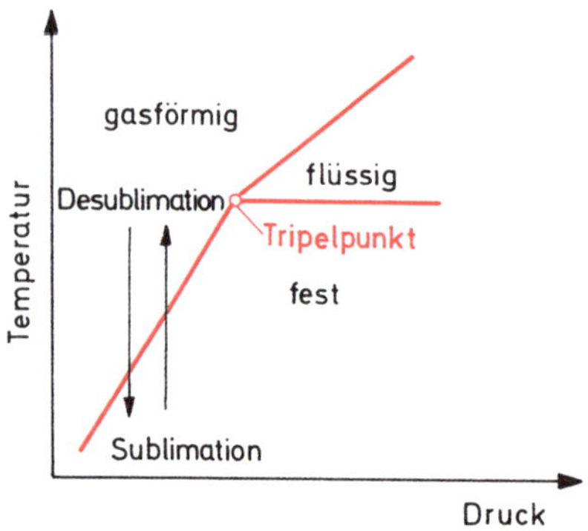


*Bild 9.6 Zustandsdiagramm eines Stoffes mit Tripelpunkt*

Die **Sublimationsapparatur** besteht aus dem Verdampfer und der gekühlten Vorlage. Der meist unter Vakuum stehende Sublimationsverdampfer ist eine flache, geschlossene Schale mit beheizten Wänden. Das im Verdampfer ausgebreitete **feste Rohmaterial** wird ständig umgerührt. Die Dämpfe werden durch eingeblasenes Inertgas in die gekühlte Vorlage abgeführt und dort als **Sublimat** niedergeschlagen.

Die Sublimation wird häufig zur **Reinigung** von kristallinen Produkten angewendet, z.B. von Jod, Schwefel, Naphthalin und Quecksilber(II)-Chlorid (Sublimat). Die Verunreinigungen dieser Stoffe sind nicht sublimierbar.

Die **Gefriertrocknung** ist ein Sonderfall der Sublimation. Hierbei wird das zu trocknende Gut zu Granulat eingefroren. Die im Granulat enthaltene Flüssigkeit wird unter Vakuum in einem Sublimator meist durch Infrarotbeheizung ausgedampft. Gefriertrocknen wendet man bei empfindlichen Stoffen (Pharmazeutika) an.

Das **Ausfrieren** oder **Kaltkonzentrieren** ist kein Sublimationsvorgang. Hierbei wird Wasser aus Lösungen zwischen 0 °C und der eutektischen Erstarrungstemperatur der Lösung ausgefroren. Das Verfahren wird zur Konzentrierung von Obstsäften, zur Entsalzung von Seewasser oder zur Einengung von Sulfitablauge angewendet. Das Gemisch aus Eis und hochkonzentrierter Lösung muss anschließend mechanisch getrennt werden, vorwiegend durch Scheidepressen. Das Verfahren wird oft als Vorstufe zur Gefriertrocknung eingesetzt.

## 9.4 Extrahieren aus Feststoffen (Auslaugen)

Extrahieren ist das Herauslösen von Bestandteilen aus Stoffen oder Stoffgemischen mit Hilfe eines Lösungsmittels, das nur selektive Lösungseigenschaften hat.

Nach Art des zu extrahierenden Stoffes unterscheidet man zwischen Fest-Flüssig-Extraktion und Flüssig-Flüssig-Extraktion.

In diesem Abschnitt wird die **Fest-Flüssig-Extraktion** besprochen. Die Flüssig-Flüssig-Extraktion wird in Abschnitt 10.3 behandelt. Bei der **Flüssig-Flüssig-Extraktion** ist der zu extrahierende Stoff ein Flüssigkeitsgemisch.

Man bezeichnet den zu extrahierenden Stoff als **Extraktionsgut**, das einwirkende Lösungsmittel als **Extraktionsmittel** und den extrahierten Stoff als **Extrakt**. Das Gemisch aus Lösungsmittel und Extrakt ist die **Extraktionsphase** (auch Miscella genannt). Das extrahierte Extraktionsgut nennt man **Extraktionsrückstand**.

Bei der Fest-Flüssig-Extraktion ist das Extraktionsgut ein Feststoff, aus dem bestimmte Bestandteile, z.B. Öle, Gewürzstoffe, Aromastoffe, Alkaloide oder Duftstoffe mit Hilfe eines flüssigen Extraktionsmittels (meist mit einem leichtflüssigen Kohlenwasserstoff) herausgezogen werden.

Beispielsweise ist die Zubereitung von Kaffee eine Fest-Flüssig-Extraktion. Extraktionsgut sind hier gemahlene Kaffeebohnen, Extraktionsmittel ist siedendes Wasser. Der Kaffee selbst ist die Extraktionsphase, bestehend aus Lösungsmittel und Extrakt. Der Kaffeesatz ist der Extraktionsrückstand.

Eine vollständige Fest-Flüssig-Extraktion zur Extraktgewinnung läuft in folgenden Schritten ab:

1. **Einwirkung des Extraktionsmittels** auf das zerkleinerte Extraktionsgut.
2. **Abtrennung der Extraktionsphase** vom Extraktionsgut, z.B. durch Filtration, Abschleudern oder Abpressen.
3. **Trennung der Extraktionsphase** in Lösungsmittel und Extrakt, vorwiegend durch Destillieren.
4. **Rückgewinnung der Extraktionsphase** bzw. des Extraktionsmittels aus dem Extraktionsrückstand, z.B. durch Scheidepressen oder durch Einblasen von Dampf.

Die Fest-Flüssig-Extraktion wird **mehrstufig** durchgeführt, indem man mehrere **Extraktionsapparate** (Extrakteure) hintereinanderschaltet. Dabei ist eine kontinuierliche Betriebsweise möglich, wenn die **Extrakteure** nacheinander vom gleichen Extraktionsmittel durchflossen werden. Das frische Extraktionsmittel trifft mit dem am stärksten ausgelaugten Extraktionsgut zusammen. Beim Verlassen der Anlage durchströmt die Extraktionsphase mit hohem Extraktgehalt frisches Extraktionsgut.

Extrakteure sind vorwiegend stehende, zylindrische Behälter, in denen das Extraktionsgut auf einem Siebboden ruht. Ein Rührwerk unterstützt den Extraktionsvorgang. Das Extraktionsgut wird mit Lösungsmittel so hoch aufgefüllt, dass etwa 30% des Behältervolumens freibleiben.

Die Extraktion ist ein **Stofftransport** in Richtung **abnehmenden Konzentrationsgefälles** (Fick'sches Gesetz). Der übergehende spezifische Massenstrom $\dot{g}$ ist dem Konzentrationsgefälle $\mathrm{d}c/\mathrm{d}y$ proportional. Proportionalitätsfaktor ist die **Diffusionszahl** $D$.

$$\dot{g} = -D \cdot \mathrm{d}c/\mathrm{d}y$$

Der Extraktionsvorgang ist beendet, wenn sich Gleichgewicht eingestellt hat zwischen der **Extraktkonzentration** in den Kapillaren des Extraktionsguts und der Extraktkonzentration in der umgebenden Extraktionsphase.

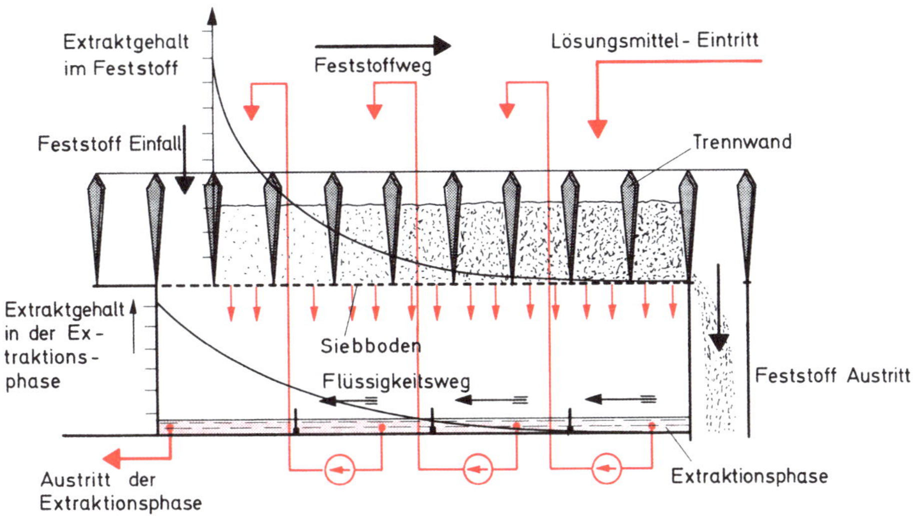


*Bild 9.7 Mehrstufiger Extrakteur (Karussell-Extrakteur, nach Ex-Technik/Babcock)*

Die zur Erreichung des Gleichgewichtszustandes erforderliche **Extraktionszeit** hängt im Wesentlichen von der Art, Struktur und spezifischen Oberfläche des Extraktionsguts ab.

Bild 9.7 zeigt den schematischen Aufbau eines mehrstufigen Extrakteurs mit **kontinuierlichem Feststofftransport.** Dieses Prinzip wird bei **Karussell-Extrakteuren** realisiert. Das Extraktionsgut wird kontinuierlich in eine rotierende Transporteinrichtung mit Siebboden eingefüllt. Während seiner Bewegung wird es mit Lösungsmittel berieselt. Aus dem Extraktionsgut abtropfende Extraktionsphase wird aufgefangen und auf das Extraktionsgut zurückgepumpt, wobei der frisch zugegebene Feststoff mit der am höchsten konzentrierten Extraktionsphase berieselt wird.

**Karussell-Extrakteure** werden mit Durchmessern von 2 bis 8 m gebaut. Der Rotor enthält 10 bis 20 durch radiale Trennwände gebildete Kammern. Die Rotationszeit je Umdrehung liegt zwischen 20 min und 5 h. Das Extraktionsgutvolumen beträgt 0,75···3 m³.

## 9.5 Stoffübergang beim Auslaugen und Lösen

Das Fick'sche Gesetz (von Abschnitt 4.4), $\dot{g} = - D \cdot \mathrm{d}c/\mathrm{d}y$ wird, wie folgt, als Differenzengleichung geschrieben:

$$\dot{g} = -\frac{D}{\Delta Y} \cdot \Delta c;$$

$D$ Diffusionskoeffizient in m²/s

Wir definieren den Quotienten — $D/\Delta Y$ als Stoffübergangszahl $\beta$.

Mit $\dot{g} = \dot{m}/A$ und $\Delta c = c_s - c$ ergibt sich die **Grundgleichung des Stoffübergangs** der ausgelaugten oder gelösten Feststoffmasse in das Innere der flüssigen Phase.

$$\dot{m} = \beta \cdot A \cdot (c_s - c)$$

Hierin bedeuten: $\dot{m}$ Massenstrom in kg/s; $\beta$ Stoffübergangszahl in m/s; $A$ Austauschfläche, z.B. Feststoffoberfläche in m²; $c_s$ Sättigungskonzentration der Flüssigkeit in kg/m³, $c$ Konzentration der Flüssigkeit nach der Zeit $t$.

Die Stoffübergangszahl $\beta$ wird i.a. experimentell ermittelt. Die Messergebnisse werden in Abhängigkeit der den Stoffübergang bestimmenden dimensionslosen Kenngrößen **Sherwood-Zahl** *Sh*, **Schmidt-Zahl** *Sc* und **Reynolds-Zahl** *Re* angegeben. Für den Stoffübergang gilt das allgemeingültige **Ähnlichkeitsgesetz**:

$Sh = k \cdot (Re)^r \cdot (Sc)^s$; $k, r, s$ sind Konstanten

Die Kenngrößen sind folgendermaßen definiert.

$$Sh = \frac{\beta \cdot L}{D}; Sc = \frac{\nu}{D}; Re = \frac{L \cdot u}{\nu}$$

Hierin bedeuten: $\beta$ Stoffübergangszahl in m/s, $L$ charakteristische Länge in m, $D$ Diffusionskoeffizient in m²/s, $\nu$ kinematische Viskosität in m²/s, $u$ Strömungsgeschwindigkeit in m/s.

Das allgemeine Ähnlichkeitsgesetz wird auf den speziellen Stoffübergangsvorgang angepasst. Bei Auslaugen in Schüttschichten (Bild 9.7) gelten folgende Beziehungen:

$$\beta = \frac{2{,}40 \cdot \varrho \cdot u}{(Sc)^{0,58} \cdot (Re')^{-0,66}} \quad \text{für } Re' = 0{,}08\cdots125$$

$$\beta = \frac{0{,}442 \cdot u}{(Re')^{0,31}} \quad \text{für } Re' = 125\cdots5000$$

$$Re' = \frac{x \cdot u}{\nu \cdot \varepsilon}$$

Hierin bedeuten: $\varrho$ Dichte der Flüssigkeit in kg/m³; $u$ Strömungsgeschwindigkeit in m/s (bezogen auf den freien Behälterquerschnitt) in m/s; $x$ Korngröße in m; $\nu$ kinematische Zähigkeit der Flüssigkeit in m²/s; $\varepsilon$ Porosität der Schüttschicht.

Beim Lösen von Feststoffen durch Rühren in Rührbehältern werden die Partikel von der turbulenten Rührströmung aufgewirbelt (suspendiert). Die Stoffübergangszahl $\beta$ hängt hier von der an die Flüssigkeit abgegebenen Leistung ab.

$$\beta \sim \left(\frac{P}{V}\right)^{0,10\cdots0,13}$$

Für das Lösen in Wirbelschichten ergeben sich ähnliche Stoffübergangsbedingungen.

# 10 Thermische Trennung von Flüssigkeitsgemischen

**Homogene Flüssigkeitsgemische** werden vorwiegend durch thermische Trennverfahren zerlegt. Unterscheiden sich die Gemischkomponenten in ihrem **Siedeverhalten,** so werden als Trennverfahren **Destillation** und **Rektifikation** eingesetzt. Unterscheiden sie sich in der **Löslichkeit** gegenüber einem Lösungsmittel, dann ist eine Trennung durch **Flüssig-Flüssig-Extraktion** möglich.

## 10.1 Destillation

Destillation ist die Trennung eines Flüssigkeitsgemisches durch Teilverdampfung des Einsatzgemisches und anschließender Kondensation des Gemischdampfes.

### 10.1.1 Siedegleichgewicht und Gleichgewichtskurve

Ein destillierbares Flüssigkeitsgemisch besteht im einfachsten Fall aus zwei Komponenten, die sich bei einer bestimmten Temperatur durch ihren **Dampfdruck** unterscheiden bzw. bei einem bestimmten Druck unterschiedliche **Siedetemperaturen** haben. Man bezeichnet die Komponente mit dem höheren Dampfdruck bzw. der niedrigeren Siedetemperatur als **Leichtersiedendes**, die andere Komponente als **Schwerersiedendes**.

Der Dampf über dem siedenden Flüssigkeitsgemisch enthält mehr Leichtersiedendes als das Flüssigkeitsgemisch. Wird der Dampf abgezogen und kondensiert, dann ist das **Destillat** reicher an Leichtersiedendem als das eingesetzte Flüssigkeitsgemisch (Bild 10.1).

Ein Maß für die Anreicherung des Leichtersiedenden im Dampf eines Flüssigkeitsgemischs ist die **relative Flüchtigkeit** $\alpha$. Je größer die relative Flüchtigkeit, desto größer ist die Anreicherung des Leichtersiedenden und desto leichter lässt sich das Gemisch durch Destillation trennen.

Die relative Flüchtigkeit ist das Verhältnis der Sattdampfdrücke der **reinen** Komponenten bei einer bestimmten Gemischtemperatur.

$$\alpha = \frac{p_1}{p_2}$$

Hierin ist: $p$ Sattdampfdruck, Indizes: 1 für Leichtersiedendes und 2 für Schwerersiedendes.

In einem siedenden Flüssigkeitsgemisch herrscht bei konstant bleibendem Druck Gleichgewicht zwischen Flüssigkeit und Dampf, weil in der Zeiteinheit ebenso viele Flüssigkeitsmoleküle in die Dampfphase wandern (verdampfen) wie Dampfmoleküle in die flüssige Phase zurückkehren (kondensieren). Dieses **Siedegleichgewicht** gilt auch, wenn man nur **eine** Komponente, z.B. das Leichtersiedende, betrachtet.

Das Siedegleichgewicht für das Leichtersiedende (Index 1) wird ausgedrückt durch die **Gleichgewichtsfunktion:**

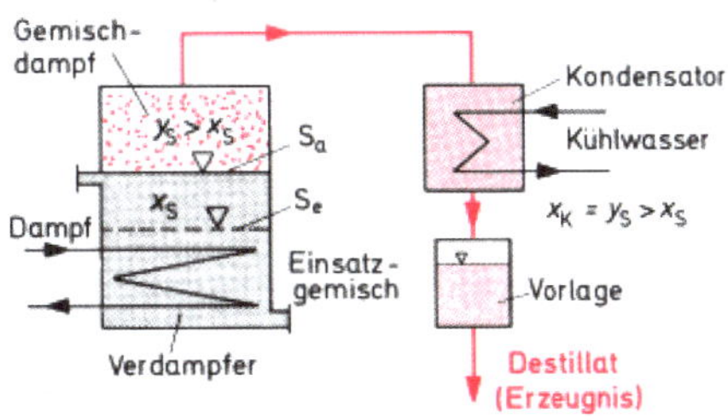


*Bild 10.1 Einfache Destillation eines Zweistoffgemisches. Das Leichtersiedende reichert sich im Dampf an. Das Destillat enthält mehr Leichtersiedendes als das Einsatzgemisch ($x_K > x_S$).*

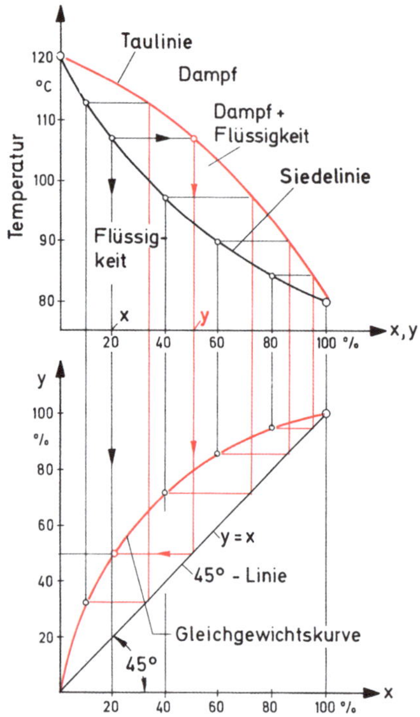


*Bild 10.2 Das Siedeverhalten eines idealen Zweistoffgemisches wird beschrieben durch die Siede- und Taulinie (oben) und durch die Gleichgewichtskurve unten*

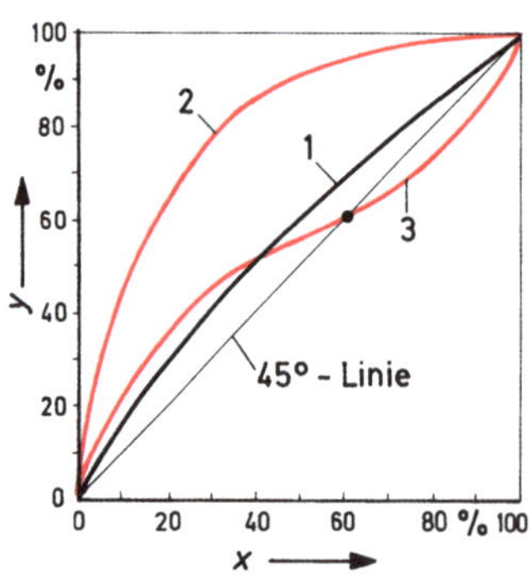


*Bild 10.3 Gleichgewichtskurven von Flüssigkeitsgemischen: 1 ideales, schwer trennbares Gemisch; 2 ideales, leicht trennbares Gemisch; 3 azeotropes Gemisch*

$$y_1 = \frac{\alpha \cdot x_1}{1 + x_1 \cdot (\alpha - 1)}$$

Hierin ist: $y$ **molare** Konzentration des Leichtersiedenden im Dampf in mol/mol oder %, **$x$ molare Konzentration in der Flüssigkeit,** $\alpha$ relative Flüchtigkeit.

Die grafische Darstellung der Gleichgewichtsfunktion ergibt die **Gleichgewichtskurve** des Zweistoffgemischs (Bild 10.2). Je größer die relative Flüchtigkeit $\alpha$, desto bauchiger ist die Kurve. Auf der 45°-Linie ($y = x$) sind die molaren Konzentrationen in Dampf und Flüssigkeit gleich. $y = x$ ergibt sich im Sonderfall für $\alpha = 1$, wenn die Komponenten gleiche Dampfdrücke aufweisen. Die 45°-Linie ist eine Hilfslinie zur Veranschaulichung der Trennbarkeit. Mit Hilfe der 45° - Linie kann die Gleichgewichtskurve punktweise aus der **Siedelinie** und der **Taulinie** des Gemisches konstruiert werden.

Es gibt Flüssigkeitsgemische, deren Gleichgewichtskurve bei einer bestimmten Flüssigkeitszusammensetzung die 45°-Linie schneidet (Bild 10.3). Solche Gemische nennt man azeotrop. Aus **azeotropen Gemischen** kann man nur eine der beiden Komponenten durch Destillation rein abtrennen. **Ideale Flüssigkeitsgemische** lassen sich durch wiederholte Destillation in die reinen Komponenten zerlegen.

### 10.1.2 Destillationsverfahren

Alle Destillationsverfahren bestehen aus Verdampfen und Kondensieren. Nach Art der Prozessführung unterscheidet man einfache Destillation, Trägerdampfdestillation und fraktionierte Destillation.

Bei der **einfachen Destillation** wird der Gemischdampf **getrennt** vom Flüssigkeitsgemisch kondensiert. In der Verbindungsleitung zwischen Verdampfer – auch Destillierblase oder Sumpf genannt – und Kondensator erfolgt keine weitere Anreicherung des Dampfes an Leichtersiedendem.

Bei der **Trägerdampfdestillation** wird Dampf unter Normaldruck oder Vakuum in das Flüssigkeitsgemisch des Verdampfers eingeblasen. Der Trägerdampf – meist Wasserdampf – nimmt die dampfförmigen Komponenten auf, deren Partialdrücke dadurch herabgesetzt werden (Gesamtdruck = Summe der Partialdrücke). Infolgedessen kann bei gegebenem Destillationsdruck die Verdampfung mit wesentlich niedrigerer Temperatur durchgeführt werden.

Voraussetzung für die Trägerdampfdestillation: Der **Trägerdampf** darf die zu trennenden Komponenten des Gemisches nicht nennenswert lösen. In der Vorlage trennt sich das Wasser von den wasserunlöslichen Komponenten durch Dichteunterschied ab. Die Trägerdampfdestillation eignet sich zur Abtrennung **temperaturempfindlicher,** hochsiedender Komponenten (ätherische Öle, Benzine, Teerfraktionen) von anderen noch höher siedenden Komponenten oder Rückständen.

Durch **fraktionierte Destillation** wird ein aus zahlreichen Komponenten bestehendes Flüssigkeitsgemisch in einzelne Teilgemische bestimmter **Siedebereiche** zerlegt. Fraktionierte Destillation wird hauptsächlich bei der Zerlegung von Rohöl in einzelne **Rohölfraktionen** (z.B. Benzin, Petroleum, Dieselöl, Schweröl, Teer) angewendet.

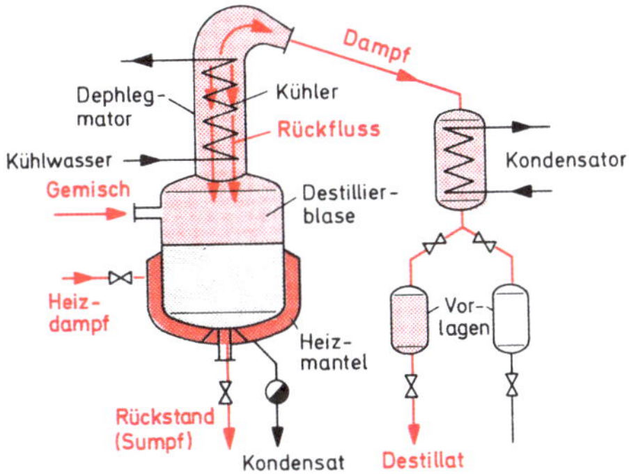


*Bild 10.4 Destillationsanlage mit Rückflusskühler, in dem sich das Leichtersiedende weiter anreichert*

> Die **einfache Destillation** dient in der Hauptsache zur Trennung von Zweistoffgemischen, deren Komponenten stark voneinander abweichende Siedetemperaturen haben oder zur Trennung von flüchtigen und nichtflüchtigen Stoffen (Vortrennung und Reinigung).

Bei schwerflüchtigen Stoffen mit hohen Siedetemperaturen empfiehlt sich die **Vakuumdestillation.**

Bild 10.4 zeigt die Anordnung einer Apparatur zur Destillation mit **Rückflusskühler** (Dephlegmator), dessen Kühlwassertemperatur zwischen den Siedepunkten der zu trennenden Komponenten liegt. Am **Dephlegmator** kondensiert der Dampf des Schwerersiedenden, der als Kondensat zurückfließt. Dadurch reichert sich das Leichtersiedende im Dampf weiter an.

Bei der einfachen Destillation (Bild 10.1) ändern sich während des Destillierens ständig folgende Größen:

1. Volumen des Einsatzgemisches im Verdampfer,
2. Konzentration der Komponenten im Einsatzgemisch,
3. Konzentration der Komponenten im Gemischdampf und somit auch im Kondensat.

Das Volumen des Einsatzgemisches nimmt von $S_a$ auf $S_e$ ab, die Konzentration des Schwerersiedenden im Einsatzgemisch nimmt zu, und die Konzentration des Leichtersiedenden in Gemischdampf ($y_S$) und Kondensat ($x_K$) nimmt ab.

Grundsätzlich ist festzustellen:

> Je länger das Einsatzgemisch destilliert wird, desto geringer ist am Ende der Destillierzeit die Konzentration des Destillats an Leichtersiedendem und desto größer ist die Konzentration des Sumpfes (Gemischrückstandes) an Schwerersiedendem.

Soll die leichtersiedende Komponente in höherer Konzentration gewonnen werden, so ist die Destillation zu wiederholen, d.h., das gewonnene Destillat wird erneut destilliert. Eine vollständige Zerlegung des Gemisches in die reinen Komponenten ist durch einfache Destillation nur möglich, wenn die eine Komponente nichtflüchtig ist. Die einfache Destillation wird **diskontinuierlich** durchgeführt.

## 10.2 Rektifikation

> Rektifikation ist die Anreicherung des Leichtersiedenden im Gemischdampf und des Schwerersiedenden in der Flüssigkeit durch einen **Gegenstrom** von Dampf und Kondensat in einer vertikalen Austauschsäule.

Im Gegensatz zur Destillation kann die Rektifikaton auch **kontinuierlich** durchgeführt werden. Durch Rektifikation ist es möglich, die Komponenten eines Flüssigkeitsgemisches mit großer Reinheit abzutrennen.

### 10.2.1 Wärme- und Stoffaustausch

Bild 10.5 zeigt das **Prinzip der Rektifikation** in einer Austauschsäule zwischen Verdampfer und Kondensator. Der aus dem Verdampfer aufsteigende Dampf strömt der aus dem Kondensator herabrieselnden Flüssigkeit entgegen. Zwischen Dampf und Flüssigkeit herrscht **Wärme- und Stoffaustausch** mit folgenden Auswirkungen:

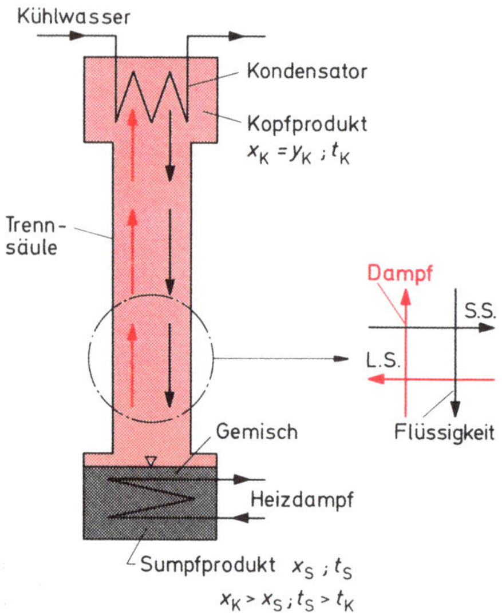


*Bild 10.5 Prinzip der Rektifikation in einer vertikalen Austauschsäule (Trennkolonne) bei totalem Rücklauf. Die angegebenen Konzentrationen x und y betreffen das Leichtersiedende.*

1. Das **Schwerersiedende kondensiert** aus dem Dampf und wandert in die Flüssigkeit.
2. Das **Leichtersiedende verdampft** durch die freiwerdende Kondensationswärme aus der Flüssigkeit und wandert in den Dampf.
3. Der **Dampf** reichert sich mit **Leichtersiedendem** an; seine Temperatur nimmt in Strömungsrichtung stetig ab.
4. Die **Flüssigkeit** reichert sich mit **Schwerersiedendem** an; ihre Temperatur nimmt in Strömungsrichtung stetig zu.

Zwischen Destillation und Rektifikation besteht ein wesentlicher **Unterschied:**

> Bei der Destillation erfolgt die Trennung allein aufgrund des **Siedegleichgewichts,** nach dem der Dampf mehr Leichtersiedendes enthält als das Gemisch. Bei der Rektifikation wird der Dampf zusätzlich noch einem **Wärme- und Stoffaustausch** mit der entgegenströmenden Rücklaufflüssigkeit unterworfen.

Die durch den Stoffaustausch stark verbesserte **Trennwirkung** muss durch einen höheren **Wärmebedarf** des Verdampfers erkauft werden.

Vorwiegend werden **kontinuierlich** arbeitende Rektifizieranlagen zur Trennung von Flüssigkeitsgemischen eingesetzt. Aufbau und Wirkungsweise einer solchen Rektifizieranlage sind in Bild 10.6 dargestellt.

Das wichtigste Bauelement der Anlage ist die **Rektifiziersäule** (Kolonne), die durch Einbauten in einzelne **Trennstufen** unterteilt ist. Die Einbauten bestehen z.B. aus **Glockenböden** (Bild 10.7). Der Dampf strömt von unten durch die Öffnungen der Böden, wird in den Glocken abgelenkt und streicht durch die Rücklaufflüssigkeit, wobei der erwähnte Wärme- und Stoffaustausch erfolgt. Durch Abflussrohre fließt die Rücklaufflüssigkeit nach dem Stoffaustausch jeweils dem nächsttieferen Glockenboden zu, und der Dampf strömt in den nächsthöheren Boden ein.

Die Rektifizieranlage wird so betrieben, dass stets ein Teil des erzeugten Kondensats als **Rücklauf** wieder in den Kolonnenkopf geleitet wird. Ohne Rücklauf ist die Rektifikation nicht durchführbar. Das Verhältnis des Rücklaufstroms $\dot{R}$ zum Erzeugnisstrom $\dot{E}$ nennt man **Rücklaufverhältnis** $v$. Zwischen dem Rücklaufverhältnis und der Anzahl der Trennstufen (Rektifizierböden) besteht ein wichtiger Zusammenhang:

> Je kleiner das **Rücklaufverhältnis,** desto größer ist die **Trennstufenzahl** und desto niedriger ist der **Wärmebedarf** der Anlage.

Im **Grenzfall** der unendlich großen Trennstufenzahl ergibt sich der geringste Wärmeverbrauch. Das zugehörige Rücklaufverhältnis nennt man **Mindestrücklaufverhältnis** $v_{min}$. Das tatsächliche Rücklaufverhaltnis $v$ ist etwa 2- bis 5-mal größer als $v_{min}$.

Der andere Grenzfall ist der **totale Rücklauf** mit unendlich großem Rücklaufverhältnis. Die gesamte Kondensatmenge fließt in diesem Fall wieder in die Kolonne zurück. Bei totalem Rücklauf ergibt sich die **Mindest-Trennstufenzahl** $N_{t\,min}$. Der praktische Betrieb liegt zwischen den Grenzfällen:

$$v_{min} < v < \infty\,;\, v = \frac{\dot{R}}{\dot{E}}$$

Das auf **Siedebeginn** vorgewärmte Flüssigkeitsgemisch wird etwa in der Mitte der Trennsäule zugeführt. Der Gemischzulauf teilt die Trennsäule in zwei Teil-Trennsäulen: die Abtriebssäule und die Verstärkungssäule.

In der **Abtriebssäule** wird das Leichtersiedende vom aufsteigenden Dampf aus dem Flüssigkeitsgemisch abgetrieben. In der **Verstärkungssäule** reichert sich der Dampf mit Leichtersiedendem an, das der Rücklaufflüssigkeit entzogen wird. Am oberen Ende der Verstärkungssäule (Kolonnenkopf) besteht der Dampf rd. zu 100% aus Leichtersiedendem. Im Verdampfer (Kolonnensumpf) besteht die Flüssigkeit zu rd. 100% aus Schwerersiedendem.

## 10.2.2 Anzahl der theoretischen Stufen

Eine wichtige Aufgabe bei der Auslegung einer Rektifizierkolonne ist die Bestimmung der Anzahl der Rektifizierböden. Maßgebend hierfür ist die **theoretische Stufenzahl.**

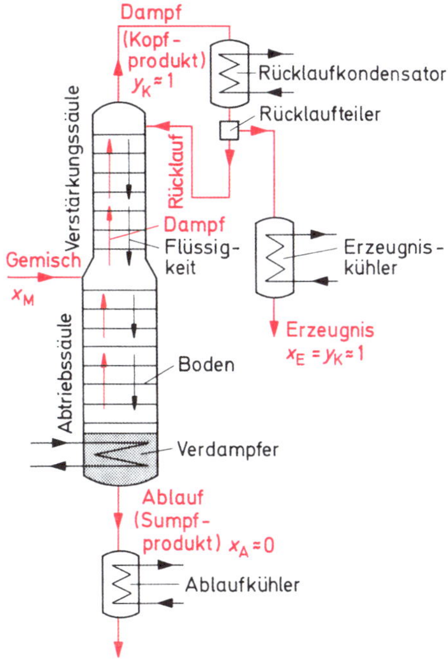


*Bild 10.6 Kontinuierlich arbeitende Rektifiziersäule. Die Konzentrationen x und y betreffen das Leichtersiedende.*

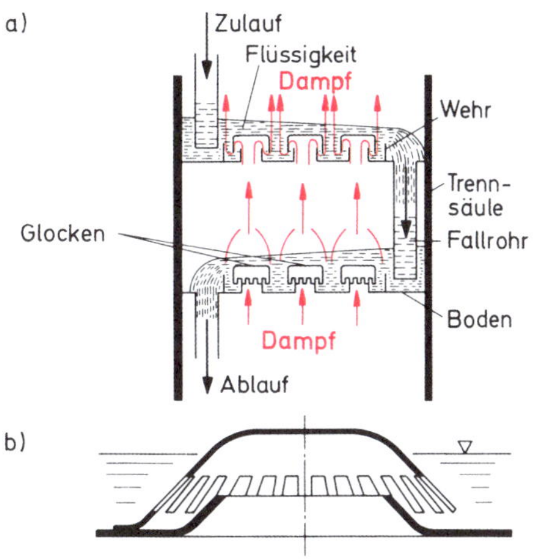


*Bild 10.7 a) Glockenbodenkolonne (Ausschnitt); b) Regenschirmglocke*

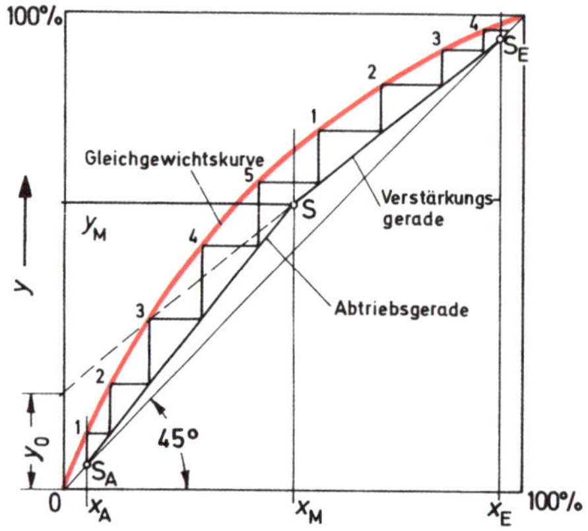


*Bild 10.8 McCabe-Thiele-Diagramm zur Bestimmung der theoretischen Stufenzahl einer Rektifiziersäule*

> Eine theoretische Stufe ist eine Trennsäulen-Höheneinheit, innerhalb der Dampf und Flüssigkeit durch Stoffaustausch **Siedegleichgewicht** erlangen.

Die **theoretische Stufenzahl** ist die Anzahl der Trennsäulen-Höheneinheiten, die erforderlich ist, um die Komponenten bei idealem Stoffaustausch mit den gewünschten Endkonzentrationen $x_E$ des Leichtersiedenden und $x_A$ des Schwerersiedenden abtrennen zu können.

Zur Bestimmung der theoretischen Stufenzahl verwendet man das aus der **Gleichgewichtskurve** hervorgegangene **McCabe-Thiele-Diagramm** (Bild 10.8). Das McCabe-Thiele-Diagramm besteht aus der Gleichgewichtskurve über der 45°-Linie, der **Abtriebsgeraden,** der **Verstärkungsgeraden** und einer **Treppenlinie,** deren Stufenzahl gleich der Zahl der theoretischen Stufen ist. Das Diagramm ist für den **einfachsten Fall** dargestellt. Es gilt unter folgenden vereinfachenden Voraussetzungen:

1. Die in jedem Säulenabschnitt kondensierende **Dampfmenge** ist ebenso groß wie die verdampfende **Flüssigkeitsmenge.**
2. Das einströmende Flüssigkeitsgemisch hat **Siedetemperatur.**

Die **Bestimmung der theoretischen Stufenzahl** mit dem McCabe-Thiele-Diagramm wird in folgenden Schritten vorgenommen (siehe hierzu Bild 10.8):

1. Darstellung der **Gleichgewichtskurve** mit Hilfe der Gleichgewichtsfunktion $y = f(x)$.
2. Festlegung des **Rücklaufverhältnisses.** Es ist:

$$v_{min} = \frac{x_E - y_M}{y_M - x_M} \quad ; \quad v = (1{,}3 \cdots 5) \cdot v_{min}$$

3. Einzeichnen der **Verstärkungsgeraden**. Die Verstärkungsgerade geht aus vom Schnittpunkt $S_E$ über der Abszisse $x_E$ und schneidet auf der Ordinate den Punkt $y_0$. Es ist:

$$y_0 = \frac{x_E}{v + 1}$$

   Die Verstärkungsgerade schneidet die Linie $x_M$ im Punkt $S$.
4. Einzeichnen der **Abtriebsgeraden** als Verbindungslinie der Schnittpunkte $S_A$ und $S_M$.
5. Einzeichnen der **Treppenlinie** zwischen Abtriebsgerade und Verstärkungsgerade, beginnend bei Punkt $S_A$ und ungefähr endend bei Punkt $S_E$.

Die Anzahl der auf der Gleichgewichtskurve liegenden **Eckpunkte** ist gleich der theoretischen Stufenzahl $N_t$. Die **wirkliche Stufenzahl** $N$, also die Anzahl der erforderlichen Rektifizierböden, ergibt sich unter Berücksichtigung der Trennwirkung, die durch das **Verstärkungsverhältnis** $s$ ausgedrückt wird.

$$s = \frac{N_t}{N} = 0{,}6 \cdots 0{,}8$$

Die **Mindeststufenzahl** für die Gemischzerlegung bei **totalem Rücklauf** ($v = \infty$ ; $\dot{E} = 0$) kann nach der **Formel von *Fenske*** direkt bestimmt werden:

$$N_{t\,min} = \frac{\lg \dfrac{x_E}{1 - x_E} - \lg \dfrac{x_A}{1 - x_A}}{\lg \sqrt{\alpha_E \cdot \alpha_A}} - 1$$

Hierin ist: $x$ molare Konzentration in mol/mol, $\alpha$ relative Flüchtigkeit, Indizes: $E$ für Erzeugnis, $A$ für Sumpfflüssigkeit.

**Beispiel 10.1**
Gesucht ist die Stufenzahl einer kontinuierlich arbeitenden Rektifiziersäule zur Trennung eines

mit Siedetemperatur zulaufenden Benzol-Toluol-Gemisches mit folgenden molaren Konzentrationen und Daten:

$x_M = 40\%$, $x_E = 96\%$, $x_A = 2\%$, $\alpha = 2{,}4$,
Verstärkungsverhältnis: $s = 0{,}6$
Rücklaufverhältnis: $v = 2{,}5 \cdot v_{min}$

*Lösung*

1. Siedegleichgewicht des zufließenden Gemisches:

$$y_M = \frac{\alpha \cdot x_M}{1 + x_M \cdot (\alpha - 1)} = \frac{2{,}4 \cdot 0{,}4}{1 + 0{,}4 \cdot 1{,}4}$$

$$= 0{,}615\%$$

$$y_M = 61{,}5\%$$

2. Rücklaufverhältnis:

$$v = 2{,}5 \cdot v_{min}\,; \quad v_{min} = \frac{x_E - y_M}{y_M - x_M}$$

$$v_{min} = \frac{0{,}96 - 0{,}615}{0{,}615 - 0{,}4} = \frac{0{,}345}{0{,}215} = 1{,}6$$

$$v = 2{,}5 \cdot 1{,}6 = 4$$

3. Gleichgewichtskurve:
Zum Zeichnen der Gleichgewichtskurve werden mit der Gleichgewichtsfunktion

$$y = \frac{\alpha \cdot x}{1 + x \cdot (\alpha - 1)}$$

folgende Wertepaare bestimmt:

| x | 0 | 0,1 | 0,2 | 0,3 | 0,6 | 0,8 | 0,95 | 1,0 |
|---|---|---|---|---|---|---|---|---|
| y | 0 | 0,21 | 0,38 | 0,50 | 0,78 | 0,91 | 0,98 | 1,0 |

Hiernach wird die Gleichgewichtskurve punktweise konstruiert.

4. Schnittpunkt der Verstärkungsgerade mit der Ordinate:

$$y_0 = \frac{x_E}{v + 1} = \frac{0{,}96}{5} = 0{,}192 = 19{,}2\%$$

5. Stufenzahl:
Nach Einzeichnen von Verstärkungs- und Abtriebsgerade in das Gleichgewichtsdiagramm ergibt die Treppenlinie 10 theoretische Stufen. Auf die Abtriebssäule entfallen 6 Stufen und auf die Verstärkungssäule 4 Stufen.

Die wirkliche Stufenzahl beträgt:

$$N = \frac{N_t}{s} = \frac{10}{0{,}6} = 16{,}66;$$

$$N = 17 \text{ gewählt}$$

Die Kolonne erhält somit 17 Rektifizierböden, z.B. Glockenböden. Der Gemischzulauf wird über dem 10. Boden vorgenommen.

### 10.2.3 Bauarten von Rektifizierkolonnen

Grundsätzlich unterscheidet man zwischen Bodenkolonnen, Füllkörperkolonnen und Kolonnen mit Packungen aus Metall oder Kunststoff (Bild 10.10). Die **Bodenkolonnen** unterscheiden sich durch die Art der Bodenkonstruktion. Es gibt eine Vielzahl von Bodenkonstruktionen, deren Ziel es ist, den Stoffaustausch zwischen Flüssigkeit und Dampf zu intensivieren und damit Verstärkungsverhältnis und Trennwirkung zu erhöhen.

Häufig eingesetzte **Bodenkonstruktionen** sind: Glockenböden (Bild 10.7), Tunnelböden, Ventilböden und Siebböden. Kriterien für die **Bewertung** der einzelnen Bodenkonstruktionen sind **Trennwirkung** und **Druckverlust** in Abhängigkeit von der Belastung sowie **Bauhöhe** und **Anlagekosten.** Die Bewertung kann nicht pauschal, sondern nur anwendungsspezifisch vorgenommen werden.

Bekannte Füllkörperarten zeigt Bild 10.9.

Raschig-Ring,
Werkstoff:
Steinzeug, Stahl
15×15 bis 100×100

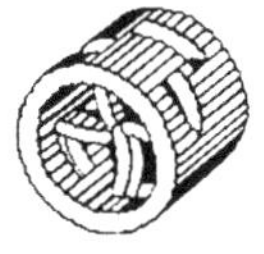
Pallring,
Werkstoff:
Steinzeug, Metall, Kunststoff
15×15 bis 50×50

Berl-Sattel
Werkstoff:
Steinzeug 15, 25, 50

*Bild 10.9 Gebräuchliche Füllkörperarten*

Zunehmend werden für Rektifikation und Absorption (siehe 10.4) **Trennkolonnen mit Packungen** für Kolonnendurchmesser von 200 mm bis 12 m eingesetzt (Bild 10.10). Die Packungen (Bild 10.11) bestehen aus schräggezahnten Metall- oder Kunststofflamellen. Die einzelnen Lamellen sind in der Packung so angeordnet, dass sie offene, sich kreuzende Kanäle bilden, die beim Durchströmen eine intensive Durchmischung des Gases/Dampfes bewirken. Es werden **spezifische Oberflächen** von 125 bis 750 m²/m³ Packungsvolumen erreicht. Bei Füllkörperschüttungen liegen diese Werte zwischen 50 und 400 m²/m³.

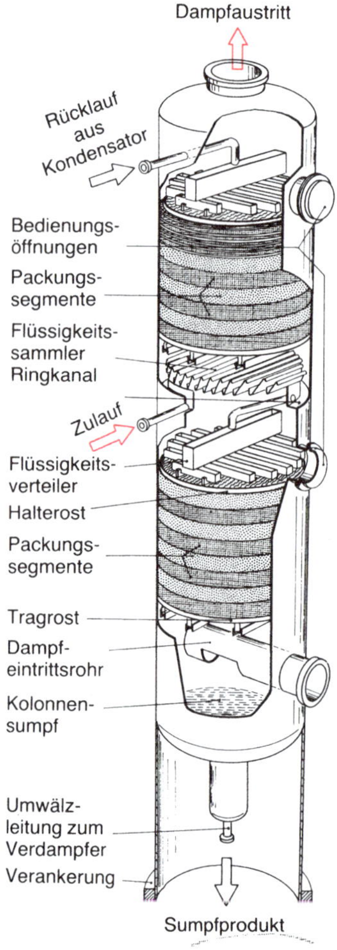


*Bild 10.10 Kolonne mit Packungen (nach Sulzer)*

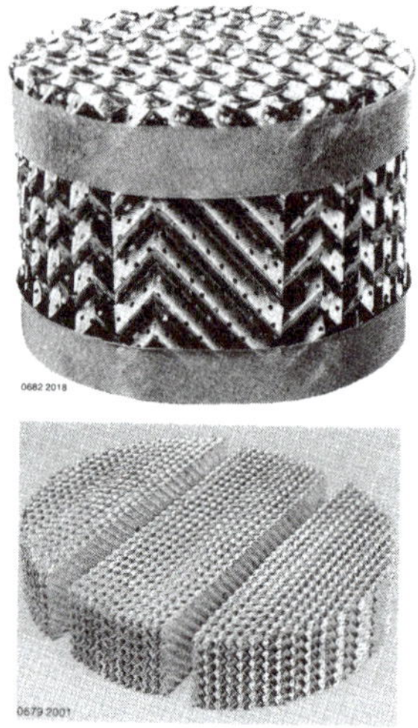

*Bild 10.11 Metallpackungen (nach Sulzer): a) aus einem Stück, b) aus Segmenten*

## 10.2.4 Auslegung von Rektifizierkolonnen

Rektifizierkolonnen arbeiten nur in einem bestimmten **Belastungsbereich** einwandfrei. Der Belastungsbereich ist, wie Bild 10.12 zeigt, durch die obere und die untere Belastungsgrenze festgelegt.

**Obere Belastungsgrenze:** Die Gas-/Dampfbelastung ist so hoch gestiegen, dass die Flüssigkeitstropfen gerade zum nächsthöheren Boden mit-

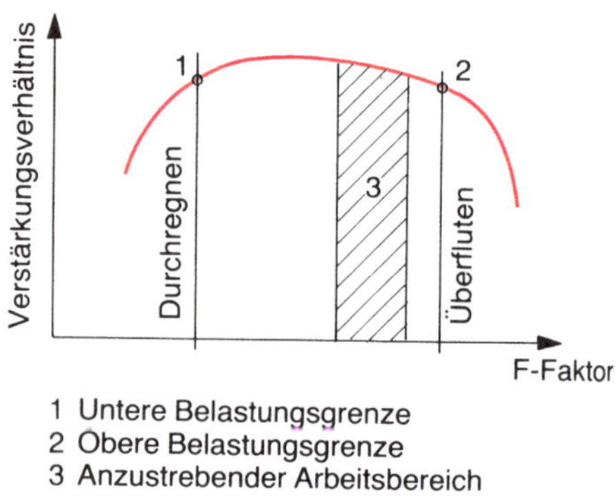


*Bild 10.12 Belastungsbereich eines Bodens*

gerissen werden. Ein Überschreiten der oberen Belastungsgrenze führt zum Aufstauen der Flüssigkeit auf dem Boden, **Fluten** genannt. Die obere Belastungsgrenze wird daher auch als **Flutgrenze** bezeichnet.

**Untere Belastungsgrenze:** Die Gas-/Dampfbelastung ist so weit gefallen, dass die Flüssigkeit gerade zum nächsttieferen Boden zurückzutropfen beginnt. Dieser Vorgang wird **Durchregnen** genannt.

Oberhalb und unterhalb des Belastungsbereichs nimmt die Trennwirkung eines Bodens, oder allgemein einer Trennstufe, steil ab. Der **Arbeitsbereich einer Trennkolonne** liegt in der Nähe der **oberen** Belastungsgrenze.

Maßgebend für die Belastung der Kolonne ist der **F-Faktor:**

$$\text{F-Faktor} = w_G \sqrt{\varrho_G}$$

Hierin sind: $w_G$ Gas-/Dampfgeschwindigkeit, bezogen auf das leere Kolonnenrohr in m/s; $\varrho_G$ Gasdichte in kg/m³.

Der F-Faktor hat die Einheit m/s · $\sqrt{\text{kg/m}^3}$.

Der **maximale Belastungswert** $c_{Gmax}$ eines Bodens, einer Füllkörperschüttung oder einer Packung, bei dem das Fluten beginnt, hängt von vielen Einflüssen ab. Er wird experimentell bestimmt und vom Hersteller angegeben. Zwischen dem F-Faktor und dem Belastungswert $c_{Gmax}$ besteht folgender Zusammenhang:

$$\text{F-Faktor} = c_{Gmax} \cdot \sqrt{\varrho_L - \varrho_G};$$

$$c_{Gmax} = w_G \sqrt{\frac{\varrho_G}{\varrho_L - \varrho_G}}$$

$c_{G\,max}$ hat die Einheit m/s.

Der Arbeitsbereich liegt bei 70 bis 80 % der Flutgrenze. Der zugehörige Belastungswert ist dann:

$c = 0{,}7 \cdots 0{,}8\ c_{G\,max}$

Der **Kolonnenquerschnitt** $A$ (in m²) ergibt sich aus dem Quotienten:

$$A = \frac{\dot{V}}{w_G}$$

Hierin sind: $\dot{V}$ Gas-/Dampfvolumenstrom in m³/s; $w_G$ Gas-/Dampfgeschwindigkeit in m/s. $w_G$ wird aus dem gegebenen Belastungswert $c_G$ bestimmt:

$$w = c_G \sqrt{\frac{\varrho_L - \varrho_G}{\varrho_G}}$$

Meist ist der Gas-/Dampfstrom nicht als Volumenstrom $\dot{V}$ in m³/s, sondern als Massenstrom $\dot{G}$ in kg/s gegeben. Die Umrechnungsbeziehung lautet:

$$\dot{G} = \dot{V}/\varrho_G$$

Die Kombination dieser Gleichungen führt zu der folgenden Berechnungsformel für den Kolonnenquerschnitt:

$$A = \frac{\dot{G}}{c_G \cdot \sqrt{(\varrho_L - \varrho_G) \cdot \varrho_G}}$$

Hierin sind: $A$ Kolonnenquerschnitt in m²; $\dot{G}$ Gas-/Dampfstrom in kg/s, $c_G$ Belastungswert für den Arbeitsbereich in m/s, $\varrho_L$ Flüssigkeitsdichte in kg/m³; $\varrho_G$ Gas-/Dampfdichte in kg/m³.

Der Kolonnendurchmesser $d$ (in m²) ergibt sich dann aus:

$$d = \sqrt{\frac{4\,A}{\pi}}$$

Kennzeichnend für die Trennwirkung von **Füllkörperkolonnen** und **Kolonnen mit Packungen** ist die **Wertungszahl** $n_t$ (Einheit l/m) oder deren Reziprokwert HETP (**H**eight of **E**quivalent to one **T**heoretical **P**late = Äquivalenthöhe einer theoretischen Stufe). Die **Höhe** $Z$ (in m) der erforderlichen Füllkörperschüttung oder Packung ergibt sich dann aus der **theoretischen Stufenzahl** $N_t$:

$$Z = \frac{N_t}{n_t} = N_t \cdot \text{HETP}$$

Die Wertungszahl $n_t$ ist also die Anzahl der theoretischen Stufen je Meter Schüttungs- oder Packungshöhe.

Die Wertungszahl $n_t$ für eine bestimmte Boden-, Packungs- oder Füllkörperart hängt vom Druck in der Kolonne und vom F-Faktor ab. Für Füllkörper kann $n_t = 4 \cdots 6$ als Anhaltswert dienen.

Eine wichtige Größe für die Bewertung von Rektifizierkolonnen ist der **Druckverlust** $\Delta p$, der je Boden oder je Meter Schüttungs- bzw. Packungshöhe oder je theoretischer Trennstufe angegeben wird. Der Druckverlust ist vom F-Faktor abhängig.

Der **Druckverlust je theoretischer Trennstufe** beträgt bei

| | |
|---|---|
| Bodenkolonnen | $\Delta p = 500 \cdots 1000\ \text{N/m}^2$ |
| Füllkörperkolonnen | $\Delta p = 200 \cdots 500\ \text{N/m}^2$ |
| Packungskolonnen | $\Delta p = 100 \cdots 400\ \text{N/m}^2$ |

Zur Umrechnung von Druckverlusteinheiten:

$10\ \text{N/m}^2 = 1$ mm WS; $100\ \text{N/m}^2 = 1$ mbar $= 1$ hPa.

### Beispiel 10.2

Für eine Rektifizierkolonne zur Trennung eines Benzol-Toluol-Gemisches, deren Stufenzahl in Beispiel 10.1 mit $N_t = 10$ ermittelt wurde, sollen Durchmesser und Höhe berechnet werden. Es werden Metallpackungen aus Stahlblech entsprechend Bild 10.11 mit einer spezifischen Oberfläche von 250 m²/m³ verwendet. Die Kolonne soll für folgende Daten ausgelegt werden:

| | | |
|---|---|---|
| Dampfdurchsatz | $\dot{G}$ | $= 8000$ kg/h |
| Dampfdichte | $\varrho_G$ | $= 2{,}7\ \text{kg/m}^3$ |
| Flüssigkeitsdurchsatz | L | $= 5320$ kg/h |
| Flüssigkeitsdichte | $\varrho_L$ | $= 804\ \text{kg/m}^3$ |

Vom Hersteller wird für den Packungstyp und für die vorgesehenen Durchsätze und Dichten von Dampf und Flüssigkeit ein Belastungsfaktor von $c_{Gmax} = 0{,}011$ m/s angegeben.

*Lösung*

Für die Auslegung wird gewählt:

$$c_G = 0{,}8\, c_{Gmax} = 0{,}8 \cdot 0{,}011\ \text{m/s} = 0{,}088\ \text{m/s}$$

Der Kolonnenquerschnitt ergibt sich aus:

$$A = \frac{\dot{G}}{c_G \cdot \sqrt{(\varrho_L - \varrho_G) \cdot \varrho_G}};$$

$$\varrho_L - \varrho_G = 801{,}3\ \text{kg/m}^3$$

$$A = \frac{8000/3600\ \text{kg/s}}{0{,}088\ \text{m/s} \cdot \sqrt{801{,}3\ \text{kg/m}^3 \cdot 2{,}7\ \text{kg/m}^3}}$$

$$= \frac{2{,}22\ \text{kg/s}}{0{,}088\ \text{m/s} \cdot \sqrt{2163{,}5}\ \text{kg/m}^3}$$

$$= \frac{2{,}22\ \text{kg/s}}{4{,}093\ \text{kg/m}^2\,\text{s}} = 0{,}54\ \text{m}^2$$

Der Kolonnendurchmesser beträgt dann

$$d = \sqrt{\frac{4 \cdot A}{\pi}} = \sqrt{\frac{4 \cdot 0{,}54}{\pi}} = 0{,}83\ \text{m}$$

Für die Packungshöhe $Z$ ist die Wertungszahl $n_t$ maßgebend, die aus dem Diagramm in Bild 10.13 entnommen wird. Dazu wird der F-Faktor der Packung benötigt. Er beträgt:

$$\text{F-Faktor} = c_G \cdot \sqrt{\varrho_L - \varrho_G}$$

$$= 0{,}088\ \text{m/s} \cdot \sqrt{801{,}3\ \text{kg/m}^3}$$

$$= 2{,}49\ \text{m/s} \cdot \sqrt{\text{kg/m}^3}$$

Für diesen Wert und für eine spezifische Oberfläche von 250 m²/m³ wird $n_t = 2{,}5$ 1/m abgelesen. Die Packungshöhe ergibt sich zu:

$$Z = \frac{N_t}{n_t} = \frac{10}{2{,}5}\ \text{m} = 4\ \text{m}$$

Die Kolonnenhöhe wird je nach Bauweise 6··· 8 m betragen.

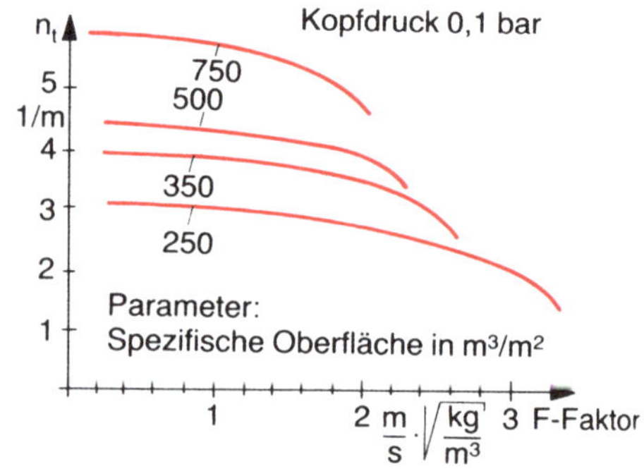


*Bild 10.13 Wertungszahl von Metallpackungen*

# 10.3 Flüssig-Flüssig-Extraktion (Solventextraktion)

> Flüssig-Flüssig-Extraktion ist die Abtrennung einer (oder mehrerer) Komponente(n) aus einem Flüssigkeitsgemisch mit Hilfe eines flüssigen Lösungsmittels, das den (oder die) zu extrahierenden Stoff(e) bevorzugt (selektiv) löst.

Die Flüssig-Flüssig-Extraktion wird dann angewendet, wenn Destillation oder Rektifikation wegen Wärmeempfindlichkeit des Extraktionsguts oder wegen ungünstigen Verlaufs der Gleichgewichtskurve nicht eingesetzt werden können.

## 10.3.1 Physikalische Grundlagen

Das Flüssigkeitsgemisch – das **Extraktionsgut** – besteht aus **Trägerflüssigkeit** und dem zu extrahierenden Wertstoff. Trägerflüssigkeit und Wertstoff bilden die **Raffinatphase**. Lösungsmittel und Wertstoff bilden die **Extraktphase.** Raffinatphase und Extraktphase sind zwei **getrennte** Phasen.

Trägerflüssigkeit und Lösungsmittel sind nicht oder nur geringfügig miteinander mischbar. Für die Verteilung des Wertstoffs auf Lösungsmittel und Trägerflüssigkeit gilt nach dem **Verteilungssatz von *Nernst*:**

Der **Wertstoff** wandert von der Raffinatphase in die Extraktphase. Das mit Wertstoff angereicherte Lösungsmittel bezeichnet man als **Extrakt**, das an Wertstoff verarmte Flüssigkeitsgemisch wird **Raffinat** genannt (Bild 10.14).

> Das Verhältnis der Konzentrationen des Wertstoffs in Trägerflüssigkeit und Lösungsmittel ist eine feste, von der Temperatur abhängige Konstante.

$$\frac{x_L}{x_R} = K(\vartheta)$$

Hierin sind: $x_L$ Konzentration des Wertstoffs im Lösungsmittel, $x_R$ Konzentration des Wertstoffs in der Trägerflüssigkeit, $K$ Verteilungskoeffizient.

Aus dem Nernst'schen Verteilungssatz folgt:

Die Konzentration des Wertstoffs in der Trägerflüssigkeit $x_R$ kann nicht Null werden, weil $K$ nicht unendlich groß ist. Es ist daher nicht möglich, den Wertstoff mit einem einzigen Extraktionsvorgang vollständig aus dem Extraktionsgut herauszuziehen.

An das **Lösungsmittel** (auch Extraktionsmittel oder Aufnehmer genannt) werden folgende Forderungen gestellt:

1. Das selektive **Lösungsvermögen** des Lösungsmittels für den Wertstoff muss wesentlich größer sein als das Lösungsvermögen der Trägerflüssigkeit.
2. Lösungsmittel und Trägerflüssigkeit dürfen sich nicht nennenswert miteinander mischen (lösen). Im Dreistoffsystem Trägerflüssigkeit – Wertstoff – Lösungsmittel muss eine möglichst große **Mischungslücke** existieren (Bild 10.17).

Die Flüssig-Flüssig-Extraktion wird **mehrstufig** im **Gegenstrom** durchgeführt, z.B. **kontinuierlich** in einer Extraktionskolonne (Bild 10.14).

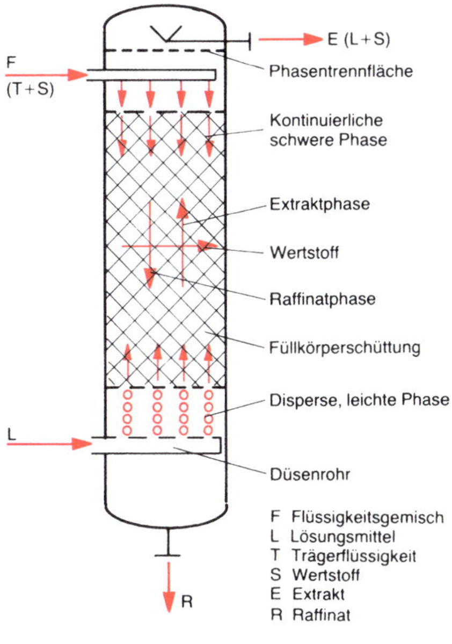


*Bild 10.14 Schema einer Gegenstromextraktionskolonne*

Raffinatphase (Trägerflüssigkeit und Extrakt) und Extraktphase (Lösungsmittel und Extrakt) müssen **unterschiedliche Dichten** haben, damit der Phasengegenstrom durchführbar ist. Hat die Extraktphase eine niedrigere Dichte als die Raffinatphase, dann wird das Lösungsmittel von unten in den mit Extraktionsgut gefüllten Raum eingeführt. Das mit Extrakt angereicherte Lösungsmittel – die Extraktphase – wird oben durch einen Überlauf aufgefangen. Die an Extrakt verarmte Trägerflüssigkeit – die Raffinatphase – wird unten abgezogen (Bild 10.14). Ist die Dichte der Extraktphase größer als die der Raffinatphase, dann verläuft die Führung der Stoffströme in umgekehrter Richtung.

Die Trennung des Extrakts in Werkstoff und Lösungsmittel erfolgt später, apparativ getrennt, durch **Rektifizieren**, bei wärmeempfindlichem Extrakt unter Vakuum. Die Raffinatphase wird normalerweise nicht mehr zerlegt.

### 10.3.2 Massenbilanz, Stufenzahl

Der **Massenbilanz für den Werkstoff** wird das Schema in Bild 10.15 zugrunde gelegt. Die von der Trägerflüssigkeit abgegebene Wertstoffmasse ist gleich der vom Lösungsmittel aufgenommenen Wertstoffmasse. Die Massenbilanz lautet also:

$$\dot{L} \cdot Y_E - \dot{L} \cdot Y_A = \dot{T} \cdot X_A - \dot{T} \cdot X_E$$

Hierin sind: $X$ Beladung der Trägerflüssigkeit mit Wertstoff in kg Wertstoff/kg Trägerflüssigkeit; $Y$ Beladung des Lösungsmittels mit Wertstoff in kg Wertstoff/kg Lösungsmittel; $\dot{L}$ Massenstrom des reinen Lösungsmittels in kg/h; $\dot{T}$ Massenstrom der reinen Trägerflüssigkeit in kg/h; Index A Systemanfang; Index E Systemende.

Der **Bedarf an Lösungsmittel** ergibt sich daraus zu:

$$\dot{L} = \frac{\dot{T}(X_A - X_E)}{Y_E - Y_A}$$

Führt man die Massenbilanz für einen beliebigen Bilanzraum im oberen Kolonnenteil (strichpunktierte Linie) durch, so erhält man mit den Variablen $X$ und $Y$ die Beziehung:

$$\dot{L} \cdot Y - \dot{L} \cdot Y_A = \dot{T} \cdot X_A - \dot{T} \cdot X$$

Die Auflösung nach $Y$ ergibt die Gleichung einer Geraden.

$$Y = \frac{\dot{T}}{\dot{L}} X + Y_A - \frac{\dot{T}}{\dot{L}} X_A$$

Das ist die Gleichung der **Arbeitsgeraden** im **Beladungsdiagramm** der Gegenstromextraktion in Bild 10.16. Das Diagramm gilt für konstante Ströme von Trägerflüssigkeit und Lösungsmittel.

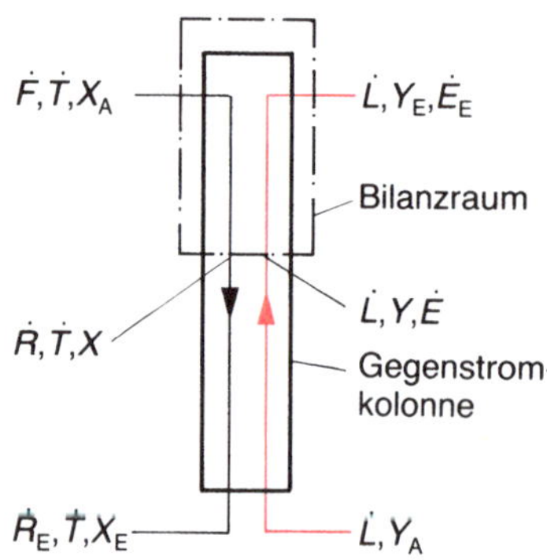


*Bild 10.15 Bilanzschema der Gegenstromextraktion*

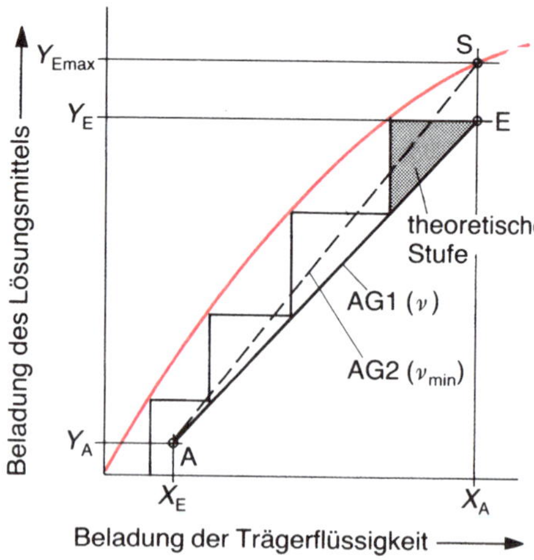


*Bild 10.16 Beladungsdiagramm der Gegenstromextraktion*

Die **Gleichgewichtskurve** $Y = f(x)$ gibt zu jeder Beladung $X$ der Trägerflüssigkeit die damit im **Beladungsgleichgewicht** stehende Beladung $Y$ des Lösungsmittels an.

Die Steigung der Arbeitsgeraden ergibt sich aus dem Quotienten $\dot{T}/\dot{L}$. Den Kehrwert $\dot{L}/\dot{T}$ bezeichnet man als **Lösungsmittelverhältnis** $v$. Es hat für die Gegenstromextraktion eine ähnliche Bedeutung wie das **Rücklaufverhältnis** bei der Rektifikation.

$$v = \frac{\dot{L}}{\dot{T}} = \frac{X_A - X_E}{Y_E - Y_A}$$

Das Lösungsmittelverhältnis darf einen bestimmten Mindestwert nicht unterschreiten. Dieses **Mindestlösungsmittelverhältnis** $v_{min}$ ergibt sich für den Fall, wenn eintretendes Zulaufgemisch und austretendes Extrakt miteinander im Phasengleichgewicht stehen. Die Arbeitsgerade geht dann durch den Gleichgewichtspunkt S (Bild 10.16). Der reziproke Steigungswert der Arbeitsgerade ist gleich dem Mindestrücklaufverhältnis $v_{min}$.

$$v_{min} = \frac{X_A - X_E}{Y_{E\,max} - Y_A}$$

Die für eine Extraktionsaufgabe erforderliche **Anzahl der theoretischen Trennstufen** kann mit Hilfe einer Treppenlinie bestimmt werden, die zwischen Gleichgewichtskurve und Arbeitsgerade gezeichnet wird (Bild 10.16).

Bei der Gegenstromextraktion kommt es häufig vor, dass Lösungsmittel und Trägerflüssigkeit teilweise ineinander mischbar (löslich) sind. Das Phasengleichgewicht der drei Komponenten Trägerflüssigkeit T, Lösungsmittel L und Wertstoff S wird dann in einem **Dreiecksdiagramm mit Mischungslücke** dargestellt (Bild 10.17).

Die Komponente S ist mit den Komponenten T und L völlig mischbar. Hingegen sind die Komponenten T und L im Konzentrationsbereich zwischen A und B **nicht mischbar**. Ein durch den Zustandspunkt M gekennzeichnetes Flüssigkeitsgemisch aus T und L (Zweistoffsystem) zerfällt wieder in zwei getrennte Flüssigphasen, die

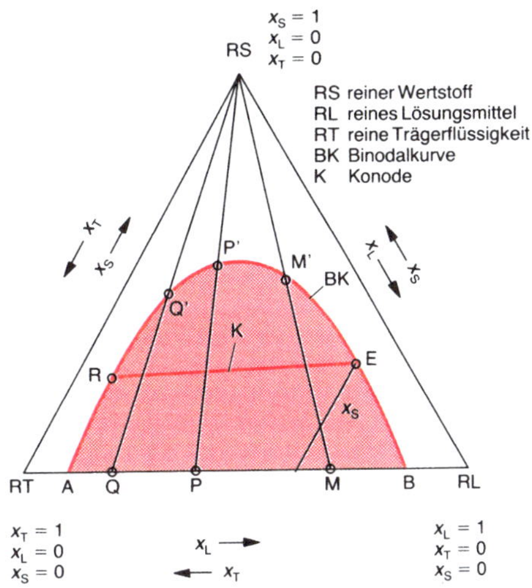


*Bild 10.17 Dreiecksdiagramm mit Mischungslücke*

eine mit $A\%$ L und die andere mit $B\%$ L. Nach dem **Hebelgesetz der Phasen** entspricht deren Mengenverhältnis dem Streckenverhältnis $\overline{AM}/\overline{MB}$.

Wird nun dem Zweistoffsystem M die dritte Komponente S in zunehmendem Anteil zugemischt, dann ändert sich das Mengenverhältnis der sich entmischenden Flüssigphasen so lange, bis ein homogenes Dreistoffsystem vorliegt. Das ist im **Sättigungspunkt** M′ der Fall. Zu den Zustandspunkten Q und P ergeben sich in entsprechender Weise die Sättigungspunkte Q′ und P′. Die Verbindungslinie der Sättigungspunkte ergibt die Löslichkeitskurve, die **Binodalkurve** genannt wird.

Die Binodalkurve umrandet die Mischungslücke. Oberhalb der Binodalkurve ist das System homogen, darunter ist es heterogen.

Das bedeutet für die Flüssig-Flüssig-Extraktion: Eine Mischung aus T, L und S unterhalb der Binodalkurve zerfällt in zwei miteinander im Verteilungsgleichgewicht stehende Flüssigphasen, in die **Raffinatphase** und in die **Extrakt-**

**phase**, deren Zustandspunkte R und E auf der Binodalkurve liegen (Bild 10.17). Die Verbindungslinie RE wird **Konode** genannt.

Je größer der Wertstoffanteil $X_S$ ist, desto kürzer werden die Konoden, bis sie im **kritischen Punkt** zusammenfallen. Binodalkurve und Konoden werden experimentell aufgenommen. Sind einige Konoden festgelegt, lassen sich weitere Konoden grafisch bestimmen.

Das Dreiecksdiagramm mit Binodalkurve und Konoden liegt als Beispiel vor. Die theoretische Stufenzahl $N_t$ soll bestimmt werden. Die Zustandspunkte der zulaufenden und der ablaufenden Phasen sind gegeben; sie werden entsprechend ihren Konzentrationen $x_T$, $x_L$, $x_S$ in das Dreiecksdiagramm in Bild 10.18 eingetragen:

Zulaufend: Flüssigkeitsgemisch mit Zustandspunkt F,

Lösungsmittel mit Zustandspunkt L.

Ablaufend: Extraktionsphase mit Zustandspunkt $E_E$, Raffinatphase mit Zustandspunkt $R_E$.

Die Punkte $E_E$ und $R_E$ liegen auf der Binodalkurve. Die Verbindungslinien $\overline{FE_E}$ und $\overline{R_E L}$, **Polgeraden** genannt, schneiden sich in einem Punkt, dem **Pol** P.

Das Flüssigkeitsgemisch (Zustandspunkt F) läuft der obersten Trennstufe zu, und die am höchsten mit Wertstoff angereicherte Extraktphase (Zustandspunkt $E_E$) läuft davon ab. Extraktphase und Raffinatphase stehen miteinander im Gleichgewicht. Der $E_E$ zugeordnete Zustandspunkt $R_1$ der Raffinatphase muss daher auf der Binodalkurve und auf der Konode durch $E_E$ liegen.

$R_1$ ist auch der Zustandspunkt der Raffinatphase, die der darunterliegenden Trennstufe zuläuft. Der Zustandspunkt $E_1$ der davon ablaufenden Extraktphase muss dann auf der Binodal-kurve und einer Polgeraden durch $R_2$ liegen. Extrakt- und Raffinatphase stehen auch auf dieser Trennstufe im Verteilungsgleichgewicht. Die Zustandspunkte $E_1$ und $R_2$ sind somit durch eine Konode verbunden.

$E_2$ ergibt sich wieder aus dem Schnittpunkt der Polgeraden durch $R_2$ mit der Binodalkurve usw. Auf diese Weise kann die **theoretische Stufenzahl** $N_t$ als Anzahl der Raffinat-Zustandspunkte $R_X$ auf der Binodalkurve ermittelt werden. In dem Beispiel (Bild 10.18) sind den Zustandspunkten $R_1$, $R_2$, $R_3$, $R_4$, $R_E$ fünf theoretische Stufen zugeordnet.

Die Anzahl der erforderlichen praktischen Stufen $N$ hängt von der **Austauschwirkung** der zum Einbau vorgesehenen Trennstufenart ab. Die

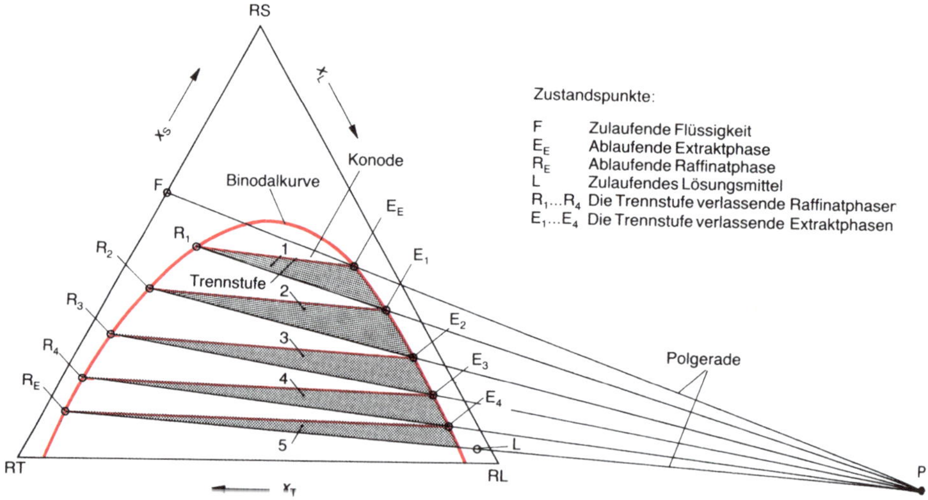


Phasen mit gleicher Indexziffer berühren sich in gemeinsamen Querschnitten

*Bild 10.18 Verfahren zur Bestimmung der theoretischen Stufenzahl für Gegenstromextraktionsapparate*

Auslauschwirkung wird durch das **Austauschverhältnis** $s$ ausgedrückt, das dem Verstärkungsverhältnis der Rektifikation entspricht. Es ist:

$$N = \frac{N_t}{s}$$

Das Austauschverhältnis muss experimentell für die betreffende Trennstufenart bestimmt werden. Es liegt für Bodenkolonnen zwischen 0,3 und 0,7. Bei Füllkörperkolonnen wird die Schüttungshöhe $Z$, wie bei der Rektifikation, mit Hilfe des **HETP-Werts** bestimmt. Auch hier gilt:

$$Z = N_t \cdot \text{HETP}$$

HETP-Werte der Flüssig-Flüssig-Extraktion liegen im Bereich von 1,5 bis 3 m.

### 10.3.3 Extraktionsapparate

Der einfachste Extraktionsapparat besteht aus einem Rührbehälter (Mischer oder Mixer genannt) und einem nachgeschalteten Absetzbehälter (Abscheider oder Settler). Im **Mischer** werden Extraktionsgut und Lösungsmittel gemischt und in die miteinander im Verteilungsgleichgewicht stehende Raffinatphase und Extraktphase überführt. Im **Abscheider** werden Raffinatphase und Extraktphase aufgrund ihrer Dichtedifferenz getrennt. Mehrere solcher Mischer- und Abscheiderelemente lassen sich zu einer horizontalen oder vertikalen **Kaskade** verbinden und im Phasengegenstrom betreiben.

Häufig werden für die kontinuierliche Flüssig-Flüssig-Extraktion **Kolonnen** eingesetzt. Schwere und leichte Phase werden darin im Gegenstrom geführt. Eine der beiden Phasen wird in kleine Tropfen mit möglichst engem Größenspektrum dispergiert, z.B. mit einem Düsenrohr. Durch die feine Verteilung der Tropfen in der anderen Phase – der kontinuierlichen Phase – entsteht eine große für den Stofftransport nutzbare Phasengrenzfläche.

Der Wertstoff sollte von der kontinuierlichen Phase an die disperse Phase übergeben werden. Meist ist die disperse Phase die von unten nach oben strömende leichte Phase (Bild 10.14). Nach erfolgter Phasentrennung fließen die Tropfen am Kolonnenkopf wieder zusammen und werden als Extrakt abgezogen.

Einfache Gegenstrom-Extraktionskolonnen sind die Siebbodenkolonne und die Füllkörperkolonne. Bei der **Siebbodenkolonne** fließt die kontinuierliche, schwere Phase quer über die Siebböden; sie wird dabei von den aufsteigenden Tropfen der leichten Phase durchströmt und durch Überlaufrohre von Boden zu Boden abwärts geleitet. Bei der **Füllkörperkolonne** werden die Füllkörper (Raschigringe, Berlsättel) von der kontinuierlichen Phase benetzt und von der dispersen Phase umströmt.

Eine Verbesserung des Stoffaustauschs wird durch **Pulsation** des Flüssigkeitsinhalts erreicht, z.B. mit Hilfe einer Pulsierpumpe am Kolonnenfuß. Eingesetzt werden pulsierte Siebbodenkolonnen und pulsierte Füllkörperkolonnen.

Gute Austauschwirkung und hohen Durchsatz haben die in der Praxis oft eingesetzten **Rührkolonnen**. Bei dieser Kolonnenart wird in bestimmten Mischzonen die eine Phase durch spezielle Rührorgane dispergiert und mit der anderen Phase intensiv vermischt. An eine Mischzone schließt sich jeweils eine Ruhezone an, die ein Mitreißen der dispersen Phase verhindern und eine Rückvermischung der Phasen vermeiden soll. Bild 10.19 zeigt als Beispiel einer Rührkolonne eine **Scheibel-Kolonne.**

Bei geringem Dichteunterschied und dadurch bedingter niedriger Relativgeschwindigkeit zwischen Raffinatphase und Extraktphase kann der Stoffaustausch durch Fliehkraftwirkung wesentlich intensiviert werden. Dazu dienen **Extraktionszentrifugen**, auch **Zentrifugalextraktoren** genannt.

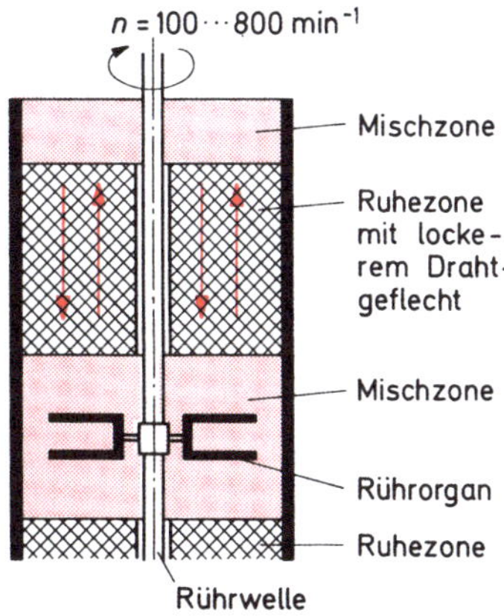


*Bild 10.19 Extraktionskolonne mit Misch- und Ruhezonen (Scheibel-Kolonne)*

## 10.4 Sorption, Absorption

Sorbieren ist das Abtrennen gasförmiger Komponenten aus einem Gasgemisch durch ein Lösungsmittel, das die abzutrennenden Komponenten bevorzugt löst.

Man unterscheidet zwischen Absorbieren und Adsorbieren.

**Absorbieren** ist das Eindringen der Gaskomponente in ein flüssiges **Absorptionsmittel**, auch **Absorbens** genannt, in dem das Gas molekulardispers (echt) gelöst wird. **Adsorbieren** ist das Anreichern der Gaskomponenten an der **Oberfläche** und in den Poren eines **Adsorptionsmittels**.

Die Adsorption wurde bei der **Gasreinigung** näher besprochen (siehe 5.3). Hier soll nun näher auf die **Absorption** eingegangen werden.

Die physikalische Grundlage für die Absorption eines Gases mit Hilfe eines Absorbens ist das **Beladungsgesetz von *Henry*,** das nur in einem bestimmten Druckbereich gültig ist. Es lautet sinngemäß:

Bei der Absorption stellt sich zwischen beladener Flüssigkeit und dem über der Grenzfläche stehenden Gas ein **Gleichgewicht** ein, bei dem die Konzentration des Gases im Absorbens $c_L$ dem Partialdruck des Gases $p_G$ proportional ist.

$$c_L = A \cdot p_G$$

Hierin ist: $c$ Volumenkonzentration in m³/m³, $A$ ein Absorptionskoeffizient, $p_G$ Gas-Partialdruck in bar.

Allgemein wird der **Bunsen'sche Absorptionskoeffizient** benutzt, der auf das Volumen eines Gases bei 0 °C und 760 Torr (≈ 1 bar) bezogen ist. Der Absorptionskoeffizient ist **temperaturabhängig**; er nimmt mit steigender Temperatur ab. Außerdem gehört zu jeder Kombination Lösungsmittel–Gas ein bestimmter Absorptionskoeffizient, zum Beispiel bei Wasser–$CO_2$ beträgt $A \approx 1{,}7$.

Die Absorption ist ein **exothermer** Vorgang. Es wird **Absorptionswärme** freigesetzt, die durch Kühlung abzuführen ist. Reine Flüssigkeiten absorbieren mehr Gas als verunreinigte. Werden Gasgemische absorbiert, so können sich die Komponenten gegenseitig in ihrer Löslichkeit beeinflussen. Die Löslichkeit des **reinen** Gases weicht von seiner Löslichkeit in einem **Gasgemisch** ab. Die Gemischkomponenten werden ihrem Partialdruck gemäß absorbiert. Die Zusammensetzung des absorbierten Gasgemisches unterscheidet sich von der Zusammensetzung der Gasphase (unterschiedliche Absorptionskoeffizienten).

**Beispiel 10.3**

Wie viel m³ $CO_2$ werden von 1 m³ Druckwasser bei 10 °C gelöst, wenn das Gas bei der Druckwasserwäsche unter einem Druck von 6 bar steht? Der Bunsen'sche Absorptionskoeffizient beträgt 1,194.

*Lösung*

$$c_L = A \cdot p_G = 1{,}194 \cdot 6 = 7{,}164 \text{ m}^3/\text{m}^3$$

Von 1 m³ Druckwasser werden also ≈ 7 m³ $CO_2$ gelöst.

Bei der Trennung von Gasgemischen durch Absorption sind im Gegensatz zur Gasreinigung (Abschnitt 5.2) die vom Lösungsmittel (Absorbenrs) absorbierten Komponenten (Absorbenden) **erwünschte** Produkte, z.B. $C_2$- bis $C_5$-Kohlenwasserstoffe aus Naturgas oder Butadien aus Olefingas.

Das **Lösungsmittel** ist maßgebend für eine wirtschaftliche, betriebssichere und umweltfreundliche Absorption. Es muss eine hohe **Löslichkeit** und eine hohe **Selektivität** für die zu absorbierende Gasgemischkomponente haben; es muss leicht regenerierbar sein, darf nicht korrodierend auf die Apparatewerkstoffe wirken, und es sollte nicht giftig und umweltbelastend sein.

Am Absorptionsprozess nehmen mindestens drei Stoffe teil:

- ❑ das **Trägergas** *G*, das die zu absorbierende Komponente enthält,
- ❑ das **Lösungsmittel** *L*, das die zu absorbierende Komponente aufnimmt,
- ❑ die **zu absorbierende Komponente,** die vom Trägergas in das Lösungsmittel wandert.

In der kontinuierlich arbeitenden **Absorptionskolonne** werden Trägergas und Lösungsmittel im **Gegenstrom** zueinandergeführt. Bild 10.14 zeigt das Schema eines Gegenstromabsorbers. Gas und Lösungsmittel müssen im Absorber in intensiven Kontakt zueinander gebracht werden. Das ist auf drei verschiedene Arten zu erreichen:

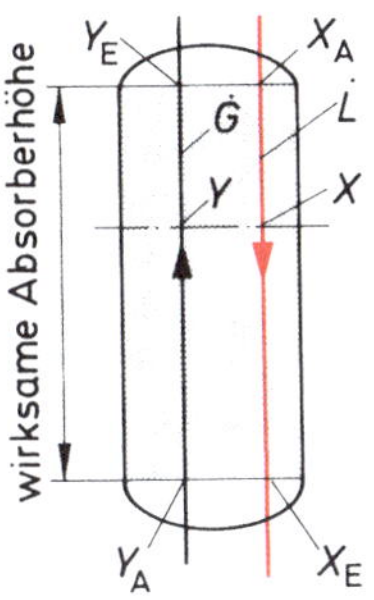


*Bild 10.20 Schema des Gegenstromabsorbers*

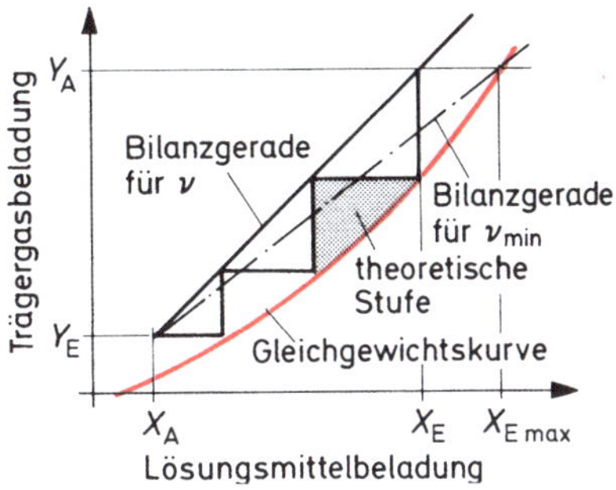


*Bild 10.21 Ermittlung der theoretischen Trennstufenzahl*

1. Das Gas wird in die Flüssigkeit hinein **dispergiert,** z.B. in Kolonnenabsorbern mit Austauschböden.

2. Die Flüssigkeit wird in das Gas **gesprüht,** z.B. im Venturiwäscher und Sprühdüsenwäscher.

3. Das Gas kommt mit einem **Flüssigkeitsfilm** in Berührung, z.B. im Dünnschichtabsorber oder im Rieselfilmabsorber.

Es soll nun anhand des Schemas in Bild 10.14 die **Mengenbilanz** der Absorption aufgestellt werden. Die Beladung des Trägergasstroms $\dot{G}$ (z.B. in kmol Absorbend/kmol Trägergas) mit dem Absorbenden nimmt von $Y_A$ am Anfang auf $Y_E$ am Ende ab, während infolge Stoffaustauschs die Beladung des Lösungsmittelstroms $\dot{L}$ von $X_A$ auf $X_E$ zunimmt. Für stationären Betrieb und konstante Stoffströme lautet die **Bilanzgleichung:**

$$\dot{L} \cdot (X_E - X_A) = \dot{G} \cdot (Y_A - Y_E) \text{ oder:}$$

$$\frac{\dot{L}}{\dot{G}} = \frac{Y_A - Y_E}{X_E - X_A}$$

Dieser Ausdruck ist die Steigung einer Geraden $Y = \text{konst} \cdot X$ der Bilanzgeraden. Für einen beliebigen Absorberquerschnitt lautet die **Gleichung der Bilanzgeraden:**

$$Y = \frac{\dot{L}}{\dot{G}} \cdot X + Y_E - \frac{\dot{L}}{\dot{G}} \cdot X_A$$

Der Quotient $\dot{L}/\dot{G}$ wird **Lösungsmittelverhältnis** $\nu$ genannt.

$$Y = \nu \cdot X + Y_E - \nu \cdot X_A\,;\, \nu = \frac{\dot{L}}{\dot{G}}$$

Das Lösungsmittelverhältnis ist eine wichtige Betriebsgröße, die dem **Rücklaufverhältnis** bei der Rektifikation entspricht. Es darf einen bestimmten Mindestwert nicht unterschreiten. Wird die Absorption mit diesem **Mindestrücklaufverhältnis** $\nu_{min}$ durchgeführt, dann ist dazu eine unendlich große theoretische Trennstufenzahl erforderlich.

$$\nu_{min} = \frac{\dot{L}_{min}}{\dot{G}} = \frac{Y_A - Y_E}{X_{E\,max} - X_A}$$

Das tatsächlich eingestellte Lösungsmittelverhältnis liegt im praktischen Betrieb bei

$\nu = (1{,}3 \text{ bis } 1{,}6) \cdot \nu_{min}$.

Ähnlich wie bei der Rektifikation und Extraktion lässt sich die Zahl der erforderlichen **theoretischen Trennstufen** mit Hilfe einer zwischen der **Gleichgewichtskurve** und der **Bilanzgeraden** gezeichneten **Treppenlinie** grafisch bestimmen (Bild 10.15).

Durch **Desorption** wird aus dem Lösungsmittel die absorbierte Komponente (Absorbend) abgetrennt (Regeneration, siehe Abschnitt 5.2). Die Desorption erfolgt durch **Strippen** im Gegenstrom von **Strippgas** und beladenem Lösungsmittel, wobei der Absorbend in das Strippgas wandert. Die Zahl der theoretischen Stufen für die Desorption wird wie bei der Absorption berechnet. Zu beachten ist, dass das Lösungsmittel in den Regenerator (Stripper) mit der Beladung $X_E$ eintritt und mit $X_A$ austritt und dass die Gleichgewichtskurve anders als bei der Absorption verläuft. Die Bilanzgerade liegt bei der Desorption **unter** der Gleichgewichtskurve.

# 11 Diffusionstrennverfahren

Diffusionstrennverfahren zur Abscheidung oder Anreicherung von Bestandteilen homogener Flüssigkeits- oder Gasgemische nutzen die unterschiedlichen **Diffusionseigenschaften** der Komponenten-Moleküle aus. Diese Verfahren werden angewendet, wenn sich die Komponenten weder in ihrem Siedeverhalten noch in ihrem Löslichkeitsverhalten unterscheiden.

Diffusion ist ein molekularer Stofftransport, der durch bestehende Temperatur-, Konzentrations- oder Partialdruckgefälle hervorgerufen wird.

Bei Diffusionstrennverfahren erfolgt die Gemischzerlegung ohne Phasenübergang in einer einzigen Phase. Neben der Gefällewirkung werden auch Unterschiede in den Molmassen der abzutrennenden Komponenten ausgenutzt.

Diffusionstrennverfahren für Flüssigkeitsgemische sind Dialyse und Umkehrosmose (reversible Osmose). Gasgemische können durch Trennwanddiffusion, Zentrifugaldiffusion (Gaszentrifuge) und Thermodiffusion getrennt werden.

**Dialyse** ist die Abtrennung löslicher Stoffe mit niedriger Molekülmasse aus einer Lösung hochmolekularer Stoffe mit Hilfe einer **halbdurchlässigen Membran** (semipermeable Wand).

In einer Dialysezelle befindet sich auf der einen Seite der Membran reines Lösungsmittel und auf der anderen Seite die Lösung. Die **gelösten** niedermolekularen Bestandteile diffundieren durch die Membran in das Lösungsmittel; die gelösten hochmolekularen Stoffe werden von der Membran zurückgehalten. Die Dialyse lässt sich durch Temperaturerhöhung oder Anlegen einer elektrischen Spannung **(Elektrodialyse)** beschleunigen.

Bild 11.1 zeigt das **Prinzip der Elektrodialyse:** Unter dem Einfluss eines **elektrischen Feldes** wandern die Anionen der Lösung durch die

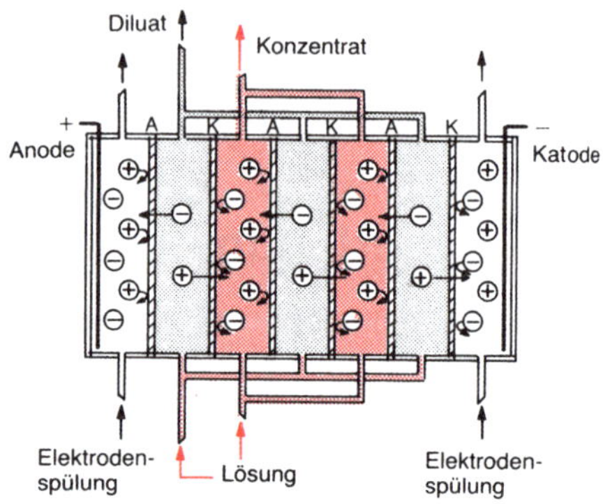


*Bild 11.1 Prinzip der Elektrodialyse*

**Anionenaustauscher-Membranen** (A), während die Kationen zurückgehalten werden.

Umgekehrt ist es bei den **Kationenaustauscher-Membranen** (K). Auf diese Weise wird die Lösung in Permeat (auch **Diluat** genannt) und Konzentrat getrennt. Die Elektrodialyse wird z. B. zur Reinigung und Aufbereitung von Prozessabwässern eingesetzt. Wegen der geringen Aufkonzentrierung ist meist die Nachschaltung eines thermischen Trennverfahrens, z.B. Eindampfung oder Kristallisation, erforderlich.

Bei der **Trennwanddiffusion** – auch **Gaspermeation** genannt – lässt man das unter Hochdruck stehende Gasgemisch an einer Membran entlangströmen, auf deren Rückseite ein niedrigerer Gasdruck herrscht (Bild 11.2).

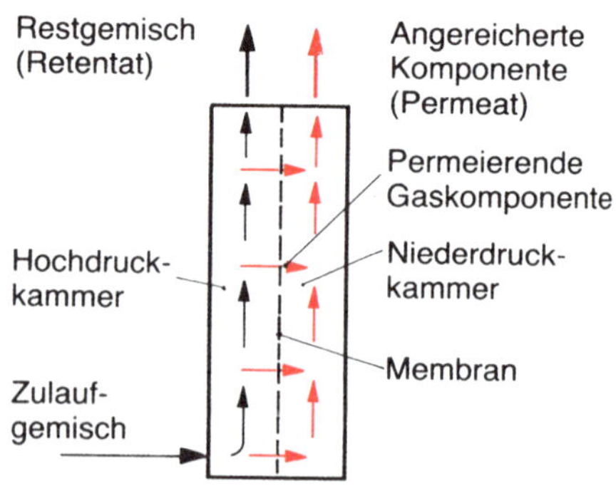


*Bild 11.2 Prinzip der Trennwanddiffusion*

Das **Prinzip der Trennwanddiffusion** ist in Bild 11.2 dargestellt. Die Membran ist aus kristallinen und amorphen Bereichen aufgebaut. Sie ist 0,02 bis 0,2 mm dick und besteht aus modifizierten Kunststoffen, Spezialgläsern oder Metalllegierungen. Die amorphen Bereiche sind für eine der Komponenten des Gasgemischs selektiv durchlässig. Die durch die Membran wandernde (permeierende) Komponente wird im **Permeatstrom** angereichert, die zurückgehaltene Komponente im **Retentatstrom.**

Die permeierende Komponente wird zunächst an der Membranvorderseite absorbiert, diffundiert dann durch die Membran und wird an der Membranrückseite desorbiert. Die Diffusion ist dabei der geschwindigkeitsbestimmende Schritt.

Nach dem ersten **Fick'schen Gesetz** ist der Massenstrom der permeierenden Komponente proportional der Membranfläche und der Konzentrationsdifferenz zwischen Vorder- und Rückseite; er ist umgekehrt proportional der Membrandicke. Die Konzentrationsdifferenz wiederum ist proportional der Partialdruckdifferenz. Diese Zusammenhänge werden durch die folgende Gleichung wiedergegeben:

$$\dot{m} = A \cdot D \cdot K \cdot \frac{\Delta p}{d}$$

Hierin sind: $\dot{m}$ Massenstrom in kg/s, $A$ Membranfläche in $m^2$, $D$ Diffusionskonstante in $m^2/s$, $K$ Sorptionsgleichgewichtskonstante in $kg/m^3$ Pa, $\Delta p$ Partialdruckdifferenz in Pa, $d$ Membrandicke in m.

Die Trennwanddiffusion wird z. B. zur Abtrennung von Helium aus Erdgas, zur Gewinnung von besonders reinem Wasserstoff und zur Abtrennung der Uranisotope 235U und 238U aus gasförmigem UF-Gemisch eingesetzt. Großtechnisch wird die Trennwanddiffusion in mehrstufigen Kaskaden durchgeführt.

Eine Alternative zur Trennwanddiffusion ist die **Zentrifugaldiffusion**. Das Gasgemisch wird in einem entmischenden Diffusionsstrom getrennt, der sich im starken Zentrifugalfeld einer **Ultrazentrifuge** (Gaszentrifuge) einstellt ($n \approx 50\,000$ $min^{-1}$). Die schwerere Komponente wird am Mantel und die leichtere im Zentrum abgezogen.

**Thermodiffusion** ist die Trennung eines Gasgemisches durch Entmischung der Komponenten in einem **Temperaturgefälle.**

Bild 11.3 zeigt das **Prinzip der Thermodiffusion** in einem Trennrohr. Das **Thermodiffusionsrohr** besteht aus einem beheizten Zentralrohr und einem gekühlten Doppelmantel. Zwischen Zentralrohr und Mantel wird ein Temperaturgefälle aufrechterhalten. Die leichtere Komponente diffundiert zum heißen Zentralrohr, die schwerere Komponente zum kalten Mantel.

Das Warmgas strömt durch freie Konvektion zum oberen Rohrende und wird dort als leichtere Fraktion abgezogen. Das Kaltgas bewegt sich im Gegenstrom zum Warmgas zum unteren Rohrende, wo es als schwerere Fraktion entnommen wird. Im Rohr dürfen keine Turbulenzen auftreten, die zu einer Rückvermischung führen würden. Die Rohrströmung muss daher **laminar** sein.

Meist werden die Diffusionsrohre zur Erhöhung der Trennwirkung zu einer mehrstufigen Kaskade zusammengeschaltet. Solche Trennrohrkaskaden setzt man zur Zerlegung schwer trennbarer, gasförmiger Isotopengemische ein.

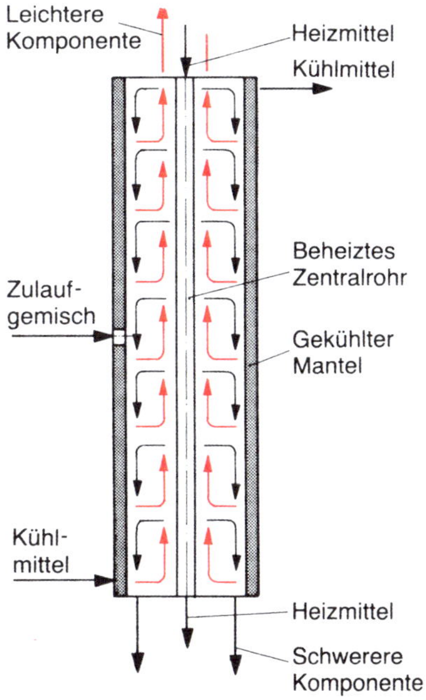


*Bild 11.3 Prinzip der Thermodiffusion*

# 12 Chemische Reaktionsverfahren

**Chemische Reaktionen** laufen in den Elektronenhüllen der Atome ab. Dazu ist es erforderlich, dass die Atome der **Reaktionspartner** (Reaktanden) zusammenstoßen, damit sich die **Atomhüllen** durchdringen können. Die Anzahl der Zusammenstöße und die **Bewegungsenergie** der Atome beeinflussen die **Reaktionsgeschwindigkeit.**

Die **Stoffumwandlung** durch chemische Reaktionen ist stets auch mit einem **Energieumsatz** verbunden. Bei **exothermen Reaktionen** wird Wärme freigesetzt, bei **endothermen Reaktionen** Wärme aufgenommen. Exotherme Reaktionen erfordern Kühlung, endotherme Reaktionen Beheizung.

> Die Reaktionsgeschwindigkeit hängt ab von Druck, Temperatur, Konzentration und Aggregatzustand der Reaktanden; sie wird beschleunigt durch Katalysatoren und verzögert durch Reaktionsgifte.

## 12.1 Reaktionssysteme und Reaktionsapparate

Bei einer chemischen Reaktion bilden die Ausgangsstoffe und die Reaktionsprodukte ein System, das homogen oder heterogen sein kann.

Im **homogenen Reaktionssystem** sind alle Komponenten in **gleicher** Phase vorhanden, z.B. alle gasförmig oder flüssig. Im **heterogenen Reaktionssystem** liegen die Komponenten in **unterschiedlichen** Phasen vor.

**Homogene Reaktionen** können bei vollkommener Löslichkeit oder Mischbarkeit der Komponenten in der Gasphase oder in flüssiger Phase ablaufen. Für **heterogene Reaktionen** sind folgende Systeme möglich: flüssig/flüssig, flüssig/fest, gasförmig/fest sowie gasförmig/flüssig/fest.

Tabelle 12.1 gibt einen Überblick über die Zuordnungen zwischen Reaktionssystem und Reaktionsapparat sowie Beispiele für die Anwendung der zugehörigen **Reaktionsapparate.**

> Reaktionsapparate – **Reaktoren** – sind die Teile einer verfahrenstechnischen Anlage, in denen chemische Reaktionen durchgeführt werden. Im Reaktionsapparat werden die Zustandsgrößen des Reaktionssystems aufrechterhalten.

Wie bei allen verfahrenstechnischen Apparaten unterscheidet man auch hier diskontinuierlich und kontinuierlich arbeitende Apparate. Ein Rührkessel z.B. arbeitet **diskontinuierlich** (im **Satzbetrieb**), Rieseltürme und Syntheseöfen arbeiten **kontinuierlich** (im **Fließbetrieb**). Eine Einteilung der Reaktionsapparate nach der Art des Reaktionssystems gibt Tabelle 12.1.

Hinsichtlich der **Reaktionsbedingungen** im Apparat können die Reaktionsapparate eingeteilt werden in:

1. Reaktionsbehälter und Reaktionstürme für Temperaturen unter rd. 400 °C,
2. Reaktionsöfen für hohe Temperaturen (> 400 °C),
3. Hochdruckapparate,
4. Wirbelschichtapparate.

Zu den **Reaktionsbehältern** und -türmen (Bild 12.1) gehören feststehende Behälter ohne Rührwerk (Bottiche), Rührwerksbehälter (z.B. Aufschlussrührer), Schlaufenreaktoren (z.B. für Hochdruckreaktionen), rotierende Mischtrommeln (z.B. für die Kalklöschung), Reaktionskammern und Rieseltürme.

Bei den **Reaktionsöfen** für hohe Arbeitstemperaturen (Bild 12.2) unterscheidet man zwischen Öfen für **Flammenreaktionen** (z.B. Brennkammern), Schachtöfen (z.B. Hochofen und Kupolofen), Herdöfen (z.B. Etagenöfen zum Erzrösten),

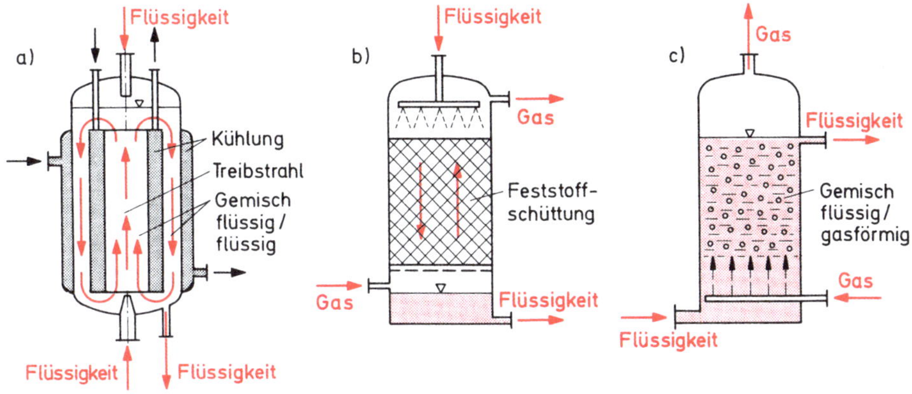


*Bild 12.1 Reaktionsbehälter für Temperaturen unter ca. 400 °C: a) Schlaufenreaktor, b) Rieselturm, c) Gasblasenreaktor*

## Tabelle 12.1 Reaktionssysteme und Reaktorbauarten

| Reaktionssystem | Reaktorbauarten | Reaktionsbeispiele |
|---|---|---|
| Gas mit Gas (homogen) | Brennkammer<br>Lichtbogen | Chlorknallgasverbrennung<br>Methanspaltung |
| Flüssigkeit mit Flüssigkeit (homogen und heterogen) | Bottich<br>Rührkessel<br>Tiegel, Wanne | Diazotierung, Farbstoffkupplung<br>Aufschluss von Rohphosphat<br>Glasschmelzen, Stahlerzeugung |
| Gas mit Flüssigkeit (heterogen) | Sprühreaktor<br>Absorptionskolonne<br>Konverter<br>Wäscher | Phosphorsäure aus flüssigem Phosphor<br>Chlorwasserstoff-Absorption<br>Stahlerzeugung<br>Ammoniakwäsche |
| Gas mit Feststoff (heterogen) | Drehrostgenerator<br>Drehrohrofen<br>Etagenofen<br>Wirbelschichtreaktor | Generatorgas-Erzeugung<br>Zementherstellung<br>Erzröstung<br>Kohlevergasung |
| Flüssigkeit mit Feststoff (heterogen) | Rührkessel<br>Drehtrommel<br>Rührtrommel<br>Umlaufreaktor<br>Kneter<br>Spinndüse | Tonerde-Erzeugung (Bayer)<br>Kalklöschen<br>$NH_3$ aus $NH_4Cl$<br>Zellstoffkocher<br>Kautschukherstellung<br>Chemiefaserherstellung |

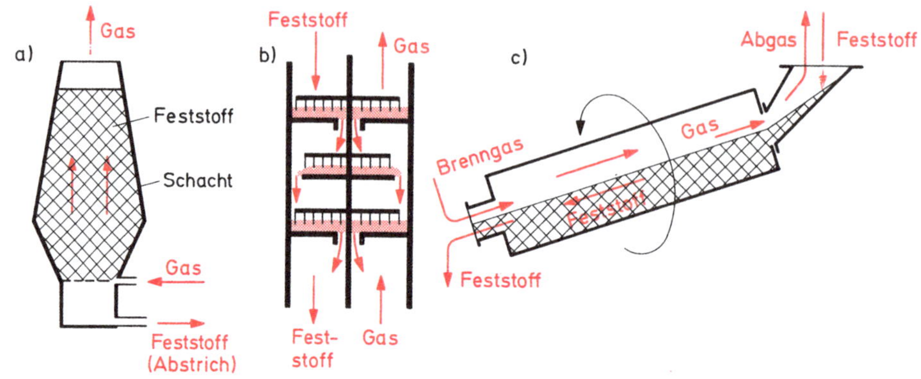


*Bild 12.2 Reaktionsofen: a) Schachtofen, b) Etagenofen, c) Drehrohrofen*

Drehrohröfen (z.B. Röst-Drehöfen), Kanal- oder Tunnel-Öfen (z.B. Ringöfen für feuerfeste Steine) und Öfen für **elektrothermische Verfahren** (z.B. Lichtbogen- und Induktionsöfen).

Zu den **Hochdruckapparaten** (Bild 12.3) zählen Kontaktöfen (Kontakt = Katalysator), Druckrohre und Autoklaven. Hierin erfolgen die Reaktionen meist auch bei höheren Temperaturen. Der **Temperaturverlauf** ist entweder ungelenkt (adiabatisch) oder gelenkt (isothermisch). **Kontaktöfen** können Vollraumöfen, Röhrenkontaktöfen oder Flachbettkontaktöfen sein.

Im seltener eingesetzten **Vollraumofen** ist der Katalysator über den gesamten Innenraum verteilt. Beim **Röhrenkontaktofen** ist er in Rohre eingebaut, die beheizt oder gekühlt werden. Im **Flachbettkontaktofen** liegt der Katalysator als Schüttschicht auf einem Sieb. Die Schicht ist von Heiz- oder Kühlrohren durchzogen.

**Autoklaven** sind zylindrische Hochdruckbehälter, die meist mit einem Rührwerk ausgerüstet sind,z.B. Rührautoklaven für Polymerisationsverfahren. Tabelle 12.2 gibt eine kurze Zusammenstel-lung von üblichen **Werkstoffen** für Teile von Hochdruckapparaten.

**Wirbelschichtapparate** nutzen den Wirbel-

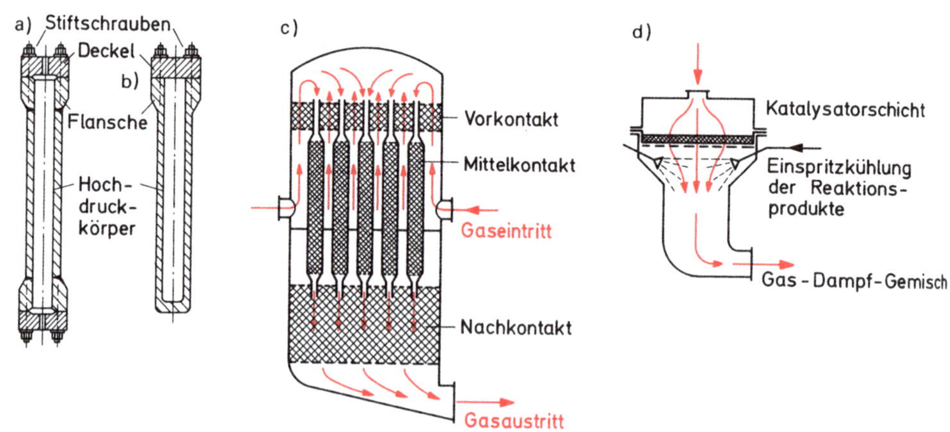


*Bild 12.3 Hochdruckapparate: a) Druckrohr, b) Autoklav, c) Röhrenkontaktofen, d) Flachbettkontaktofen*

schichtzustand (Fließbettzustand) einer von einem Gas durchströmten Feststoffschüttung. Wirbelschichtapparate werden für katalytische und nichtkatalytische Reaktionen eingesetzt. Die **Wirbelschichttechnik** wird eingehend in Abschnitt 7 behandelt.

Wichtige Kriterien für das Betriebsverhalten von Reaktoren sind Verweilzeit und Verweilzeitverhalten (Verweilzeitspektrum).

Die **Verweilzeit** $t$ ist diejenige Zeit, während der sich ein Masseteilchen des Mengenstroms in einem kontinuierlich durchströmten Apparat aufhält. Die **mittlere Verweilzeit** $\bar{t}$ ergibt sich aus dem Quotienten Behälterinhalt/Volumendurchsatz.

Jeder Apparat hat ein bestimmtes **Verweilzeitverhalten.** Verweilzeitverhalten oder Verweilzeitspektrum ist die **Verteilungsfunktion** der aus dem Apparat austretenden Elemente auf die verschiedenen Verweilzeiten $t$ oder die **relativen Verweilzeiten** $t/\bar{t}$. Das Verweilzeitverhalten der Reaktoren liegt zwischen den Grenzfällen **«idealer Rührkessel»** mit vollkommener Durchmischung und **«ideales Strömungsrohr»** ohne Durchmischung des Reaktionsvolumens. Den Übergang zwischen den beiden Grenzfällen bilden **Rührkesselkaskade** und **Schlaufenreaktor** (Bild 12.4).

Das Verweilzeitverhalten wird experimentell ermittelt. Eine **Markierungssubstanz** mit der Masse $m_0$ wird stoßartig zugegeben. Man misst dann die in der Zeit $t$ aus dem Reaktor wieder ausgetretene Menge $m$. Dargestellt wird das Verweilzeitverhalten in Bild 12.4 als Funktion $m_t/m_0 = f(t/\bar{t})$.

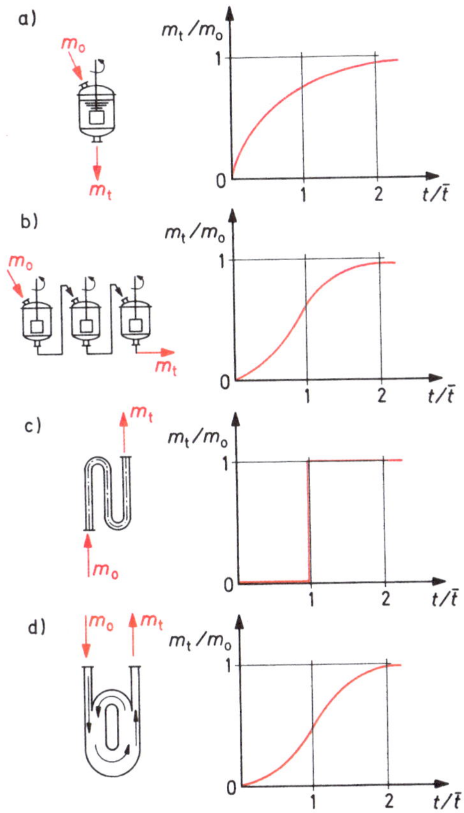


*Bild 12.4 Verweilzeitverhalten von Reaktionsapparaten: a) idealer Rührkessel, b) Rührkesselkaskade, c) ideales Strömungsrohr, c) Schlaufenreaktor*

**Tabelle 12.2 Übliche Werkstoffe für Bauteile von Hochdruckapparaten**

| Bauteil | Werkstoffe bei Wandtemperatur von | |
|---|---|---|
| | 20···200 °C | 200···400 °C |
| Mantel | Ck 22, Ck 35 | 17 Mn 4, 15 Mo 3 |
| Flansch | St 52-3, 15 Mo 3 | 20 Mn 5, 25 CrMo 4 |
| Deckel | Ck 35, St 52-3 | 20 Mn 5, 25 CrMo 4 |
| Bleche für Einbauten | H II, 17 Mn4 | 15 Mo 3, 20 Mn 5 |
| Stiftschrauben | Ck 35, Ck 45 | 24 CrMoV 5.5 |
| Sechskantmuttern | St 50-2, C 35 | 24 CrMo 5 |
| Rohre | St 35.8, St 45.8 | 15 Mo 3, 13 CrMo 44 |

## 12.2 Chemische Grundverfahren

Im Gegensatz zu den physikalischen Grundverfahren sind die chemischen Grundverfahren keine Bausteine für Reaktionsverfahren, sondern typische, häufig vorkommende **chemische Umsetzungen.**

Chemische Grundverfahren sind auch nicht wie die physikalischen Grundverfahren bestimmten Apparaten zugeordnet, sondern können in unterschiedlichen Apparatetypen ablaufen. Rührapparate z.B. werden für die Durchführung einer Vielzahl chemischer Grundverfahren verwendet.

Als wichtige chemische Grundverfahren können genannt werden

1. thermische Reaktionsverfahren,
2. katalytische Reaktionsverfahren,
3. elektrochemische Reaktionsverfahren (Elektrolysen),
4. Polyreaktionen,
5. photochemische Reaktionsverfahren.

**Thermische Reaktionsverfahren** spielen in der anorganischen Chemie eine große Rolle; zu ihnen gehören Brennen, Rösten, Kalzinieren und Kaustifizieren. Reaktoren für thermische Verfahren sind **Reaktionsöfen.**

**Katalytische Reaktionsverfahren,** deren Ablauf durch Katalysatoren beeinflusst wird, erfolgen häufig bei hohem Druck und erhöhter Temperatur in Rührautoklaven und Kontaktöfen. Katalytische Reaktionsverfahren werden vor allem für **Synthesen** eingesetzt (Ammoniaksynthese, Methanolsynthese).

Austausch und Umwandlung von **Substituenten** – thermisch oder katalytisch – sind wichtige Reaktionen der organischen Chemie, z.B. beim Alkylieren, Halogenieren, Sulfurieren und Nitrieren.

**Elektrolysen** sind Stoffumsetzungen, die durch den elektrischen Gleichstrom hervorgerufen werden und zwischen Anode und Katode in einer **elektrolytischen Zelle** ablaufen. Man unterscheidet nach Art des Elektrolyts **Lösungselektrolysen** und **Schmelzflusselektrolysen.** 50 bis 100 Einzelzellen werden zu einem **Elektrolyseur** in Reihe geschaltet. Zur sauberen Trennung der Elektrolyseprodukte werden die Elektrodenräume durch eine poröse Scheidewand – **Diaphragma** – voneinander getrennt.

Durch **Polyreaktionen** werden aus monomeren Bausteinen makromolekulare, hochpolymere Produkte hergestellt, z.B. Kunststoffe aus Olefinen und Synthesefasern aus Carbonsäuren und Alkoholen. Polyreaktionen sind: Polymerisation, Polykondensation und Polyaddition.

**Polymerisation** ist die Verknüpfung gleichartiger ungesättigter organischer Verbindungen zu Makromolekülen ohne Abspaltung von Nebenprodukten. Bei der **Polykondensation** entstehen Makromoleküle durch Substitutionsreaktion niedermolekularer Verbindungen unter Abspaltung von Nebenprodukten. **Polyaddition** ist die Verknüpfung von Monomeren durch Wasserstoff-Umlagerung ohne Abspaltung eines Stoffes.

**Photochemische Reaktionen** werden durch die Einwirkung von Strahlung hervorgerufen, z.B. durch Licht. Dadurch werden die Atomhüllen in einen reaktionsbereiten Zustand versetzt (Aktivierung). Nur Strahlung, die vom System absorbiert wird, kann wirksam werden. Ein Beispiel: Darstellung von Vitamin D durch Bestrahlung des Provitamins Ergosterin in alkoholischer Lösung. Bestrahlungsgeräte sind meist Quecksilber-Hochdrucklampen.

## 12.3 Biotechnologische Verfahren

### 12.3.1 Biotechnologie, Prinzip und Anwendung

Biotechnologie ist die industrielle Erzeugung von Produkten durch den Stoffwechselumsatz biologischer Zellen, vorwiegend von Mikroorganismen, die in technischen Apparaten unter gesteuerten Lebensbedingungen kultiviert werden.

Für biotechnologische Umsetzungen werden als produzierende Mikroorganismen z.B. Pilze, Hefen und Bakterien verwendet. Die durch biotechnologische Verfahren gewonnenen Produkte sind beispielsweise: Vitamine, Hormone, Enzyme, DNA-Produkte, Antibiotika, Polysaccaride, Aminosäuren, Alkohole und Biogas. Das Prinzip, Mikroorganismen zu produktiven Zwecken einzusetzen, ist sehr alt (Tabelle 12.3).

## Tabelle 12.3 Biotechnologische Prozesse

| Zeit/Ort | Produkt/Prozess | Produzierender Mikro-Organismus |
|---|---|---|
| Vorgeschichtl. Zeit (3000 v. Chr.) | Bier, Wein, Hefe, Sauerteig-Brot | Hefe: Saccharomyces cerevisiae<br>Bakt.: Lactobacillus |
| 1680 | Sichtbarmachung der Hefezellen (A. v. Leeuwenhoek) | |
| 1818 (Erxleben) | Entdeckung der Gärungseigenschaften von Hefen | |
| 1857 (Pasteur) | Beschreibung der Milchsäure-Gärung | Bakt: Lactobacillus coryniformis |
| 1879 (Hansen) | Entdeckung der Essig-Bakterien | Bakt.: Gluconobacter suboxidans |
| 1897 (Buchner) | Nachweis von Gärungsenzymen in Hefen | |
| 1914/16 (Delbrück u.a.) | Großproduktion von Nähr- und Futterhefen zur menschlichen Ernährung | |
| 1915/16 (Weizmann) | Butanol-Aceton-Herstellung | Bakt: Clostridium acetobytilicium |
| Ab 1920 | Zitronensäure-Herstellung | Schimmelpilz: Aspergillus niger |
| 1928/29 (Fleming) | Entdeckung des Penicillins | Pilz: Penicillin chrysogenum |
| 1941/44 | Technische Penicillinherstellung | |
| 1945/46 | Biologische Abwasserreinigung mit dem Belebtschlammverfahren | Bakterien, Protozoen |
| 1944 (Schatz-Waksman) | Entdeckung des Streptomycins | Bakt.: Streptomyces |
| 1948 (Duggar) | Entdeckung von Chlortetrazyklin | |
| Ab 1949 | Herstellung von Vitamin $B_{12}$ | Bakt.: Pseudomonas denitrificans |
| Ab 1950 | Entdeckung zahlreicher weiterer Antibiotika | Pilze der Gattungen: Penicillum Aspergillus |
| Ab 1957 (Kinoshita) | Herstellung von Glutaminsäure | Bakt.: Corynebacterium glutaminicum |
| 1960 | Enzyme zu Waschmitteln | |
| Ab 1976 | Insulin, menschliches Wachstum, Interferon | Bakt.: Escherichia coli (genetisch manipuliert) |

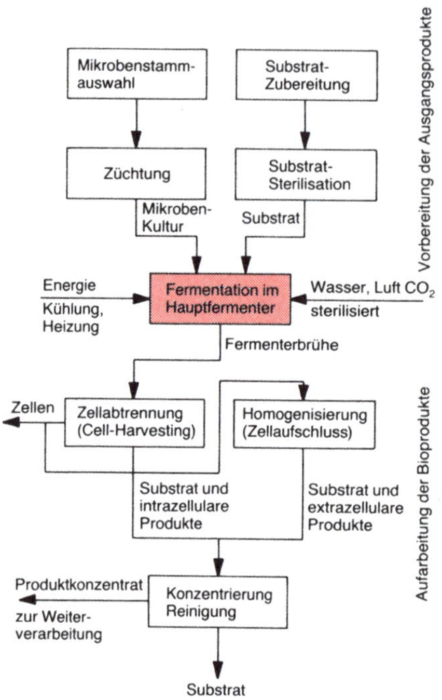


*Bild 12.5 Produktionsschritte eines biotechnologischen Prozesses*

Die **Biotechnologie** kann als Symbiose von Biologie, Chemie und Verfahrenstechnik charakterisiert werden. Aus diesem Zusammenwirken ergeben sich die Fachgebiete: Bioverfahrenstechnik, Technische Mikrobiologie und Biochemie.

Ein **biotechnologischer Produktionsprozess** besteht aus folgenden Bereichen (Bild 12.5):

- Aufbereitung der Ausgangsprodukte,
- Biotechnologische Umsetzung,
- Aufarbeitung der Reaktionsprodukte.

Die **Ausgangsprodukte** eines Bioprozesses sind leistungsfähige **Mikrobenstämme** und **Nährlösungen.** Die Mikrobenstammauswahl gehört zu den Aufgaben der **Gentechnik,** einem wichtigen Arbeitsgebiet der Mikrobiologie. Die Arbeitsmethoden der Gentechnik beziehen sich auf die Erbsubstanz der Lebewesen, die **DNS,** die in jeder Zelle eines Organismus enthalten ist. Eines der Ziele der Gentechnik besteht darin, durch biologische Manipulation die Zellen von Mikroorganismen in kleine biochemische Fabriken umzufunktionieren, die dann die Produktion der gewünschten Bioprodukte übernehmen. Wachstum und Stoffwechsel der Mikroorganismen benötigen energiereiche Nahrung in Form von Nährlösungen, **Substrat** genannt, z. B. Melasse, Malz- oder Hefeextrakt und Glukose.

### 12.3.2 Fermentation

Das Zentrum des Produktionsprozesses ist die biotechnologische Umsetzung, **Fermentation** genannt. Die Fermentation erfolgt in einem als **Fermenter** bezeichneten **Bioreaktor.** Der Fermenter (Bild 12.6) ist der Zentralapparat einer Bioproduktionsanlage. Im Vergleich zur chemischen Reaktion verbraucht die Fermentation weniger Energie, hohe Drücke und Temperaturen sind nicht erforderlich, organische Lösemittel werden nicht benötigt, und giftige Nebenprodukte treten nicht auf.

> Fermentation ist die chemische Umsetzung von biologischen Stoffen, katalysiert durch Enzyme. **Enzyme** sind hochmolekulare Eiweißstoffe, die in den Zellen der Organismen gebildet werden und die als **Biokatalysatoren** den raschen Ablauf biochemischer Reaktionen bei normalen Temperaturen in wässrigen Medien ermöglichen.

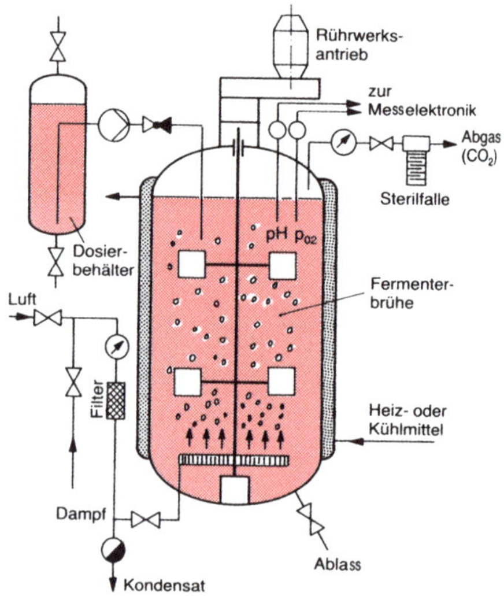


*Bild 12.6 Funktionsschema eines Fermenters (Bioreaktors)*

Bei der Fermentation und auch bei der Anzucht von Mikrobenstämmen wird die **Submerstechnik** angewendet («submers» bedeutet «untergetaucht»). Dabei werden die Mikroorganismen unter der Substratoberfläche als **Tiefenkultur** unter Begasung und Durchmischung gehalten. Ein zuvor gezüchteter Mikrobenstamm wird als Impfkultur dem Fermenter zugeführt. Dort wächst die Kultur weiter und liefert die gewünschten Bioprodukte. Je nach Art des ausgewählten Mikrobenstamms und Wahl der Reaktionsbedingungen kann die Produktion der Zellen auf die Gewinnung von **Biomasse,** z.B. Hefe, oder von **Stoffwechselprodukten,** z.B. Alkohol, Antibiotika, Interferon, oder auf die Veränderung chemischer Stoffe, z.B. Steroide wie Vitamin D, ausgerichtet sein.

Der Stoffwechsel der Mikroorganismen wird durch die Einstellung wichtiger Lebensparameter, wie pH-Wert, Temperatur, Sauerstoffgehalt, beeinflusst. Dazu sind entsprechende **Mess- und Regelungseinrichtungen** notwendig, die mit einem **Digitalrechner** zur Prozessdaten-Erfassung und -Verarbeitung gekoppelt sind.

Ein Fermenter herkömmlicher Bauart ist im Wesentlichen ein **Rührwerksbehälter** mit Begasung und Temperierung. Er muss für den jeweiligen mikrobiologischen Prozess optimale Bedingungen bei größtmöglicher Wirtschaftlichkeit bieten. Dementsprechend sind Reaktionsraum, Einbauten und Anschlüsse konstruiert sowie Mess-, Regelungs- und Bedienungselemente ausgelegt. Die Fermentergrößen reichen von einigen Litern Inhalt bei **Laborfermentern** bis 500 Kubikmetern und mehr bei **Betriebsfermentern.**

Die **Temperierung** (Kühlung oder Heizung) richtet sich nach dem Ausmaß der mikrobiologischen und mechanischen Wärmebildung. Es kommen Außen- oder Innenkühlung (bzw. -heizung) mit Mantel-, Berieselungs- oder Plattenkühlern zur Anwendung. Das temperierende Medium (meist Wasser) wird normalerweise im geschlossenen Kreislauf geführt und in seiner Temperatur automatisch geregelt.

Herkömmliche Fermenter arbeiten noch vorwiegend chargenweise **(Batch-Betrieb).** Die biochemische Reaktion läuft im Fermenter so lange ab, bis der Substratvorrat erschöpft ist oder die Reaktion von selbst zum Stillstand kommt, weil die Enzyme inaktiv geworden sind.

Wichtig für Wachstum, Vermehrung und Stoffwechsel ist eine ausreichende **Durchmischung** und **Begasung** des Fermenterinhalts. Begast wird je nach Mikrobenart mit steriler Luft oder mit Kohlendioxid. Einen guten Stoffübergang vom Gas zur Kulturflüssigkeit erzielt man durch feinblasige Gasverteilung und hohe Turbulenz. Gute Erfahrungen wurden hierbei mit Rotationsbelüftung durch geeignete Rührer (Interprop- und Intermig-Rührer) gemacht. Die Leistungsaufnahme hängt bei der Begasung hauptsächlich von der Drehzahl und nur in geringem Maß vom Luftdurchsatz und vom Füllvolumen des Fermenters ab.

Die Entwicklung der Fermentationstechnik geht zur kontinuierlichen Prozessführung, zum **Chemostat-Betrieb** mit einer kontinuierlichen Kultur: Dem Fermenter wird ständig frisches Substrat und frische Impfkultur zugesetzt, und ständig wird Fermenterbrühe mit allen Bioprodukten entnommen. Es stellt sich ein chemisch **stationärer Betrieb** ein – dadurch gekennzeichnet, dass die Prozessvariablen, z. B. Produktkonzentration und Substratkonzentration, an jedem beliebigen Punkt des Systems zeitlich konstant sind.

Im Beispiel in Bild 12.7 wird die kontinuierliche Betriebsweise durch Rückführung von Kultur und Substrat in einem Teilstrom erreicht. Die Trennung der Fermenterbrühe in Konzentrat und Permeat erfolgt hier durch **Membranfiltration.** Das Konzentrat enthält die Zellkultur, und das Permeat besteht aus dem Substrat und den darin gelösten Produkten.

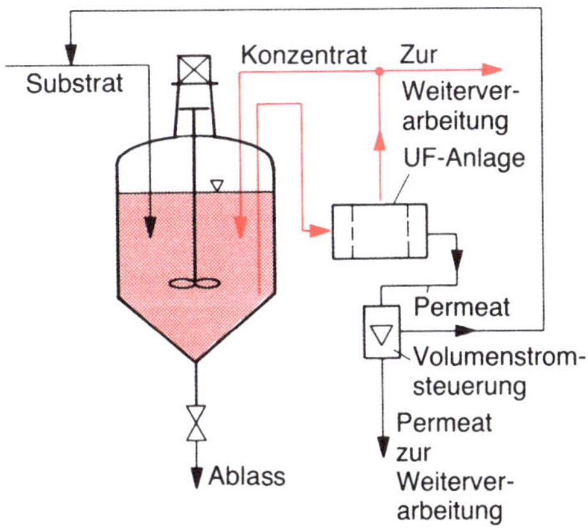


*Bild 12.7 Fermentationsanlage mit kontinuierlicher Betriebsweise*

Die kontinuierliche Kultur ist heute nur bei einfachen Prozessen problemlos möglich, z. B. bei Abwasserreinigung, Bierherstellung und Ethanolproduktion. Häufig wird anstelle der kontinuierlichen Kultur die **Feed-Batch-Kultur,** eine halbkontinuierliche Betriebsweise, angewendet (feed = Zufütterung). Hier besteht kein Durchfluss durch den Fermenter, sondern nur ein Zufluss, um verbrauchtes Substrat nachzudosieren. Es gibt keinen ständigen Produktabfluss.

### 12.3.3 Sterilisation und Reinheit

Unumgängliche Notwendigkeit für die biotechnologische Produktion sind äußerste Sauberkeit und Sterilität. Ein einziger Fremdkeim kann z.B. bei der Antibiotikagewinnung einen ganzen Mikrobenstamm überwuchern und unbrauchbar machen.

Die Ausbeute einer Fermentation hängt in hohem Maß von der Reinheit und Sterilität der Nährlösung (Substrat) ab.

Bevor das Substrat in den Fermenter eintritt, muss es sterilisiert werden. Das kann chargenweise oder kontinuierlich erfolgen. Zur Sterilisierung wird meist Dampf verwendet, der das Substrat indirekt, z.B. in Platten- oder Spiralwärmetauschern, erhitzt.

Sterilisierung durch **Filtration** wird eingesetzt, wenn Salze bei Temperaturerhöhung des Substrats ausfallen oder wenn hohe Temperaturen die Substrateigenschaften beeinträchtigen. Auch die Fermenter und die zugehörigen Apparate und Rohrleitungen müssen sterilisiert werden. Bei der Konstruktion der Apparate ist darauf zu achten, dass sie leicht sterilisierbar sind und dass keine Fremdkeime von außen eindringen können, z. B. über Rohr- und Wellendurchführungen. Grundsätzlich müssen alle Stoffe, die im biotechnologischen Prozess eingesetzt werden, steril sein. Das gilt auch für die Prozessluft. Zur **Luftsterilisierung** werden oft hydrophobe (= wasserabweisende) Filter eingesetzt. Die gefilterte Luft muss dann aber anschließend noch entwässert werden.

### 12.3.4 Aufarbeitung der Bioprodukte

Der Aufarbeitungsaufwand hängt außer von der geforderten Reinheit davon ab, ob es sich um ein intrazelluläres Produkt oder um ein extrazelluläres Produkt handelt. Bei einem **intrazellulären Produkt** muss das Bioprodukt noch aus den Zellen der Mikroorganismen gewonnen werden. Bei einem **extrazellulären Produkt** haben die Mikroorganismen-Zellen diesen Aufarbeitungsschritt beim Stoffwechsel schon ausgeführt, und das oder die Bioprodukte befinden sich bereits in der Fermenterbrühe.

Die Aufarbeitung kann grundsätzlich in folgenden Schritten ablaufen:

1. Abtrennung der Zellen aus der Fermenterbrühe, auch **Zellernte** genannt.
2. **Zellaufschluss,** auch als Zellhomogenisierung bezeichnet.
3. Produktkonzentrierung.
4. Produktreinigung.

Die wichtigsten Verfahren zur **Abtrennung der Zellen** (Zellernte) sind Zentrifugieren, z. B. mit der Tellerzentrifuge (Separator), und Filtrieren. Erschwerend für das Zentrifugieren ist die sehr geringe Dichtedifferenz von Zellen (1,03 g/cm$^2$) und Fermenterbrühe (ca. 1 g/cm$^3$). Da die Größe der Zellen zwischen 0,2 µm und 5 µm liegt, ist die Membranfiltration ein bevorzugtes Trennverfahren. Bild 12.8 zeigt als Beispiel ein **Tangentialfluss-Filterelement.** Die Zellen befinden sich im Retenat, die Fermenterbrühe im Permeat.

**Zellaufschluss** (Zellhomogenisierung) ist bei intrazellulären Produkten erforderlich. Nach der Zellernte werden die Zellwände aufgetrennt, um die Zellinhaltsstoffe zu extrahieren. Dazu verwendet man häufig mechanische Verfahren. Die Zellen werden z.B. mit hohem Druck (50 bis 1000 bar) durch enge, verstellbare **Homogenisierdüsen** gepresst. Scharfer Druckabfall in der Düse, verbunden mit hoher Beschleunigung,

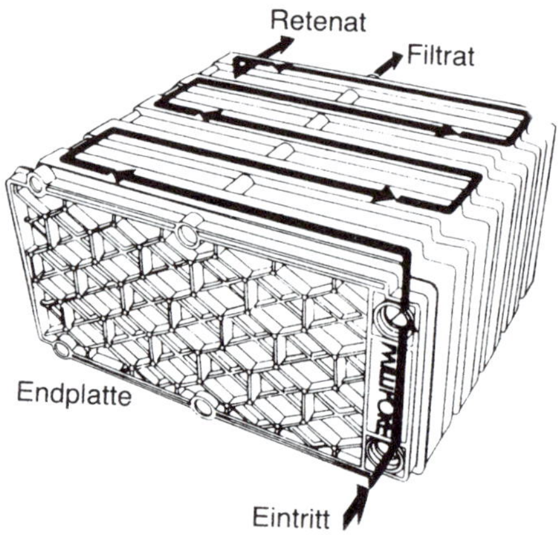


*Bild 12.8 Tangentialfluss-Filterelemente (nach Millipore)*

Scherung sowie Kavitation infolge Dampfdruckunterschreitung, lässt die Zellwände zerplatzen. Die **Kavitation** wird als Hauptfaktor für die Zerkleinerungsarbeit angesehen. Nach dem Zellaufschluss müssen die Zelltrümmer abgeschieden werden, sofern dies die nachfolgende Anreicherung erfordert.

Nach der Zellernte und (falls nötig) nach dem Zellaufschluss liegen die Bioprodukte als verdünnte Lösungen vor, die angereichert werden müssen. Zur **Anreicherung** (Konzentrierung) werden Eindampfung, Membranfiltration und Gefriertrocknung eingesetzt. Die **Gefriertrocknung,** ein besonders schonendes Verfahren, wird zur Gewinnung fester Bioprodukte eingesetzt.

Da die Produkte meist sehr temperaturempfindlich sind, muss das **Eindampfen** der großen Lösungsmittelmengen bei tiefen Temperaturen und entsprechend niedrigen Drücken geschehen, z.B. in Dünnschichtverdampfern. Das Konzentrieren durch Eindampfen hat – abgesehen vom sehr hohen Energieaufwand – den Nachteil, dass im Lösungsmittel enthaltene Salze mit dem Produkt aufkonzentriert werden und dessen Reinheit und Qualität mindern.

Dieser Nachteil lässt sich vermeiden, wenn das Bioprodukt hochmolekular ist. Dann kann nämlich die Lösung durch **Membranfiltration vorkonzentriert** werden. Hierzu ein Beispiel:

1000 Liter einer salzhaltigen, wässrigen Lösung mit 2% Produktkonzentration werden im Verhältnis 1 : 10 aufkonzentriert. Man erhält dann 900 Liter produktfreies Filtrat und 100 Liter Konzentrat mit nun 20% Produktgehalt. Da sich der Salzgehalt der Lösung durch die Filtration nicht ändert, befinden sich 90% der gelösten Salzmenge im Filtrat und nur 10% im Konzentrat. Für Produktmolekularmassen unter 500 eignet sich die **Umkehrosmose**; sie liefert ein steriles und salzfreies Permeat, so dass sich die Möglichkeit des geschlossenen Wasserkreislaufs ergibt.

Daran anschließend sind die Bioprodukte zu reinigen. Die **Reinigung** vollzieht sich oftmals – dem späteren Verwendungszweck entsprechend – in komplizierten Trennvorgängen, wobei eine Trennung nach unterschiedlichen Molekulargewichten erfolgen kann, z.B. durch Flüssig-flüssig-Mehrstufenextraktion.

Schwierigkeiten macht bei der Reinigung mit Hilfe der Membranfiltration noch die Trennung hochmolekularer Produkte von hochmolekul aren Verunreinigungen sowie die Trennung niedermolekularer Produkte von niedermolekularen Verunreinigungen, z.B. Aminosäuren von Salzen. Hier kann u.U. die **Elektrodialyse** oder die Umkehrosmose eingesetzt werden.

Abschließend soll als Beispiel eines biotechnologischen Produktionsprozesses die für Umwelt und Energieerzeugung wichtige Umsetzung land- und forstwirtschaftlicher Abfälle zu **Bioalkohol** und **Biogas** angeführt werden (Bild 12.9). Bei diesem Prozess dient Hefe als mikrobielles Gärungsmittel. Die Zellen der Hefepilze enthalten **Enzyme,** die als Biokatalysatoren den Abbau der zucker- und cellulosehaltigen Abfälle bewirken. Die Fermentation (Gärung) läuft ohne Sauerstoff (anaerob) ab. Beim Abbau der Abfälle entsteht Alkohol, aus dem dann z. B. Proteine und Benzin gewonnen werden können. In größerem Umfang wird die Bioalkoholproduktion in Brasilien eingesetzt.

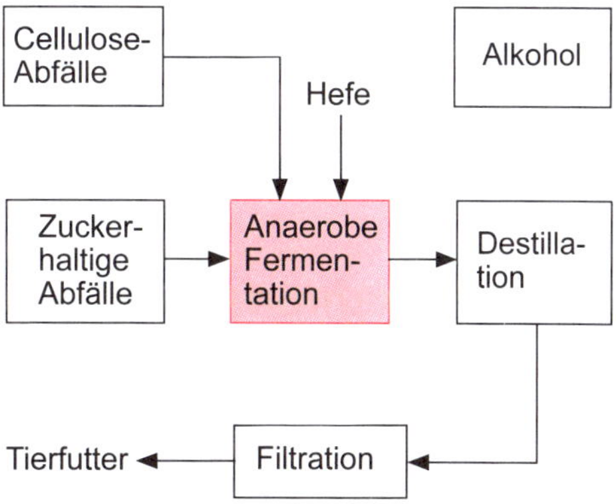


*Bild 12.9 Fermentativer Abbau von Abfällen*

# 13 Fließbilder verfahrenstechnischer Anlagen

Das Fließbild ist nach DIN 28 004 die zeichnerische Darstellung von Aufbau und Funktion einer verfahrenstechnischen Anlage. Als verfahrenstechnische Anlage bezeichnet man die Gesamtheit aller Einrichtungen und Bauten, die zur Durchführung eines Verfahrens notwendig sind.

Die verfahrenstechnische Anlage kann aus **Teilanlagen** bestehen, die zumindest zeitweise selbstständig betrieben werden können. **Anlageteile** sind technische Ausrüstungsteile wie Apparate, Maschinen und Geräte. Mehrere gleichrangige oder miteinander wirkende verfahrenstechnische Anlagen mit den dazugehörigen Nebenanlagen bilden einen **Anlagenkomplex.** Die örtliche Zusammenfassung aller Anlagenkomplexe mit der Infrastruktur ist das **Werk.**

Zur fließbildmäßigen Darstellung werden für Anlageteile genormte Bildzeichen und Kurzzeichen verwendet. Das Fließbild dient der Verständigung der miteinander an Entwicklung, Planung, Montage und Betreiben verfahrenstechnischer Anlagen beteiligten Stellen über Anlage und Verfahrensdurchführung.

Es werden 3 Arten von Fließbildern verwendet, die sich nach Informationsinhalt und Darstellung unterscheiden. Es sind nach abnehmender Abstraktion geordnet:

1. Grundfließbild
2. Verfahrensfließbild
3. Rohrleitungs- und Instrumentenfließbild (RI-Fließbild)

## 13.1 Grundfließbild

Bild 13.1 zeigt das DIN 28 004 Teil 1 entnommene Grundfließbild einer verfahrenstechnischen Anlage mit Grundinformationen. Es zeigt die Anlage in einfacher Form mit Hilfe von Rechtecken, die durch Linien verbunden sind. Die Linien stellen Stoffdurchflüsse dar; sie werden **Fließlinien** genannt, ihre Richtung wird durch Pfeile angegeben. Die Rechtecke bedeuten hier **Verfahrensschritte**; sie können auch versinnbildlichen:

Grundoperationen bei Verfahrensschritten, Teilanlagen bei Anlagen, Anlagen bei Anlagenkomplexen.

Das Grundfließbild enthält folgende Grundinformationen:

Verfahrensschritte, Ein- und Ausgangsstoffe, Fließrichtung der Hauptstoffe.

Als Zusatzinformationen können darüber hinaus angegeben werden:

Zwischenstoffe, Stoffdurchflüsse bzw. Stoffmengen, Benennung von Energien und Energieträgern, Energie- bzw. Energieträgerdurchflüsse.

## 13.2 Verfahrensfließbild

Das Verfahrensfließbild zeigt ein Verfahren oder eine verfahrenstechnische Anlage detaillierter, weniger abstrakt und mit mehr Informationen als das Grundfließbild. Besonders in der Darstellung unterscheidet es sich vom Grundfließbild: Alle Anlageteile, z.B. Apparate, Maschinen, Rohrleitungen und Armaturen werden durch **Bildzeichen** nach DIN 28 004 Teil 3 dargestellt. Die Anlagenteile werden außerdem durch **Kurzzeichen** nach DIN 28 004 Teil 4 bezeichnet. Außerdem enthält es als Grundinformation die charakteristischen Bedingungen der Anlage.

Bild 13.2 zeigt das Verfahrensfließbild der Reindestillation mit Grundinformationen. Es stellt den letzten Verfahrensschritt aus Bild 13.1 dar. In diesem Fließbild bedeuten:

W1 bis W5: Wärmeaustauscher; Kl Kolonne; B1 bis B3 Behälter, davon sind B3A und B3B parallel geschaltet; P1 bis P3 Pumpen, Pumpe A ist mit Pumpe B jeweils parallel geschaltet.

Tabelle 13.2 enthält eine Zusammenstellung von graphischen Symbolen und Kurzzeichen für Anlageteile. Das unterlegte Raster ist Anhalt für die Proportionen des Symbols. Bevorzugte Anschlüsse für Fließlinien sind mit —Ⓐ gekennzeichnet. Die Symbole bilden die **Grundreihe**, die im Fließbild bevorzugt zu verwenden ist.

## 13.3 Rohrleitungs- und Instrumentenfließbild

Dieses Fließbild, abgekürzt **RI-Fließbild,** stellt die technische Ausrüstung einer Anlage dar. Es enthält neben allen Anlageteilen als Grundinformationen:

a) Nennweite, Druckstufe, Werkstoff und Ausführung der Rohrleitungen
b) Angaben zur Wärmedämmung der Anlageteile
c) Aufgabenstellung für Messen, Steuern und Regeln nach DIN 19 227, dargestellt durch entsprechend gekennzeichnete **MSR-Stellenkreise** (siehe Tabellen 13.1 und 13.3).
d) kennzeichnende Größen von Apparaten und Maschinen
e) kennzeichnende Daten von Antriebsmaschinen

Bild 13.3 zeigt ein Beispiel für ein RI-Fließbild mit Grund- und Zusatzinformationen aus DIN 28 004. Die Höhenlage der Anlageteile zueinander ist angegeben. Dargestellt ist hier die Kühlwasserverteilung der Wärmeaustauscher W2, W4 und W5. Die Messgrößen und ihre Verarbeitung werden in MSR-Stellenkreisen durch Kennbuchstaben angegeben. Hier kennzeichnen die MSR-Stellenkreise Durchfluss- und Temperaturmessung mit Anzeige (FI, TI).

Erfolgt die Ausgabe und Bedienung in einer **zentralen Messwarte,** dann werden die Kennbuchstaben **unterstrichen**. Unter der Kennbuchstabengruppe steht meist die **MSR-Stellennummer.**

**Tabelle 13.1 Kennbuchstaben für MSR-Technik (Auszug aus DIN 19 227), Kennbuchstaben für Messgrößen und andere Eingangsgrößen**

| Kennbuchstabe | D | F | G | K | L | M | P | T | V | W |
|---|---|---|---|---|---|---|---|---|---|---|
| Messgröße | Dichte<br><br>Differenz* | Durchsatz<br>Verhältnis* | Abstand<br>Länge | Zeit | Stand | Feuchte | Druck | Temperatur | Viskosität | Masse<br>Gew.-kraft |

**Kennbuchstaben für Messwertverarbeitung** als Folgebuchstaben in der Reihenfolge: O, I, R, C, S, Z, A

| Folgebuchstabe | O | I | R | C | S | Z | A |
|---|---|---|---|---|---|---|---|
| Verarbeitung | Sichtzeichen Ja/Nein-Aussage | Anzeige | Registrierung | Selbsttätige Regelung/ Steuerung | Schaltung nicht fortl. Steuerung | Noteingriff | Grenzwertmeldung Alarm |

*Als Ergänzungsbuchstabe zum Erstbuchstaben für die Messgröße, z.B. PD Druckdifferenz

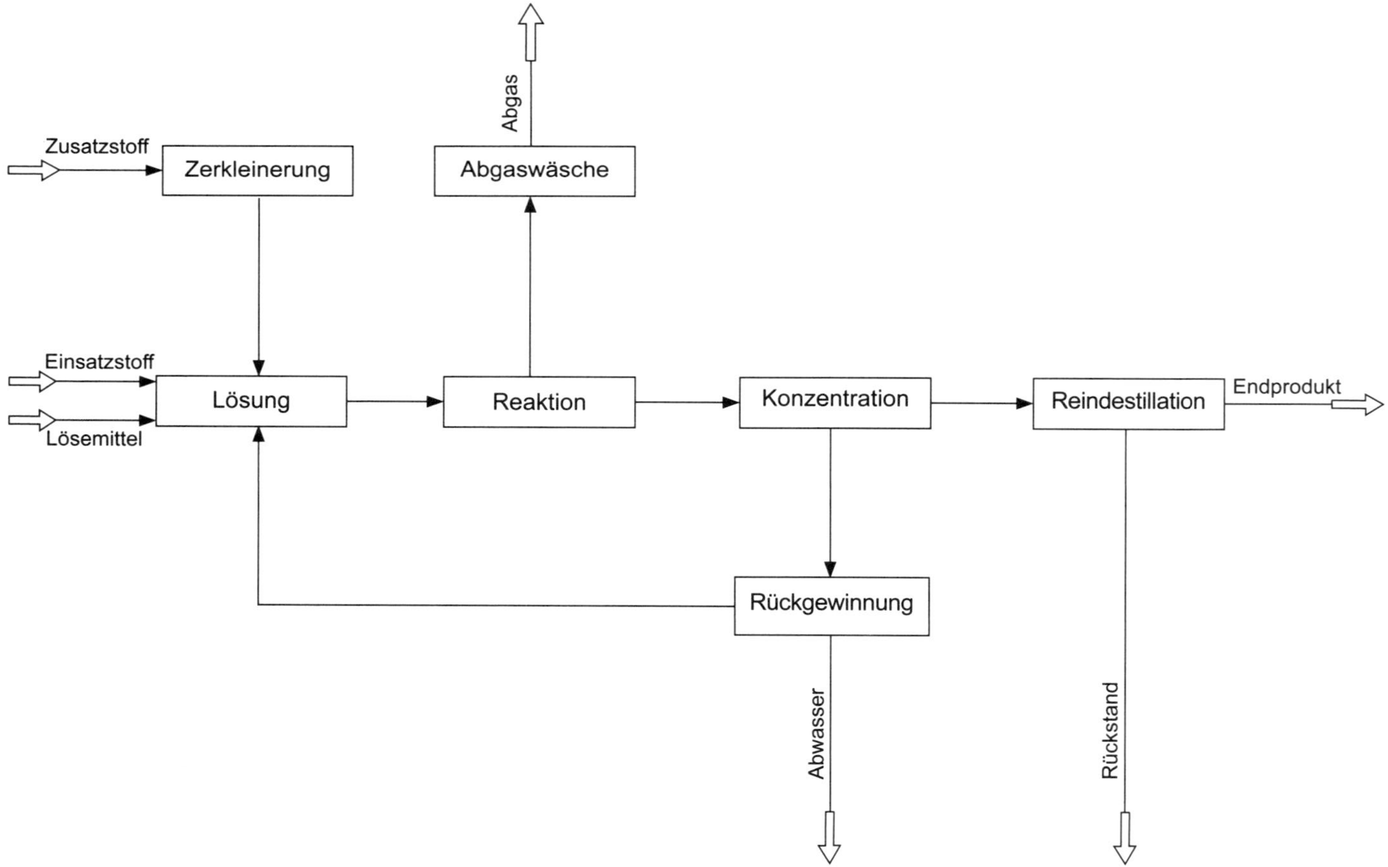


*Bild 13.1 Beispiel für ein Grundfließbild mit Grundinformationen aus DIN 28 004*

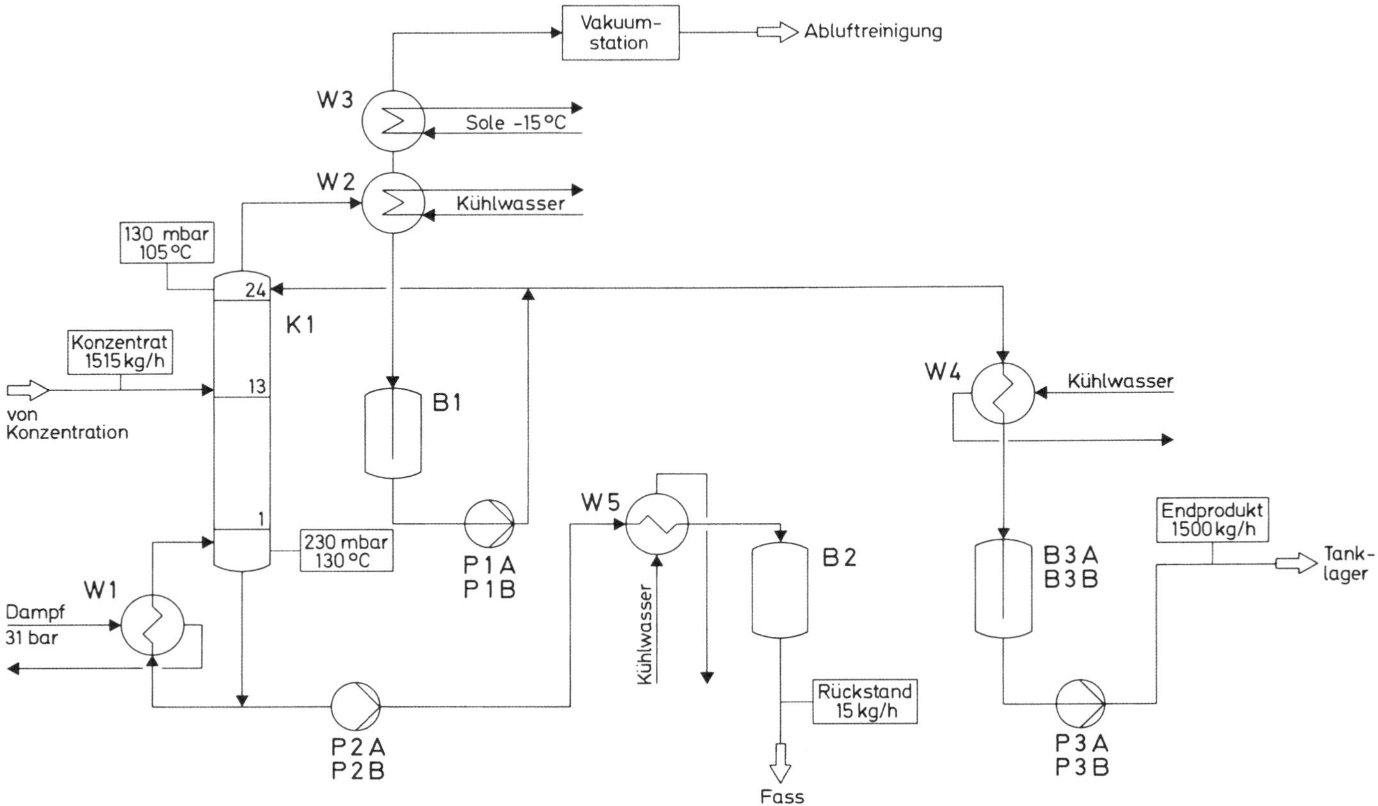


*Bild 13.2 Beispiel für ein Verfahrensfließbild mit Grundinformationen aus DIN 28 004*

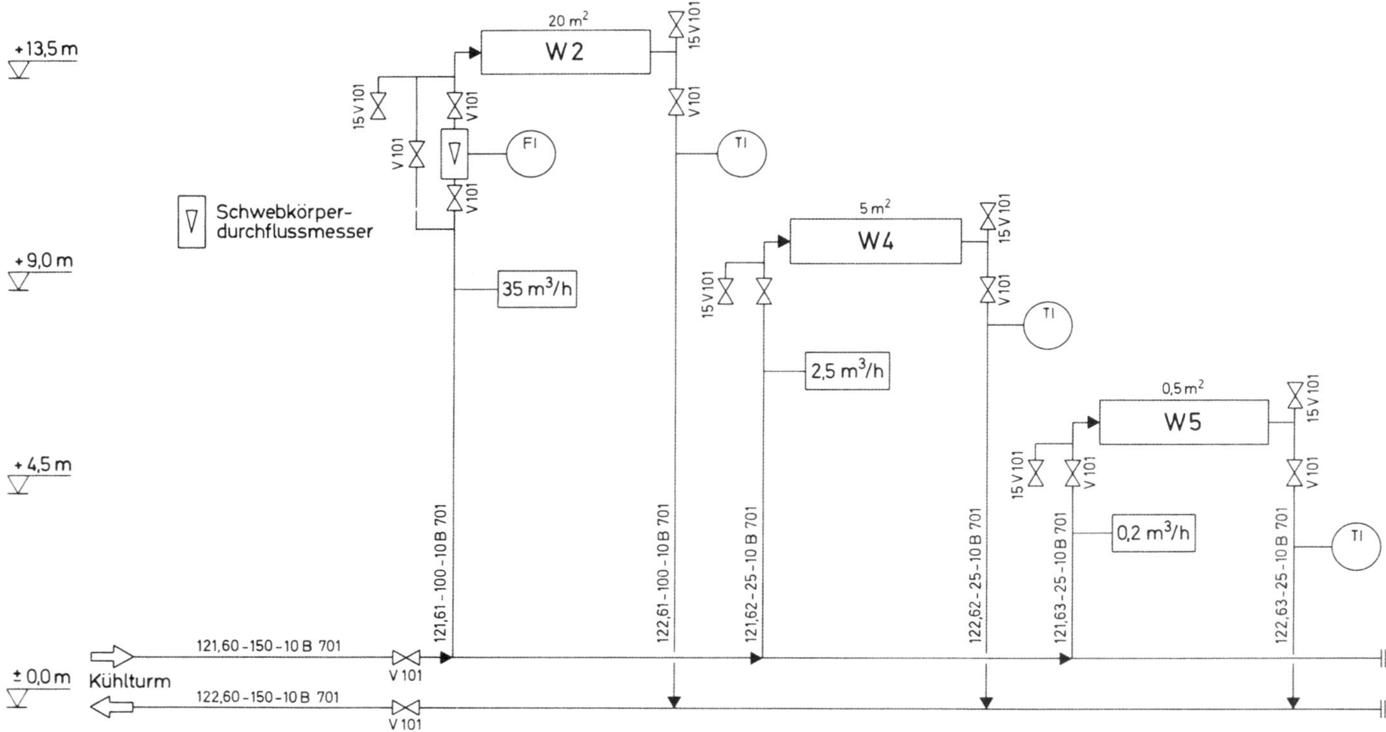


*Bild 13.3 Beispiel für ein RI-Fließbild mit Grund- und Zusatzinformationen aus DIN 28 004*

**Tabelle 13.2 Grafische Symbole der Grundreihe und Kennbuchstaben für Anlageteile (DIN 28 004)**

| Benennung | Symbol | Buchstabe | Benennung | Symbol | Buchstabe |
|---|---|---|---|---|---|
| Behälter allgemein | 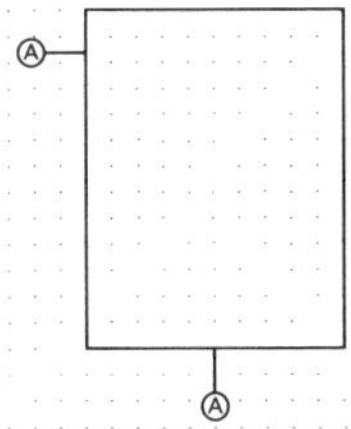 | B | Gasfilter allgemein, Luftfilter allgemein | 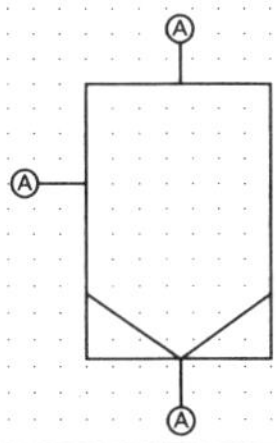 | F |
| Kolonne allgemein, Behälter mit Einbauten allgemein | 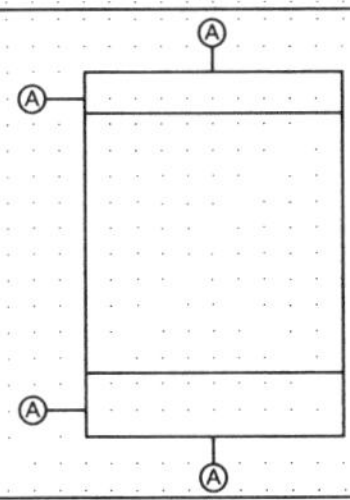 | K | Siebapparat allgemein, Rechen allgemein | 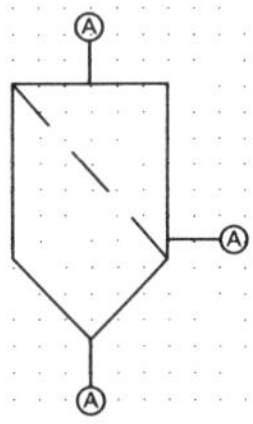 | F |
| Wärmeaustauscher mit Kreuzung der Fließlinien | 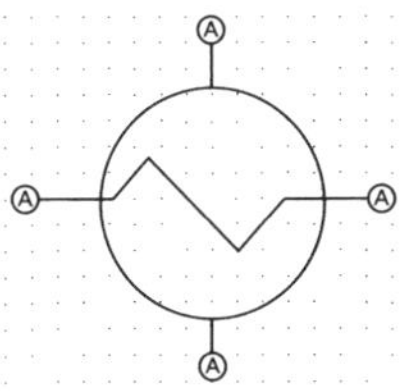 | W | Sichter allgemein | 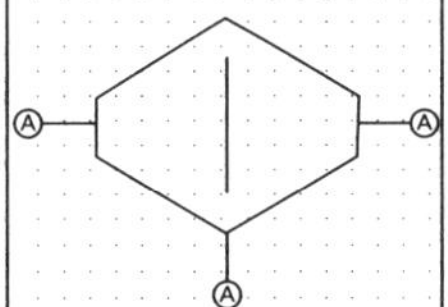 | F |
| Wärmeaustauscher ohne Kreuzung der Fließlinien | 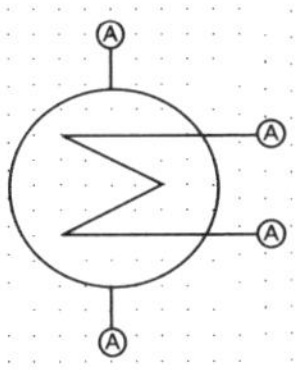 | K | Sortierapparat allgemein | 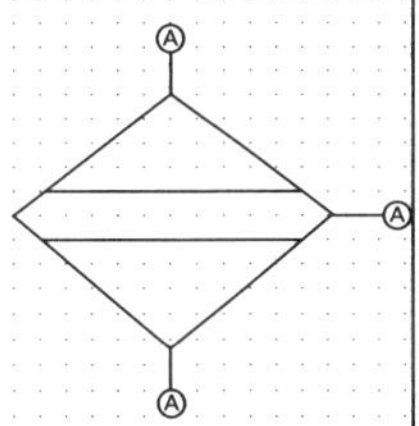 | F |
| Flüssigkeitsfilter allgemein | 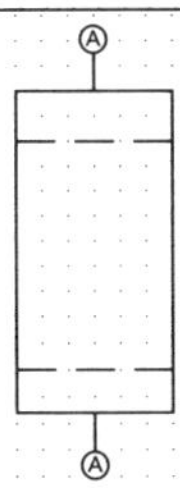 | F | Abscheider allgemein | 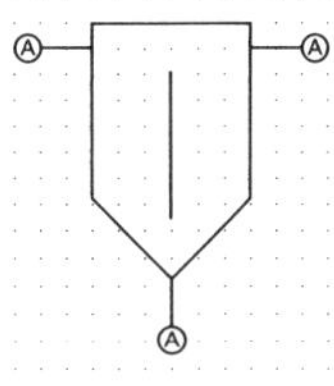 | F |

**Tabelle 13.2 Fortsetzung**

| Benennung | Symbol | Buch-stabe | Benennung | Symbol | Buch-stabe |
|---|---|---|---|---|---|
| Zentrifuge allgemein | 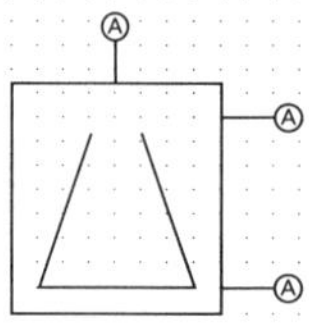 | S | Mischer allgemein | 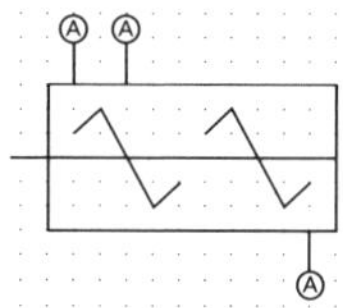 | R |
| Zerkleine-rungs-maschine allgemein | 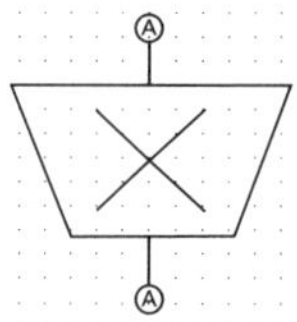 | Z | Kneter allgemein | 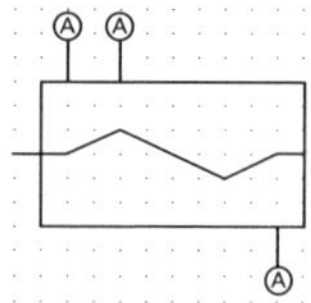 | R |
| Brecher allgemein | 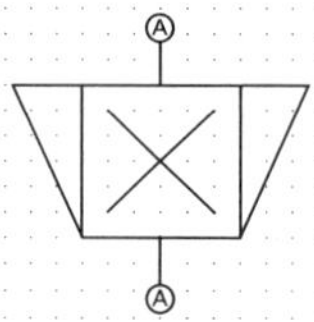 | Z | Form-gebungs-maschine allgemein | 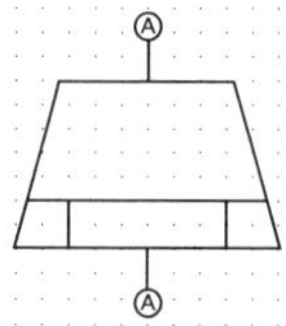 | R |
| Mühle allgemein | 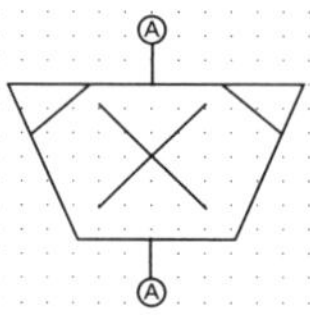 | Z | Pumpe allgemein | 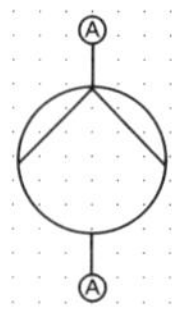 | P |
| Rührer allgemein |  | R | Verdichter, Vakuum-pumpe allgemein | 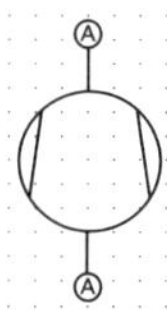 | V |
| Trockner allgemein | 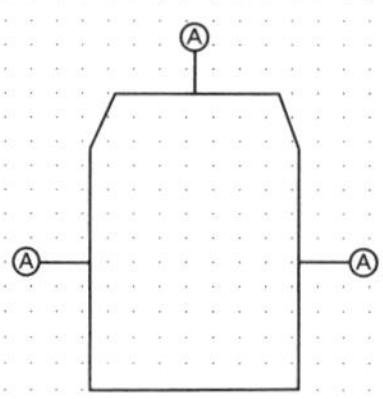 | T | Ventilator allgemein | 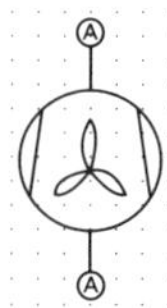 | V |

**Tabelle 13.2 Fortsetzung**

| Benennung | Symbol | Buchstabe |
|---|---|---|
| Stetigförderer allgemein | 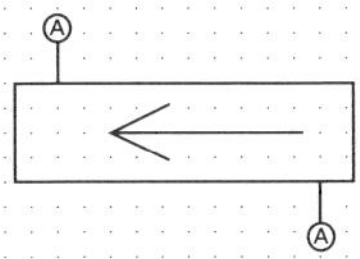 | H |
| Zuteiler für feste Stoffe allgemein | 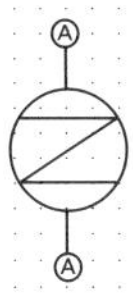 | X |
| Spritzdüse allgemein |  | X |
| Absperrarmatur allgemein | 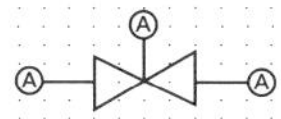 | X |
| Rückschlagarmatur allgemein | 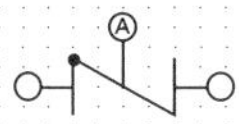 | X |
| Armatur mit stetigem Stellverhalten | 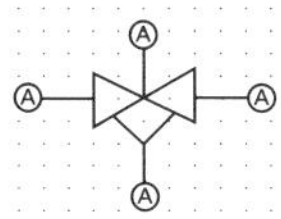 | X |
| Be- und Entlüftungsarmatur | 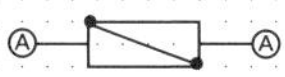 | X |

**Tabelle 13.3 Anwendungsbeispiele für MSR-Einrichtungen**

| MSR-Einrichtung | Kennzeichnung im Fließbild |
|---|---|
| **Druckmessung**<br>Anzeige örtlich<br><br>**Standmessung**<br>Anzeige örtlich | 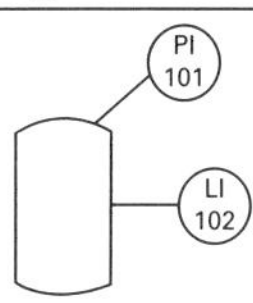 |
| **Druckmessung**<br>Registrierung in zentraler Messwarte<br><br>**Messung der Lagertemperatur**<br>Anzeige in Unterwarte,<br>zusätzliche Registrierung<br>in zentraler Messwarte | 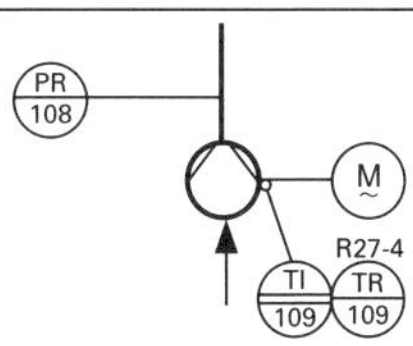 |
| **Druckregelung,** örtlich | 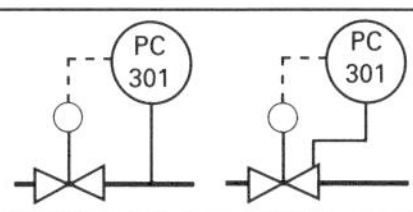 |
| **Durchflussregelung**<br>Registrierung der Regelgröße, Alarm bei Erreichen des unteren Fehlbereiches und Einstellung der Führungsgröße in Messwarte | 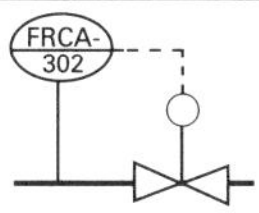 |

# 14 Prozessleittechnik

## 14.1 Allgemeines

Die Automatisierung der Produktion ist notwendig, um Produkte kostengünstig zu fertigen und um die Produkte flexibel an die sich rasch ändernden Erfordernisse des Marktes anzupassen.

Die **Prozessleittechnik** (PLT) automatisiert verfahrenstechnische Abläufe in Produktionsanlagen, koordiniert die Energie- und Stoffströme und überwacht die Ver- und Entsorgung.

Der Begriff «Prozessleittechnik» ist eine Verbindung der Begriffe «Prozess» und « Leiten». **Leiten** ist die Gesamtheit aller Maßnahmen, die einen zielgerichteten Prozessablauf ermöglichen. Die Maßnahmen werden aufgrund der aus dem Prozess gewonnenen **Daten** (Informationen) mit Hilfe der **Leittechnik** getroffen.

Die moderne Prozessleittechnik ist gekennzeichnet durch digitale, dezentrale, modulare **Prozessleitsysteme (PLS)** auf Mikroprozessorbasis.

- ❑ **Digital:** digitaler Datenverkehr und digitale Prozessdatenverarbeitung.
- ❑ **Dezentral:** autarke (eigenständige) Leiteinrichtungen.
- ❑ **Modular:** austauschbare, anpassbare Geräte- und Programmbausteine.

Ein **Prozessleitsystem** umfasst alle für die Aufgabe des Leitens erforderlichen Geräte und Programme zur Ausübung der **Funktionen** Messen, Steuern, Regeln, Rechnen, Überwachen, Positionieren, Anzeigen, Bedienen, Dokumentieren und Protokollieren.

Die **Prozessleitfunktionen** zur Durchführung der Leitmaßnahmen sind in vorgefertigten Programm-Modulen, **Firmware** genannt, festgelegt. Die Firmware wird vom Leitsystemlieferer erstellt, getestet und in Speicherbausteinen installiert. Der Anteil an anwenderspezifischer Software ist daher relativ klein. Ein Prozessleitsystem mit vorgefertigten Funktionsbausteinen wird **konfektioniert** genannt. Die Funktionsbausteine, z. B. zum Messwerterfassen, Steuern, Regeln, Stellen, Anzeigen, Dokumentieren, Bedienen, Störungssuchen, werden von den Mikroprozessoren in den PLS-Komponenten abgearbeitet.

Zur Realisierung der in den Programm-Modulen festgelegten PLS-Funktionen werden als Leitgeräte **speicherprogrammierte Steuerungen** (SPS) mit besonderen leittechnischen Eigenschaften eingesetzt.

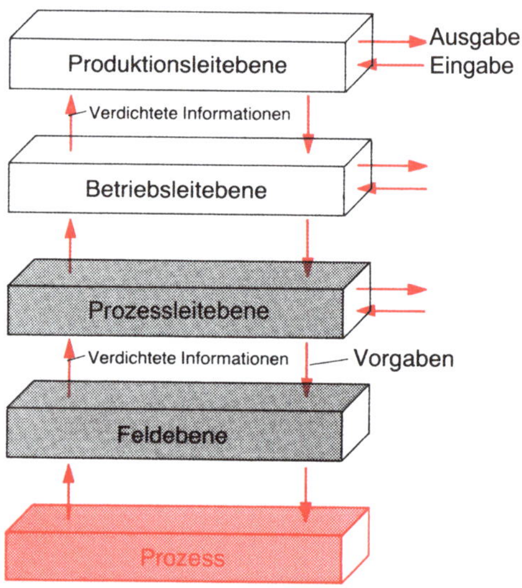


*Bild 14.1 Ebenenmodell der automatisierten Produktion. In den Blöcken erfolgt die Verarbeitung der Informationen (rote Pfeile).*

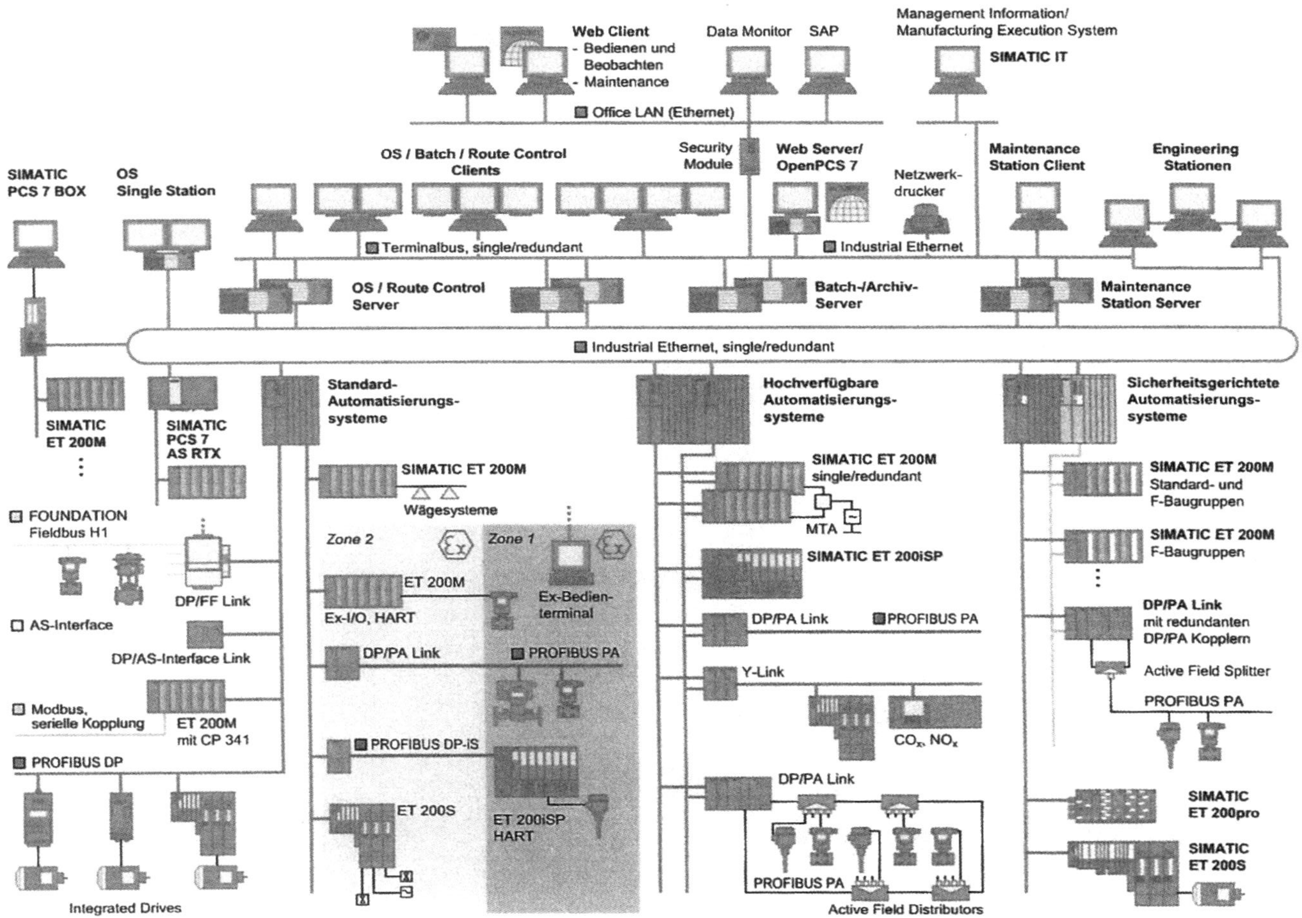


*Bild 14.2 Beispiel eines Prozessleitsystems (SIEMENS PCS 7) Systemarchitektur*

Die Komponenten eines PLS lassen sich nach ihren Eingriffsbereichen in ein hierarchisch aufgebautes **Ebenenmodell** einordnen. Nach diesem Ebenenmodell gliedert sich die Produktion in der chemischen Verfahrenstechnik in vier Ebenen (Bild 14.1): Produktionsleitebene, Betriebsleitebene, Prozessleitebene und Feldebene. Diesem Ebenenmodell entspricht auch die Struktur des Prozessleitsystems, das Bild 14.2 als Beispiel zeigt.

In der **Feldebene** werden von den Sensoren der dort installierten Geräte die Zustandsgrößen des Prozesses erfasst, z.B. Druck, Temperatur, Durchfluss. Die Größen werden nach der Messwertumformung oft noch als **Analogsignale,** jedoch zunehmend auch als **Digitalsignale** an die Prozessleitebene zur Verarbeitung übergeben, z.B. zum Regeln, Steuern, Zählen, Anzeigen, Überwachen und Eingreifen. Von der Prozessleitebene gehen daraus **verdichtete Informationen,** z.B. in Form von Kenngrößen, an die Betriebsleitebene. In der anderen Richtung gehen **Vorgaben** an die Feldebene, z.B. als Stellgrößen für Ventile, Dosier- und Positioniergeräte.

Die Prozessleitebene selbst erhält ihre Vorgaben in Form von **Sollwerten** von der Betriebsleitebene, die z. B. aus Bilanz- und Ausbeuteberechnungen oder von der Qualitätskontrolle stammen. Diese Vorgaben beeinflussen wiederum die Einstellung der Prozesszustände durch die Steuer- und Regelgeräte.

Im hierarchischen PLS-Modell ist der Datenfluss ein Austausch von Vorgaben und verdichteten Informationen zwischen den Ebenen. Jede Ebene bearbeitet die eingehenden Vorgaben und kontrolliert die herausgehenden Informationen.

# 14.2 Gerätetechnik

## 14.2.1 Feldebene

Die Feldebene ist das Bindeglied zwischen dem Prozess und der Prozessleitebene. Die Feldgeräte dienen zum Messen, Stellen, Melden, Anzeigen und Bedienen sowie zur Signalübertragung an die prozessnahen Komponenten der Prozessleitebene. Von der Zuverlässigkeit der Feldgeräte hängt primär der Erfolg des Prozessleitsystems ab.

Bei den **Feldgeräten** war früher die **Analogtechnik** vorherrschend, d.h., die Signale der Messumformer waren analog. Jedes Feldgerät wurde mit Hin- und Rückleitung an das zugeordnete prozessnahe Automatisierungsgerät angeschlossen. Dort wurden die analogen Eingangssignale digitalisiert und verarbeitet. Die Ergebnisse der Signalverarbeitung wurden dann wieder in analoge Ausgangssignale für die Feldgeräte umgeformt. Heute werden **digital** arbeitende Feidgeräte eingesetzt, die digitale Signale an genormte Schnittstellen oder an ein **Feldbussystem** abgeben.

## 14.2.2 Prozessleitebene

Bild 14.3 zeigt die Struktur eines digitalen, dezentralen Prozessleitsystems, aus dem die Anordnung der Komponenten in der Feldebene und in der Prozessleitebene hervorgeht.

Die Gerätetechnik der Prozessleitebene umfasst **prozessnahe Komponenten** (PNK), z.B. zum Erfassen, Steuern und Regeln, **Buskomponenten** (BK) zum Übertragen von Daten sowie **Anzeige- und Bedienkomponenten** (ABK) zum Anzeigen, Bedienen, Darstellen und Dokumentieren.

Die PLS-Komponenten sind modular aufgebaute Automatisierungsgeräte (auch Leitstationen genannt), die autark bestimmte PLS-Funktionen ausführen können.

Ein innerhalb der Produktion festgelegter Prozessabschnitt (Teilprozess) benötigt zur Leitung seines Ablaufs bestimmte Funktionen, z. B. Messwerte erfassen und verarbeiten, Steuern, Regeln und Signale verknüpfen. Diese Funktionen werden von prozessnahen Komponenten (PNK) ausgeübt.

Weitere Funktionen, wie Anzeigen, Bedienen,

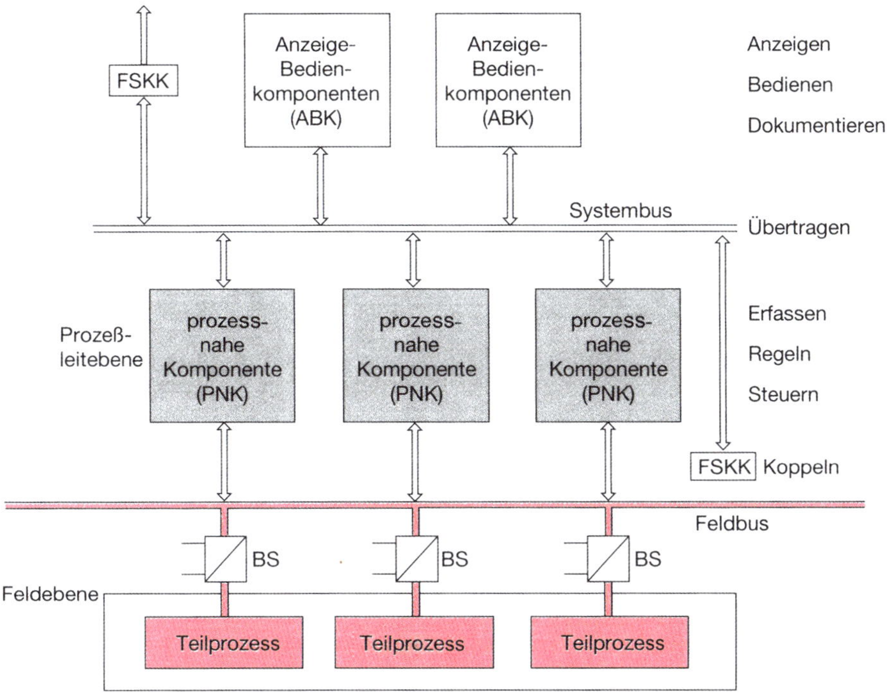


PNK prozeßnahe Komponente
ABK Anzeige- und Bedienkomponenten
FSKK Fremdsystem-Koppelkomponente
BS Busspeisegerät

*Bild 14.3 Strukturschema eines digitalen, dezentralen Prozessleitsystems*

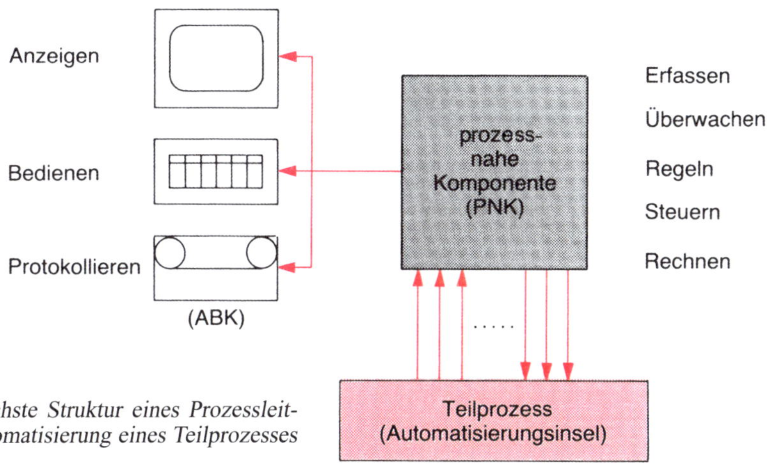


*Bild 14.4 Einfachste Struktur eines Prozessleitsystems zur Automatisierung eines Teilprozesses*

Dokumentieren, Überwachen, Alarmieren und Kurvendarstellen, werden von den **Anzeige- und Bedienkomponenten** ausgeübt. Im einfachsten Fall, für einen einzigen Teilprozess, könnte das PLS, wie in Bild 14.4 dargestellt, aus **einer** PNK und **einer** ABK bestehen. Bei mehreren Teilprozessen könnte man nun mehrere solcher PLS-Inseln einfach nebeneinandersetzen.

Die Teilprozesse sind aber im Gesamtprozess normalerweise voneinander abhängig. Es müssen daher auch Informationen zwischen den PNK ausgetauscht werden. Eine PLS-Struktur aus einzelnen Inseln ist also in der Regel nicht möglich. Das bedeutet: Die einzelnen PNK müssen durch ein Kommunikationssystem miteinander verknüpft werden, das aus dem **Systembus** und **Buskomponenten** (BK) besteht.

Das **Bussystem** macht es auch möglich, die Zahl der Anzeige- und Bedienkomponenten (ABK) zu verringern. Die ABK werden nämlich ebenfalls an das Bussystem angekoppelt. Von einer ABK lässt sich dann jeder beliebige Teilprozess beobachten und bedienen.

Auch in der Feldebene kann, wie in Bild 14.3 angedeutet, durch Einführung eines **Feldbusses** (siehe Abschnitt 14.4.2) die konventionelle Einzelverdrahtung der Sensoren und Aktoren mit den PNK überwunden werden. Auf dem Feldbus werden die von den **Sensoren** der Feldgeräte kommenden Signale gesammelt und an die PNK gesendet. Ebenso werden die von den PNK kommenden Ausgangssignale gesammelt und an die **Aktoren** der Feldgeräte gesendet. In diesem Konzept ist jeder Sensor und jeder Aktor an den Bus gekoppelt; er sendet und empfängt seine Informationen in **digitaler** Form.

In der PLS-Struktur in Bild 14.3 ist noch die Möglichkeit der **Fremdsystemkopplung** eingezeichnet. Ein Fremdsystem könnte z. B. ein Prozessrechner, ein Personal-Computer oder ein Analysengerät sein.

# 14.3 Prozessnahe Komponenten

Jede PLS-Komponente besteht aus Hardware und Software. Die **Hardware** enthält die Elektronikbausteine. Die **Software** besteht aus Programmen zur Realisierung der PLS-Funktionen.

## 14.3.1 Aufbau, Signalverarbeitung

Bild 14.5 zeigt den Aufbau einer PNK. Die Hardware-Module sitzen in einem **19"-Baugruppenträger,** der mit anderen PLS-Komponenten in einem Schaltschrank untergebracht ist.

Die **Hardware-Grundmodule** einer prozessnahen Komponente sind Spannungsversorgung, Zentraleinheit (CPU) mit Mikroprozessor und Speicherbausteinen, Anschaltbaugruppen für lokale ABK, Buskoppelbaugruppe sowie Prozess-Ein- und -Ausgabe-Komponenten (PEAK). Die **PEAK** stellen die **Verbindung zum Prozess** her.

Die Signale, die von den Signalgebern (Sensoren) des Prozesses kommen, werden in der Eingabe-Baugruppe einer **Signalanpassung** zur Weiterverarbeitung unterworfen. In der Zentraleinheit erfolgt dann die **logische Verknüpfung** der Eingangssignale durch den Mikroprozessor nach den im Programmspeicher abgelegten Anweisungen der **Funktionsbausteine.** Die Anweisungen eines Programms liegen in aufeinanderfolgenden Zellen der Speicherbausteine (EPROMS).

Bei der Abarbeitung des Programms werden die Speicherzellen **nacheinander** (seriell) in einem fortlaufenden **Zyklus** angewählt und die dort abgelegten Anweisungen ausgeführt. Diese **zyklisch serielle Abarbeitung** geht so schnell, dass sie nach außen wie eine gleichzeitige Bearbeitung erscheint. Ein Automatisierungsgerät benötigt für die Ausführung von 1000 Anweisungen nur etwa 5 ms. Die Verknüpfungsergebnisse werden dann in der Ausgabe-Baugruppe verstärkt und als Steuerspannung an die betreffenden Geräte (Aktoren) des Prozesses ausgegeben.

Bild 14.6 zeigt das Schema der Signalverarbeitung beim Steuern an einem Beispiel. Die drei Anweisungen im Programm bedeuten, dass der Ausgang 25 nur dann ein Signal erhält, wenn am

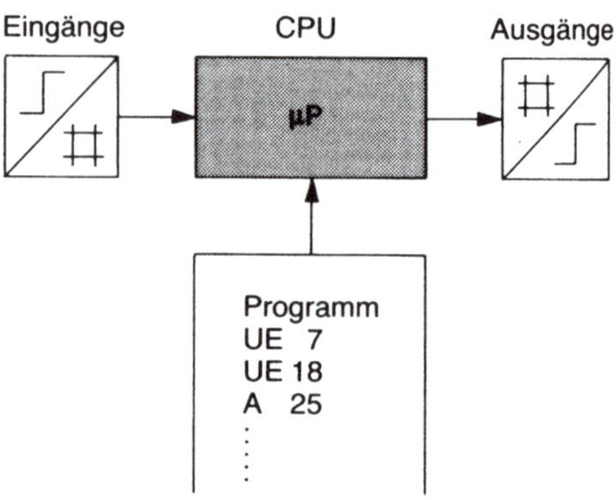

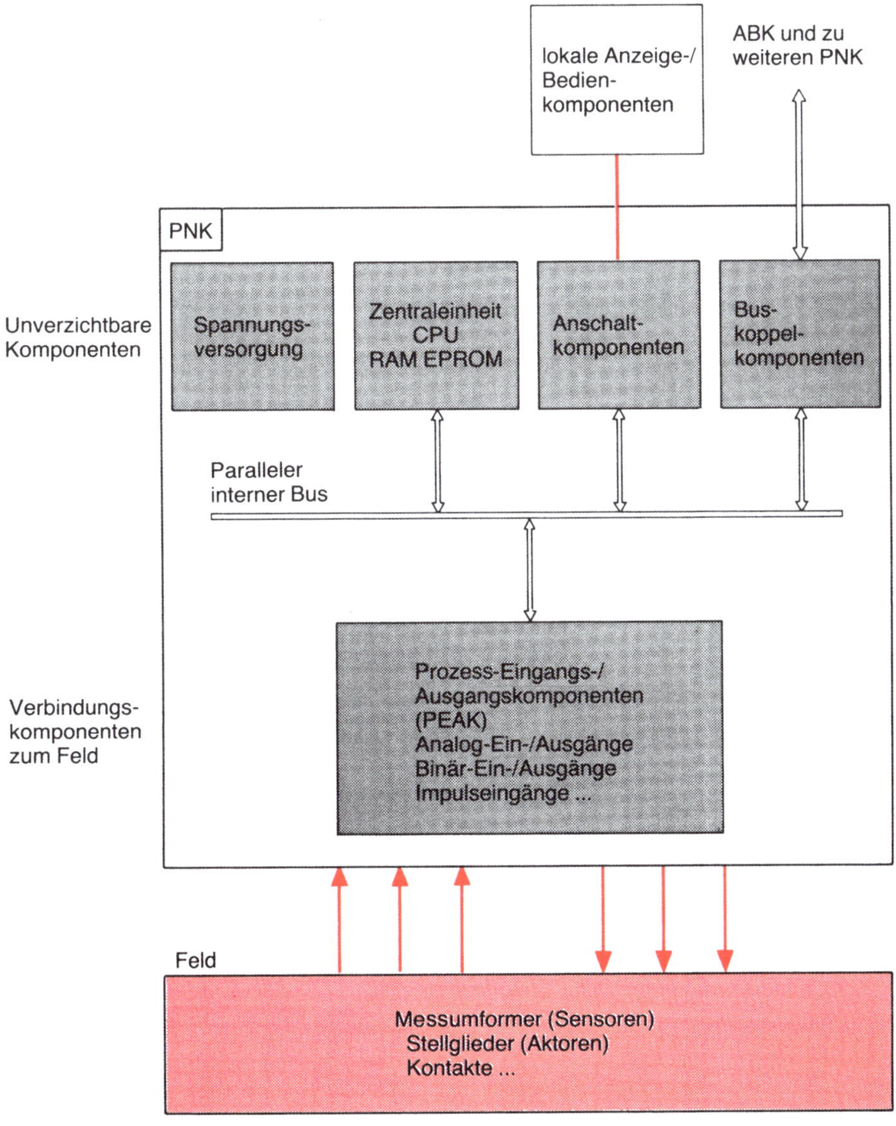


*Bild 14.5 Aufbauprinzip einer prozessnahen Komponente*

◀ *Bild 14.6 Funktionsprinzip einer speicherprogrammierbaren Steuerung (SPS)*

Eingang 7 UND am Eingang 8 ein Signal ansteht. Ist diese Bedingung erfüllt, dann geht ein verstärktes Signal vom Ausgang 25 des Automatisierungsgeräts zum betreffenden Feldgerät; es bewirkt z. B. dort, dass ein Magnetventil öffnet oder ein Motor eingeschaltet wird.

## 14.3.2 Software, Konfigurierung, Parametrisierung

In jeder PNK sind **konfektionierte Funktionsbausteine** (Firmwaremodule) für auszuführende Leitaufgaben als Software vorhanden. Tabelle 14.1 gibt Beispiele für Funktionsbausteine, wie sie in Speicherelementen (EPROM), z. B. einer PNK, abgelegt sind.

**Tabelle 14.1 Funktionsbausteine prozessnaher Komponenten**

| Gruppe | Funktionsbaustein |
|---|---|
| **Signalanpassung** | Radizieren<br>Linearisieren<br>Dämpfen |
| **Regelung** | P, PI, PID, PD<br>Kaskade<br>Verhältnis<br>Strukturumschaltung<br>Betriebsarten: Hand<br>Automatik<br>Extern/Intern |
| **Steuerung** | Logische Funktionen: z.B. UND, ODER, NOR, NAND<br>Einzelsteuerfunktionen<br>Ablaufsteuerungen in den Betriebsarten: Hand<br>Automatik<br>Tippen<br>Dosieren<br>Zählen |
| **Überwachung** | Grenzwertmeldung<br>Motormeldung<br>Statusmeldung: z. B. AUF, ZU, EIN, AUS |
| **Mathematische Bearbeitung** | Grundrechenarten<br>Wurzel<br>Vergleichen, Auswählen (min, max)<br>Differenzieren, Integrieren<br>Polygonzug (Stützpunkt-Anzahl)<br>Rampenfunktionen |

Zur Realisierung einer Leitfunktion, z. B. einer MSR-Aufgabe, werden die betreffenden Funktionsbausteine der PNK ausgewählt und sowohl untereinander als auch mit den PEAK und den ABK verknüpft.

> Die Auswahl und Verknüpfung konfektionierter Funktionsbausteine einer PNK mit dem Prozess und mit den Anzeige- und Bedienkomponenten wird Konfigurieren genannt.

Das **Konfigurieren** entspricht dem **Verkabeln** der verschiedenen MSR-Geräte in konventioneller Technik. Die Konfigurierung der einzelnen PNK wird beim **Projektieren** des Prozessleitsystems, oft vom PLS-Hersteller selbst, an der Zentralleitstation vorgenommen. Dabei sind Kenntnisse über die zu automatisierende Anlage sowie über das Funktionsbausteinpotential des PLS erforderlich.

Das Konfigurieren soll am Beispiel einer **Temperaturregelung** erläutert werden. Der Temperaturregelkreis ist in Bild 14.7 mit den analogen Prozess-Ein- und -Ausgabebausteinen (AEK, AAK) und den Funktionsbausteinen (rot umrandet) dargestellt.

Beim Konfigurieren werden den Ein- und Ausgängen bestimmte **Adressen** zugeteilt, auf die Eingangssignal (Messwert) und Ausgangssignal (Stellwert) gelegt werden. Die Auswahl der Funktionsgruppen Eingangssignalanpassung, Grenzwertüberwachung, Regelung und Ausgangssignalanpassung erfolgt ebenfalls beim Konfigurieren.

Lauffähig ist die Temperaturregelung nach der Konfigurierung aber noch nicht. Den Funktionsbausteinen müssen zur Anpassung an den Prozess **spezifische Daten** eingegeben werden. So sind der Signalanpassung Signalart und Messbereich mitzuteilen. Die Regelung benötigt die Regelparameter und die Grenzwertbildung die Grenzwerte.

Diese Daten werden im **Schreib-Lese-Speicher** (RAM) abgelegt. Die Funktionsbausteine liegen als Programmanweisungen im **Festwertspeicher** (EPROM). Die Eingabe der Daten wird **Parametrisieren** genannt.

> Parametrisieren ist die Anpassung von konfektionierten Funktionsbausteinen an den Prozess durch Eingabe anlagen- und prozessspezifischer Daten.

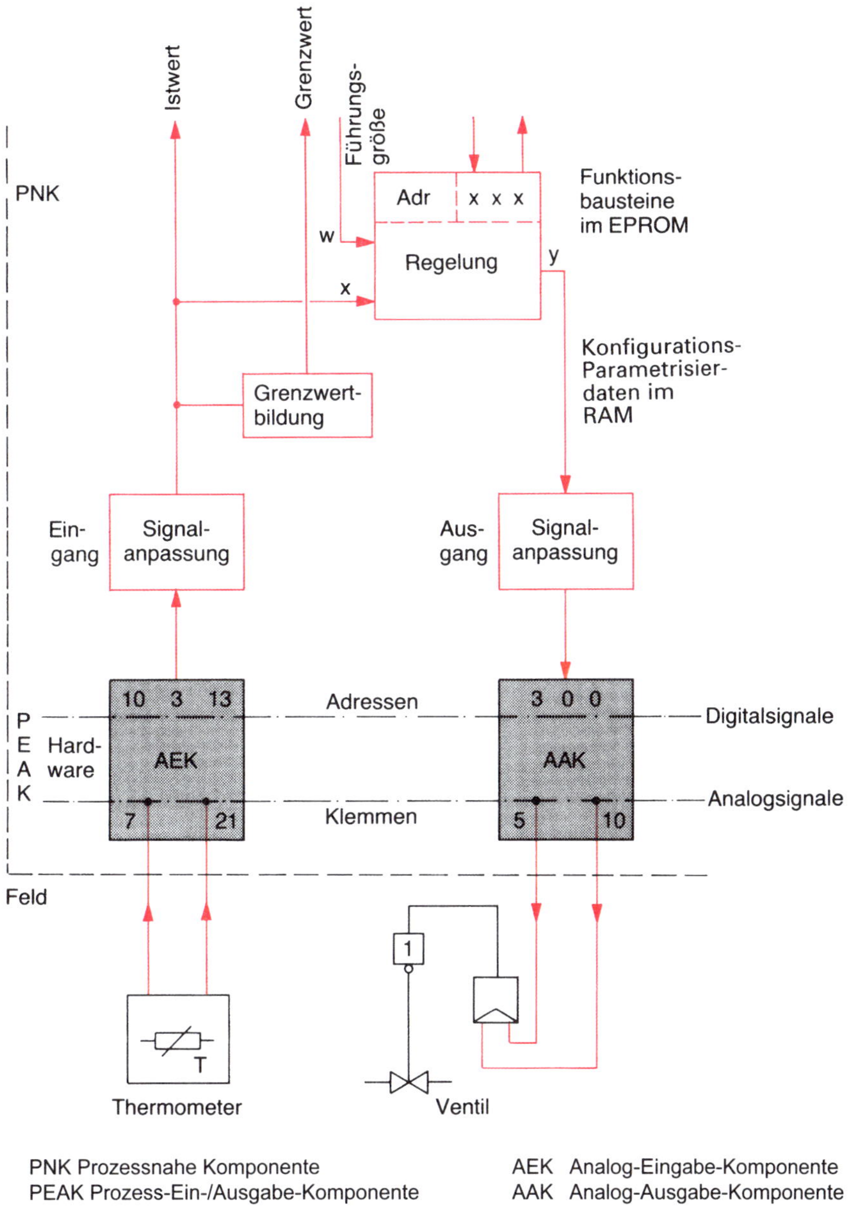


*Bild 14.7 Schema der Hardware- und Funktionsbausteine (Software) zur Temperaturregelung*

Zur **Bedienung** des Temperaturregelkreises sowie zur Anzeige von Istwert, Stellgröße und Grenzwert müssen diese Größen den ABK in der **Leitwarte** mitgeteilt werden.

Die Abarbeitung des konfigurierten und parametrisierten Regelkreises erfolgt durch die CPU der PNK. Das Ergebnis ist ein Stellsignal, das über den adressierten Ausgang an den Aktor des betreffenden Feldgeräts gegeben wird.

## 14.4 Bussysteme und Buskomponenten

### 14.4.1 Allgemeines

Als Bus bezeichnet man eine Datensammelleitung. die gemeinsam von allen Busteilnehmern benutzt wird. Die Datenübertragung erfolgt direkt vom sendenden Teilnehmer zum Empfänger. Während der Datenübertragung können die anderen Teilnehmer nicht kommunizieren.

Aufgabe eines Bussystems ist es, eine reibungslose digitale Datenübertragung (Kommunikation) zwischen den unterschiedlichen PLS-Komponenten zu ermöglichen.

Es gibt verschiedene Möglichkeiten, um Kommunikationsverbindungen zwischen den PLS-Komponenten herzustellen. Wegen ihrer Einfachheit wird die **lineare Busverbindung** bevorzugt. Auf dem Bus werden die Bits einer Information **nacheinander** vom Sender zum Empfänger transportiert; man spricht daher von einer **bitseriellen Datenübertragung.**

**Innerhalb** der PLS-Komponenten selbst erfolgt der Datentransport **bitparallel,** d.h., für jedes Bit ist eine eigene Datenleitung vorhanden. Die Bits einer Nachricht werden hier gleichzeitig transportiert. Die bitparallele Datenübertragung ist schneller als die bitserielle, aber sie erfordert einen größeren Hardwareaufwand.

Ein serieller Bus besteht aus einem langen **Buskabel** mit vielen Ankoppelstellen für die Busteilnehmer. Jeder Teilnehmer erhält eine Adresse. Die Nachrichten werden in Form von **Datentelegrammen** standardisierter Form von einer Adresse zur anderen transportiert, wie die Passagiere beim öffentlichen Busverkehr.

Da der Bus von den angekoppelten PLS-Komponenten **gemeinsam** benutzt wird, darf jeweils nur ein einziger Busteilnehmer Daten senden. Um Datenkollisionen zu vermeiden, müssen bei der Abwicklung des Datenverkehrs bestimmte **Übertragungsregeln** streng beachtet werden. Die Gesamtheit dieser Regeln nennt man **Übertragungsprotokoll.** Die protokollgemäße Organisation erfolgt durch **Buskomponenten** (BK), die mit Mikroprozessoren (Kommunikationsprozessoren) bestückt sind. Dadurch wird die CPU der Zentraleinheit von Datenübertragungsaufgaben entlastet. Die Buskomponenten sind z. B. Steckkarten, die zusammen mit anderen Modulen im Baugruppenträger eines Automatisierungsgeräts sitzen.

Es gibt drei Gruppen von Busteilnehmern: passive Teilnehmer (Slaves), aktive Teilnehmer (Master) und das Bussteuerwerk.

**Passive Teilnehmer,** z. B. prozessnahe Komponenten, antworten nur auf Anfragen. **Aktive Teilnehmer,** z. B. Anzeige- und Bedienkomponenten, können einen Datenaustausch auslösen. Das Bussteuerwerk teilt den aktiven Teilnehmern, zyklisch oder nach bestimmten **Prioritäten,** die Busbenutzung zu; es wird aber selbst nicht in den Datenaustausch einbezogen.

### 14.4.2 Feldbus

Für die digitale Prozessleittechnik hat der Feldbus eine zentrale Bedeutung gewonnen. Durch seine Einführung kann die konventionelle Einzelverdrahtung der Feldgeräte mit den PNK überwunden werden.

Über den **Feldbus** erfolgt der Informationsfluss zwischen Sensoren und Aktoren der Feldgeräte und dem Prozessleitsystem. Mit einem Feldbus können die Vorteile der Digitaltechnik im übergeordneten Leitsystem vollständig ausgeschöpft werden.

Bekannte **Feldbussysteme** sind: Profibus-PA, Interbus-S und ASI (Aktor-Sensor-Interface).

Das am häufigsten eingesetzte Feldbussystem ist der **Profibus-PA** (von *Process Field) Bus Process Automation*). Er ist in DIN 19 245 genormt und verwendet den internationalen Standard IEC 1158-2 sowie die europäische Feldbusnorm EN 50 170.

Für die in der Verfahrenstechnik bevorzugt angewendeten Druck-, Temperatur-, Füllstands- und Durchfluss-Messprinzipien sowie für die dort üblichen Stellglieder stehen inzwischen die erforderlichen Profibus-PA-Gerätc zur Verfügung.

Die Kommunikation der Busteilnehmer und die Versorgung mit Hilfsenergie werden mit einem abgeschirmten zweiadrigen **Buskabel** vorgenommen. Die **Übertragungsrate** liegt bei 31,25 kbit/s. Die maximale **Leitungslänge** beträgt 1900 m. Profibus-PA-Geräte können die herkömmlichen Feldgerätesysteme mit analoger 4...20-mA-Technik ersetzen.

In der Feldebene, wo Gase und Dämpfe eine explosionsfähige Atmosphäre bilden können, müssen Feldbusmodule für einen explosionsgefährdeten Bereich, den **Ex-Bereich,** ausgelegt sein. Das bedeutet:

Strom, Spannung und Oberflachentemperatur der Bauelemente dürfen im Ex-Bereich zu keiner Zeit einen bestimmten Grenzwert überschreiten, der von der Art der umgebenden Atmosphäre abhängt.

Beim Profibus-PA wird die Zündschutzart **Eigensicherheit** EEx i eingesetzt, die sich auf den **gesamten** Stromkreis im Ex-Bereich bezieht. Die über den Bus zur Verfügung gestellte Energie wird hier durch entsprechende Einspeisebaugruppen, **Segmentkoppler** genannt, begrenzt, damit kein Zündfunke entstehen kann. Daher können nur 10 Feldgeräte in einem Segment über einen Segmentkoppler angeschaltet werden (Bild 14.8). Bei nicht eigensicherem Betrieb kann dagegen der Segmentkoppler bis zu 32 Feldgeräte mit Energie versorgen.

Der **Interbus-S** wird vor allem zur Anschaltung von Steuergeräten und Sensoren an SPS sowie zur SPS-Vernetzung eingesetzt. Er besteht aus einem Fernbus (400 m) mit der Bussteuerkarte (Master) und mehreren Anschaltbaugruppen mit E/A-Modulen (Slaves). Der Fernbus verwendet eine 5-adrige geschirmte Leitung, die Anschaltbaugruppen werden mit 14-adrigen Leitungen angeschlossen.

Im Ex-Bereich wird eine Verkabelung nach EEx e (erhöhte Sicherheit) vorgenommen. Die E/A-Module der Anschaltbaugruppen werden druckgekapselt an die eigensichere Sensorik und Aktorik der Feldgeräte angekoppelt.

Das **ASI** (Aktor-Sensor-Interface) ist ein Master-Slave-Bus zur Vernetzung binärer Sensoren und Aktoren auf der untersten Feldebene mit 31 Teilnehmern (Abstand 100 m) über eine einfache, ungeschirmte Zweidrahtleitung für Daten und Stromversorgung. Die Anbindung an Automatisierungsgeräte (SPS oder PC) erfolgt durch spezielle Masterkarten oder Gateways zu höheren Feldbusebenen. Die Verkabelung im Ex-Bereich wird in EEx e vorgenommen.

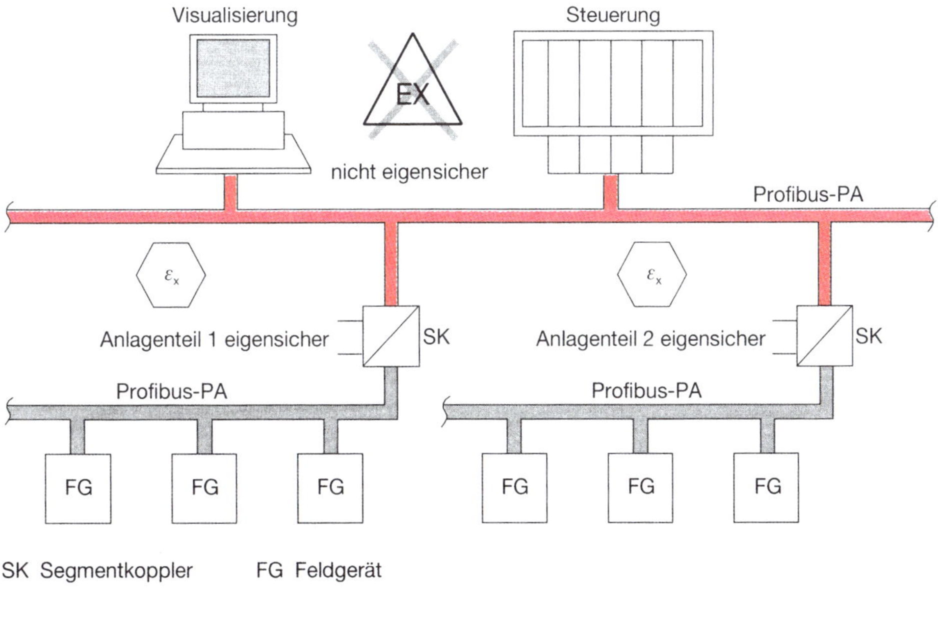


*Bild 14.8 Anschluss von Feldgeräten an den Feldbus und Vernetzung von eigensicheren Busbereichen beim Profibus-PA*

## 14.5 Prozessrechner

Ein Prozessrechner wird, wie in Bild 14.2 angedeutet, für Aufgaben eingesetzt, die mit einem konfektionierten dezentralen PLS nicht lösbar sind.

Ein Prozessrechner (PR) ist eine technische Datenverarbeitungsanlage, der im **Echtzeitbetrieb** (Realzeitbetrieb) arbeitet. Der PR ist für Aufgaben geeignet, deren Ergebnisse in kürzester, von der Aufga-benstellung bestimmten Zeit vorliegen müssen.

Alle Verarbeitungsaufgaben werden von nur einem Prozessor **zentral** durchgeführt. Hardwarestruktur und Echtzeitbetriebssystem ermöglichen eine fast **parallele Bearbeitung** mehrerer Programme. Die Programmbearbeitung erfolgt nach **Prioritäten,** d.h., Programme höherer Priorität unterbrechen bei ihrem Aufruf Programme niederer Priorität.

Prozessrechner werden oberhalb der Prozessleitebene zur Prozessoptimierung,Datenkommentierung sowie für Aufgaben eingesetzt, die eine besonders schnelle Ausführung erfordern, z. B. bei der Anlagenüberwachung.

## 14.6 Beobachten und Bedienen eines PLS

Die Anzeige- und Bedienkomponenten (ABK) sind die **Schnittstelle zwischen Mensch und Prozess.** Die Kommunikation des Bedieners (Anlagenfahrers) mit seinem Prozess ist für einen effizienten Prozessablauf unerlässlich.

Damit er den fehlerfreien Prozessablauf beobachten kann, müssen ihm alle relevanten Prozesszustände und die daraus abgeleiteten Zustandsgrößen in verständlicher Form angezeigt werden. Darüber hinaus muss er Störungen feststellen und analysieren können, und schließlich muss er durch Vorgabe von **Führungsgrößen** in den Prozess eingreifen können.

Anzeige- und Bediengeräte ermöglichen dem Anlagenfahrer die Erfüllung seiner **Hauptaufgaben:**

**Überwachen, Aufklären, Eingreifen.**

Anzeige- und Bediengeräte bilden nicht nur die zentrale Prozesswarte. Auch in prozeßnahen Leitständen haben sich Sicht- und Bediengeräte etabliert (Bild 14.2).

### 14.6.1 Hardware- und Softwareaufbau

Der Hardwareaufbau einer ABK entspricht im Wesentlichen dem einer PNK. Der Unterschied ist der, dass die Ein-/Ausgabe-Baugruppen hier nicht die Schnittstelle zum **Prozess**, sondern zum **Bediener** darstellen.

Eine ABK ist ebenfalls in **19″- Steckkartentechnik** ausgeführt und zusammen mit anderen PLS-Komponenten in einem Schaltschrank untergebracht. Sie besteht in der Hauptsache aus der **Zentraleinheit** mit dem Mikroprozessor und einem im Vergleich zur PNK **großen Speicher** (ca. 1 MByte), der **Koppelbaugruppe** zum Systembus und den **Anschaltbaugruppen** für die peripheren Geräte, z. B. für Bildschirme, Tastaturen, Massenspeicher. Die Anschaltbaugruppen stellen die Verbindung dieser Geräte mit der Zentraleinheit her. Der Hardwareaufbau einer ABK ist daher durch die Art und Anzahl der angeschlossenen **Peripheriegeräte** bestimmt.

Mehrere **Farbbildschirme** können in zentralen Messwarten an eine ABK angeschlossen werden. Der gewünschte Informationsinhalt wird vom Bediener aufgerufen. Dazu stehen ihm zwei Möglichkeiten zur Verfügung: Tastatur und Koordinatengeber.

Als **Tastaturen** werden je nach Bedienaufgabe alphanumerische Tastaturen und Funktionstastaturen mit festen oder variablen Funktionstasten verwendet.

**Koordinatengeber** sind Maus und Lichtgriffel (lightpen). Mit dem **Lichtgriffel** tippt der Bediener aktive Stellen des Bildschirms (touch screen) an und löst damit eine Funktion aus, z.B. Schließen eines Ventils oder Eingabe eines Regelparameters. Meist ist der Lichtgriffel mit einer Tastatur kombiniert. Mit der Maus kann der Cursor auf dem Bildschirm bewegt oder eine Funktion ausgelöst werden.

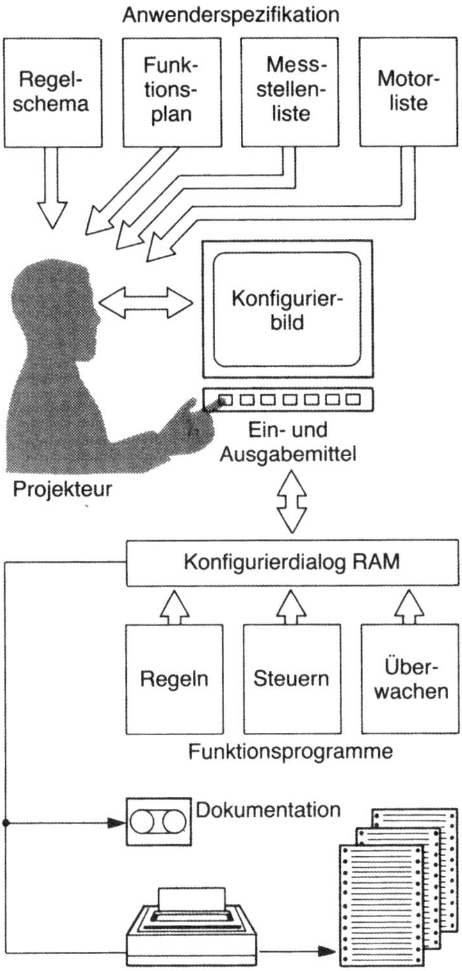


*Bild 14.9 Schematische Darstellung des Konfigurierens. Der Planer legt im Dialog mit dem Rechner u. a. die Automatisierungsfunktionen Regeln, Steuern und Überwachen fest.*

Wegen der großen anfallenden Datenmengen sind **externe Speicher** unumgänglich, z. B. CD-ROM und externe Festplatte. Außerdem werden zur Grafikausgabe und Dokumentierung **Drucker** und **Hardcopygeräte** benötigt.

Auch die Software der ABK besteht aus vorgefertigten (konfektionierten) Programmbausteinen (Darstellen, Bedienen, Überwachen, Protokollieren), die beim Projektieren ebenfalls konfiguriert werden müssen. Die Konfigurierung wird in der Zentralleitstation an einem Konfigurierplatz mit Tastatur und Bildschirm dialoggeführt (Menütechnik) vorgenommen. Sie erfolgt meist off-line, d. h. während der Konfigurierung ist keine Beobachtung und Bedienung des Prozesses möglich. Bild 14.9 stellt den Konfiguriervorgang schematisch dar.

### 14.6.2 Prozessdarstellung

In den ABK werden folgende Formen gewählt, um die zum Leiten benötigten Informationen auf dem **Bildschirm** darzustellen:

- vorgestaltete (konfektionierte) Darstellungen,
- freie Darstellungen (Fließbilder),
- Kurvendarstellungen,
- Listendarstellungen.

Bei den **konfektionierten Darstellungen** sind die Gestaltung und die hierarchische Gliederung der Informationen fest vorgegeben. Üblicherweise werden folgende Ebenen dargestellt: Anlage, Bereich, Gruppe und MSR-Stelle.

In der Anlage- und Bereichsebene werden nur Übersichtsbilder wiedergegeben, während auf den beiden unteren Ebenen Struktur- und Gruppenbilder mit Detailinformationen erscheinen, die auch Eingriffe in den Prozess, z. B. Verstellen von Grenzwerten, ermöglichen.

Die **freie Darstellung** besteht meist aus einem statischen Großbild (Fließbild) der Anlage mit Apparaturen, Maschinen und Rohrleitungen. Die dynamischen Prozessinformationen (aktuelle Prozessdaten und Zustände) werden in die statische Darstellung integriert. Aus dem Großbild lassen sich dann, z. B. mit dem Lichtgriffel, Ausschnitte oder MSR-Stellen in detaillierter, vergrößerter Darstellung ausblenden. Bild 14.10 zeigt als Beispiel die freie Bildschirmdarstellung einer Biomasse-Kraft/Wärme-Kopplungs-Anlage.

Mit **Kurvendarstellungen** wird der zeitliche Verlauf analoger Prozessinformationen aufgezeichnet, z. B., um deren wechselseitige Abhängigkeit zu untersuchen.

**Listendarstellungen** erfolgen alphanumerisch; sie eignen sich zum Protokollieren, z. B. zur Auflistung von Meldungen in der richtigen Zeitfolge.

*Bild 14.10 Beispiel für ein Prozess-Leitsystem einer Biomasse-Kraft/Wärme-Kopplungs-Anlage*

### 14.6.3 Prozessbedienung

Der Anlagenfahrer greift an der Leitstation in den Prozess ein. Dazu wählt er die Darstellung der zu bedienenden MSR-Stelle auf dem Bildschirm an und gibt einen Sollwert oder einen Zustand vor. Die Bedienung eines PLS kann von der Zentral-Leitstation oder von einer dezentralen PNK-Leitstation aus erfolgen.

Die zentrale Prozessbedienung umfasst:

- Anwählen und Bedienen der MSR-Stellen,
- Quittieren von Meldungen,
- Steuerung der Protokollausgaben.

Wie schon beschrieben, können die MSR-Stellen über die Bildschirm-Prozessdarstellung angewählt werden. Eine Anwahl ist auch über Störmeldungen oder zugeordnete Funktionstasten der Leittastatur möglich.

Die angewählten MSR-Stellen werden mit der Leittastatur bedient. Dazu stehen meist folgende Tastenfelder zur Verfügung:

- **Stelltasten** zur Einstellung analoger Größen (Sollwert, Stellgröße, Grenzwert) und zur Ausgabe von Schaltbefehlen (EIN, AUS, STOP);
- **Betriebsartentasten** zur Vorgabe von Betriebsarten (Automatik, Teilautomatik, Hand);
- **Größen- Anwahltasten,** z. B. für Parameter der angewählten MSR-Stelle.

Bestimmte Leiteingriffe können beim Konfigurieren für den Bediener **verriegelt** werden.

Akustische und optische Meldungen, z. B. Störmeldungen, müssen vom Bediener mit **Quittiertasten** bestätigt werden. Die PNK melden nämlich erkannte **Prozessstörungen** zusammen mit der Uhrzeit an die Zentral-Leitstation. Die Meldungen werden in einer **Signalfolgedarstellung** zeitorientiert aufgelistet, die nach Anwahl auf dem Bildschirm angezeigt wird.

Zur Steuerung der Protokollausgaben dienen meist Funktionstasten für die Auswahl der Protokolltypen (Ereignis- oder Zustandsprotokollen) und die Zuweisung der Drucker oder anderer Ausgabegeräte. Protokolle dienen allgemein der Dokumentation von Ereignissen und Abläufen im Prozessgeschehen.

Die **PNK-Leitstation** erlaubt die Beobachtung und Bedienung der in der dezentralen, autarken PNK zusammgengefassten Automatisierungsfunktionen. Sie enthält eine Leittastatur und einen Bildschirm oder nur ein Display zur Anzeige der wesentlichen Größen und Zustände angewählter MSR-Stellen.

# Literaturverzeichnis


BANK, MATTHIAS: *Basiswissen Umwelttechnik.* Würzburg: Vogel Buchverlag.
BOHL, WILLI; ELMENDORF, WOLFGANG: *Technische Strömungslehre.* Kamprath-Reihe. Würzburg: Vogel Buchverlag.
BULLACK, HANS-JÜRGEN: *Berechnung von Druckbehälter-Bauteilen.* Kamprath interaktiv. CD-ROM. Würzburg: Vogel Buchverlag.
BULLACK, HANS-JÜRGEN: *Berechnung von Sicherheitseinrichtungen.* Kamprath interaktiv. CD-ROM. Würzburg: Vogel Buchverlag.
BULLACK, HANS-JÜRGEN: *Berechnung metallischer Rohrleitungsbauteile 1.* Kamprath interaktiv. CD-ROM. Würzburg: Vogel Buchverlag.
BUSCH, PETER: *Elementare Regelungstechnik.* Würzburg: Vogel Buchverlag.
DIETZEL, FRITZ; WAGNER, WALTER: *Technische Wärmelehre.* Kamprath-Reihe. Würzburg: Vogel Buchverlag.
FREUDENBERGER, ADALBERT: *Prozessmesstechnik.* Kamprath-Reihe. Würzburg: Vogel Buchverlag.
NEUMANN, HUBERT: *Berechnung von Behältern und Apparaten aus Thermoplasten.* Kamprath interaktiv. CD-ROM. Würzburg: Vogel Buchverlag.
WAGNER, WALTER: *Kreiselpumpen und Kreiselpumpenanlagen.* Kamprath-Reihe.Würzburg: Vogel Buchverlag.
WAGNER, WALTER: *Wärmeträgertechnik mit organischen Fluiden.* Kamprath-Reihe. Würzburg: Vogel Buchverlag.
WAGNER, WALTER: *Wärmeübertragung.* Kamprath-Reihe. Würzburg: Vogel Buchverlag.
WAGNER, WALTER: *Wärmeaustauscher.* Kamprath-Reihe. Würzburg: Vogel Buchverlag.
WAGNER, WALTER: Regel- und *Sicherheitsarmaturen.* Kamprath-Reihe. Würzburg: Vogel Buchverlag.
WAGNER, WALTER: *Wasser und Wasserdampf im Anlagenbau.* Kamprath-Reihe. Würzburg: Vogel Buchverlag.
WAGNER, WALTER: *Strömung und Druckverlust.* Kamprath-Reihe. Würzburg: Vogel Buchverlag.
WAGNER, WALTER: *Festigkeitsberechnungen im Apparate- und Rohrleitungsbau.* Kamprath-Reihe. Würzburg: Vogel Buchverlag.
WAGNER, WALTER: *Rohrleitungstechnik.* Kamprath-Reihe. Würzburg: Vogel Buchverlag.
WAGNER, WALTER: *Planung im Anlagenbau.* Kamprath-Reihe. Würzburg: Vogel Buchverlag.
WAGNER, WALTER: *Lufttechnische Anlagen.* Kamprath-Reihe. Würzburg: Vogel Buchverlag.

# Stichwortverzeichnis

## D



## E



## F

## G



## H

## N



## O



## P



## R

## S

## T



## U

## V



## W



## Z